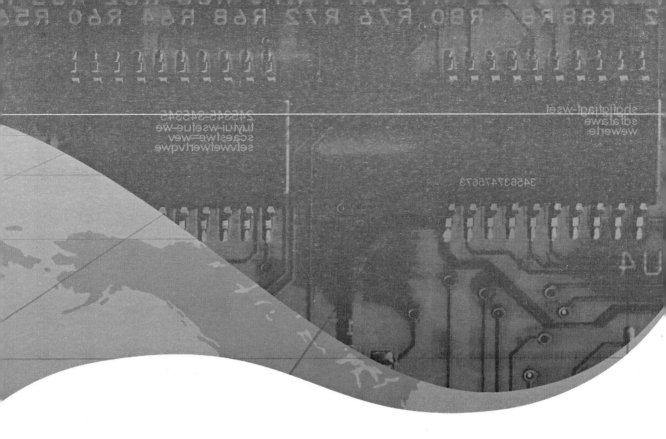

회로이론

새로운 회로해석법에 따른 이론 및 예제 수록

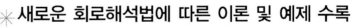

회로이론의 요점을 확실히 습득할 수 있는 사항만을 엄선 ◯──

기본원리를 중심으로 상세히 설명 ◯──

예제와 더불어 연습문제를 수록 ◯──

도서출판
월송

preface

오늘날 눈부시게 발전하는 산업사회에서 전기·전자분야의 역할은 매우 중요한데 그 공학의 기초이론이 회로이론이라는 것은 누구도 부인할 수 없는 사실이다. 그러나 회로이론에 대한 기본개념은 복잡하고, 난해하기 때문에 이해하기가 대단히 어렵다. 회로이론에 관한 기존의 책들은 너무 진부적으로 수식에 의존하는 경향이 크므로, 회로이론을 대하는 초학자들에게는 초기에 이 과목에 대하여 흥미를 잃게 되는 경우가 많았다. 그러므로 이 책은 다년간의 강의 경험을 바탕으로 알기 쉽게 표현한 바 그 특징은 아래와 같다.

1. 회로이론의 요점을 충분히 해설하기 위하여 많은 주제 중에서 대학 및 전문대학의 교과서로 사용할 수 있도록 확실하게 습득할 수 있는 사항만을 엄선하여 기본원리를 중심으로 상세히 설명하였다.
2. 각 장마다 본문의 이론을 이해하는 데 도움을 주고자 충분한 예제와 더불어 연습문제를 수록하였다.
3. 부록에서는 이 책에서 사용되는 수학공식을 삽입하였다.

이 교재가 대학 및 전문대학 과정의 전기·전자 및 통신공학을 전공하는 공학도 및 기술사에게 도움이 되기를 바란다. 미비한 점과 오류에 대해서는 앞으로 계속해서 보완할 것을 약속하며, 이 책이 나올 수 있도록 도와주신 여러분께 감사의 말씀을 드리는 바이다.

저자 씀

contents

| Chapter 01 | **전하와 전류**

1-1 전하와 전류 ··· 3
1-2 SI 단위(SI Unit) ··· 7
1-3 에너지와 전압 ··· 9
1-4 전압과 전류의 차이점 ··· 10
1-5 DC 전류와 AC 전류 ·· 12
1-6 저항과 옴의 법칙 ·· 14
1-7 전력 ··· 17
1-8 저항에서의 전력소비 ·· 19
1-9 전력의 공식(power formulas) ································· 21
1-10 저항의 직렬연결과 병렬연결 ·································· 22
1-11 저항의 직병렬 연결회로 ··· 25
1-12 사다리형 회로망 ··· 27
1-13 휘이스톤 브릿지 ··· 29
1-14 AND, OR 논리함수로 표시되는 직병렬 스위치 회로
      (Series-Parallel Switches combine
      The AND OR Logic Function) ····························· 31
   ▶ **연습문제**_33

| Chapter 02 | **키르히호프의 법칙**

2-1 키르히호프의 전류법칙 ·· 37
2-2 키르히호프의 전압법칙 ·· 41
2-3 지로전류법 ·· 44
2-4 절점전압법 ·· 46
2-5 망전류법 ··· 49
   ▶ **연습문제**_52

|Chapter 03| **회로망 이론**

3-1 중첩의 원리 ·· 56

3-2 테브닌의 정리 ·· 61

3-3 노턴의 정리 ·· 68

3-4 전압원과 전류원의 변환 ······························· 72

3-5 밀만의 정리 ·· 75

3-6 전류원을 갖는 회로 ·· 77

3-7 T형 회로와 π형 회로 ······································ 81

▶ **연습문제_**87

|Chapter 04| **교류전류와 교류전압**

4-1 교류응용 ··· 93

4-2 교류전류 ··· 97

4-3 정현파의 전류 ·· 97

4-4 위상각 ··· 102

4-5 저항을 갖는 교류회로 ···································· 107

4-6 비정현파 교류파형 ··· 108

4-7 삼상전력 ··· 113

▶ **연습문제_**115

|Chapter 05| **콘덴서와 정전용량**

5-1 콘덴서의 구조 및 특성 ···································· 118

5-2 콘덴서의 직렬연결과 병렬연결 ······················· 124

5-3 용량성 리액턴스 ·· 127

5-4 용량성 리액턴스의 직렬연결회로와 병렬연결회로 ······· 129

5-5 정현파 충전전류와 방전전류 ·························· 131

▶ **연습문제_**133

contents

|Chapter 06| **인덕터와 인덕턴스**

6-1 인덕터의 종류 및 특성 ································ 140

6-2 자기 인덕턴스 L ································· 142

6-3 인덕터의 직렬연결과 병렬연결 ················· 145

6-4 유도성 리액턴스 ································ 147

6-5 정현파 전류에 의해서 유도되는 V_L의 파형 ········· 151

6-6 상호 인덕턴스 L_M ······················· 152

6-7 코일에서의 고장(troubles in coils) ············· 158

▶ **연습문제**_160

|Chapter 07| **RL회로와 RC회로**

7-1 RL회로의 특성 ······························ 166

7-2 X_L과 R의 병렬 연결 ···················· 172

7-3 RC회로의 특성 ······················· 178

7-4 X_C와 R의 병렬회로 ····················· 184

▶ **연습문제**_190

|Chapter 08| **시상수 RC와 L/R**

8-1 RL회로의 응답 ························· 199

8-2 RL회로 개방시 고전압이 발생된다. ·········· 207

8-3 RC 시상수 ····························· 209

8-4 RC회로 단락시 대전류가 발생된다. ·········· 214

8-5 리액턴스와 시상수의 비교 ·················· 216

▶ **연습문제**_218

|Chapter 09| **RLC 교류회로의 복소수 표현과 공진**

9-1 교류회로에서의 복소수 표현 223
9-2 복소수의 사칙 연산 228
9-3 복소수의 극형식에서의 사칙연산 232
9-4 직렬교류회로에서의 복소수 237
9-5 병렬 교류회로에서의 복소수 240
9-6 직렬 RLC 회로의 임피던스와 위상각 244
9-7 병렬 RLC 회로의 임피던스와 위상각 252
9-8 공진주파수 $f_r = 1/(2\pi \sqrt{LC})$ 257
9-9 공진회로의 확장계수 Q 260
9-10 공진회로의 대역폭 266
9-11 동조 270
9-12 비동조 273
9-13 병렬 공진회로의 해석 274
9-14 병렬 공진회로의 Damping 276
9-15 공진회로의 L과 C 선택 279
   ▶ **연습문제**_280

|Chapter 10| **고유 응답**

10-1 1계 미방 시스템 288
10-2 2계 미방 시스템의 고유응답 294
10-3 임피던스 302
10-4 극점과 영점 307
   ▶ **연습문제**_314

contents

|Chapter 11| **3상회로**

11-1 3상 발전기 ·· 321

11-2 Y결선 발전기 ·· 323

11-3 Y결선 발전기에서의 위상 시퀀스 ············ 327

11-4 Y결선 부하를 갖는 Y결선 발전기 ············ 329

11-5 Y-계 ··· 332

11-6 Δ결선 발전기 ·· 333

11-7 Δ결선 발전기의 위상 시퀀스 ················ 335

11-8 $\Delta - \Delta, \Delta - Y$, 3상계 ····················· 336

11-9 3상 변압기의 연결법 ······························ 338

11-10 3상 회로의 전력 ································· 340

11-11 전력계법 ·· 345

▶ **연습문제**_346

|Chapter 12| **4단자 회로망**

12-1 4단자 회로망의 파라미터 ······················ 350

12-2 H 파라미터의 의미 ······························· 363

12-3 대표적인 4단자망 파라미터 ··················· 365

12-4 영상 파라미터 ······································· 366

▶ **연습문제**_369

|Chapter 13| **라플라스 변환**

13-1 라플라스 변환의 개념 ·························· 374

13-2 라플라스 변환의 기본정리 ···················· 377

13-3 역라플라스 변환 ···································· 386

13-4 전기회로에서의 라플라스 변환 응용 ········· 390

▶ **연습문제**_397

|Chapter **14**| **비정현파**

14-1 Fourier 급수와 신호 스펙트라 ································409
14-2 대칭성 비정현파의 푸리에 급수변환 ····················412
14-3 푸리에 급수의 지수형 ·································414
14-4 비정현파의 실효값과 왜율 ························420
▶ **연습문제**_423

|Chapter **15**| **새로운 회로해석법**

15-1 Millman과 이창식의 정리 ··························430
15-2 "ㄱ"자형 회로의 전압계산 ························436
15-3 병렬합성 저항 ·································447
15-4 중첩의 원리 ···································449
15-5 Thevenin의 정리 ·····························450
15-6 ▽와 △(delta와 세모) ························456
15-7 전원분리 ·····································459
15-8 Y-△형 변환 ································465
15-9 무관계회로 ···································469
15-10 등가회로 ····································477
15-11 여러 가지 회로 ······························479
15-12 시정수 ·····································489

|부록| **행렬식**

A-1 벡터, 행렬, 첨자변수 **A-2** 행렬 **A-3** 행렬의 합과 스칼라곱
A-4 $\sum$기호 **A-5** 행렬의 곱 **A-6** 정방 행렬과 단위행렬
A-7 가역 행렬 **A-8** A행렬식 **A-9** 가역 행렬과 행렬식

Chapter 01

전하와 전류

전기회로는 저항, 인덕터, 콘덴서, 전압원, 트랜지스터와 같은 여러 가지 전기소자들이 상호 접속된 것으로 전류가 흐를 수 있는 한 개 이상의 폐회로(closed loop)를 갖는다. 전기회로를 해석할 때는 2가지 목적을 염두에 두어야 하는데 그 중 하나는 주어진 회로내의 모든 전압과 전류값을 구하는 것이다. 이런 값을 구하게 되면 전하량, 에너지, 전력의 크기도 구할 수 있다. 또 다른 하나는 회로의 어떤 부분에 특정 전압이나 전류가 인가될 때 그 조건에 부합되는 회로를 구하는 것이다. 이장에서는 회로해석에 필요한 기본이론에 대해서 설명하도록 하겠다.

1-1 전하와 전류

닐스 보어의 원자모델을 이용하면 그림 1-1(a)에 표시된 것처럼 원자는 negative로 대전된 전자로 둘러싸여 있는 positive로 대전된 원자핵으로 구성되어 있다. 중성의 원자에서는 양 전하의 수와 음 전하의 수가 같다. 도체에서는 전자들이 원자핵의 구속력으로부터 벗어나서 도체 내를 이동할 수 있다. 따라서 양 전하인 핵은 고정되어 있고, 음 전하인 전자는 이동하는 전하 반송자(charge carrier)로 생각할 수 있다. 반도체 물질 내에서의 운동은 좀 더 복잡해서 실제로 양 전하와 음 전하가 모두 전하 반송자가 될 수 있다.

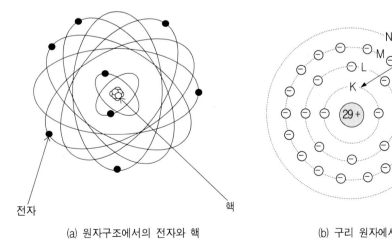

(a) 원자구조에서의 전자와 핵　　　　　(b) 구리 원자에서의 전자와 양성자

[그림 1-1]

절연체에서는 전하 반송자의 수가 극히 적기 때문에 없는 것으로 간주된다. 그러나 도체와 반도체에서는 이동 가능한 양 전하와 음 전하가 존재한다. 그림 1-2에는 도체, 절연체, 반도체의 원자구조가 표시되어 있다.

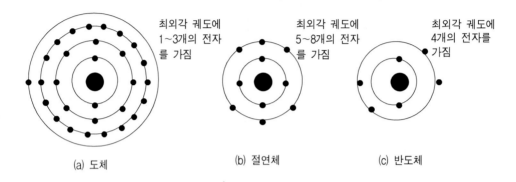

최외각 궤도에 1~3개의 전자를 가짐

최외각 궤도에 5~8개의 전자를 가짐

최외각 궤도에 4개의 전자를 가짐

(a) 도체

(b) 절연체

(c) 반도체

[그림 1-2] 도체, 절연체, 반도체의 원자구조

그림 1-3에 표시된 것처럼 도선으로 사용되는 금속은 도체이다. 도체의 원자 구조는 최외각 궤도에 1개에서 3개의 전자를 가지게 되는데 이런 가전자 들이 외부의 충격에 의해서 자유전자가 된다.

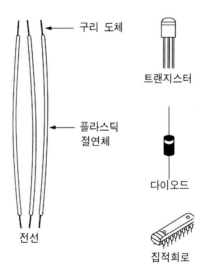

구리 도체

플라스틱 절연체

전선

트랜지스터

다이오드

집적회로

[그림 1-3] 도체, 절연체, 반도체의 외관

전기를 흐르지 못하게 하는 물질은 절연체 또는 부도체라고 부른다. 절연체는 전기를 저장하거나 축적하는 능력이 우수하다.

유리, 플라스틱, 고무, 종이, 공기, 운모와 같은 절연체는 전하를 저장할 수 있다는 의미로 유전체라고 부른다.

게르마늄과 실리콘은 환경에 따라서 도체인 것처럼 동작하거나 절연체처럼 동작하기 때문에 반도체라고 부른다. 반도체의 원자구조는 그림 1-2(c)에 표시된 것처럼 최외각 궤도에 4개의 전자를 가진다.

전자나 양성자 한 개가 갖는 전하량의 크기는 $1.602 \times 10^{-19} C$ 이기 때문에 유전체에 6.25×10^{18}개의 전자나 양성자가 축적되었을 때 전하량의 크기를 1쿠울롬(C)의 단위로 표시한다. 전하량의 기호는 Q이거나 q로 표시한다. 이때의 단위는 전하 사이의 힘을 측정했던 불란서의 물리학자 차알스 쿠울롬의 이름을 딴 것이다.

예제 1-1

중성인 유전체는 25×10^{18}개의 전자를 가지고 있다. 전하량은 몇 C인가?

풀이 6.25×10^{18}개의 전자가 흘러갈 때 $1C$이므로 25×10^{18}개의 전자는 $4C$의 전하량을 갖는다. 따라서 $-Q = 4C$이다.

예제 1-2

유전체내의 양성자가 25×10^{18}개가 있다면 전하량은 몇 C인가?

풀이 풀이예제1과 결과는 같고 부호는 반대이므로 $Q = 4C$이다.

예제 1-3

$4C$의 전하량을 갖는 $+Q$의 유전체에 25×10^{18}개의 전자를 더한다면 전하량은 몇 C인가?

풀이 $4C$의 $-Q$를 $+Q$와 더하면 $Q = 0$이므로 유전체는 중성이 된다.

예제 1-4

중성인 유전체에서 25×10^{18}개의 전자를 제거시킨다면 전하량은 몇 C인가?

풀이 $4C$에 해당하는 전자를 제거하면 $4C$에 해당하는 양성자가 남게 되어 $4C$의 전하량을 갖는 $+Q$가 된다.

그림 1-4는 단면적이 S로 정의되는 전선의 일부를 표시한 것이다. 만약 전하 반송자가 단면 S를 통해서 Δt라는 시간 동안 Δq만큼 흐른다면 이런 전하의 흐름은 $i = \dfrac{\Delta q}{\Delta t}$로 표시되고 극한을 이용하면 식(1-1) 처럼 표시할 수 있다.

$$i = \frac{dq}{dt} \tag{1-1}$$

이 식에서 전류 i는 시간에 따라 변화 하는 것을 나타내기 위해서 소문자 $i(t)$를 사용한다. 전류가 상수이거나 시 불변인 경우에는 대문자 I로 표시된다. 전하의 단위가 coulomb(C), 시간의 단위가 초(second, s)일 때 전류의 단위는 ampere(A) 또는 (C/s)이다. 이런 단위는 Charles A, Coulomb과 Andre Marie Ampere처럼 전자공학에 공헌한 사람들의 이름에서 딴 것이다. 따라서 이들의 이름을 단위로 사용할 때는 절대로 소문자를 사용해서는 안 된다.

예제 1-5

2초 동안에 $12C$의 전하가 흘러간다면 전류의 세기는 얼마인가?

풀이 $I = \dfrac{Q}{t} = \dfrac{12C}{2s} = 6A$

예제 1-6

$3C$의 전하가 주어진 어떤 점에서 1초 동안 흘러간다면 전류의 세기는 얼마인가?

풀이 $I = \dfrac{Q}{t} = \dfrac{3C}{1s} = 3A$

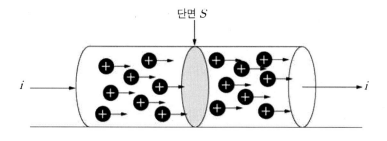

[그림 1-4] 단면적이 S인 도선에서 기준 방향에 관한 전하의 흐름

1-2 SI 단위(SI Unit)

앞 절에서 전하와 전류를 설명할 때 단위의 선택에 대하여 언급한 바 있다. 공학자들은 회로해석에서 사용하는 단위에 대해서 정확하게 이해하는 것이 필요하다. Institute of Electrical and Electronic Engineers(IEEE)와 National Bureau of Standards 등과 같은 표준제정기관에서 국제 표준단위(International System of Units)인 SI를 채택했다.

표 1-1에 표시되어 있는 것처럼 SI 단위계는 일곱개의 기본 단위인 길이, 질량, 시간, 전류, 절대온도, 광도, 물질량으로 구성되고 공식적으로는 mks 단위계가 사용된다. 여기서 m은 미터(길이), k는 킬로그램(질량), s는 초(시간)를 의미한다. SI 단위계의 보조 단위로는 평면각과 입체각이 있다.

표 1-1 SI 단위계의 기본단위

양	기본단위	기호
길이	미터	m
질량	킬로그램	Kg
시간	세컨드	s
전류	암페어	A
절대온도	켈빈	K
광도	칸델라	cd
물질량	몰	mol

표 1-2 SI 단위계의 보조단위

양	단위	기호
평면각	라디안	rad
입체각	스테라디안	sr

주의할 점은 앞에서 설명했던 것처럼 암페어나 켈빈과 같은 사람의 이름을 나타내는 경우를 제외하고 다른 모든 기호에는 소문자가 사용된다는 점이다. 또한 이름이 복수로 사용될때에는 henry의 복수가 henries가 되는 것처럼 영어의 문법에 따라서 사용된다. 다른 일반 단위계는 기본 단위와 보조 단위로부터 파생된 것으로 표 1-3에 표시된 것처럼 사용된다.

예를 들면 전하의 단위는 쿨롬인데 쿨롬은 기본 단위계의 second와 Ampere로부터 유도된 것이다. 전기공학과 전자공학분야에서 사용되는 대부분의 단위계는 유도단위계이다.

표 1-3 SI 유도단위

양	단위	기호
에너지	줄	J
힘	뉴턴	N
전력	와트	W
전하량	쿨롬	C
전압	볼트	V
저항	옴	Ω
콘덕턴스	지멘스	S
정전용량	패럿	F
인덕턴스	헨리	H
주파수	헤르츠	Hz
자속	웨버	Wb
자속밀도	테슬라	T

기초 전기의 연구에 있어서 대부분의 전기 단위계들은 너무 작거나 너무 커서 표현하기가 어렵기 때문에 10진 배수와 약수를 사용하게 되었다. 이때 사용되는 문자기호를 단위 앞에 부쳐서 쓰기 때문에 접두어라고 부른다. 예를 들면 kilo(대문자 K로 표시됨)는 1,000을 표시하기 때문에 $10,000\Omega$이라고 하지 않고 10킬 옴($10 - K\Omega$)이라 표시하게 된다.

표 1-4는 일반적으로 사용되는 미터법 접두어와 접두어의 값을 나타내고 있다.

표 1-4 전기에 사용되는 미터법 접두어

배율	접두어	기호	발음
10^{12}	tera	T	테라
10^{9}	giga	G	기가
10^{6}	mega	M	메거
10^{3}	kilo	k	킬로
10^{2}	hecto	h	헥토
10^{1}	deka	da	데카
10^{-1}	deci	d	데시
10^{-2}	centi	c	센티
10^{-3}	mili	m	밀리
10^{-6}	micro	μ	마이크로
10^{-9}	nano	n	나노
10^{-12}	pico	p	피코
10^{-15}	femto	f	헴토
10^{-18}	atto	a	애토

1-3 에너지와 전압

전위(potential)는 일을 할 수 있는 능력을 표시하는데 어떤 전하라도 척력이나 인력에 의해서 다른 전하를 움직일 수 있는 전위를 갖는다. 두 개가 서로 다른 전하라고 가정할 때 그들 사이에는 반드시 전위의 차(potential difference)를 갖게 된다. 전위차의 기본단위는 V가 사용되고 이런 이유 때문에 전위차를 전압(voltage)이라고 부른다. 전위차는 간단히 약자 P D로 표시하기도 한다.

두 전하 사이에 전위차가 발생하지 않는 경우에는 인력과 척력이 서로 상쇄되기 때문에 전자의 이동은 발생하지 않는다. 전위차의 단위로는 볼트가 사용된다.

두 점 사이에 6.25×10^{18}개의 전자를 이동시키는데는 0.736ft·lb가 필요한데 이때의 전위차가 1V이다. 6.25×10^{18}개의 전자가 갖는 전하량이 $1C$인 점을 고려하면 $1C$의 전하를 이동시키는데 필요한 전위차가 1V라는 것을 알 수 있고 보통 0.7376ft·lb를 1J(Joul)로 표시할 수 있으므로 $1V = 1J/1C$으로 쓸 수 있다.

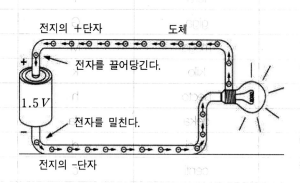

[그림 1-5] 전기를 발생시키는 자유전자가 도선을 통해서 이동할 수 있도록 도선 양단에 1.5V 전압을 인가한다.

전압은 두 점 사이의 전위차를 말하는데 전위차를 측정하기 위해서는 두 단자가 필요하다. 그림 1-5에 표시된 1.5V의 건전지(탄소아연전지)를 관찰해 보자. 1.5V의 출력은 두 단자 사이의 전위차를 의미한다. 전지는 전압원 또는 기전력(electromotive force, emf)원이 된다. 경우에 따라서 E표시가 emf를 표시하는데 표준 기호로는 V를 전위차 대신 사용한다.

1-4 전압과 전류의 차이점

전류는 회로를 통해서 흐를 수 있으나 전압은 흐를 수 없다. 그림 1-6에서 필라멘트 저항 양단에 걸린 전압은 전자를 이동시킬 수 있다. 따라서 전류가 회로를 통해서 흐르게 되지만 필라멘트 양단에 걸린 전압은 크기가 변하지 않고 항상 일정하다. 이것은 전자가 흘러가도록 일을 할 수 있는 에너지를 유지시켜야만 하기 때문이다. 그림 1-7에서 다시 그려진 회로도를 참고해 보자.

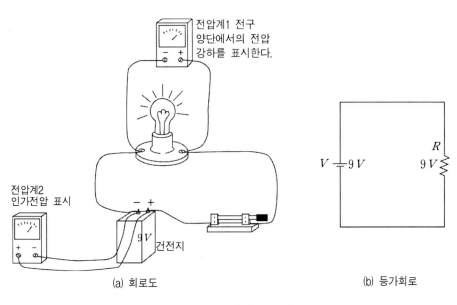

(a) 회로도

(b) 등가회로

[그림 1-6] 전압측정

여기서 저항 양단에 걸린 전압 V의 크기는 항상 일정하다. 만약 여러분이 확인하고자 한다면 저항 양단에 전압계의 두 단자를 연결하면 그 크기가 전압원의 크기와 일치하는 것을 이해하게 될 것이다.

전류는 회로 내에서의 임의점을 흐르는 전자의 세기를 나타내는데 여러분들이 전류의 세기를 측정하고자 한다면 이것은 전압의 크기를 측정하는 것보다 훨씬 어렵다. 그 이유는 도선의 일부분을 개방시키고 전류계를 사용해서 다시 회로를 끊어진 부분이 없도록 연결해야 하기 때문이다.

전압과 전류의 차이를 설명하는 또다른 방법으로 그림 1-6에서 전구가 연결되지 않으므로 해서 회로가 개방(open)되었다고 가정한다면 폐회로가 형성되지 않기 때문에 전류는 흐를 수 없다. 그러나 건전지가 연결되어 있는 상태라고 한다면 전압계의 두 리드선을 회로의 끊어진 두 단자에 연결했을 때 비록 전류는 흐르지 않는 상태라고 하더라도 9V의 크기를 전압계 눈금으로 확인할 수 있다.

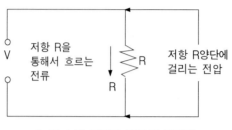

[그림 1-7] 전압과 전류의 차이점

1-5 DC 전류와 AC 전류

그림 1-6에서 설명한 회로에서 전자의 흐름은 한쪽 방향으로만 흘러가기 때문에 직류전류이다. 이와 같은 일이 발생되는 것은 건전지 출력 전압의 극성이 변하지 않기 때문이다. 따라서 흘러가는 전하의 방향이 하나뿐이고 가해진 전압의 극성이 고정되어 있는 회로를 직류 회로라고 부른다.

직류 전압원은 자신의 출력 전압의 양은 변화시킬 수는 있지만 극성을 변화시킬 수는 없다. 또한 건전지는 일정한 출력 전압을 유지하기 때문에 안정 전압원이라고 부른다.

교류전압원은 주기적으로 +와 −의 극성이 바뀐다. 따라서 교류 전류도 +, −가 주기적으로 바뀌게 된다. 전류는 항상 +에서 −로 흐르게 되어 있으므로 교류인 경우는 전류의 방향도 바뀌게 되는데 가정에서는 60사이클의 교류 전력선이 사용된다.

이런 주파수는 초당 60번씩 극성이 바뀐다는 것을 의미한다. 1초당 1주기 변하는 것을 1Hz 라고 하기 때문에 60사이클이 바뀌는 것을 60 Hz의 주파수를 갖는다고 말한다.

교류와 직류의 파형은 그림 1-8과 1-9에 표시했고 표 1-5에 특성을 비교해서 표시했다.

12

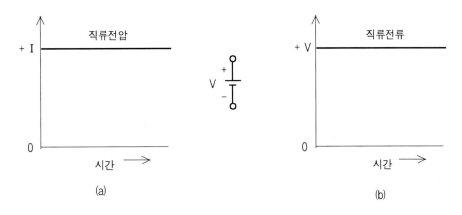

[그림 1-8] 직류전압과 직류 전류의 파형

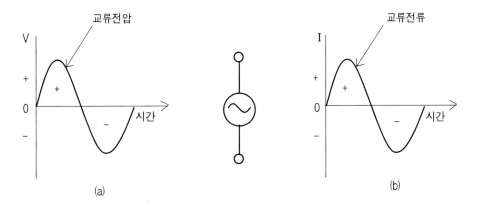

[그림 1-9] 교류전압과 교류 전류의 파형

표 1-5 직류전압과 교류전압의 특성

직류전압	교류전압
극성이 고정됨	극성이 반전됨
크기를 일정하게 또는 변화시킬 수 있다.	크기가 극성에 따라 변한다.
변압기에 의해서 승압이나 강압 불능	변압기에 의해서 승압이나 강압 가능
TR 증폭기의 전압으로 사용	증폭기의 입력이나 출력 신호로 사용
측정이 용이하다.	증폭이 용이하다.
열적 특성이 있다.	열적 특성이 있다.

1-6 저항과 옴의 법칙

만약 회로 저항 요소의 크기는 고정되어 있고 인가되는 전압의 크기가 변한다면 전류도 변화하게 된다. 이와 같은 관계는 그림 1-10에 표시된 회로에 잘 나타나 있다. 인가전압의 크기가 0V 에서부터 12V 까지 변화한다고 가정하고 전구에 12V 의 전압이 공급되었을 때 전구의 밝기가 표준전류의 경우라고 생각해 보면 10V 의 전압이 인가되었을 때 전구의 밝기가 12V 의 경우보다 흐린 것을 알 수 있고, 전압이 0V 가 되면 전류가 흐르지 않기 때문에 전구는 빛을 내지 않게 된다.

다시 말하면 전구의 필라멘트 저항 크기는 변화가 없는데 전압이 변화하므로 해서 전구의 밝기가 변화되는데 이것을 전류의 세기라고 가정한다면 식(1-2)와 같은 옴의 법칙을 증명 할 수 있게 된다.

$$I = \frac{V}{R} \tag{1-2}$$

위 식에서 I 는 저항을 통해서 흐르는 전류의 세기이고, V 는 저항의 양단에 인가되는 전압의 크기를 표시한다. 따라서 실용단위에 의해서 표시하면 $Amper = \frac{Volts}{Ohms}$ 로 쓸 수 있다.

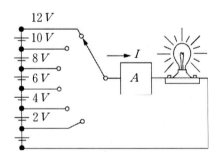

[그림 1-10] 인가 전압이 증가되면 전구의 밝기가 밝아지도록 많은 전류가 흐른다.

그림 1-11에 표시된 옴의 법칙 삼각형을 이용해서 구하고자 하는 양을 손가락으로 지정하면 전류, 전압, 저항을 쉽게 구할 수 있다.

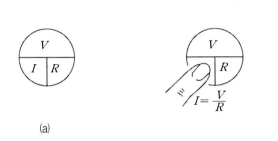

(a)

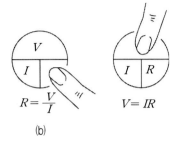

(b)

[그림 1-11] 옴의 법칙삼각형

예제 1-7

저항이 30Ω인 전열기에 120 V의 전원이 연결된다면 전류의 세기 I는 얼마인가?

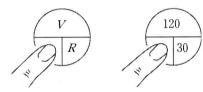

풀이 $I = \dfrac{V}{R} = \dfrac{120\text{V}}{30\Omega} = 4A$

예제 1-8

꼬마전구의 저항이 220V의 전원에 연결될 때 11A의 전류가 흐른다면 저항의 크기는 얼마인가?

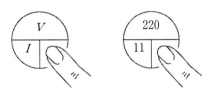

풀이 $R = \dfrac{V}{I} = \dfrac{220\,V}{11A} = 20\Omega$

예제 1-9

전류가 3.5A이고 저항이 20Ω일 때 전압의 크기는 얼마인가?

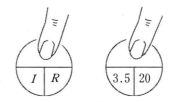

풀이 $V = IR = 3.5 \times 20 = 70\,V$

기초 대수학에서 식 (1-3)과 같은 직선의 표준식에 대해서 배운바 있다.

$$y = mx + b \tag{1-3}$$

여기서 m은 기울기, b는 y절편이고, x와 y는 변수이다. 식(1-2)와 이 식을 비교하면 $b = 0$이다. 따라서 이 직선들이 항상 원점을 지나게 됨을 알 수 있다. 기울기는 식(1-2)를 미분하면 식(1-4)처럼 구할 수 있다.

$$\frac{dI}{dV} = \frac{1}{R} \tag{1-4}$$

그림 1-12(b)와 같은 직선관계일 때, 선형저항이라고 부르고 직선 관계가 성립하지 않을 경우에는 비선형 저항이라고 부른다.

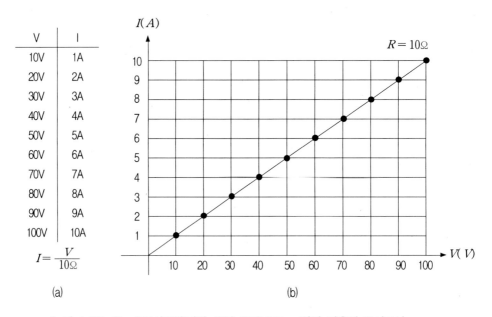

V	I
10V	1A
20V	2A
30V	3A
40V	4A
50V	5A
60V	6A
70V	7A
80V	8A
90V	9A
100V	10A

$I = \dfrac{V}{10\Omega}$

(a)

(b)

[그림 1-12] $V - I$ 특성곡선(저항 R이 10Ω으로 고정된 경우의 특성곡선

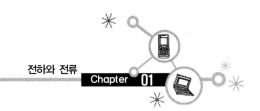

식 (1-2)에서 전류를 전압의 식으로 나타내면 식 (1-5)를 구할 수 있다.

$$I = \frac{1}{R} V = GV \qquad (1-5)$$

여기서 $G = \frac{1}{R}$ 을 콘덕턴스라고 부르는데 단위는 ℧(℧)를 사용한다.

그림 1-12(b)의 I/V의 직선관계 기울기가 콘덕턴스 G임을 식 (1-5)에서 알 수 있다.

1-7 전력

전력의 단위는 제임스 와트의 이름을 따서 W 를 사용한다. $1W$의 전력은 $1C$의 전하를 $1V$의 전위차에 의해서 1초 동안 이동시킨 것에 해당하는 일이다. 1초 동안 $1C$의 전하를 이동시키는 것을 앞에서 $1A$라고 했던 기억을 되살리면 $1W$는 $1A \times 1V$의 크기를 갖고 식 (1-6)처럼 표시할 수 있다.

$$P = V \times I \qquad (1-6)$$

$6V$의 건전지가 회로에 $2A$의 전류를 흐르게 한다면 건전지는 $12W$의 전력을 발생시키는 것과 같다. 전력의 공식 3가지는 다음과 같이 사용된다.

$$P = V \times I, \qquad I = P \div V = \frac{P}{V}, \qquad V = P \div I = \frac{P}{I} \qquad (1-7)$$

P, I, V의 관계를 알아보기 위해서 다음의 예제를 살펴보자.

예제 1-10

120 V의 전원에 연결된 토스터에 10 A의 전류가 흐른다면 소비전력은 얼마인가?

풀이 $P = V \times I = 120\text{V} \times 10\text{A} = 1200\text{W}$

예제 1-11

300 W의 소비전력을 갖는 전구가 120 V 전원에 연결되었다면 몇 A의 전류가 흐르는가?

풀이 $I = \dfrac{P}{V} = \dfrac{300\text{W}}{120\text{V}} = 2.5\text{A}$

예제 1-12

60 W 전구가 120 V 전원에 연결되었을 때 전류의 세기는 얼마인가?

풀이 $I = \dfrac{P}{V} = \dfrac{60\text{W}}{120\text{V}} = 0.5\text{A}$

일과 에너지는 본질적으로 같으며 동일한 단위를 사용한다. 그러나 전력은 시간에 대한 일의 비를 나타내는 일률이다. 예를 들어서 $100lb$의 무게를 갖는 물체를 $10ft$만큼 이동시킨다면 일은 $100lb \times 10ft$ 또는 $1000ft \cdot \text{lb}$가 되며 얼마나 빨리 옮겼는지 느리게 옮겼는지 상관하지 않는다.

따라서 일의 단위는 시간과는 무관한 foot − pound가 된다. 여하튼 전력은 일을 시간으로 나누게 되므로 $1s$ 동안 $1000\,\text{ft} \cdot \text{lb}$의 일을 했다면 전력은 $1000\text{ft} \cdot \text{lb/s}$가 되고, 2초 동안 $1000\,\text{ft} \cdot \text{lb}$의 일을 했다면 $500\,\text{ft} \cdot \text{lb/s}$가 된다. 유사하게 전력도 전압에 의해서 이동되어지는 전하의 시간에 대한 비가 된다. 이것이 전력의 단위 W가 볼트(V) ×암페어(A)가 되는 이유이다.

전력은 기계적인 힘과도 변환이 가능한데 $765\,W = 1HP = 550ft \cdot \text{lb/}s$가 된다. 이 관계는 1Hp(마력)이 (3/4)kW로 생각하면 쉽다. 또한 1kW=1000W이다.

전력의 단위 W로부터 몇 가지 중요한 단위를 유도할 수 있으며 그 공식은 다음과 같다.

$$\text{전력=일/시간} \tag{1-8}$$

$$\text{일 =전력} \times \text{시간} \tag{1-9}$$

따라서 $1\,W = 1\,J/1S$로 표시할 수 있으며 $1J = 1\,W \times 1s$로도 표시 가능하다. 또한 전하와 전류를 고려 한다면 $1J = 1\,V \times 1C,\; 1\,W = 1\,V \times 1A$로 표시할 수 있다.

킬로와트 아우어는 전기적인 일 또는 에너지의 양을 표시하는 단위로 전력에 시간을 곱한것으로 보통 전력량이라고 부른다. 예를 들어서 600 W 또는 0.6 kW의 소비전력을 갖는 전구를 4시간 사용했다면 에너지는 $0.6kW \times 4h = 2.4kWh$가 된다.

보통 가정에서의 전기요금을 계산할 때는 kWh에 해당하는 요금을 내게 된다. 가정용 전원을 120V라고 할 때 전체 사용 전류가 20A라면, 전력 $P = 120V \times 20A = 2,400W(2.4kW)$가 되고 이것을 10시간 사용한다고 하면 소비된 에너지는 $2.4kW \times 10h = 24kWh$가 되고, kWh당 500원이라고 한다면 24×500=12000원, 즉 12000원의 대금을 지불하게 된다. 이것은 120V의 전원으로부터 5시간 동안 20A의 전류가 흘렀을 때의 요금이다.

표 1-5에 전자제품들이 사용하는 대략적인 전력량을 표시했다.

표 1-5

응용분야	소비전력	1달 사용시간	KWh	응용분야	소비전력	1달 사용시간	KWh
공기청정기	40	250–720	10–19	헤어드라이	1000	5–10	5–10
의류건조기	5000	10–25	50–125	전기오븐	1000	15–30	15–30
커피메이커	900	4–30	4–27	텔레비전	200	60–200	12–40
컴퓨터	200	50–160	10–32	토스터	1150	1–3	1–3
전기히터	1000	30–90	5–16	비데오	40	50–200	1–8
전기프라이팬	1150	10–20	12–23	물침대히터	400	180–300	72–120

1-8 저항에서의 전력소비

전류가 저항을 통과하게 되면 이동하는 자유전자와 전자의 흐름을 방해하는 원자에 의한 마찰 때문에 열이 발생한다. 열은 전류가 흐를 때 전력이 소비된다는 것을 의미하고 과도한 전류가 흐를 때 발생하는 열이 퓨즈로 사용되는 금속을 녹일 만큼 뜨겁다면 퓨즈가 녹아서 회로가 개방된다.

이런 전력은 인가되는 전압원에 의해서 발생되고 저항에서 열의 형태로 소비된다. 저항에서 전력이 소비된다는 전압이 공급되고 있다는 것을 의미하고 전류를 흐르게 하기 위해서 필요한 전위차를 유지하지 않으면 안된다는 의미이다.

1W의 전력은 0.24Cal의 열에너지로 변환되는데 중요한 것은 전력을 열에너지로 바꿀 수는 있지만 열에너지가 회로에서의 전기적 에너지로 바뀌어 지지는 않는다는 것이다. 따라서 회로의 저항에서 소비되어지는 전력은 저항 R과의 관계식으로 표시 하는 것이 편리하기 때문에 $P = V \times I$ 공식을 V대신 IR을 대입해서 식 (1-10)처럼 표시하게 된다.

$$P = V \times I = IR \times I$$

$$P = I^2 R \qquad\qquad\qquad\qquad\qquad\qquad (1-10)$$

위의 공식에서 V는 저항 R의 양단에 걸리는 전압을 표시하고 단위는 볼트이다. 전류는 암페어를 사용하고 저항은 R을 사용하며 전력은 와트단위가 사용된다.

예제 1-13

100 V 전압원이 50 Ω 의 저항에 2 A의 전류를 흐르게 한다면 소비전력은 얼마인가?

풀이 $P = I^2 R = 2 \times 2 \times 50 = 4 \times 50 = 200\text{W}$

이것은 200 W의 전력이 저항에서 열로 손실된다는 의미이다.

예제 1-14

100 V의 전압원이 25 Ω 의 저항에 연결되었다면 저항에서의 전력소비는 얼마인가?

풀이 $P = I^2 R = 4^2 \times 25 = 16 \times 25 = 400\text{W}$

1-9 전력의 공식(power formulas)

소비전력을 구하는 공식을 표시해 보자.

$$P = VI, \qquad P = I^2 R, \qquad P = \frac{V^2}{R}$$

$$I = \frac{P}{V}, \qquad R = \frac{P}{I^2}, \qquad R = \frac{V^2}{P}$$

$$V = \frac{P}{I}, \qquad I = \sqrt{\frac{P}{R}}, \qquad V = \sqrt{PR}$$

예제 1-15

600 W–120 V용 토스터에는 몇 A의 전류가 흐르는가?

풀이 $I = \dfrac{P}{V} = \dfrac{600}{120} = 5 \text{ A}$

예제 1-16

600 W–120 V용 토스터의 저항은 얼마인가?

풀이 $R = \dfrac{V^2}{P} = \dfrac{14{,}400}{600} = 24 \Omega$

예제 1-17

24 Ω의 저항에서 600 W의 소비전력을 갖기 위해서는 몇 A의 전류가 흘러야 하는가?

풀이 $I = \sqrt{\dfrac{P}{R}} = \sqrt{\dfrac{600}{24}} = \sqrt{25} = 5 \text{ A}$

주의할 것은 모든 공식이 오옴의 법칙을 기본으로 응용한 식이라는 것이다. 예를 들어서 300 W의 소비전력을 갖는 전구가 120 V 전원에 연결되었다고 가정하면 전류의 세기 $I = P/V$에 의해서 2.5 A 알 수 있다.

$$I = \frac{P}{V} = \frac{300\text{ W}}{120\text{ V}} = 2.5\text{ A}$$

필라멘트의 저항은 $R = VI$ 공식에 의해서 48 Ω 임을 알 수 있다.

$$R = \frac{V}{I} = \frac{120\text{ V}}{2.5\text{ A}} = 48\ \Omega$$

만약 $R = V^2/P$ 공식을 사용한다 해도 저항은 48 Ω 이다.

$$R = \frac{V^2}{P} = \frac{(120)^2}{300} = 48\ \Omega$$

어떤 경우이든지 간에 전구가 120 V에 연결된다면 2.5 A의 전류가 흐를 때 열저항은 48 Ω 의 크기를 갖게 되고 이때 정격 전력이 소비된다. 오옴의 법칙은 모든 전기회로에 적용되어진다 점이 아주 중요하다.

1-10 저항의 직렬연결과 병렬연결

만약 두 개 이상의 저항 소자들이 그림 1-13에 표시된 것처럼 전자가 저항을 통해서 흐르는 경로가 하나뿐인 회로를 구성할 때 저항의 직렬 연결회로라고 부른다. 이런 경우에는 저항 소자의 크기나 연결순서에는 무관하게 하나의 소자 끝부분이 다른 소자와 서로 연속적으로 연결되고 일직선의 형태로 구성된다.

이때 전자가 이동할 수 있는 경로가 하나이기 때문에 그림 1-13(c)에 표시된 것처럼 각 소자를 통해서 흐르는 전류의 세기는 일정하다. 따라서 일정한 전류의 세기를 필요로 하는 곳에는 직렬회로가 사용된다. 각 소자 양단에 나타나는 전압강하의 크기는 각 저항 소자의 저항 크기에 비례한다. 직류 전압회로나 교류전압회로에 항상 적용할 수 있다.

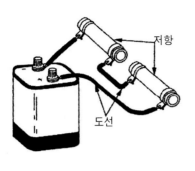

저항

도선

(a) 실제 회로도

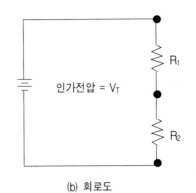

인가전압 = V_T

R_1

R_2

(b) 회로도

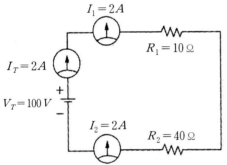

$I_1 = 2A$

$R_1 = 10\,\Omega$

$I_T = 2A$

$V_T = 100\,V$

$I_2 = 2A$

$R_2 = 40\,\Omega$

(c) 직렬회로의 모든 구간에서 전류의 세기는 일정하다.

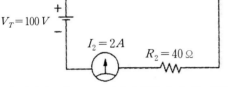

I R_1 R_2 R_3

V_1 V_2 V_3

I

R_T

(d) $R_T = R_1 + R_2 + R_3$

[그림 1-13] 저항의 직렬 연결회로

합성저항의 크기는 그림 1-13(d)에 표시된 것처럼 각 직렬 저항의 합으로 구해진다.

$$R_T = R_1 + R_2 + R_3 + \cdot\,\cdot \tag{1-11}$$

두 개 이상의 저항 소자가 그림 1-14에 표시된 것처럼 공통 단자 양단에 연결되면 병렬회로라고 부르고 모든 소자의 양단에 동일한 전압이 걸리게 된다. 각 병렬 통로는 자기 자신의 전류를 흐르게 하는 지로가 된다.

따라서 병렬회로에서 각 지로의 전압은 크기가 일정하고 각각의 지로를 통해서 흐르는 전류의 세기는 저항의 크기에 반비례한다. 병렬회로의 이런 특성은 전류의 세기가 일정하고 전압강하의 크기가 저항의 크기에 비례하는 직렬회로의 특성과는 정반대이다. 교류와 직류에서 모두 적용이 가능하다. 합성저항의 크기는 식(1-12)처럼 구해진다.

23

$$\frac{1}{R} = \frac{1}{R_1} + \frac{1}{R_2} + \frac{1}{R_3}$$ (1-12)

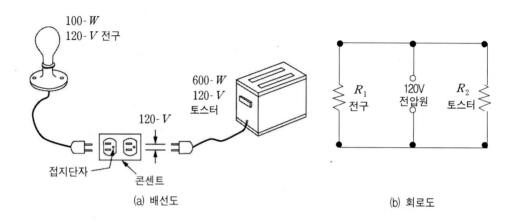

(a) 배선도   (b) 회로도

[그림 1-14] 전기스텐드, 토스터가 120V에 병렬로 연결된 예

두개의 저항이 병렬로 연결된 경우를 고려하면 병렬 회로를 해석하는 문제를 다룰 때 아주 쉽게 문제를 해석할 수 있기 때문에 특별한 언급이 없다고 하더라도 식 (1-13)을 잘 이해하고 있는 것이 필요하다.

$$\frac{1}{R} = \frac{1}{R_1} + \frac{1}{R_2}$$ (1-13)

식 (1-13)에서 우변 분모의 최소 공배수를 구하면 $R_1 R_2$이므로 식(1-14)를 구할 수 있다.

$$\frac{1}{R} = \frac{R_2}{R_1 \cdot R_2} + \frac{R_1}{R_1 \cdot R_2} = \frac{R_1 + R_2}{R_1 \cdot R_2}$$ (1-14)

양변을 뒤집어서 R에 대한 편리한 식을 구하면 식(1-15)가 구해진다.

$$R = \frac{R_1 \cdot R_2}{R_1 + R_2}$$ (1-15)

만약 그림 1-15에 표시된 회로처럼 모든 병렬저항의 크기가 같은 경우에 합성저항 R_T의 크기는 식(1-16)에 표시된 것처럼 원래 저항값을 연결된 숫자로 나누면 쉽게 구해진다.

$$R_T = \frac{R}{n} \qquad\qquad (1-16)$$

여기서 R은 각 지로 저항의 크기를 나타내고 n은 연결된 저항의 갯수를 의미한다. 따라서 100Ω 저항 5개가 병렬로 연결되므로 R_T는 20Ω이 된다.

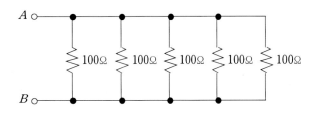

[그림 1-15] 같은 크기의 병렬저항들로 구성되는 회로. R_T는 20Ω이 된다.

1-11 저항의 직병렬 연결회로

전압원에 병렬로 연결된 모든 소자는 병렬회로의 특성에 의해서 모두 동일한 전압의 크기를 갖게 된다. 그러나 전압원보다 적은 전압을 필요로 하는 경우는 어떻게 할 것인가? 그 해답은 병렬 회로에 전압 강하용 저항을 직렬로 연결하는 것이다. 일반적으로 직병렬 회로는 인가되는 전압원이 한 개이고, 서로 다른 전압과 전류의 세기를 갖는 회로가 전자회로 응용 분야에 직렬회로와 병렬회로의 다양한 조합 형태로 구성되는 직병렬 회로가 사용된다.

이런 예로는 휘이스톤 브릿지와 같은 것을 들 수 있다. 이런 회로는 직류회로 뿐만 아니라 교류 회로에서도 적용이 가능하다. 그림 1-16에서 A점과 C점 사이에는 저항 R_1과 병렬 저항 R_2, R_3 합성 저항이 직렬로 연결되어 있고 전류의 관계는 그림 1-16(c)에 표시된 것처럼 구해진다.

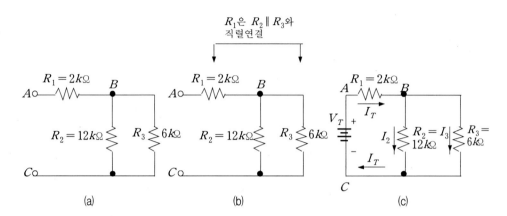

[그림 1-16] 간단한 직병렬회로

R_2와 R_3의 병렬 합성 저항은 $4K\Omega$이다.

$$R_2 \parallel R_3 = \frac{12 \text{ k}\Omega \times 6 \text{ k}\Omega}{12 \text{ k}\Omega + 6 \text{ k}\Omega} = 4 \text{ k}\Omega$$

회로의 전체저항은 $6K\Omega$이다.

$$R_T = R_A + R_{2 \parallel 3} = 2 \text{ k}\Omega + 4 \text{ k}\Omega = 6 \text{ k}\Omega$$

전체 전류 I_T는 7mA 이다.

$$I_T = \frac{V_T}{R_T} = \frac{42 \text{ } V}{6 \text{ k}\Omega} = 7 \text{ mA}$$

R_1은 직렬 저항이므로 전체 전류가 흐르게 된다.
따라서 $I_1 = I_T = 7$mA이다.

$$I_T = I_1 = 7 \text{ mA}$$

여기서 V_2와 V_3의 크기는 $28 V$이므로 I_2와 I_3를 구하면 다음과 같다.

$$I_2 = \frac{28\,V}{12\,K\Omega} \equiv 2\frac{1}{3}\ \mathrm{mA}$$

$$I_3 = \frac{28\,V}{6\mathrm{k}\Omega} = 4\frac{2}{3}\ \mathrm{mA}$$

$$I_3 = I_1 - I_2 = 7\ \mathrm{mA} - 2\frac{1}{3}\ \mathrm{mA} = 4\frac{2}{3}\ \mathrm{mA}$$

1-12 사다리형 회로망

그림1-17(a)에는 세 개의 루프를 갖는 사다리형 회로가 표시되어 있다. I_T, I_1, I_2, I_3, I_4, I_5, I_6를 구해보자. 전체저항 R_T와 본선 전류 I_T를 구하고 I_2, I_3, I_4, I_5, I_6를 구할 때 까지 옴의 법칙을 적용한다. 전체 저항을 구할 때 는 전원에서 가장 먼 곳에서 전원쪽으로 구해 들어온다.

전체 저항을 구하기 위해서 저항 R_5와 R_6의 합성 저항을 구하면 그림 1-17(b)에 표시된 것처럼 $R_{5,6}$는 3Ω이고 R_4와 $R_{5,6}$의 병렬 합성 저항 $R_4 \parallel R_{5,6}$는 2Ω이다. 다시 R_3와 합성 저항은 그림 1-17(c)에 표시된 것처럼 6Ω이 구해진다. 이런 저항과 R_2의 병렬 합성 저항은 3Ω이 된다.

따라서 간략화된 등가회로는 그림1-17(d)와 같다. 이때 전체 저항 R_T는 8Ω이 구해진다. 전체전류(본선전류) I_T는 $3A$이다.

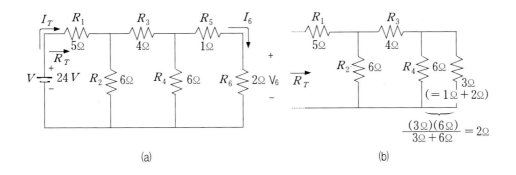

(a)   (b)

27

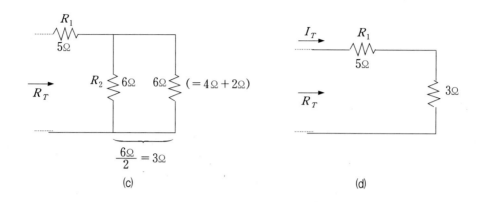

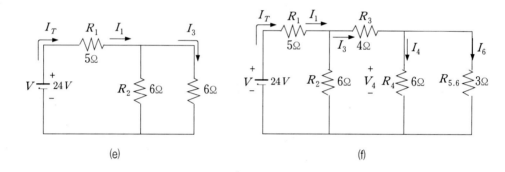

[그림 1-17] 사다리형 회로망 해석

$$R_T = 5\Omega + 3\Omega = 8\Omega$$

$$I_T = \frac{V_T}{R_T} = \frac{24\,V}{8\Omega} = 3A$$

그림 1-17(e)에서 I_2와 I_3의 크기는 각기 1.5A이다.

$$I_T = I_1$$

$$V_{R2} = V_T - I_1 \times R_1 = 24\,V - 15\,V = 9\,V$$

$$I_2 = \frac{V_{R2}}{R_2} = \frac{9\,V}{6\Omega} = 1.5A$$

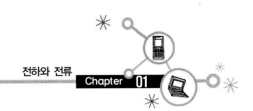

$$I_3 = I_1 - I_2 = 3A - 1.5A = 1.5A$$

V_{R4}와 $V_{5,6}$는 $3V$ 이므로 $I_4 = 0.5A$, $I_{5,6} = 1A$이다.

$$V_{R4} = V_{R2} - I_3 \times R_3 = 9V - 6V = 3V$$

$$I_4 = \frac{V_{R4}}{R_4} = \frac{3V}{6\Omega} = 0.5A$$

$$I_5 = I_3 - I_4 = 1.5A - 0.5A = 1A$$

1-13 휘이스톤 브릿지

휘이스톤 브리지 회로는 4개의 단자를 갖는데 그중 2개의 단자는 입력단자이고 나머지 2개는 출력단자이다. 브리지 회로의 사용목적은 입력에 인가된 전압에 의한 각 회로요소의 전압강하가 균형을 유지하도록 조작해서 출력단의 전압이 0으로 되도록 하는 효과를 이용하는데 있다.

그림 1-18에서 C, D는 입력단자이고 A, B는 출력단자이다. 브리지 회로는 비교 측정에 많이 사용되어진다. 휘이스톤 브리지에서는 미지의 저항 R_x (R_1)가 저항의 정밀측정에 사용되는 표준정밀저항 R_s (R_3)에 대해서 평형을 이루게 된다. 브리지가 평형을 유지하기 위해서 가변저항 R_3를 조절하는데 평형을 이루었을 때는 갈바노메터 G에 0 전류가 표시된다.

각 저항 양단에서의 전압강하에 의한 해석으로 검류계가 0 전류가 흐르는 이유를 확인해보자. R_S 저항과 R_X저항은 전압분배기로서 V_T 전압 양단에 직렬로 연결된다. R_2와 R_4가 직렬로 연결된 병렬 저항렬에도 같은 전압이 인가되기 때문에 역시 전압분배기로 동작한다. 따라서 양쪽 저항렬에서 전압 배분이 같은 비례로 발생한다면 R_1 양단에서의 전압강하가 R_2 양단에 걸리는 전압과 크기가 같다.

이런 경우에는 A점과 B점의 전위는 당연히 같게 되고 메타에 걸리는 전위차는 0 이기 때문에 지침에 편향이 발생되지 않는다. 평형이 이루어졌을 때 휘이스톤 브리지 의 두 지로에서 같은 전압의 비를 갖기 때문에 식(1-17) 처럼 표시할 수 있다.

$$\frac{I_1 R_X}{I_1 R_S} = \frac{I_2 R_2}{I_2 R_4} \qquad 또는 \qquad \frac{R_X}{R_S} = \frac{R_2}{R_4} \qquad (1-17)$$

I_1과 I_2는 생략되기 때문에$1/Rs$을 우변으로 이동시키면 식(1-18)을 구할 수 있다.

$$R_X = R_S \times \frac{R_2}{R_4} \qquad (1-18)$$

보통 R_2와 R_4 저항은 고정되어 있지만 비례변(ratio arm)의 B점을 이동 시키므로 해서 원하는 저항비를 구할 수 있다. 브리지는 검류계가 0눈금을 지시하도록 R_S 값 을 가변 시키므로써 평형상태를 구할 수 있다.

이 때의 R_S 값에 R_2/R_4를 곱하면 미지의 저항값 R_X 값을 구할 수 있다. 평형 브 리지 회로는 검류계를 흐르는 전류가 0일 때 병렬로 연결된 2개의 직렬저항렬을 이용 해서 간단하게 해석할 수 있다.

A점과 B점 사이에 전류가 흐르지 않으면 이런 경로는 개방효과를 갖는다. 전류가 검류계를 통해서 흐르면 브리지회로는 키르히호프의 법칙이나 회로망이론에 의해서 해석해야만 한다.

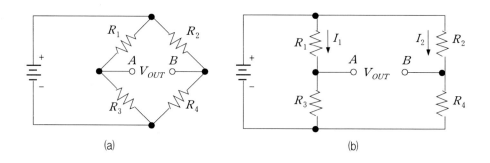

(a)   (b)

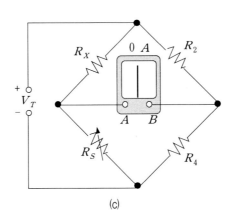

[그림 1-18] 휘이스톤 브리지 회로

1-14 AND, OR 논리함수로 표시되는 직병렬 스위치 회로
(Series-Parallel Switches combine The AND OR Logic Function)

그림 1-19(a)는 직병렬 스위치 회로가 AND and OR 회로를 구성하는지를 보여준다. A, B 스위치가 모두 닫히거나 C 스위치가 닫히면 전구는 ON 상태가 된다. 그러나 C 스위치가 개방될 때 A, B 스위치 중 어느 하나가 개방되면 전구는 OFF 상태가 된다. 그림 1-19(b)는 스위치 A, B, C가 표시할 수 있는 모든 경우의 진리치표를 표시하고 있다. 진리치표의 맨 마지막에 표시된 모든 스위치가 닫힐 때 ON되는 상태를 주시하시오. 그림 1-19(c)는 직병렬회로에 해당하는 논리회로를 표시하고 있다. AND 논리는 스위치 A, B로 구성되고 OR 논리회로는 스위치 C에 의해서 구성된다. 그림 1-19(d)는 논리식을 수학적으로 표시한 것이다.

31

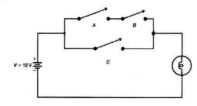

(a) 논리함수 AB+C=X를 표시하는 회로

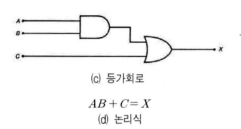

(c) 등가회로

$$AB + C = X$$

(d) 논리식

스위치			전구
A	B	C	
Open	Open	Open	OFF
Open	Open	Closed	ON
Open	Closed	Open	OFF
Open	Closed	Closed	ON
Closed	Open	Open	OFF
Closed	Open	Closed	ON
Closed	Closed	Open	ON
Closed	Closed	Closed	ON

(b) 스위치 A, B, C의 조합으로 표시되는 진리치표

[그림 1-19] 직렬병렬회로로 구성되는 AND & OR 논리회로

연 습 문 제

① 어떤 점에서 2초 동안에 18C의 전하가 이동했다면 얼마의 크기에 해당하는 전류가 흘러 갔는가?

② 절연체에 2A의 전류가 4초 동안 충전된다면 축적된 전하량의 크기는 얼마인가?

③ 다음의 저항을 지멘스나 모오(mho)단위로 변환하시오.

ⓐ 100Ω ⓑ 500Ω

ⓒ 10Ω ⓓ 0.1Ω

④ 다음의 콘덕턴스를 저항으로 변환시키시오.

ⓐ 0.001S   ⓑ 0.002S

ⓒ 0.1S   ⓓ 10S

⑤ 6.25×10^{18}개의 전자가 부족한 물질 31.5×10^{18}개의 전자를 공급했다면 과잉전자가 어떤 점을 1초 동안에 흘러갔을 때 전자의 흐름에 의해서 발생된 전류의 세기는 얼마인지 구하시오.

⑥ 건전지가 $4C$의 전하를 이동시키는데 $12J$의 에너지를 공급했다면 건전지의 전압은 얼마인가?

⑦ 아래의 각 문제들을 지시된 단위로 표현하시오.

ⓐ 2A를 mA로 변환하시오.

ⓑ 1327mA를 A로 변환하시오.

   ⓒ $8.2K\Omega$을 Ω으로 변환하시오.

   ⓓ $680K\Omega$을 $M\Omega$으로 변환하시오.

   ⓔ $10,000\mu$ F를 F로 변환하시오.

   ⓕ 0.000 000 04s를 ns로 변환하시오.

❽ 다음의 각 문장을 지시된 단위로 표현 하시오.

   ⓐ 5600000Ω을 메가옴으로   ⓑ $2.2M\Omega$을 옴으로

   ⓒ $0.330M\Omega$을 킬로옴으로   ⓓ $0.013KV$를 볼트로

   ⓔ $0.24A$를 밀리암페어로   ⓕ 20000μ A를 암페어로

   ⓖ 0.25 mA를 마이크로 암페어로   ⓗ 10000 V를 킬로볼트로

   ⓘ 4000000 W를 메가와트로   ⓙ 5000 KW를 메가와트로

   ⓚ 200 ns를 세컨드로

❾ 그림 1-20에서 R_{AB}, R_{CD}, R_T, V_{AB}, V_{CD}, V_{R3}, V_{R1}, V_{R2}, V_{R4}, V_{R5}, V_{R6}를 구하시오.

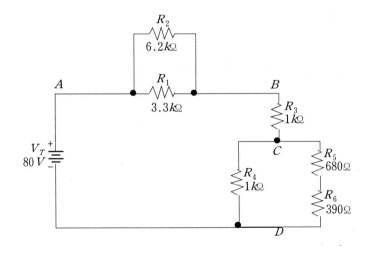

[그림 1-20]

⑩ 휘이스톤 브리지에서 갈바노 메터가 평형상태를 표시하고 있다면 표준저항이 $18K\Omega$ 이고 R_2 / R_4의 비가 0.02라고 가정할 때 미지저항의 크기는 얼마인가?

⑪ 그림 1-21에 표시된 회로에서 I_5, I_6, I_T, V_7을 구하시오.

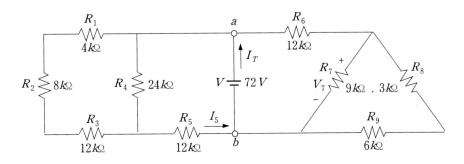

[그림 1-21]

 정답

1. $I = Q/t$ 이므로 $I = 18C/2s = 9A$ 이다.

2. $Q = $ 이므로 $Q = 2A \times 4s = 8C$ 이다.

3. $S = 1/R$이다. ⓐ 0.01S, ⓑ 0.002S, ⓒ 0.1S, ⓓ 10S

4. ⓐ 1000Ω, ⓑ 500Ω, ⓒ 10Ω, ⓓ 0.1Ω

5. 과잉전자는 6.25×10^{18}개이므로 $1C$이다. 따라서 $1A$의 전류가 흐른다.

6. $1V = 1J/1C$이다.

7. ⓐ $1A = 1000mA = 10^3 A$, $2A = 2 \times 1000mA = 2000mA$,

   또는 $2A = 2 \times 10^3 mA = 2000mA$

   ⓑ $1mA = 0.001A = 10^3 A$, $1327mA = 1327 \times 0.001A = 1.327A$,

   $1327mA = 1327 \times 10^3 A = 1.327A$

ⓒ $1K\Omega = 1000\Omega = 10^3\,\Omega$, $8.2K\Omega = 8.2 \times 1000\Omega = 8200\Omega$,

또는 $8.2K\Omega = 8.2 \times 10^3\,\Omega = 8200\Omega$

ⓓ 1단계 : 옴으로 전환 $680 \times 1000 = 680,000\Omega$,

2단계 : 메가옴으로 전환 $1\Omega = 0.000001M\Omega$,

$680000\Omega = 680000 \times 0.000001M\Omega = 0.68M\Omega$

ⓔ $1\mu F = 0.000001F = 10^6\,F$, $10000 \times 0.000001 = 0.01F$,

또는 $10000 \times 10^{-6} = 0.01F$

ⓕ $1s = 1000000000ns = 10^9\,ns$,

$0.000000045 = 0.00000004 \times 1000000000ns = 40ns$,

또는 $0.00000004 \times 10^9\,ns = 4 \times 10^1\,ns = 40ns$

8. ⓐ $5.6M\Omega$, 　　　　　　　　　ⓑ $2,200,000\Omega$ 또는 $2.2 \times 10^6\,\Omega$,

　ⓒ $330K\Omega$ 　　　　　　　　　　ⓓ 13V

　ⓔ 240mA 　　　　　　　　　　　　ⓕ 0.02A

　ⓖ 250μ A 　　　　　　　　　　ⓗ 10KV

　ⓘ 4MW 　　　　　　　　　　　　ⓙ 5MW

　ⓚ 0.0000002s 또는 2 × 10−7

9. $R_{AB} = 2150\Omega$, $R_{CD} = 517\Omega$, $R_T = 3670\Omega$, $V_{AB} = 46.9\,V$, $V_{CD} = 11.3\,V$,

$V_{R3} = 21.8\,V$, $V_{R1} = 46.9\,V$, $V_{R2} = 46.9\,V$, $V_{R4} = 11.3\,V$, $V_{R5} = 7.18\,V$,

$V_{R6} = 4.12\,V$

10. 360Ω

11. $I_5 = 3\text{mA}$, $I_6 = 4.35\text{mA}$, $I_T = 7.35\text{mA}$, $V_7 = 19.6\,V$

Chapter

02 키르히호프의 법칙

많은 전기회로들의 회로소자의 직렬, 병렬, 또는 직-병렬 연결의 형태가 아닌 특이한 형태로 구성되어진다. 예를 들면 회로내의 서로 다른 두 개의 지로에 전원이 공급되는 경우도 있고 불평형 브리지 회로와 같은 경우도 있다. 따라서 이런 경우에는 직렬회로와 병렬회로에서 적용되어지는 이론들을 적용시킬 수가 없기 때문에 좀더 일반화된 해석방법이 필요하게 된다. 바로 이런 점의 해결책으로 발견된 것이 바로 9장에서 설명되어지는 키르히호프의 법칙과 10장에서 설명되어질 회로망 이론이다. 키르히호프의 법칙은 직렬 혹은 병렬회로와 무관하기 때문에 모든 전기회로에 적용되어지며 발견자의 이름을 따서 키르히호프의 법칙이라 부르는데 전압법칙과 전류법칙으로 구분되어지며 키르히호프(Gustav R. Kirchhoff)는 독일의 물리학자로 1847년에 키르히호프의 전압법칙과 전류법칙을 제안했다.

2-1 키르히호프의 전류법칙

회로내의 임의의 한 점에서 흘러 들어오고 나간 전류의 대수적인 합은 항상 0이다. 다시 말하면 회로내에서 임의의 한 점을 통해서 흘러들어온 전류와 흘러나간 전류의 크기는 항상 같다. 그렇지 않으면 전하는 전도경로를 갖는 대신 한 점에서 축적되어질 것이다. 대수적인 합은 +값과 −값이 결합되어지는 것을 의미한다.

$$\sum I \text{입력} = \sum I \text{출력} \tag{2-1}$$

$$\sum I = 0 \tag{2-2}$$

회로를 해석하기 위해서 키르히호프의 법칙을 사용할 때는 전압과 전류의 대수적인 부호를 결정해야 한다. 보통 어떤 지로점에서 들어오는 모든 전류는 +부호를 갖도록 하며, 지로점에서 흘러나가는 전류는 −부호를 갖는다. 예를 들면 그림 2-1에서 전류는 다음과 같이 표시되어진다.

$$I_1 = I_2 + I_3, \qquad\qquad I_1 - I_2 - I_3 = 0$$

$$6A = 2A + 4A, \qquad\qquad 6A - 2A - 4A = 0$$

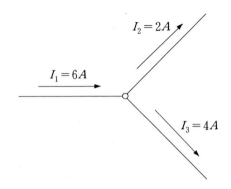

[그림 2-1] 키르히호프의 전류법칙

예제 2-1

그림 2-2에 표시된 회로에서 키르히 호프의 전류 법칙을 이용해서 I_4를 구하시오.

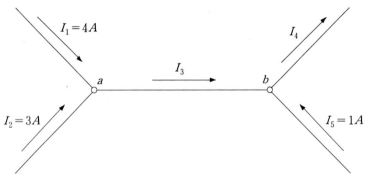

[그림 2-2]

풀이 절점 a 에서는 미지의 수가 I_3 하나이고, 절점 b에서는 미지수가 둘이기 때문에 키르히호프의 전류 법칙을 절점 a에서 부터 적용한다.

절점 a에서 $\sum I$입력 $= \sum I$출력

$I_1 + I_2 = I_3$

$4A + 3A = I_3$

$\therefore \quad I_3 = 7A$이다.

절점 b에서 $I_3 + I_5 = I_4$

$$7A + 1A = I_4$$

$$I_4 = 8A$$

예제 2-2

그림 2-3에 표시된 회로에서 I_1, I_3, I_4, I_5를 구하시오.

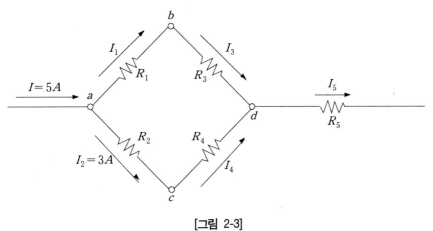

[그림 2-3]

풀이 절점 a에서 $I = I_1 + I_2$

$$5A = I_1 + 3A$$

$$I_1 = 5A - 3A = 2A$$

저항 R_2와 R_4가 직렬로 연결되어 있고, R_1과 R_3가 직렬 연결이기 때문에

절점 b에서 $I_1 = I_3 = 2A$

절점 c에서 $I_2 = I_4 = 3A$

절점 d에서 $I_3 + I_4 = I_5$

$$I_5 = 5A, \ I = I_5$$

예제 2-3

그림 2-4에 표시된 회로에서 I_3, I_4, I_6, I_7을 구하시오.

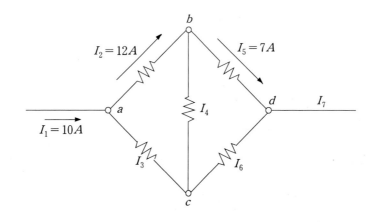

[그림 2-4]

풀이 $I_7 = I_1 = 10A$

여기서 $10A$는 절점 a의 입력 전류이고, $12A$는 출력전류이다. I_3는 반드시 그 절점에 인가되는 전류이어야 한다. 절점 a에 키르히호프의 전류법칙을 적용시키면,

$I_1 + I_3 = I_2$

$10A + I_3 = 12A$

따라서 $I_3 = 12A - 10A = 2A$이다.

절점 b에서 $12A$는 입력 전류이고, $7A$는 출력 전류이다. I_4는 반드시 출력 전류이어야 한다.

$I_2 = I_4 + I_5$

$12A = I_4 + 7A$

따라서 $I_4 = 12A - 7A = 5A$이다.

절점 c에서 I_3는 $2A$의 출력전류이고 I_4는 $4A$의 입력 전류, I_6은 출력 전류가 되어야 한다. 절점 c에 대해서 키르히호프의 전류 법칙을 적용시키면,

$I_4 = I_3 + I_6$

$5A = 2A + I_6$

따라서 $I_6 = 5A - 2A = 3A$이다.

절점 d에서 검토해 보면

$I_5 + I_6 = I_7$

$7A + 3A = 10A$ 이다.

2-2 키르히호프의 전압법칙

임의의 폐루프에서 모든 전압의 대수적인 합은 0이다. 만약 임의의 전위를 갖는 한 점에서 출발해서 같은 전위로 같은 점에 돌아오면 전위차는 0이 된다.

$$\sum V \text{ 폐루프} = 0 \tag{2-3}$$

그림 2-5에 표시한 것처럼 전압의 대수적인 부호를 결정하기 위해서는 먼저 전압의 극성을 표시해야 한다. 편리한 방법은 전원의 +단자에서부터 출발해서 회로내를 일주하면 되는데 +단자가 처음 만나는 전압은 +극성을, -단자가 만나는 전압은 -극성을 갖게 된다. 이것은 전압원과 전압강하 모두에 해당되며 반시계 방향이든 시계 방향이든 간에 어느 쪽을 기준으로 하던 무관하다.

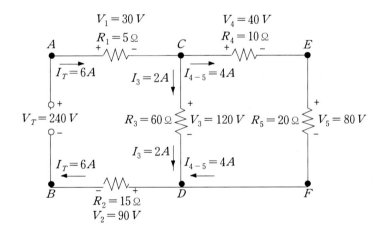

[그림 2-5] 직병렬 회로에서의 키르히호프 법칙 적용 예

출발점으로 되돌아오지 못한다면 대수적인 합은 출발점과 끝난점 사이의 전위차가 되며, 어떤 폐루프를 사용하던 무관한데 그 이유는 회로 내에서 임의의 두 점 사이에서의 순전압은 전위차를 결정할 때 사용되어지는 경로와는 무관하기 때문이다. 임의의 닫힌 경로를 루프라고 부르는데 루프 방정식은 루프 주위의 전압을 더한 식을 의

미하며, 그림 2-5에는 3개의 루프가 존재하는데 그중 하나는 가장 바깥쪽 루프로 A점을 출발해서 CEFDB를 돌아서 A로 돌아오는 루프로서 V_1, V_4, V_5, V_2, V_T가 포함되어진다. 또한 나머지 2개의 루프는 회로 내부에 존재하는데 ACDBA 루프는 V_1, V_3, V_2, V_T가 포함되며, CEFDC 루프는 V_4, V_5, V_3가 포함된다. 전원을 갖는 내부 루프 ACDBA를 해석해 보자.

시계 방향으로 방향을 잡고 A점에서부터 시작한다고 가정하면 루프 방정식은

$$V_2 + V_3 + V_2 - V_T = 0$$

이다.

여기에 각 전압의 대수적인 크기를 대입하면

$$90\ V + 120\ V + 30\ V - 240\ V = 0$$

이다.

위 식에서 V_1, V_3, V_2는 +부호를 갖는데 이것은 각 전압이 +단자가 먼저 만나기 때문이며 전압원 V_T는 −단자가 접촉되기 때문에 −부호를 갖게 된다. 반대방향인 반시계 방향으로 루프 방정식을 세우면 V_1, V_3, V_2는 −부호를 갖는다.

$$-V_1 - V_3 - V_2 + V_T = 0 \text{혹은} -30\ V - 120\ V - 90\ V + 240\ V = 0$$

여기서 좌변의 −전압을 우변으로 이항시키면 $90\ V + 120\ V + 30\ V = 240\ V$로 표시되며 위 식은 모든 전압강하의 크기가 인가전압의 크기와 일치하고 있음을 나타내고 있다.

$$\sum V = V_T$$

그리이스 문자 $\sum$는 합친다는 의미를 갖는다. V_T 전압이 인가된 회로내의 모든 전압강하의 합이 V_T와 같아진다. 그림 2-5에서 V_T를 포함하는 내부 폐루프의 b점에서 시작하여 반시계 방향으로 일주하면 루프 방정식은

$$90\ V + 120\ V + 30\ V = 240\ V$$

가 된다.

위 식은 $\sum V = V_T$ 와 같은데 각 전압의 부호는 모두 $+$를 갖는다. 이것은 $-$부호를 갖는 전압을 이항시켜서 $+$부호로 바꾸었기 때문이며, 전압원을 갖지 않는 경우의 각 전압강하의 대수적인 합이 0이기 때문에 한쪽 변은 항상 0이 된다. 예를 들자면 그림 2-5에서 cefdc 루프를 해석하면 c점을 기준으로 해서 시계 방향으로 루프 방정식을 세우면 $+V_4 + V_5 - V_3 = 0$가 되고 각각의 크기를 대입하면 $+40\,V + 80\,V - 120\,V = 0$으로 표시되어진다.

주의할 것은 V_3만 $-$부호를 갖는데 이것은 C점에서부터 시계 방향으로 루프 방정식을 세워 나갈 때 $+V_3$ 자신의 $-$단자가 먼저 만나기 때문이다.

예제 2-4

그림 2-6(a)와 (b)에 표시된 회로에서 미지 전압을 구하시오.

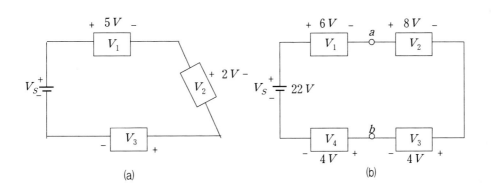

(a)　(b)

[그림 2-6]

풀이 그림 2-6(a)에서 a점을 출발하여 시계방향으로 키르히호프의 전압법칙을 적용하면

$+V_1 + V_2 + V_3 - V_S = 0,\ +5\,V + 2\,V + V_3 - 15\,V = 0$

로 식이 구해진다.

따라서 미지전압 $V_3 = 8\,V$이다. 그림 2-6(b)에서 시계방향으로 키르히호프의 전압법칙을 적용하면

$+V_1 + V_{ab} + V_4 - V_S = 0,\ +6\,V + V_{ab} + 4\,V - 22\,V = 0,\ V_{ab} = V_2 + V_3 = 12\,V$

이다.

2-3 지로전류법

그림 2-7에 표시된 회로에 키르히호프의 법칙을 적용시켜보자. 여기서는 3개의 저항에 관계되는 전압과 전류를 구하면 된다. 우선 각 저항을 통해서 흐르는 전류의 극성을 표시하고 이것과 일치하는 전압의 극성을 표시한다.

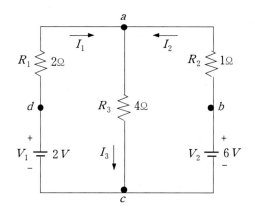

[그림 2-7] 지로전류법

V_1전원은 R_1 저항을 통해서 흐르는 I_1 전류를 발생시키고 V_2전원은 R_2저항을 통해서 흐르는 전류 I_2 를 발생시킨다. 각 저항 R_1, R_2, R_3 에는 각각 I_1, I_2, I_3 전류가 흐르게 되며, 전류의 세기를 모른다고 하더라도 해를 구하기 위해서는 3개의 방정식을 세우기만 하면 된다. 우선 키르히호프의 전류법칙을 적용시키면 $I_3 = I_1 + I_2$이다.

따라서 R_3 저항을 통해서 흐르는 전류는 $I_1 + I_2$의 크기를 갖는다. $I_1 + I_2$의 전류값을 구하기 위해서는 2개의 독립된 방정식이 필요한데 이것은 키르히호프의 전압방정식에 의해서 2개의 루프 방정식을 구하면 된다.

그림 2-7에서 3개의 루프가 존재하는데 하나는 최외각 루프이고 2개는 내부 루프이다. 그러나 여기서는 2개만 필요하기 때문에 내부의 루프 방정식을 사용하게 된다.

V_1 전원을 포함하는 루프를 a점에서 출발해서 시계 방향으로 일주시키면 V_1, V_{R1}, V_{R3}가 포함되어진다.

$$V_{R1} + V_{R3} - 2V = 0$$

V_2를 포함하는 루프를 a점에서부터 시작해서 반시계 방향으로 일주시키면 V_2, V_{R2}, V_{R3}가 포함되어진다.

$$V_{R2} + V_{R3} - 6 = 0$$

위의 2개의 루프 방정식에 R_1, R_2, R_3값을 대입해서 전압 강하식으로 변환시켜보면

$$V_{R1} = I_1 R_1 = I_1 \times 2 = 2I_1$$

$$V_{R2} = I_2 R_2 = I_2 \times 1 = I_2$$

$$V_{R3} = (I_1 + I_2)R_3 = 4(I_1 + I_2)$$

이므로 다음의 루프 방정식을 구할 수 있다.

$$2 - 2I_1 - 4(I_1 + I_2) = 0$$

$$6 - I_2 - 4(I_1 + I_2) = 0$$

따라서 두 식을 정리하면, $6I_1 + 4I_2 = 2$, $4I_1 + 5I_2 = 6$이 구해진다.

다시 두 식을 통분하면 $12I_1 + 15I_2 = 18, 12I_1 + 8I_2 = 4$로 표시된다.

I_2를 구하면 $7I_2 = 14$이다. 따라서 $I_2 = 2A$이고 $I_1 = -1A$, $I_3 = 1A$가 구해진다.

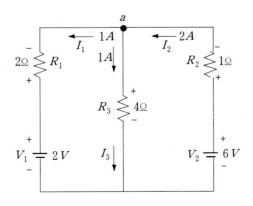

[그림 2-8] 그림 2-7의 해

여기서 I_1의 부호가 − 표시인 것은 회로에서 표시된 전류의 방향이 반대로 표시되어야 한다는 것을 의미한다. 따라서 그림 2-7에서 I_1의 전류방향을 다시 표시하면 그림 2-8의 회로를 구할 수 있다. 이것은 V_2 전원의 크기가 V_1 전원의 크기보다 아주 크기 때문에 훨씬 더 큰 전류를 발생시키고 결국은 그 차이에 해당하는 전류가 a점을 통해서 흐르게 된다. 따라서 R_3저항을 통해서 흐르는 전류의 세기는 1A가 된다.

$$I_3 = I_1 + I_2 = -1A + 2A = 1A$$

여기서 I_1, I_2, I_3의 크기를 계산했으므로 V_{R1}, V_{R2}, V_{R3}를 구할 수 있다.

$$V_{R1} = I_1 \times R_1 = 1 \times 2 = 2V$$

$$V_{R2} = I_2 \times R_2 = 2 \times 2 = 4V$$

$$V_{R3} = I_3 \times R_3 = 1 \times 4 = 4V$$

앞 식에서 모든 전류가 ＋부호를 갖는데 이것은 전류의 방향이 모두 정상으로 표시되었기 때문이며, IR의 전압강하 역시 실제 전류에 의해서 극성이 표시되어지기 때문에 그림 2-8에 표시된 것과 같다.

V_{R1}와 V_{R3}는 극성이 반대이므로 루프 1에서의 루프내 전압은 − 2V+4V=2V의 크기를 갖게 되므로 V_1의 크기와 등가이다.

2-4 절점전압법

지로 전류법에서는 전류가 루프내의 전압강하를 표시하는데 사용되어지고 루프 방정식은 키르히호프의 전압법칙을 만족하게 된다. 루프 방정식을 해석하면 미지의 지로 전류값을 계산 할 수 있다. 또다른 해석 방법은 각 지로점에서 전류를 표시하기 위해서 전압강하를 이용하는 것으로 여기서는 키르히호프의 전류법칙이 적용된다. 절점 방식을 해석하면 미지의 절점 전압을 구할 수 있다.

절점 전압법은 지로 전류법보다 간단하다. 절점은 두 개 이상의 소자가 공통으로 연결되는 점으로 중요 절점(principal node)에는 3개 이상 연결되어진다.

이런 중요 절점이 바로 지로점 혹은 접합점으로 전류를 분배하기도 하고 모으기도 한다. 따라서 중요 절점에서의 전류방정식을 세우게 되는데 그림 2-9에서는 N점과 G점이 Principal 절점이다. 여하튼 두 개의 절점 가운데 하나는 나머지 절점에서의 전압을 표시하기 위해서 사용되는 기준 절점으로 그림 2-9에서는 G점이 샤시접지에 연결되어 있기 때문에 기준 절점(reference node)이 된다.

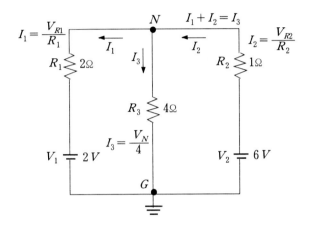

[그림 2-9] 절점 전압법

따라서 오직 N절점에서만 전류 방정식을 세우면 되는데 일반적으로 회로를 해석하기 위해서 세워야 되는 전류방정식은 주절점의 수보다 한 개 적은 수만큼 필요하다.

그림 2-7에 표시된 회로는 이미 지로 전류법에 의해서 해석한바 있다. 따라서 그림 2-9에서는 그림 2-7에 표시된 회로를 절점 방정식으로 해석하는 회로를 표시했다. 이 회로를 해석하기 위해서는 절점 N과 G사이의 절점전압 V_N을 구하기만 하면 나머지 전압과 전류의 크기는 쉽게 구해진다.

절점 N을 통해서 흐르는 전류는 다음과 같다. I_1은 오직 2Ω의 R_1 저항만 흐르는 전류이기 때문에 $I_1 = \dfrac{V_{R1}}{R_1}$ 또는 $I_1 = \dfrac{V_{R1}}{2\Omega}$ 으로 표시되고, I_2는 $I_2 = \dfrac{V_{R2}}{1\Omega}$, I_3은 $I_3 = \dfrac{V_{R3}}{4\Omega}$ 으로 표시된다.

주의할 것은 V_{R3}가 바로 절점 N의 전압 V_N이라는 점이다. 따라서 절점 N에서의 전류방정식을 세우면 $I_1 + I_2 = I_3$ 혹은 식(2-4)처럼 표시할 수 있다.

$$\frac{V_{R1}}{2} + \frac{V_{R2}}{1} = \frac{V_N}{4} \tag{2-4}$$

그러나 위식에서 V_{R1}과 V_{R2}의 크기를 알지 못하기 때문에 V_{R1}과 V_{R2}의 크기를 이미 알고 있는 V_1과 V_2 를 이용해서 V_N을 포함하는 식으로 표시하게 된다.

키르히호프의 전압법칙을 이용해서 왼편과 오른편의 내부 루프 방정식을 세우면

$$V_{R1} + V_N = 2\,V, \qquad V_{R2} + V_N = 6\,V$$

이므로 V_{R1}과 V_{R2} 는 식(2-5)처럼 표시된다.

$$V_{R1} = 2\,V - V_N, \qquad V_{R2} = 6\,V - V_N \tag{2-5}$$

따라서 V_{R1}과 V_{R2}를 원식에 대입하면 전류방정식은 식(2-6)처럼 구할 수 있다.

$$\frac{2\,V - V_N}{2} + \frac{6\,V - V_N}{1} = \frac{V_N}{4} \tag{2-6}$$

V_N 한개의 미지수만을 포함하는 식이기 때문에 통분해서 정리하면 V_N의 크기는 $4\,V$가 구해진다.

$$4\,V - 2\,V_N + 24\,V - 4\,V_N = V_N$$

$$7\,V_N = 28\,V$$

$$V_N = 4\,V$$

V_N의 크기는 지로 전류법에 의해서 계산된 V_{R3}의 크기와 일치하므로 지로 전류법과 절점 전압법이 모두 회로 해석에 같은 결과를 구할 수 있다는 사실을 증명할 수 있다. 또한 V_{R3}와 V_N 의 부호가 모두 +이기 때문에 전류I_3 의 방향이 일치하고 있음을 알 수 있다. 이제 회로내의 다른 전압을 계산해 보자.

먼저 절점전압을 계산한 것은 절점전압이 두 개의 루프에 공통으로 걸리기 때문이다. 그림 2-9에서 V_N이 $4\,V$이므로 $V_{R1} = 2\,V - 4\,V = -2\,V$가 되며, I_1의 크기는

$-1A(-2V/2\Omega)$가 된다. $-$부호는 전류 I_1의 방향이 반대로 표시되어 있음을 의미한다.

따라서 I_1의 극성의 극성을 정확하게 고친 회로는 그림은 2-8에 표시된 것과 같아지며 I_1의 크기는 $1A(2V/2\Omega)$이다. 따라서 절점 방정식과 루프 방정식을 사용하면 쉽게 해를 구할 수 있다는 사실을 알게 되었다. 결국 절점 방정식은 키르히호프의 전류 방정식을 의미하고, 이때 I의 크기는 옴의 법칙에 의해서 V/R식으로 표시되어지며, 절점전압을 구하므로 해서 쉽게 I값을 구할 수 있다.

루프 방정식 역시 키르히호프의 전압법칙을 만족하게 되는데 전압의 크기는 $I\times R$에 의해서 표시되어지므로 전류의 세기를 구하기 위해서 사용되어지는데 이것은 이미 그림 2-7에서 지로 전류법을 설명할 때 사용했었다.

2-5 망전류법

망(mesh)은 그물이라는 뜻으로 회로내의 폐루프 형태가 그물망과 비슷하다는 점에서 유래된말이다. 그림 2-10에 표시된 회로에는 두 개의 망 ACDBA와 CEFDC가 존재한다. 주의할 점은 최외각의 폐루프 ACEFDBA는 망이 아니라는 사실이다.

망은 마치 한 개의 창문틀과 같으며 지로를 포함하지 않는 한 개의 이동경로만을 갖는다. 각 망에는 오직 한 개의 망전류만 흐른다고 가정한다. 그림 2-10에서 망전류 I_A는 V_1, R_1, R_3 만을 통해서 흐르고, 망전류 I_B는 V_2, R_2, R_3을 통해서 흐르게 된다.

주의 할 점은 망전류가 분류되지는 않지만 두 개의 망전류가 한 개의 저항을 동시에 흘러갈 수 있기 때문에 두 개의 망전류가 공통으로 흐르는 저항에서는 두 전류의 차에 해당하는 전류 성분만 존재하게 된다는 점이다.

이점이 바로 망전류와 지로전류와의 차이점인데 망전류는 가상적인 전류이고, 지로전류는 실제 존재하는 전류이기 때문에 이와 같은 일이 발생된다. 그림 2-10의 회로를 해석해 보면 이 회로는 이미 앞에서 해석한 그림 2-8의 회로와 등가회로임을 알 수 있다. I_A와 I_B를 망전류라고 가정하면 망 방정식은 다음과 같이 표시되어진다.

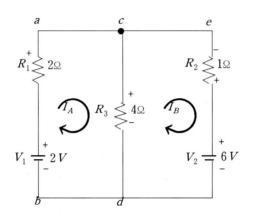

[그림 2-10] 망전류법

망의 갯수는 망전류의 갯수와 일치하고 필요한 망방정식의 갯수와도 같다. 그림 2-10에서는 두 개의 망이 존재하기 때문에 두 개의 망전류가 존재하고 망방정식 역시 두 개가 필요하다. 각 망에서의 전류 방향은 일치하는데 그림2-10에 표시한 것처럼 전류의 방향은 보통 시계 방향으로 잡는다.

각 망 방정식에서 전압강하의 대수적인 합은 인가전압과 같다. 전압강하는 망전류 방향이 모두 같기 때문에 같은 부호를 갖게 되서 전체 전압강하는 각 전압강하를 더하면 구해진다.

망 A에서 : $6I_A - 4I_B = 2\,V$

망 B에서 : $-4I_A + 5I_B = -6\,V$

이때 두식을 간략화 하면 $I_A = -1A$, I_B는 $-2A$ 가 구해진다. 두 전류 모두 - 부호를 갖기 때문에 전류의 방향이 반대로 표시되어진다는 것을 의미하고 그림 2-8과 일치 된다는 사실을 확인 할 수 있다.

예제 2-5

그림 2-11에 표시된 회로에 망 전류법을 적용하고 I_A와 I_B를 구하시오.

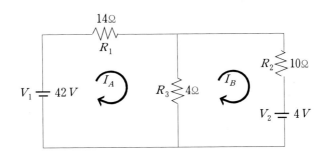

[그림 2-11]

풀이 망 A에서 : $18I_A - 4I_B = 42\,V$

망 B에서 : $-4I_A + 14I_B = -4\,V$

이때 두식을 간략화 하면 $I_A = 2.41A$, I_B는 $0.4A$가 구해진다. 두 전류 모두 + 부호를 갖기 때문에 전류의 방향이 망 전류와 일치된다는 것을 확인 할 수 있다.

연 습 문 제

❶ 그림 2–12에 표시된 회로에서 I_A와 I_B를 구하시오.

❷ 그림 2–13에 표시된 회로에서 I_A와 I_B, I_C를 구하시오.

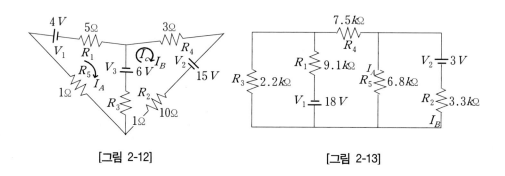

[그림 2-12]   [그림 2-13]

❸ 그림 2–14에 표시된 회로에서 I_A와 I_B, I_C를 구하시오.

❹ 그림 2–15에 표시된 회로에서 I_1, I_2, I_3을 구하시오.

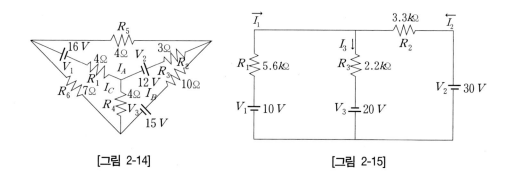

[그림 2-14]   [그림 2-15]

❺ 그림 2–16에 표시된 회로에서 I_1, I_2, I_3을 구하시오.

❻ 그림 2–17에 표시된 회로를 망 전류법으로 해석하시오.

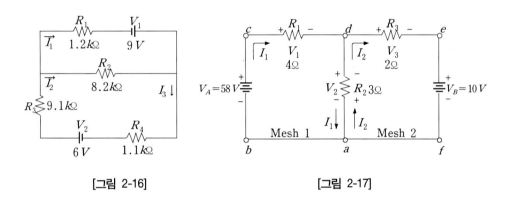

[그림 2-16]   [그림 2-17]

❼ 그림 2–18에 표시된 회로를 절점 전압법으로 해석하고 V_N, V_1, V_2, V_3, I_1, I_2, I_3을 구하시오.

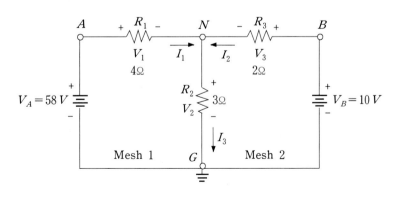

[그림 2-18]

❽ 그림 2-19에 표시된 회로의 망 방정식을 세워 보시오.

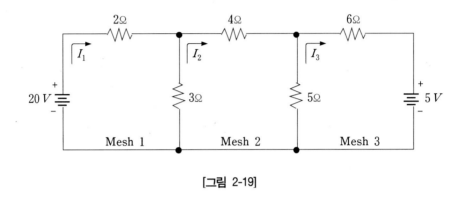

[그림 2-19]

❾ 그림 2-20에 표시된 회로의 망 방정식을 세워보시오.

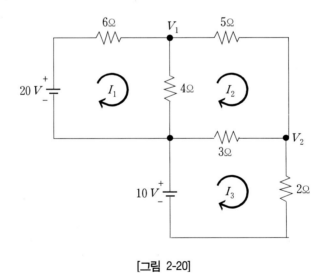

[그림 2-20]

정답

1. $7I_A - I_B = 2\,V, \ -I_A + 14I_B = -21\,V,$

   두 식을 정리하면 $I_A = 0.14A, \ I_B = 1.49A$ 이다.

2. $I_{R3} = 1.2059\text{mA}, \ I_{R4} = -0.4806\text{mA}, \ I_{R2} = -0.602\text{mA}$

3. $I_{R5} = -0.2385A, \ I_{R3} = -0.58278A, \ I_{R6} = -1.28566A$

4. $I_{R1} = 1.445\text{mA}, \ I_{R2} = -8.513\text{mA}, \ I_{R3} = 9.958\text{mA}$

5. $I_{R1} = 2.0316\text{mA}, \ I_{R2} = 0.8\text{mA}, \ I_{R3} = 1.2316\text{mA}$

6. $I_{da} = 6A, \ V_1 = 40\,V, \ V_2 = 18\,V, \ V_3 = 8\,V, \ I_1 = 10A, \ I_2 = 4A$

7. $V_N = 18\,V, \ V_1 = 40\,V, \ V_2 = V_N = 18\,V \ V_3 = V_B - V_N = -8\,V$

   $I_1 = 10A, \ I_2 = -4A, \ I_3 = 6A$

8. $20 = 5I_1 - 3I_2, \ 0 = -3I_1 + 12I_2 - 5I_3, \ 5 = -5I_2 + 11I_3$

9. $10I_1 - 4I_2 = 20 \ -4I_1 + 12I_2 - 3I_3 = 0 \ -3I_2 + 5I_3 = 10$

Chapter
03
회로망 이론

회로망은 저항과 같은 소자들이 여러 가지 형태로 조합되어서 만들어진다.   여하튼 회로망을 해석하기 위해서는 직렬회로와 병렬회로의 해석방법 이외에도 여러 가지의 법칙이 사용되어진다. 키르히호프의 법칙은 어떤 회로에서나 적용되어진다. 회로망 이론은 회로를 해석하는데 보다 편리한 방법을 제공하게 되는데, 그 이유는 회로망을 원래 회로와 등가이면서 보다 간편한 회로로 변환시킬 수 있기 때문이며, 이렇게 변환된 등가회로는 직렬회로와 병렬회로에 적용되는 공식을 사용해서 문제의 해를 쉽게 구할 수 있게 한다.

3-1 중첩의 원리

중첩의 원리는 그림 3-1(a)에 표시된 것처럼 두 개 이상의 전원을 갖는 회로에 옴의 법칙을 사용해서 확장시킬 수 있기 때문에 매우 유용한 원리이다.

간단히 설명하면 그림 3-1(b), (c)에 표시된 것처럼 각 전원의 영향을 각각 계산한 다음 모든 전원에 의한 결과를 중첩시키는 것인데 중첩의 원리는 두개 이상의 전원을 갖는 회로망에서 전류원이든 전압원이든 간에 각각의 전원에 의해서 발생되는 효과의 대수적인 합이라고 정의되어 진다.

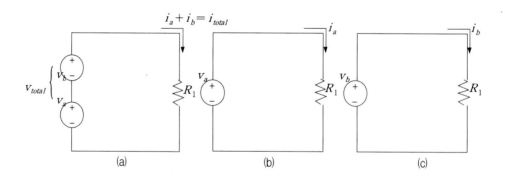

[그림 3-1] 중첩의 정리

한 번에 한 개의 전원만을 사용하기 위해서는 나머지 전원은 동시에 일시적으로 제거시켜야 한다. 이것은 그림 3-2에 표시된 것처럼 회로의 저항을 바꾸지 않고 전류와 전압을 발생시키지 않도록 전원을 제거시키는 것을 의미하며, 건전지와 같은 전압원은 두 단자 사이를 단락 시키고 전류원인 경우는 개방시키면 제거시킬 수 있다. 내부 저항은 변함이 없다.

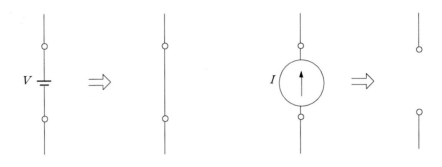

[그림 3-2] 이상적인 전원의 제거 효과

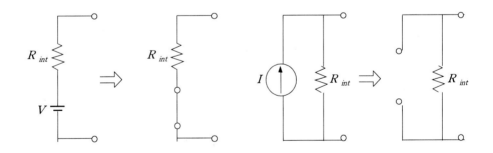

[그림 3-3] 내부저항을 갖는 전원의 제거효과

예제 3-1

그림 3-4(a)에 표시된 회로에서 4Ω 저항 양단에 흐르는 전류를 구하시오.

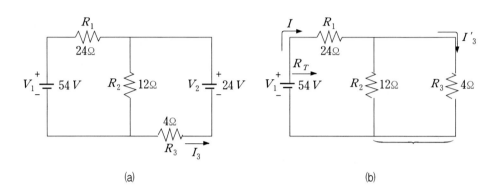

(a)　　　　　　　　　　　　　　　(b)

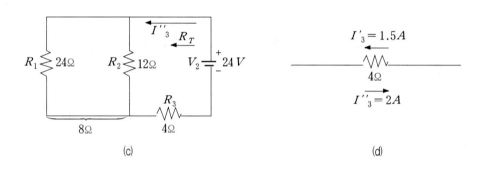

(c)　　　　　　　　　　　　　　　(d)

[그림 3-4]

풀이 54V 전압원의 영향만 고려하면 그림 3-4(b)의 등가회로를 구할 수 있다.

$R_T = R_1 + R_2 \| R_3 = 24\Omega + 12\Omega \| 4\Omega = 24\Omega + 3\Omega = 27\Omega$

$I = \dfrac{V_1}{R_T} = \dfrac{54\,V}{27\Omega} = 2A$

비례 전류법에 의해서 $I_3{}'$ 는 1.5A이다.

$I_3' = \dfrac{R_2}{R_2 + R_3} \times I_T = \dfrac{(12\Omega)}{12\Omega + 4\Omega} \times 2A = 1.5A$

24V 전압원의 영향만 고려하면 그림 3-4(c)의 등가회로를 구할 수 있다.

$R_T = R_3 + R_1 \| R_2 = 4\Omega + 24\Omega \| 12\Omega = 4\Omega + 8\Omega = 12\Omega$

비례 전류법에 의해서 $I_3{}''$ 는 2A이다.

$$I_3'' = \frac{V_2}{R_T} = \frac{24\,V}{12\,\Omega} = 2A$$

4Ω에 흐르는 전체전류 그림 3-4(d)에 표시된 것처럼 0.5A이다.

$$I_3 = I_3'' - I_3' = 2A - 1.5A = 0.5A\,(I_3''\,의\,방향)$$

예제 3-2

그림 3-5(a)에 표시된 회로에서 I_1을 구하시오.

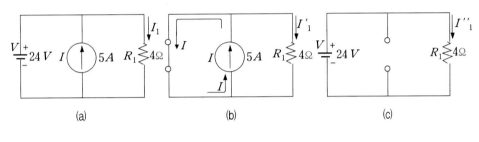

(a) (b) (c)

[그림 3-5]

풀이 그림 3-5(a)에 표시된 회로에서 전압원 V를 제거 시키면 그림 3-5(b)에 표시된 등가회로를 구할수 있다. 이때 $I_1' = 0A$이다.

$$I_1' = \frac{R_{SHORT}}{R_{SHORT} + R_I} \times 5A = \frac{0\Omega}{0\Omega + 4\Omega} \times 5A = 0A$$

그림 3-5(a)에 표시된 회로에서 전류원 I를 제거시키면 그림 3-5(c)에 표시된 등가회로를 구할 수 있다. 이때 $I_1'' = 6A$이다.

$$I_1'' = \frac{V}{R_1} = \frac{24\,V}{4\,\Omega} = 6A$$

따라서 I_1과 $I_{1''}$은 그림 3-5(a)와 (b)에서 같은 방향으로 흐르고 전류 I_1은 두 전류의 합으로 $6A$이다.

$$I_1 = I_1' + I_1'' = 0A + 6A = 6A$$

이 경우 저항의 전압은 24V로 고정되어 있으므로 전류원은 병렬로 연결되어 있기 때문에 4Ω의 저항을 통해서 흐르는 전류에 전혀 영향을 미치지 않는다.

예제 3-3

그림 3-6에 표시된 회로에서 v_a와 i의 크기를 구하시오.

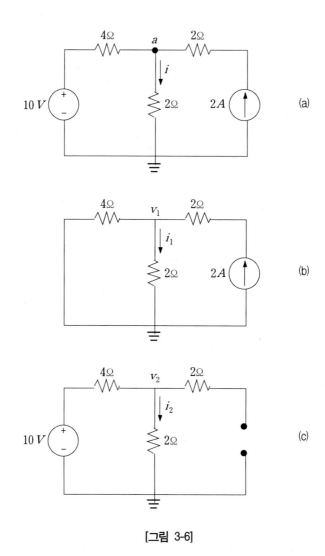

[그림 3-6]

풀이 전압원을 먼저 제거시키고 v_1과 i_1을 구하면 $\frac{4}{3}A$와 $\frac{8}{3}V$가 구해진다.

$$i_1 = \frac{4\Omega}{4\Omega + 2\Omega} \times 2A = \frac{4}{3}A$$

$$v_1 = i_1 \times R = \frac{4}{3}A \times 2\Omega = \frac{8}{3}V$$

전류원을 제거시키고 v_2와 i_2를 구하면 $\frac{5}{3}A$와 $\frac{10}{3}V$가 구해진다.

$$V_2 = \frac{2\Omega}{4\Omega + 2\Omega} \times 10V = \frac{10}{3}V$$

$$i_2 = \frac{v_2}{R} = \frac{10}{3}V \times \frac{1}{2\Omega} = \frac{5}{3}A$$

따라서 $v = v_1 + v_2 = 6V, i = i_1 + i_2 = 3A$가 구해진다.

3-2 테브닌의 정리

테브닌의 정리는 프랑스의 공학자 M.L. Thevenin의 이름을 딴 것으로 회로망에서의 전압을 간략화 시키는데 아주 유용하게 사용되어진다. 테브닌의 정리에 의하면 많은 전원과 소자들이 어떻게 연결되어 있던지 간에 그림 3-7에 표시한 것처럼 한 개의 테브닌 전압원 V_{TH}와 한 개의 테브닌 저항 R_{TH}가 직렬로 연결되는 등가회로로 간략화 시킬수 있다.

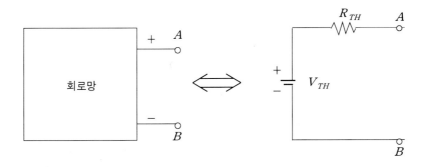

[그림 3-7] 테브닌의 등가회로

전압원 V_{TH}는 단자 A, B 양단에 걸리는 개방회로 전압으로 A와 B 사이를 개방시킬 때 두 단자 양단에서 발생된 회로의 전압을 의미한다. V_{TH}의 극성은 원래 회로망에서와 같은 방향으로 A에서 B로 전류가 흐르도록 표시된다.

저항 R_{TH}는 단자 A, B 양단에 걸리는 개방회로 저항이며 이때 모든 전압원이 단락된 상태에서 구해진다. 다시 말하자면 단자 A와 B에서 회로망 내부를 들여다본 저항이 된다. 비록 단자가 개방되어 있지만 저항계를 A, B 양단에 연결하면 회로내에 남아있는 저항값인 R_{TH}를 구할 수 있다. 이때 물론 전원은 제거시킨 상태에서 측정해야 한다.

예를 들자면 그림 3-8(a)에 표시된 회로 내에서 부하저항 R_L 양단에 걸리는 전압 V_{RL}과 부하전류 I_{RL}을 구하고자 할 때 테브닌의 정리를 사용하면 쉽게 V_{RL}과 I_{RL}을 구할 수 있다. 테브닌의 정리를 적용시키기 위해서 마음 속으로 부하저항 R_L을 개방시키면 a와 b 단자 사이가 개방 상태인 그림 3-8(b)의 회로를 구할 수 있다. 이때 a, b 단자 왼편에 연결된 회로를 그림 3-7(b)에 표시한 것과 같은 테브닌의 등가회로로 변환시켜야 하는데 이런 과정을 테브닌화(thevenize)라고 부른다. 등가회로를 구하면 그림 3-8(d)가 구해진다.

그림 3-8(b)에서는 부하저항 R_L을 개방시킨 효과를 표시하고 있다. 이런 상태에서는 6Ω의 R_1저항과 4Ω의 R_2저항이 R_L없이 직렬 전압 분배기를 구성하게 되고 전압계로 a, b단자 사이의 개방전압 V_{TH}를 측정한다면 이것은 마치 왼편 회로에서 4Ω저항 R_2 양단에 걸리는 전압을 측정하는 것과 마찬가지이다. 전압 분배기 공식을 사용하면 16.8V의 V_{R2}가 구해진다.

$$V_{ab} = V_{R2} = V_{TH} = \frac{4}{10} \times 42\,\text{V} = 16.8\,\text{V} \tag{3-1}$$

아직 6Ω의 R_L저항은 개방된 상태이며 전원 V가 단락된 회로가 되므로 그림 3-8(c)와 같은 회로를 구할 수 있다. 이때 a와 b 단자 양단에 저항계를 연결하면 2.4Ω의 저항값을 얻을 수 있다. 그림 3-8(c)에 표시된 것처럼 전원을 제거시키면 6Ω의 R_1 저항과 4Ω의 R_2 저항이 병렬로 연결된 것과 같은 경우의 합성저항이기 때문이다.

$$R_{Th} = \frac{4 \times 6}{4 + 6} = 2.4\,\Omega \tag{3-2}$$

여기서 다시 한번 이상적인 전압원의 내부 저항은 0이라는 사실을 상기해야 된다. 따라서 테브닌의 등가회로를 구하면 그림 3-8(d)와 같이 2.4Ω의 테브닌 저항 R_{Th}와 16.8V의 테브닌 전압 V_{Th}가 직렬로 연결된 회로가 구해진다.

부하저항 R_L이 연결되지 않은 상태이므로 테브닌의 등가회로는 임의의 크기를 갖는 모든 R_L에 연결이 가능하다. 이제 V_{RL}과 I_{RL}을 구하기 위해서 그림 3-8(e)에 표시된 것처럼 테브닌의 등가회로에 부하저항 R_L을 원래대로 다시 연결하면 R_L이 R_{Th}와 V_{Th}와 직렬로 연결된다. 여기서 옴의 법칙을 적용하면 $I_{RL} = 2A$가 구해진다.

$$I_{RL} = \frac{V_{TH}}{R_{TH} + R_L} = \frac{16.8\,V}{2.4\,\Omega + 6\,\Omega} = 2A \tag{3-3}$$

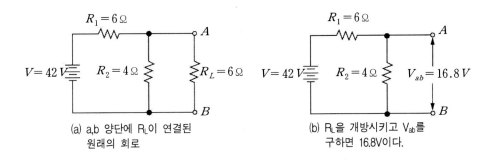

(a) a,b 양단에 R_L이 연결된
원래의 회로

(b) R_L을 개방시키고 V_ab를
구하면 16.8V이다.

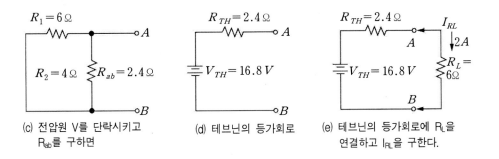

(c) 전압원 V를 단락시키고
R_ab를 구하면

(d) 테브닌의 등가회로

(e) 테브닌의 등가회로에 R_L을
연결하고 I_RL을 구한다.

[그림 3-8] 테브닌의 정리 적용예

예제 3-4

그림 3-9(a)에 표시된 회로의 부하전류 I_{RL}을 구하시오.

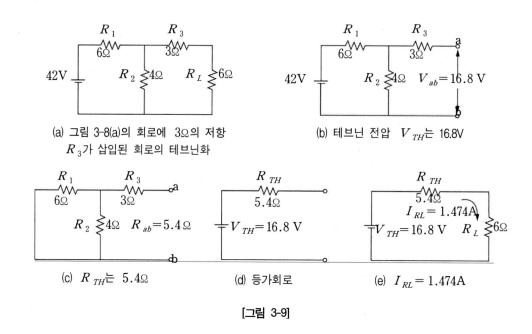

(a) 그림 3-8(a)의 회로에 3Ω의 저항
   R_3가 삽입된 회로의 테브닌화

(b) 테브닌 전압 V_{TH}는 16.8V

(c) R_{TH}는 5.4Ω

(d) 등가회로

(e) I_{RL} = 1.474A

[그림 3-9]

풀이 테브닌의 등가회로를 구하기 위해서 테브닌화를 실시하면 그림 3-9(b)에 표시된 것처럼 부하 저항을 개방시키고 개방 단자 양단의 전압을 측정하면 16.8V의 테브닌 전압 V_{TH}가 구해진다. 그림 3-9(c)에 표시된 것처럼 전압원을 제거(단락) 시키고 개방 단자 양단의 저항을 측정하면 6Ω 저항 R_1과 4Ω저항 R_2의 병렬 합성 저항에 3Ω저항 R_3가 직렬로 더해지기 때문에 테브닌 저항 R_{TH}는 5.4Ω이 된다. 등가회로는 그림 3-9(d)와 같다. 이제 부하 저항을 R_L을 다시 연결하고 옴의 법칙을 적용하면 I_{RL}은 1.474A가 구해진다.

예제 3-5

그림 3-10(a)에 표시된 회로의 부하 전류 I_{RL}을 구하시오.

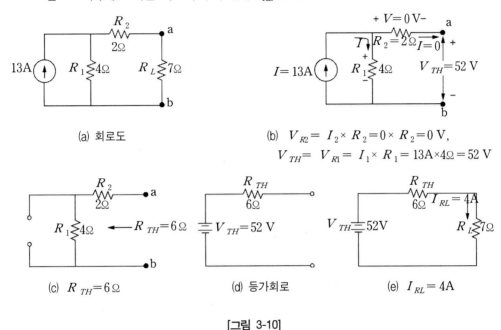

(a) 회로도

(b) $V_{R2} = I_2 \times R_2 = 0 \times R_2 = 0$ V,
$V_{TH} = V_{R1} = I_1 \times R_1 = 13A \times 4\Omega = 52$ V

(c) $R_{TH} = 6\Omega$

(d) 등가회로

(e) $I_{RL} = 4A$

[그림 3-10]

풀이 테브닌화를 실시하면 그림 3-10(b)에 표시된 것처럼 52V의 V_{TH}가 구해진다. 등가저항을 구하면 그림 3-10(c)에 표시된 것처럼 $R_{TH} = 6\Omega$이 구해진다. 테브닌의 등가회로는 그림 3-10(d)와 같다. 부하 전류의 크기는 4A이다.

예제 3-6

그림 3-11(a)에 표시된 회로에 테브닌의 정리를 적용하고 R_3저항을 통해서 흐르는 I_3의 크기를 구하시오.

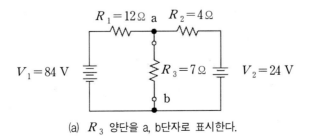

(a) R_3 양단을 a, b단자로 표시한다.

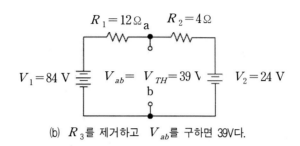

(b) R_3를 제거하고 V_{ab}를 구하면 39V다.

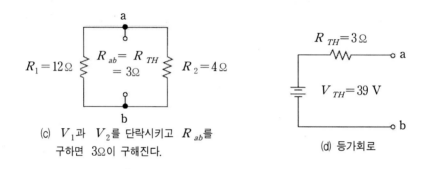

(c) V_1과 V_2를 단락시키고 R_{ab}를
구하면 3Ω이 구해진다.

(d) 등가회로

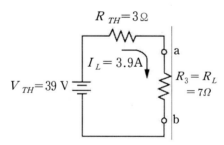

(e) 테브닌의 등가회로에 R_L을 연결하고 I_{RL}을 구한다.

[그림 3-11]

풀이 그림 3-11(a)에 표시된 것처럼 R_3 저항 양단에 a, b단자를 표시한다. 그림 3-11(b)에서 R_3 저항을 개방하고 개방단자 양단에 걸리는 V_{ab}를 구하면 39V의 V_{TH}가 구해진다. 테브닌 저항 R_{TH}는 3Ω이 구해진다. 테브닌의 등가회로에 R_3를 연결하고 IR_3를 구하면 3.9A가 구해진다.

예제 3-7

그림 3-12(a)에 표시된 브릿지 회로의 R_L을 통해서 흐르는 전류의 세기를 구하시오.

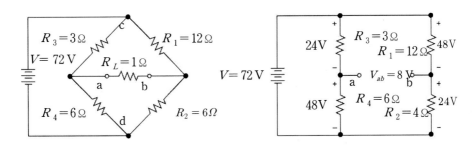

(a) a, b단자 양단에 R_L이 연결된 회로도

(b) R_L이 개방되면 $V_{ab} = 30$ V이다.

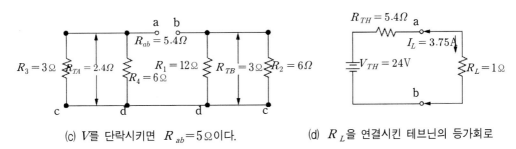

(c) V를 단락시키면 $R_{ab} = 5 \Omega$이다.

(d) R_L을 연결시킨 테브닌의 등가회로

[그림 3-12] 브릿지 회로의 테브닌화

풀이 a, b단자를 개방시키기 위해서 R_L을 제거시키면 그림 3-12(b)에 표시된 회로를 구할 수 있다. 단자 a, b가 개방되었기 때문에 회로가 아주 간략화 된다.

따라서 그림 3-12(a)의 불평형 브리지에서는 키르히호프의 법칙을 사용해서 해를 구할 수 있지만 그림 3-12(b)의 테브닌 등가회로에서는 두 개의 전압분배기로 구성되어지므로 옴의 법칙을 사용하면 된다. 따라서 R_1, R_2 전압 분배기와 R_3, R_4 전압 분배기 양단에 72V가 인가되므로 R_3 와 R_4의 접점인 a의 전위를 구하면 된다. 이와 유사하게 R_1과 R_2의 접점인 b점의 전위를 구할 수 있는데 a점과 b점의 전위차가 바로 V_{ab}가 된다. 따라서 3Ω저항 R_3과 6Ω저항인 R_4의 전압 분배기에서 V_{R4}는 24V이고, V_{R3}의 크기는 24V이다. 이와 유사하게 12Ω의 R_1 저항과 4Ω의 R_2 저항의 전압 분배기에서 V_{R2}는 54V이고, V_{R1} 은 18V이다. 따라서 V_{ab}는 30V가 된다. 이것은 −기준점의 전압을 계산하던 + 기준점의 전압을 계산하던 그 크기는 같다. R_{TH} 를 구하기 위해서 a, b단자를 개방시킨 상태에서 72V를 단락시키면 그림 3-12(c)와 같은 회로를 구할 수 있다. 단자 ab에서 들여다 보면 3Ω의 R_3저항과 6Ω의 R_4저항은 병렬연결이므로 합성저항 $R_{TA} = 2Ω$이고 이와 유사하게 12Ω의 R_1 저항과 4Ω의 R_2저항 역시 병렬연결이므로 $R_{TB} = 3Ω$이 구해진다. 따라서 R_{TH}는 2Ω과 3Ω이 더해져서 5Ω의 크기를 갖게 된다. 따라서 테브닌의 등가회로를 구성하면 그림 3-12(d)와 같은 회로를 구할 수 있고 I_{RL}은 5A의 크기를 갖는다.

3-3 노턴의 정리

노턴의 정리는 전압원 대신 전류원을 이용해서 회로망을 간략화시키는 이론으로 벨전화기 회사에 근무하던 과학자 E. L. Norton의 이름을 딴 것이다.

노턴의 정리는 전류원을 갖는 간단한 병렬회로로 회로망을 간략화 시키게 된다. 이것은 전압원의 경우는 직렬저항의 전압분배기 전압원의 크기가 일치하지만, 전류원의 경우는 각 지로전류의 크기가 전류원의 크기와 같다는 개념을 이용한다.

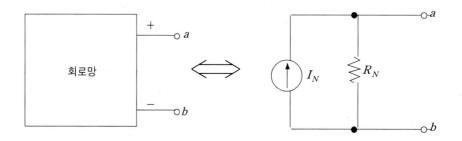

[그림 3-13] 노턴의 정리

노턴의 정리는 그림 3-13에 표시된 것처럼 단자 a, b 사이에 연결되어지는 회로망은 단일 전류원 I_N과 한 개의 저항 R_N이 병렬로 연결되는 회로를 구성하게 되는데 I_N의 크기는 a, b단자를 통해서 흐르는 단락 회로 전류와 같다. 이것은 a, b단자가 단락회로를 구성할 때 흘러가는 전류를 구할 수 있다는 의미와 같다.

노턴 저항 R_N의 크기는 개방단자 a, b에서 들여다본 저항으로 a, b단자는 R_N에 대해서 단락된 회로가 아니고 테브닌의 정리에서 계산되어진 R_{TH}와 같이 개방된 저항이다. 실제로 노턴의 저항 R_N과 테브닌의 저항 R_{TH}의 크기는 같다.

노턴의 정리에서는 R_{ab}인 R_N이 전류원과 병렬로 연결되지만 테브닌의 정리에서는 R_{TH}가 전압원과 직렬로 연결된다는 점이 차이점이다.

그림 3-14(a)에 표시된 회로에서 노턴의 정리를 이용해서 I_{RL}을 구해보자. 이미 앞에서 테브닌의 정리를 사용해서 해를 구한바 있다. 따라서 테브닌의 정리와 노턴의 정리를 마음 속으로 비교하면서 해석해 보도록 하자.

노턴의 정리를 적용시킬 때 첫번째 과정은 그림 3-14(b)에 표시한 것처럼 단자 a, b사이를 단락 시키는 것이다. 단락회로에서는 얼마의 전류가 흐르게 되는가? 주의할 것은 a, b단자가 단락 되면 병렬저항의 크기가 아무리 크다 해도 기능을 상실하게 되고, 오직 회로에는 42V의 전원에 직렬로 연결된 6Ω의 R_1 저항만 존재하게 되고, 단락회로전류는 그림 3-14(c)에 표시한 것처럼 7A의 크기를 갖는다.

$$\mathrm{I}_N = \frac{42\,V}{6\,\Omega} = 7A \tag{3-7}$$

이런 7A의 전류가 바로 그림 3-14(e)에 사용되어지는 노턴의 전류원이 된다. 이제 노턴저항 R_N을 구하기 위해서 a, b단자를 단락 시킨 회로를 제거하고 R_L단자가 개방되었다고 가정하고 전원 V를 단락 시킨다.

그림 3-14(d)에 표시한 것처럼 단자 a, b에서 들여다본 저항은 6Ω과 4Ω이 병렬로 연결되어 있기 때문에 2.4Ω의 합성저항이 된다. 이것이 바로 노턴 저항 R_N이 되고 그림 3-14(e)와 같은 노턴의 등가회로를 구성하면 된다. 전류의 방향은 원래 회로에 전압의 극성과 일치시킨다.

끝으로 그림 3-14(f)에 표시된 것처럼 부하전류 I_{RL}을 구하기 위해서 6Ω의 R_L을 단자 a, b사이에 삽입한다. 전류원은 아직도 7A를 공급하고 부하저항 R_L과 노턴저항 R_N 지로에 의해서 분류된다. I_{RL}의 크기는 2A가 구해진다.

이것은 그림 3-7에 표시된 회로에서의 부하 전류와 같은 값을 갖는다. 역시 V_{RL}도 $12\,V$가 된다. 따라서 노턴의 정리와 테브닌의 정리 중 어느 것을 사용해도 같은 해를 구할 수 있다는 것을 증명할 수 있다.

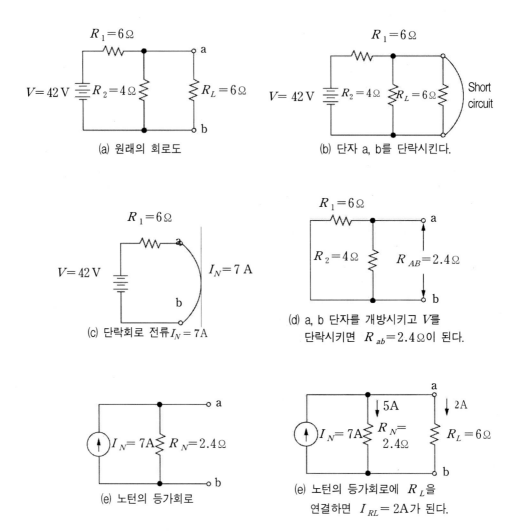

[그림 3-14] 노턴 정리의 응용예

그림 3-15에 표시된 회로처럼 단자 a, b가 점퍼선으로 단락된 예를 들어보자. 여기서 I_N은 지로전류이고, 본선전류가 아니다. 그림 3-15(a)에 표시된 회로에서 단락회로는 R_3를 R_2 양단에 연결시키게 된다.

또한 단락 회로전류 I_N은 R_3 저항을 통해서 흐르는 I_{R3} 전류와 같다. I_{R3}를 계산하기 위해서는 옴의 법칙에 의해서 해석하면 R_2와 R_3 의 병렬 연결에서 합성 저항은

70

1.72Ω이 되고, 따라서 R_T가 7.72Ω이 되기 때문에 I_T의 크기는 5.45A가 된다.

5.45A의 전류가 본선전류이기 때문에 R_2 저항에 2.34A, R_3저항에 3.11A의 전류로 나누어 흐르게 되기 때문에 I_N의 크기42+가 3.11A가 된다. 그림3-15(b)에서 R_N을 구하기 위해서 a, b단자를 단락 시킨 회로를 제거하고 a, b단자가 개방되었다고 가정하고 전원 V를 단락 시킨다.

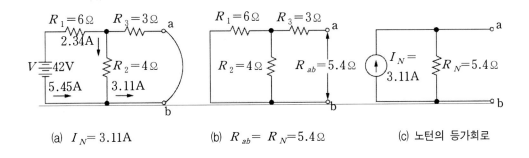

(a) I_N= 3.11A   (b) R_{ab}= R_N=5.4Ω (c) 노턴의 등가회로

[그림 3-15] 회로의 노턴화

따라서 6Ω의 저항 R_1과 4Ω의 저항 R_2는 병렬저항이므로 2.4Ω의 합성저항을 만들게 되고 직렬저항 R_3를 더하면 R_{ab}의 크기는 5.4Ω이 된다. 따라서 그림 3-15(c)에 표시된 것과 같은 노턴의 등가회로를 구성할 수 있다. 전류 I_N은 3.11A인데 이것은 원래 회로에서는 R_3 저항을 통해서 a, b 단락회로를 흐르는 지로전류이고, R_N은 5.4Ω의 저항으로 V를 단락 시키고 a, b단자를 개방시키고 측정한 R_{TH}의 크기와 등가이다.

예제 3-8

그림 3-16(a)에 표시된 회로의 노턴 등가회로와 I_{RL}을 구하시오.

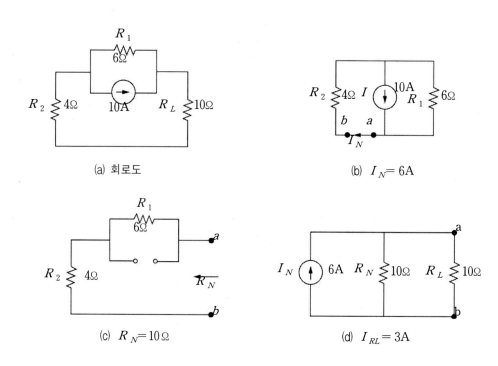

(a) 회로도

(b) $I_N = 6A$

(c) $R_N = 10\,\Omega$

(d) $I_{RL} = 3A$

[그림 3-16]

풀이 노턴 전류원을 구하면 그림 3-16(b)에 표시된 것처럼 $I_N = 6A$가 구해진다. 노턴 저항은 그림 3-16(c)에 표시된 것처럼 10Ω이다. 등가회로는 그림 3-16(d)에 표시된 것과 같고 I_{RL}은 3A의 크기를 갖는다.

3-4 전압원과 전류원의 변환

테브닌의 등가회로는 노턴의 등가 회로로 변환이 가능하다. 이런 원리를 이용하면 그림 3-17(a)와 그림 3-18(a)에 표시된 것처럼 2개의 전원이 지로에 연결되는 회로를 쉽게 해석할 수 있다. 그림 3-17(a)에 표시된 회로에서 중앙에 연결된 R_3저항을 통해서 흐르는 전류 I_{R3}의 크기를 구해보자.

V_1은 R_1 저항에 연결되어 있고 V_2는 R_2 저항에 연결되어 있는데 이들은 모두 R_3 저항과 병렬연결이라는 점에 유의해야한다. 3개의 저항은 a, b단자 양단에 연결되어 있다. V_1과 V_2 전원을 그림 3-17(b)에 표시된 것처럼 전류원으로 변환시키면 회로는 모두 3개의 병렬지로를 갖는다. 전류원 I_1이 $7A$이고, 전류원 I_2가 $6A$인데 I_1 전류원은 12Ω저항과 병렬로 연결되고 I_2전류원은 3Ω 저항과 병렬로 연결되므로 I_1과 I_2 전류는 그림 3-17(c)에 표시된 것처럼 $13A$의 I_T로 합쳐진다.

전류의 방향이 R_3에 대해서 같기 때문에 I_T는 $13A$가 된다. 션트 저항 R은 12Ω의 R_1과 4Ω의 R_2가 병렬저항이므로 그림 3-17(c)에 표시한 것처럼 3Ω의 크기를 갖는다. I_{R3}를 찾기 위해서 7Ω의 R_3과 3Ω 지로에서 전류분배 공식을 사용하면 I_{R3}의 크기는 $3.9A$가 된다.

$$\mathrm{I}_{R3} = \frac{3\Omega}{3\Omega + 7\Omega} \times 13A = 3.9\,\mathrm{A} \tag{3-5}$$

이것은 그림 3-11에서 테브닌의 정리를 적용해서 구한 크기와 일치한다.

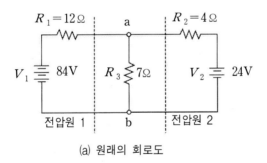

(a) 원래의 회로도

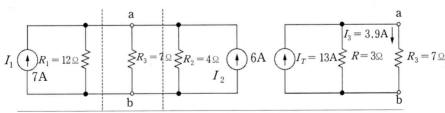

(b) 전압원 V_1과 V_2를 전류원 I_1, I_2로 변환시킴   (c) I_T와 R_N으로 표시된 등가회로

[그림 3-17] 전압원을 전류원으로 변화시켜서 해를 구한다.

73

그림 3-18(a)에 표시된 회로에서 부하저항 R_L을 통해서 흐르는 전류 I_{RL}의 크기를 구해보자. 이 회로에는 전류원 I_1과 I_2가 직렬로 연결되어 있다. 따라서 회로를 간략화하기 위해서 I_1과 I_2를 테브닌 전압원 V_1과 V_2로 변환시키면 그림 3-18(b)의 회로를 구할 수 있다.

4Ω의 션트 저항을 갖는 $3A$의 I_1 전류원은 $12V$의 V_1과 4Ω의 직렬저항으로 변환되고, 2Ω의 션트 저항을 갖는 $6A$의 I_2 전류원은 $12V$의 V_2와 2Ω의 직렬저항으로 변환되며, V_1과 V_2의 극성은 I_1과 I_2의 극성과 일치한다.

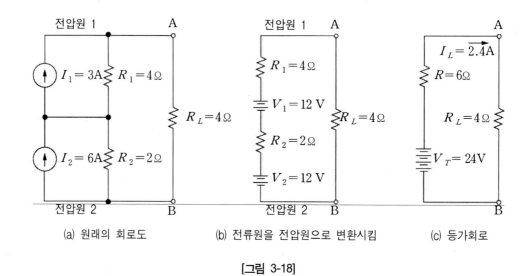

(a) 원래의 회로도   (b) 전류원을 전압원으로 변환시킴   (c) 등가회로

[그림 3-18]

직렬로 연결된 전압원은 그림 3-18(c)에 표시된것과 같이 더해지므로전체 전압의 크기는 $24V$가 된다. R_T역시 두 저항의 합으로 표시되므로 6Ω의 크기를 갖게 된다. 이때 등가회로에 4Ω의 R_L이 연결되면 옴의 법칙에 의해서 $2.A$의 I_{RL}이 구해진다.

예제 3-9

그림 3-19에 표시된 회로에서 전원 변환을 통해서 8Ω저항에 흐르는 전류와 전압 강하의 크기를 구하시오.

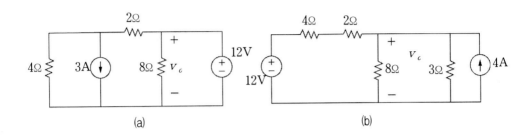

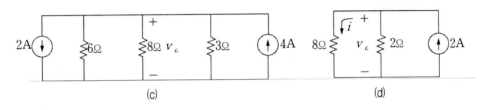

[그림 3-19]

풀이 그림 3-19(d)에서 해를 구하면 i는 $0.4A$, v_0는 $3.2V$가 구해진다.

$$i = \frac{2\Omega}{2\Omega + 8\Omega} \times 2A = 0.4A, \quad v_0 = 8i = 3.2V$$

3-5 밀만의 정리

밀만의 정리는 서로 다른 전압원을 갖는 병렬지로의 양단에 걸리는 공통 전압을 구하는데 편리함을 제공한다. 그림 3-20에 표시된 회로가 밀만 정리가 적용되는 전형적인 예이다. 모든 지로의 한쪽 끝은 샤시 접지인 B점에 연결되어 있고 반대쪽 끝은 A점에 공통으로 연결되어 있다.

전압 V_{AB}는 모든 지로 양단에 걸리는 공통 전압이다. V_{AB}의 크기를 구하기 위해서는 샤시 접지에 대한 A점의 전압을 결정하는데 있어서 모든 전원의 효과를 고려한다.

그림 3-20을 그림 3-21처럼 변환시키면 전체 콘덕턴스는 $G_T = G_1 + G_2 + G_3 + ... + G_N$으로 구해지므로 R_{EG}는 식(3-6)처럼 표시되고 전체 전류는 식(3-7)처럼 $I_T = I_1 + I_2 + I_3 + ... + I_N$로 구해진다.

$$R_{EQ} = \frac{1}{G_T} = \frac{1}{(1/R_1) + (1/R_2) + (1/R_3) + ... + (1/R_N)} \quad (3\text{-}6)$$

$$I_T = I_1 + I_2 + I_3 + ... + I_N = \frac{V_1}{R_1} + \frac{V_2}{R_2} + \frac{V_3}{R_3} + ... + \frac{V_N}{R_N} \quad (3\text{-}7)$$

따라서 V_{AB}는 식(3-8)처럼 구해진다.

$$V_{AB} = \frac{(V_1/R_1) + (V_2/R_2) + (V_3/R_3)}{(1/R_1) + (1/R_2) + (1/R_3)} .... \quad (3\text{-}8)$$

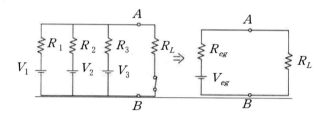

[그림 3-20] 병렬 전압원을 갖는 회로의 단일 전압원을 갖는 등가회로로의 간략화

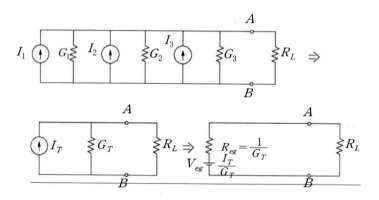

[그림 3-21] 병렬 전압원의 전류원으로 변환

예제 3-10

그림 3-22에 표시된 회로에서 밀만의 정리를 이용해서 I_{RL}을 구하시오.

회로망 이론

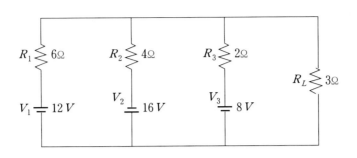

[그림 3-22]

풀이 식(3-8)을 이용해서 V_{AB}를 구하면 1.412V이다. 따라서 I_{RL}은 0.471A이다.

$$V_{AB} = \frac{2A - 4A + 4A + 0}{\dfrac{1}{6} + \dfrac{1}{4} + \dfrac{1}{2} + \dfrac{1}{3}} = \frac{2\,V}{1.25} = 1.6\,V$$

$$I_{RL} = \frac{V_{AB}}{R_L} = \frac{\dfrac{24\,V}{17}}{3\Omega} = \frac{1.6\,V}{3\Omega} = 0.53A$$

3-6 전류원을 갖는 회로

그림 3-23과 3-24에 표시된 다중의 전원을 갖는 경우에 간략화 시키는 방법에 대해서 알아보도록 하자. 일반적인 원칙은 다음과 같다.

1. 전류원이 병렬로 연결되면 크기가 결합되어진다. 전류가 동일한 방향으로 흐르면 크기가 커지고 반대방향으로 흐르면 크기가 적어진다.
2. 전압원이 직렬로 연결되면 크기가 결합되어진다. 전류가 동일한 방향으로 흐르면 크기가 커지고 반대방향으로 흐르면 크기가 적어진다.
3. 전류원이 직렬로 연결되면 전압원으로 변환되는데 전압의 극성은 전류의 극성에 일치시킨다.
4. 전압원이 병렬로 연결되면 전류원으로 변환되는데 전류의 극성은 전압의 극성에 일치시킨다.

그림 3-23과 그림 3-24에 표시된 전류원의 화살표는 전압원의 +단자에서 -단자로 흐르는 관습적인 전류(convention current)를 의미한다. 이때 흐르는 전류의 크기가 mA라고 하더라도 저항의 크기가 KΩ 이기 때문에 전압강하의 크기는 V로 나타난다.

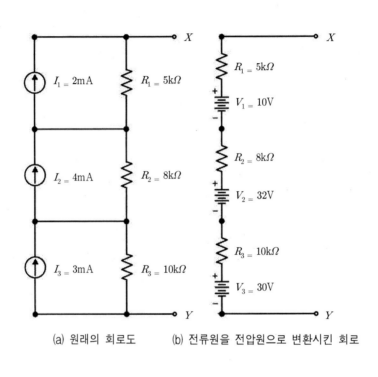

    (a) 원래의 회로도   (b) 전류원을 전압원으로 변환시킨 회로

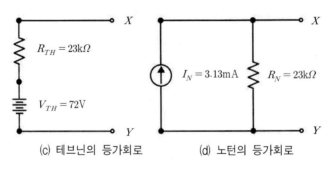

    (c) 테브닌의 등가회로   (d) 노턴의 등가회로

[그림 3-23] 전류원이 직렬로 연결된 회로. I 는 관습적인 전류를 나타낸다.

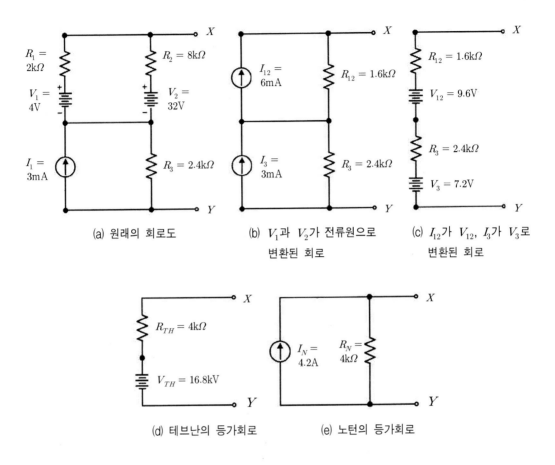

(a) 원래의 회로도

(b) V_1과 V_2가 전류원으로
변환된 회로

(c) I_{12}가 V_{12}, I_3가 V_3로
변환된 회로

(d) 테브난의 등가회로

(e) 노턴의 등가회로

[그림 3-24] 전류원과 전압원이 혼합연결된 회로

그림 3-23(a)에서 전류원 I_1, I_2, I_3가 직렬로 연결되어있다. 그림 3-23(b)와 같이 변환될때 다음과 같이 계산되어진다.

$$V_1 = I_1 \times R_1 \qquad\qquad V_2 = I_2 \times R_2 \qquad\qquad V_3 = I_3 \times R_3$$
$$= 2\mathrm{mA} \times 5\mathrm{K}\Omega \qquad\quad = 4\mathrm{mA} \times 8\mathrm{K}\Omega \qquad\quad = 3\mathrm{mA} \times 10\mathrm{K}\Omega$$
$$V_1 = 10\ \mathrm{V} \qquad\qquad\quad V_2 = 32\ \mathrm{V} \qquad\qquad\quad V_3 = 30\ \mathrm{V}$$

세 전압 V_1, V_2, V_3는 그림 3-23(b)에 연결된 것처럼 직렬로 연결되므로 한 개의 등가 전압원 V_{TH}로 결합되는데 그 크기는 72 V가 된다. 또한 저항 역시 직렬로 연결되므로 23 KΩ 의 단일저항을 구할 수 있다. 따라서 그림 3-23(c)에 표시된 것과 같이 72 V의 단일 전압원과 23 KΩ 의 단일 저항이 직렬로 연결된 회로를 구할 수 있는데 이것은 그림 10-19(a)에 표시된 회로의 테브닌 등가회로이다. 따라서 A, B단자에 임의의 부하저항이 연결될 때 V_L과 V_L을 쉽게 구할 수 있고 그림 3-23(d)에 표시된 회로는 그림 3-23(c)에 표시된 테브닌 등가회로의 등가변환된 노턴의 등가회로로 3.13 mA의 I_N과 23 KΩ 의 R_N이 병렬로 연결된다.

그림 10-20(a)에 표시된 회로를 해석하기 위해서는 먼저 V_1과 V_2를 전류원으로 변환시키고 그림 10-20(b)에 표시된 것처럼 I_2 전류원과 결합되는 I_{12} 전류원을 구한다. 이때의 계산은 다음과 같이 이루어진다.

$$
\begin{aligned}
I_1 &= V_1/R_1 & I_2 &= V_2/R_2 & I_{12} &= I_1 + I_2 \\
&= 4\text{V}/2\text{K}\Omega & &= 32\text{V}/8\text{K}\Omega & &= 2+4 \\
I_1 &= 2\,\text{mA} & I_2 &= 4\,\text{mA} & I_{12} &= 6\,\text{mA}
\end{aligned}
$$

R_{12}는 병렬합성저항이므로 1.6 KΩ 의 크기를 갖게 되고 그림 10-20(b)에 표시된 회로에서 두 전류원을 다시 전압원으로 변환하면 그림 3-24(c)를 구할 수 있는데 V_{12}는 9.6 V이고 직렬저항 R_{12}의 크기는 변화가 없다. 또한 I3 역시 7.2 V의 V_3로 변환된다. 그림 3-24(d)를 보면 전체 전압의 크기는 16.8 V가 되고 전체 저항의 크기는 4 KΩ 이 되는 것을 확인할 수 있다. 마지막으로 그림 3-24(e)에 표시된 노턴의 등가 회로를 구하는 것인데 여기서의 노턴전류 I_N은 4.2 mA, R_N은 4.8 KΩ 을 구할 수 있다.

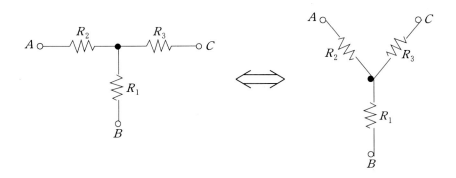

[그림 3-25] T형회로와 Y형회로

그림 3-25에 표시된 회로망을 T(tee) 혹은 Y(wye) 회로망이라고 부른다. T와 Y는 형태가 약간 틀려 보이지만 사실은 같은 회로이다.

그림 3-26에 표시된 회로망은 π(pi) 혹은 Δ(delta) 회로망이라 부르는데 이것은 그리스 문자와 비슷한 모양을 하기 때문이다. 회로망은 R_C와 R_B 사이에 R_A 저항을 갖는데 R_A 저항이 위쪽에 연결되든 아래쪽에 연결되든 위치에는 무관하다.

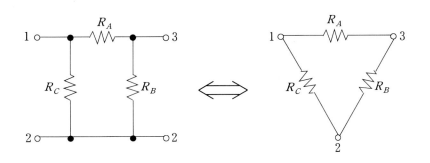

[그림 3-26] π형 회로와 Δ형 회로

델타회로망의 c점이 c'와 c''로 분리되어지면 π형 회로망이 된다. 결국 π형 회로 망과 델타형 회로망은 부르는 명칭만 다를 뿐 동일한 회로임을 알 수 있다.

　　그림 3-25과 3-26에 표시한 회로는 수동회로로 전원을 갖지 않는 회로이다. 또한 3단자망은 하나를 공통 단자로 사용하면 입력전압과 출력 전압을 표시하는 두 쌍의 포트를 갖게 된다. 그림 3-25에서는 b점이 공통 단자이고 그림 3-26에서는 2점이 공통 단자이다.

　　Y와 Δ형태는 3개의 저항으로 연결되는 수동 회로망이지만 사용되는 용도는 서로 다르다. 따라서 Y형 회로망에서는 1, 2, 3 이라는 첨자를 사용하는데 비해서 Δ형 회로망에서는 a, b, c를 첨자로 사용한다.

　　회로망을 해석할 때 간혹 Δ형 회로를 Y형 회로로 변환해서 사용하는 것이 필요하다. 물론 회로 변환을 시키지 않더라도 해를 구할 수는 있지만 회로 변환을 함으로 해서 보다 쉽게 해를 구할 수 있게 된다. 변환 공식은 다음에 표시한 것과 같다.

　　모든 공식은 키르히호프 법칙에 의해서 유도되어지며 저항은 π형 회로에서는 R_A, R_B, R_C로 표시되고 Y형 회로에서는 R_1, R_2, R_3으로 표시된다. 그림 3-27에서 $a-c$단자 사이의 저항을 고찰하면 다음의 방정식을 구할 수 있다.

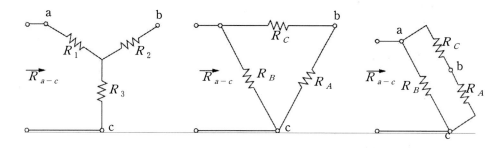

[그림 3-27] y와 Δ의 변환

　　먼저 Δ회로의 R_A, R_B, R_C를 Y회로의 R_1, R_2, R_3으로 변환시켜 보자. 만약 Δ회로 Y회로에서 단자 $a-c$사이의 저항이 같다면 식(3-9)가 성립한다.

$$R_{a-c}(Y) = R_{a-c}(\Delta) \tag{3-9}$$

　　따라서

$$R_{a-c} = R_1 + R_3 = \frac{R_B(R_A + R_C)}{R_B + (R_A + R_C)} \tag{3-10}$$

동일하게 $a-c$, $b-c$두 단자 사이에 관계식을 세우면

$$R_{a-b} = R_1 + R_2 = \frac{R_C(R_A + R_B)}{R_C + (R_A + R_B)} \tag{3-11}$$

$$R_{b-c} = R_2 + R_3 = \frac{R_A(R_B + R_C)}{R_A + (R_B + R_C)} \tag{3-12}$$

식(3-11)에서 식(3-12)을 빼면 식 (3-13)이 구해진다.

$$(R_1 + R_2) - (R_1 + R_3)$$

$$= (\frac{R_C R_B + R_C R_A}{R_A + R_B + R_C}) - (\frac{R_B R_A + R_B R_C}{R_A + R_B + R_C})$$

$$R_2 - R_3 = \frac{R_A R_C - R_B R_A}{R_A + R_B + R_C} \tag{3-13}$$

식(3-12)에서 식(3-13)을 빼면 식(3-14)이 구해진다.

$$(R_2 + R_3) - (R_2 - R_3)$$

$$= (\frac{R_A R_B + R_A R_C}{R_A + R_B + R_C}) - (\frac{R_A R_C - R_B R_A}{R_A + R_B + R_C})$$

$$2R_3 = \frac{2R_B R_A}{R_A + R_B + R_C} \tag{3-14}$$

R_A, R_B, R_C을 R_3으로 표현할 수 있다.

$$R_3 = \frac{R_A R_B}{R_A + R_B + R_C} \tag{3-15}$$

이와 유사하게 R_1과 R_2를 구하면 식(3-16)와 (3-17)을 구할 수 있다.

$$R_1 = \frac{R_B R_C}{R_A + R_B + R_C} \tag{3-16}$$

$$R_2 = \frac{R_A R_C}{R_A + R_B + R_C} \tag{3-17}$$

Y회로를 Δ회로로 변환하려면 식(3-15)을 식(3-16)로 나누면 된다.

$$\frac{R_3}{R_1} = \frac{(R_A R_B)/(R_A + R_B + R_C)}{(R_B R_C)/(R_A + R_B + R_C)} = \frac{R_A}{R_C}$$

$$R_A = \frac{R_C R_3}{R_1} \tag{3-18}$$

다시 식(3-15)을 식(3-18)로 나누어주면 식(3-19)가 구해진다.

$$\frac{R_3}{R_2} = \frac{(R_A R_B)/(R_A + R_B + R_C)}{(R_A R_C)/(R_A + R_B + R_C)} = \frac{R_B}{R_C}$$

$$R_B = \frac{R_3 R_C}{R_2} \tag{3-19}$$

R_A와 R_B를 식(3-17)에 대입하면

$$R_2 = \frac{(R_C R_3/R_1)R_C}{(R_3 R_C/R_2) + (R_C R_3/R_1) + R_C}$$

$$= \frac{(R_3/R_1)R_C}{(R_3/R_2) + (R_3/R_1) + 1}$$

통분하면

$$R_2 = \frac{(R_3 R_C/R_1)}{(R_1 R_2 + R_1 R_3 + R_2 R_3)/(R_1 R_2)}$$

$$= \frac{R_2 R_3 R_C}{R_1 R_2 + R_1 R_3 + R_2 R_3}$$

84

그리고

$$R_C = \frac{R_1 R_2 + R_1 R_3 + R_2 R_3}{R_3} \qquad (3\text{-}20)$$

이와같이 R_A, R_B를 구하면 식(3-21)과 식(3-22)가 구해진다.

$$R_A = \frac{R_1 R_2 + R_1 R_3 + R_2 R_3}{R_1} \qquad (3\text{-}21)$$

$$R_B = \frac{R_1 R_2 + R_1 R_3 + R_2 R_3}{R_2} \qquad (3\text{-}22)$$

예제 3-11

그림 3-28(a)에 표시된 Δ회로를 Y회로로 변환하시오.

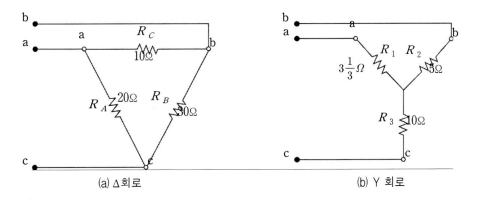

(a) Δ회로　　　　　(b) Y 회로

[그림 3-28]

풀이 변환은 다음과 같이 계산되어진다. Δ회로에서 R_A, R_B, R_C는 20Ω, 30Ω, 10Ω의 저항값을 갖게 되는데 이것을 Y회로에서의 $R_1 = 3.33\Omega$, $R_2 = 5\Omega$, $R_3 = 10\Omega$의 크기로 변환된다.

$$R_1 = \frac{R_B R_C}{R_A + R_B + R_C} = \frac{30 \times 10}{20 + 30 + 10} = \frac{300}{60} = 3.33\Omega$$

$$R_2 = \frac{R_C R_A}{60} = \frac{10 \times 20}{60} = \frac{200}{60} = 3.33\Omega$$

$$R_3 = \frac{R_A R_B}{60} = \frac{20 \times 30}{60} = \frac{600}{60} = 10\Omega$$

예제 3-12

그림 3-29(a)에 표시된 Y회로를 Δ회로로 변환 하시오.

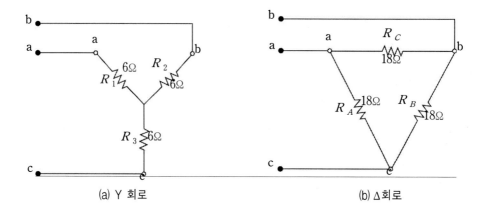

(a) Y 회로   (b) Δ회로

[그림 3-29]

풀이 $R_A = \dfrac{R_1 R_2 + R_2 R_3 + R_3 R_1}{R_1} = \dfrac{36 + 36 + 36}{6} = \dfrac{108}{6} = 18\Omega$

$R_A = R_B = R_C = 18\Omega$이다. 여기서 평형 회로망인 경우는 $R_Y = R_\Delta/3$, 혹은 $R_\Delta = 3R_Y$ 공식이 성립된다는 사실을 확인 할 수 있다.

연습문제

❶ 그림 3-30에 표시된 회로에서 $\Delta - Y$변환을 통해서 R_T와 I_T를 구하시오.

❷ 그림 3-30에 표시된 회로에서 테브닌의 등가회로를 구하고 I_{RC}를 구하시오.

❸ 그림 3-31에 표시된 Y회로를 Δ회로로 변환하시오.

❹ 그림 3-32에 표시된 Δ회로를 Y회로로 변환하시오.

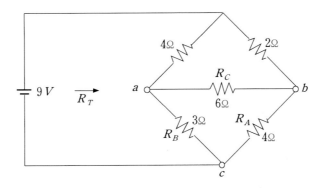

[그림 3-30]

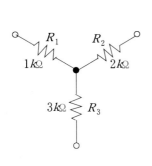

[그림 3-31]

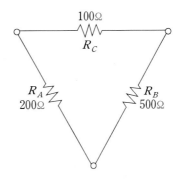

[그림 3-32]

❺ 그림 3-33에 표시된 회로에서 밀만의 정리를 적용하고 V_{AB}를 구하시오.

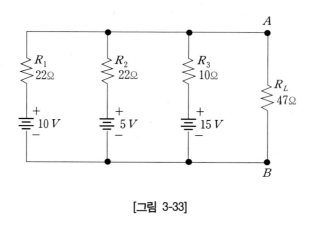

[그림 3-33]

❻ 그림 3-34에 표시된 회로에 테브닌의 정리를 적용하고 3.1Ω의 부하저항 R_L에 흐르는 전류를 구하시오.

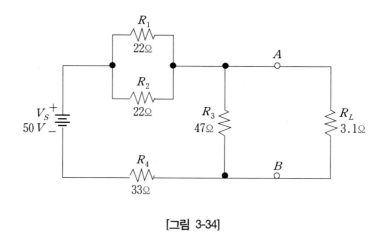

[그림 3-34]

❼ 그림 3-35에 표시된 회로를 노턴의 등가회로를 이용해서 해석하고 R_L을 통해서 흐르는 전류 I_{RL}을 구하시오.

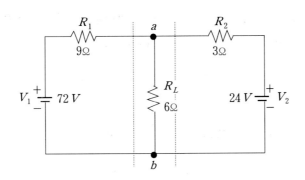

[그림 3-35]

8 그림 3–36에 표시된 회로를 테브닌의 등가회로를 이용해서 해석하고 R_L을 통해서 흐르는 전류 I_{RL}을 구하시오.

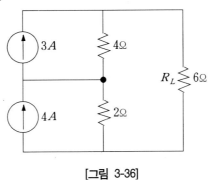

[그림 3-36]

9 그림 3–37에 표시된 휘이스톤 브리지회로에서 갈바노메터에 흐르는 전류가 0이라고 가정하면 미지저항의 크기는 얼마인지 계산하시오.

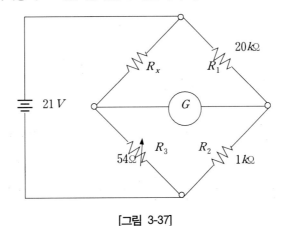

[그림 3-37]

⑩ 그림 3-38에 표시된 회로에서 a, b단자 양단에 $5A$의 전류를 흐르게 하기 위해서는 얼마 크기의 저항을 연결해야 하는지 구하시오.

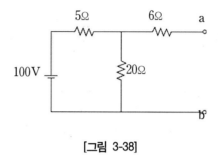

[그림 3-38]

⑪ 그림 3-39에 표시된 회로에서 $I_C = 30I_B$라고 가정하고 테브닌의 정리를 이용해서 I_B를 구하시오.

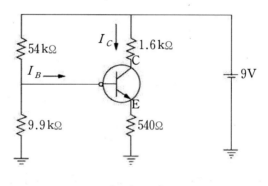

[그림 3-39]

정답

1. $R_1 = \dfrac{R_B R_C}{R_A + R_B + R_C} = \dfrac{3 \times 6}{4\Omega + 3\Omega + 6\Omega} = \dfrac{18\Omega}{13} = 1.385\Omega$

$R_2 = \dfrac{R_A R_C}{R_A + R_B + R_C} = \dfrac{4\Omega \times 6\Omega}{4\Omega + 3\Omega + 6\Omega} = \dfrac{24\Omega}{13} = 1.846\Omega$

$R_3 = \dfrac{R_A R_B}{R_A + R_B + R_C} = \dfrac{4\Omega \times 3\Omega}{4\Omega + 3\Omega + 6\Omega} = \dfrac{12\Omega}{13} = 0.923\Omega$

$$R_T = \frac{5.385\Omega \times 3.486\Omega}{5.385\Omega + 3.846\Omega} + 0.923\Omega = 4.247\Omega,$$

$$I_T = \frac{V}{R_T} = \frac{9\,V}{4.247\Omega} = 2.12A$$

2. $V_{TH} = 2.143\,V,\ R_{TH} = 3.05\Omega,\ I_{RC} = 0.237A$

3. $R_A = 11K\Omega,\ R_B = 5.5K\Omega,\ R_C = 3.67K\Omega$

4. $R_1 = 62.5\Omega,\ R_2 = 25\Omega,\ R_3 = 125\Omega$

5. $V_{AB} = 10.3\,V$

6. $V_{TH} = 25.8\,V,\ R_{TH} = 22.7\Omega,\ I_{RL} = 1A$

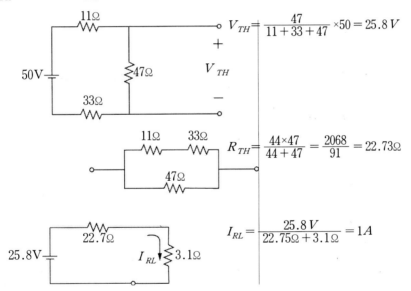

$$V_{TH} = \frac{47}{11 + 33 + 47} \times 50 = 25.8\,V$$

$$R_{TH} = \frac{44 \times 47}{44 + 47} = \frac{2068}{91} = 22.73\Omega$$

$$I_{RL} = \frac{25.8\,V}{22.75\Omega + 3.1\Omega} = 1A$$

7. $I_{RL} = 4.36A$

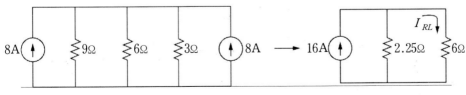

$$I_{RL} = \frac{2.25}{2.25 + 6} \times 16 = 4.36A$$

8. $I_{RL} = 1.67A$

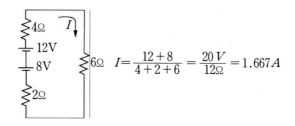

$$I = \frac{12+8}{4+2+6} = \frac{20\,V}{12\Omega} = 1.667A$$

9. $R_X = 1080\Omega$

10. $I_{RL} = 5A = \dfrac{V_{TH}}{R_{TH} + R_L}$

회로의 테브닌 전압원의 크기는 $80\,V$이고 테브닌 저항은 10Ω이다.

$$V_{TH} = \frac{20\Omega}{5\Omega + 20\Omega} \times 100\,V = 80\,V$$

$$R_{TH} = 5\Omega \parallel 20\Omega + 6\Omega = 4\Omega + 6\Omega = 10\Omega$$

따라서 부하저항의 크기는 6Ω이 구해진다.

$$R_L = \frac{V_{TH}}{5} - R_{TH} = \frac{80\,V}{5A} - 10\Omega = 6\Omega$$

11. $V_{TH} = \dfrac{9.9K\Omega}{9.9K\Omega + 54K\Omega} \times 9\,V = 1.394\,V$

$$R_{TH} = \frac{9.9K\Omega \times 54K\Omega}{9.9K\Omega + 54K\Omega} = 8.37K\Omega$$

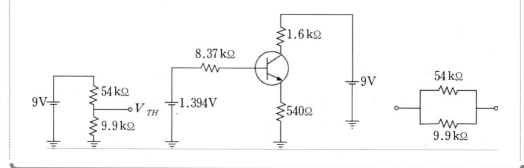

Chapter 04

교류전류와 교류전압

이 장에서는 교류회로에 대해서 설명하도록 한다. 교류전류와 교류전압은 시간에 따라 서 크기와 극성이 주기적으로 변화하는데 1사이클에는 완전한 변화가 포함되어지고 두 개의 극성변화를 갖는다. 1초당 사이클의 수를 주파수라고 부르며 Hz의 단위를 사용한다.

4-1 교류응용

그림 4-1은 진폭과 극성이 주기적으로 변하는 교류 파형을 표시하고 있다. 그림 4-1(a)에 표시된 파형은 교류 전압 측정장비 중에서도 아주 중요한 장비인 오실로스코프의 스크린을 사진 촬영한 것이다. 그림4-1(b)에 표시된 교류 파형의 그래프는 그림 4-1(c)에 표시된 발전기의 출력이 시간에 따라서 어떻게 변화하는지를 설명하고 있다.

이런 그래프는 단자 1에 대한 단자 2의 전압을 나타내는데 단자 1의 전압은 기준 전압으로 그래프의 zero축 에 해당되고 단자 2의 전압은 0에서 + 피크 진폭까지 증가했다가 다시 0으로 감소하는 변화량을 갖는다. 이런 모든 전압은 모두 단자 1에 대한 전압으로 반주기가 지나서 단자 2가 −극성을 갖게 되도 역시 단자 1에 대한 전압이다.

동일한 전압의 변화가 단자 2에서 발생되는데 그 극성은 단자 1의 기준 전압에 비해서 −로 된다. 이런 파형의 형태는 극성이 바뀌어도 같은 모양으로 반복되게 표시된다. −반주기가 처음에 표시된다고 하더라도 그림 4-1(b)의 파형이 반복되므로 전혀 걱정할 필요가 없다. 교류가 많이 사용되어지는 이유는 바로 극성이 주기적으로 변하는 특성 때문이다.

1사이클이란 그림 4-2에 표시한 것처럼 같은 값과 같은 방향을 갖는 연속적인 두 점 사이의 변화를 포함한다고 정의할 수 있다.

그림 4-1에 표시된 전압 파형은 **사인파**(sine wave) 혹은 **정현파**(sinusoidal wave)라고 부른다. 그 이유는 그림 4-3에 표시된 것처럼 유도전압의 크기가 전압을 발생시키

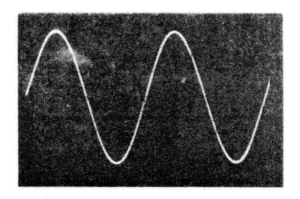

(a) 오실로스코프로 본 파형

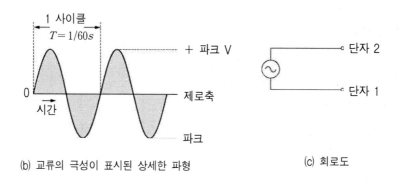

(b) 교류의 극성이 표시된 상세한 파형

(c) 회로도

[그림 4-1] 60Hz 교류 전력선의 파형

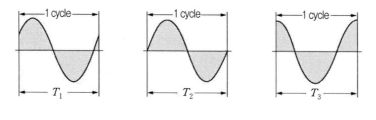

[그림 4-2] 1사이클의 정의

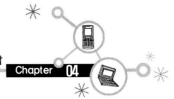

는 원운동에서 회전의 사인각에 비례하기 때문이다. 사인은 삼각함수의 일종으로 대변/빗변으로 표시되어지며 90°에서 최대값 1을 갖고 0°에서 최소값 0을 가지며 대변의 길이가 커질수록 크기가 증가하게 된다.

루우프의 원운동에 의해서 발생되어지는 전압파형은 유도전압의 크기가 루우프와 수직일 때 90°에서 최대이며, sine 값도 90°에서 최대가 되기 때문에 사인파라고 부른다.

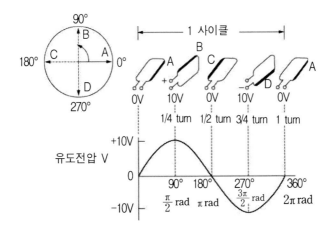

[그림 4-3] 회전루우프에 의해서 발생되는 교류 전압의 1사이클

따라서 유도전압의 크기는 sine각의 크기에 대응하는 값을 가지며 1사이클은 360°의 각을 갖는데 각각의 크기를 표4-1에 비교해서 표시했다. 주의할 것은 sine파는 90°의 1/3인 30°에서 최대값의 1/2에 해당하는 값을 갖는다는 점이며, 이것은 정현파가 zero축에 가까울수록 변화값의 기울기가 최대값 근처에서 서서히 바뀔 때와 비교해서 급격하게 변화한다는 사실을 의미한다.

임의의 각에서 정현파의 순시값(instantaneous value)은 식(4-1)에 의해서 구해진다. θ는 각도를 표시하고 sin은 sine의 약자이며 V_M은 최대 전압을, v 는 임의의 각도에서의 순시값을 의미한다.

표 4-1 사인 값

각(θ)		사인θ	루우프 전압값
도	라디안		
0	0	0	0
30	$\pi/6$	0.500	최대값의 50%
45	$\pi/4$	0.707	최대값의 70.7%
60	$\pi/3$	0.866	최대값의 86.6%
90	$\pi/2$	1.000	+ 최대값
180	π	0	0
270	$3\pi/2$	−1.000	− 최대값
360	2π	0	0

예제 1-9

sine 파가 0 V에서 100 V까지의 변화치를 갖는다면 30°, 45°, 90°, 270°에서의 순시값은 얼마인가?

풀이 $v = V_M \sin\theta = 100 \sin\theta$ 이므로

(a) 30°에서 $v = V_M \sin 30° = 100 \times 0.5$
                $v = 50$ V

(b) 30°에서 $v = V_M \sin 45° = 100 \times 0.707$
                $v = 70.7$ V

(c) 30°에서 $v = V_M \sin 90° = 100 \times 1$
                $v = 100$ V

(d) 30°에서 $v = V_M \sin 270° = 100 \times -1$
                $v = -100$ V

270°에서는 90°에서의 크기와 일치하나 극성은 반대이다.

0°에서 90°까지 sine파의 진폭은 회전각도에 따라서 증가하며 이것을 1상한이라 부르고, 2상한인 90°에서 180°까지는 1상한 값과 대칭값을 가지면 감소하게 되고 180°에서 270°인 3상한 값과 270°에서 360°인 4상한 값을 0°에서 180°까지의 1,2 상한의 크기는 같지만 극성이 반대인 형태를 갖는다. sine파의 특성을 요약하면 다음 과 같다.

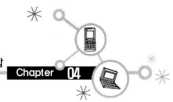

1. 1사이클은 360° 혹은 2π rad이다.
2. 극성은 1/2사이클마다 바뀐다.
3. 90°와 270°에서 최대값을 갖는다.
4. 0°와 180°에서 최소값을 갖는다.
5. 파형은 zero축 근처에서 급격히 변화한다.
6. 최대값 근처에서의 변화는 비교적 느리다.

4-2   교류전류

교류전압의 sine파가 부하저항 양단에 연결되면 회로에 흐르는 전류도 sine파이다. 그림 4-4(a)에 표시된 정현파가 그림 4-4(b)에 표시된 것처럼 10Ω의 저항에 연결되었다고 가정하면 회로에 흐르는 전류의 파형은 그림 4-4(c)에 표시된 것과 같이 $+1A$와 $-1A$의 피크값을 갖는 정현파가 된다. 이때 v와 i의 주파수는 같다. 교류회로에서도 전류의 세기는 $I = V/R$ 공식에 의해서 구해진다.

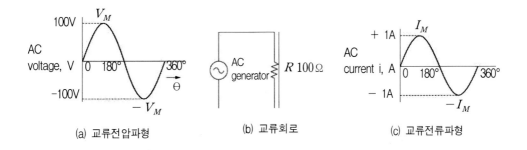

(a) 교류전압파형   (b) 교류회로   (c) 교류전류파형

[그림 4-4] 교류 전압 파형과 교류 전류 파형

4-3   정현파의 전류

교류 정현파의 전압값과 전류값은 사이클 내의 여러 가지 순시값을 가지기 때문에 어떤 특정한 파형의 크기와 비교해서 표시하는 것이 편리하다. 따라서 피크(peak)값,

평균값(average value), rms값 (root-mean-square) 등으로 표시되어지는데 rms 값은 보통 실효값이라고 부르며, 피크값은 최대값이라고 부른다. 그림 16-6에 표시한 것처럼 이와 같은 값들은 전류와 전압에서 같이 사용된다.

최대값(피크값)은, V_M 혹은 I_M으로 표시 되어지는데 정현파의 최대 진폭의 크기를 표시한다. peak값은 +peak와 −peak가 있으며 +peak와 −peak 사이의 크기를 peak to peak 값이라고 표시하며 보통 p-p로 표시하게 된다. 가령 170 V의 크기를 갖는 정현파의 Vpeak는 170 V이고, −Vpeak는 −170 V이다. 따라서 Vpeak-peak 는 170 V−(−170 V)=340 V의 크기로 피크값의 2배에 해당하는 크기를 가지며, + peak 와 −peak는 서로 대칭값을 가지며 동시에 두 개의 peak값이 존재하지 않고 반드시 1/2주기로 번갈아서 나타난다. 특히 주의할 것은 모든 파형에서 Vpeak와 −Vpeak가 서로 같지 않다는 사실이다.

평균값은 정현파에서 한 번의 교번이나 1/2사이클 사이의 모든 순시값을 수학적으로 평균한 크기로, 1/2사이클만을 평균하는 이유는 1 사이클을 평균하면 평균값이 0이 되기 때문이며 0°에서 180°까지의 sine값을 더해서 180°로 나누면 평균값은 0.637배가 된다. 이러한 계산은 표 16-2에 표시한 것과 같으며, 여기서 0.637의 의미는 최대값을 1로 생각한 것이기 때문에 실제의 평균값은 식 (16-2)처럼 표시되어지고 Vpeak가 170 V였다면 이 파형의 평균값은 약 108 V가 된다.

$$평균값 = 0.637 \times Vpeak \tag{4-1}$$

표 4-2 정현파의 평균값과 실효값

Interval	Angle θ	Sin θ	$(Sin\ \theta)^2$
1	15°	0.26	0.07
2	30°	0.50	0.25
3	45°	0.71	0.50
4	60°	0.87	0.75
5	75°	0.97	0.93
6	90°	1.00	1.00
7	105°	0.97	0.93
8	120°	0.87	0.75
9	135°	0.71	0.50

		평균값	RMS값
10	150˚	0.50	0.25
11	165˚	0.26	0.17
12	180˚	0.00	0.00
	Total	7.62	6.00
		평균값	RMS값
		$\dfrac{7.62}{12} = 0.635$	$\sqrt{\dfrac{6}{12}} = 0.707$

* 90˚와 180˚사이의 $\sin\theta = \sin(180˚-\theta)$를 사용한다.

* 구간을 증가시키고 정확한 값을 구하면 평균값은 약 0.637이 된다.

정현파의 전압이나 전류의 양을 가장 일반적으로 표시하는 것은 45˚에서의 값인 피크값의 70.7% 값으로 표시하는 것인데 이 값을 rms값(실효값)이라고 부르며 식 (4-2)처럼 표시한다.

$$실효값 = 0.707 \times V_{PEAK}(I_{PEAK}) \tag{4-2}$$

따라서 $V_s = 0.707 V_{\max}$, $I_s = 0.707 I_{\max}$로 표시할 수 있으며 V_{peak}가 155 V 라면 실효값은 110 V 가 된다. 110 V 는 상업용 교류 전력선의 크기이며 이때 표시된 크기가 실효값이며 실효값과 피크값의 변환은 식(4-2)를 식 (4-3)처럼 변환시키면 된다.

$$피크값 = \frac{1}{0.707} \times 실효값 = 1.414 \times 실효값 \tag{4-3}$$

1초당 사이클의 숫자를 주파수라고 부르고, f로 표시한다. 1 사이클에 해당하는 시간을 주기라고 부르며 T로 표시한다. 60Hz의 주파수를 갖는다면 1 주기는 1/60 초이고 주기와 주파수는 식 (4-4)처럼 표시할 수 있다.

$$T = \frac{1}{f}, \; f = \frac{1}{T} \tag{4-4}$$

그림 4-5에 표시된 것처럼 단위시간당 사이클의 숫자가 많은 것은 주파수가 높다는 것을 의미하며 반대로 사이클과 사이클 사이의 시간은 짧아지는 것을 알 수 있다. 그림 4-5(a)에 표시된 정현파는 1초 동안에 1사이클이 완성되고 그림 4-5(b)에 표시된 정현파는 1초 동안에 2사이클을 완성하고 있으므로 그림 4-5(b)의 주파수가 그림

4-5(a)의 주파수보다 2배나 빠르다는 것을 알 수 있다. 그러나 주파수는 다르지만 두 파형 모두가 정현파임을 알 수 있다.

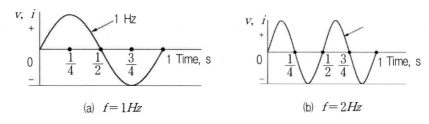

(a) $f = 1Hz$ (b) $f = 2Hz$

[그림 4-5] 주파수의 비교

주파수의 단위는 헤르쯔(Hz)를 사용하며 1초당 사이클수를 표시한다. $60\,cps = 60\,Hz$이고, 다음과 같은 변환단위를 사용한다.

$$1\,kilo \quad cycle \quad per \quad second \quad = \quad 1 \quad \times 10^3\,Hz = 1\,kHz$$

$$1\,mega \quad cycle \quad per \quad second \quad = 1 \times 10^6\,Hz = 1\,MHz$$

$$1\,giga \quad cycle \quad per \quad second \quad = 1 \times 10^{12}\,Hz = 1\,GHz$$

주기의 기본단위는 초(second)이고 주파수가 높아지면 주기가 짧아지므로 다음과 같은 변환식을 사용한다.

$$T = 1\,milli\ second = 1\,ms = 1 \times 10^{-3}\,s$$

$$T = 1\,micro\ second = 1\,\mu s = 1 \times 10^{-6}\,s$$

$$T = 1\,nano\ second = 1\,ns = 1 \times 10^{-9}\,s$$

주기는 주파수의 역수이므로 주파수가 kHz단위이면 주기는 ms가 되고, 주파수가 MHz단위이면 주기는 μs가 되며, 주파수가 GHz단위이면 주기는 ns단위를 갖는다.

예제 4-2

교류전류가 1/1000초에 1사이클을 완성한다면 주기와 주파수는 얼마인가?

[풀이] $T = \dfrac{1}{1000}s$

$f = \dfrac{1}{T} = \dfrac{1}{1/1000} = 1000$

[예제 4-3]

사인파의 피크값이 10V라고 가정하고 30°, 45°, 60°, 90°, 180°, 270° 에서의 크기는 얼마인지 구하시오.

[풀이] $v = V_M \sin\theta$ 공식을 이용한다.

(a) $v = 10 \sin 30° = 10 \times 0.5 = 5\,V$

(b) $v = 10 \sin 45° = 10 \times 0.707 = 7.07\,V$

(c) $v = 10 \sin 60° = 10 \times 0.866 = 8.66\,V$

(d) $v = 10 \sin 90° = 10 \times 1 = 10\,V$

(e) $v = 10 \sin 180° = 10 \times 0 = 0\,V$

(f) $v = 10 \sin 270° = 10 \times (-1) = -10\,V$

[예제 4-4]

1MHz와 4MHz의 주파수를 갖는 파형의 주기를 계산하시오.

[풀이] a : 1MHz 인 경우

$T = \dfrac{1}{f} = \dfrac{1}{1 \times 10^6} = 1 \times 10^{-6}s = 1\mu s$

b : 4MHz 인 경우

$T = \dfrac{1}{f} = \dfrac{1}{4 \times 10^6} = 0.25 \times 10^{-6}s = 0.25\mu s$

주기의 변화를 거리에 대해서 생각할 때 그림 4-6에 표시한 것처럼 1사이클에 포함되는 거리를 파장이라고 부르고 λ 로 표시한다. 라디오파는 전자기장에서의 진동이 공간을 통해서 이동되어지기 때문에 전송되어지는데 음파는 음파에 대응하는 공기압의 변화량이 공기를 통해서 이동한다. 이런 경우 1사이클에서 파가 이동한 거리를 파장이라고 부르며 파장은 주파수와 진공속도에 의해서 결정된다.

$$\lambda = \dfrac{\text{속도}}{\text{주파수}} \tag{4-5}$$

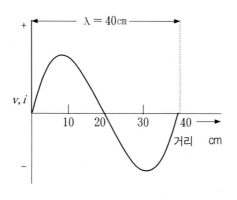

[그림 4-6]

여기서 λ 는 파장의 기호이다. 전자기 라디오파의 속도는 진공이나 공기중에서 $3 \times 10^8 \, m/s$ 의 크기를 갖는다. 따라서 파장은 식 (4-6)에 의해서 쉽게 구할 수 있다.

$$\lambda(m) = \frac{3 \times 10^8 \, m/s}{f(Hz)}$$

(4-6)

주파수가 높아질수록 λ 의 길이는 짧아진다.

예제 4-5

(a) 어떤 케이블 TV 채널의 주파수가 60MHz라고 가정한다면 파장의 길이는 얼마인가?

(b) 아마튜어 무선에 사용되는 전파의 파장이 6m라고 가정하면 주파수는 얼마인가?

풀이 (a) $\lambda = \dfrac{c}{f} = \dfrac{3 \times 10^8 \, m/s}{60 \times 10^6 \, Hz} = 5 \, m$

(b) $f = \dfrac{c}{\lambda} = \dfrac{3 \times 10^8 \, m/s}{6m} = 50 \, MHz$

4-4 위상각

그림 4-7에 표시된 두 개의 정현파를 살펴보자. 사인파 A는 0점에서 출발한 정현파이고, 코사인파 B는 최대점에서 출발한 정현파로 사인파 A는 자신의 사이클을 0에

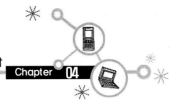

서 끝내게 되지만 코사인파 B는 자신의 사이클을 최대점에서 끝내게 된다.

이때 코사인파 B는 사인파 A보다 90°의 각도인 1/4회전 앞섰다고 이야기하고 코사인파 B와 사인파 A사이의 각도 90°를 위상각이라고 부른다. 코사인파 B와 사인파 A는 90°의 위상각을 주파수가 변하지 않는한 계속 유지하게 되며 코사인파 B에서 보면 사인파 A는 항상 90° 뒤지게 된다. 예를 들면 사인파 A는 180°에서 zero이고 270°에서 $-V_p$를 갖기 때문이다.

두 파의 위상각을 비교하기 위해서는 두 파의 주파수가 같아야 한다. 만약 주파수가 서로 다르다면 상대적인 위상이 계속 변하게 된다. 정현파의 진동은 시간단위의 각도에 의해서 측정되어지는 유일한 파형이기 때문에 많이 사용되며 경우에 따라서 진폭은 달라질 수 있다. 여하튼 두 전압과 두 전류 혹은 전압과 전류의 위상각을 비교할 수 있다.

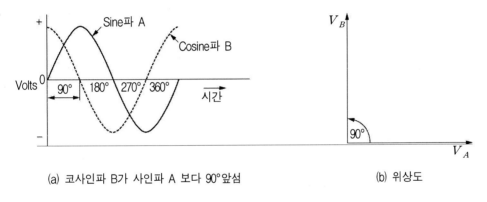

(a) 코사인파 B가 사인파 A 보다 90°앞섬   (b) 위상도

[그림 4-7] 90°위상각을 갖는 두 정현파

교류전류와 교류전압의 위상을 비교하기 위해서는 그림 4-7(b)에 표시한 것과 같은 전압파형과 전류파형에 대응되는 위상도를 사용하는 것이 편리하다. 화살표는 발생되어지는 전압의 크기에 해당하는 페이저 크기를 표시한다.

페이저는 크기와 방향을 갖는 물리량으로 화살표가 표시하는 길이는 교류전압의 크기를 표시하며 페이저는 교류값, 피크값, rms값 등을 표시하는데 사용되어지며 수평축에 대한 화살표의 각도가 위상각을 표시하게 된다.

Phasor와 Vector는 어떤 값을 완전하게 표시하기 위해서 필요한 각도와 방향을 갖는 물리량이다. 그렇지만 벡터량은 공간에서 방향을 갖는 반면 phasor는 시간에 따라서 변하는 물리량이다.

예를 들면 벡터는 수평축이든 수직축 이든 간에 정해진 각도에서의 Vector 화살표에 의한 기계적인 힘을 표시하는데 비해서 페이저의 화살표는 시간차에 해당하는 각도를 표시하는데 사용된다. 한 개의 정현파가 기준으로 선택되어지면 또 다른 정현파 시간의 변화는 페이저의 화살표 사이의 각도에 의해서 기준으로 선정된 정현파와의 차이를 측정하게 된다.

Phasor는 전압의 전체 cycle에 해당되지만 오직 한 개의 각도로 표시되어진다. 다시 말하면 완전한 사이클이 sine파로 알려져 있기 때문에 출발점의 각도로 표시하게 된다. 전체 사이클에 대한 여분의 상세한 설명없이 위상각을 비교하기 쉽게 간단한 형태로서 교류전압이나 전류를 표시하게 된다.

그림 4-7(b)에서 페이저 V_A는 A파를 표시한 것으로 위상각은 0° 이고, 이런 위상각은 로터리 발전기가 출력전압이 0인 시작점에서 출발한다는 것을 의미하고, 페이저 V_B 는 자신의 위상각이 90° 이기 때문에 처음 출발이 수직축에서 시작하고 있음을 의미하게 된다.

두 페이저 사이의 각을 위상각이라고 부르며 보통 θ (theta)로 표시하는데 그림 4-7에서의 위상각 θ 는 90° 이다. 임의의 파를 표시하는 위상각은 기준으로 사용되는 다른 파에 대해서만 설명되어질 수 있는데 어떤 위상이 기준으로 선택되는가에 따라서 위상각을 표시하기 위해서 그려지는 페이저가 달라진다. 일반적으로 기준 페이저는 0° 에 해당하는 수평축을 사용한다.

그림 4-8에는 두 가지 표시 방법이 설명되어 있는데 그림 4-8(a)는 전압파형 A, 혹은 자신의 페이저 V_A 가 기준이 되고, 페이저 V_B 가 반시계방향으로 90° 만큼 표시되어 있다.

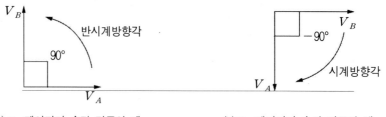

(a) V_A 페이저가 수평 기준일 때
    V_B 페이저가 90°앞선다.

(b) V_B 페이저가 수평 기준일 때
    페이저 V_A는 −90°만큼 늦는다.

[그림 4-8] 90°의 진상각과 지상각

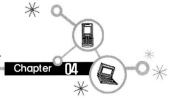

이 방법은 표준 사용법으로 반시계방향의 회전은 +방향의 각도를 표시하게 된다. 또한 앞선(leading) 각도가 +이다. 이런 경우 기준 페이저인 V_A 와 V_B 페이저가 반시계 방향으로 90° 각도를 유지하고 있으므로 B파가 A파보다 90° 앞서 있다는 것을 나타내게 된다.

여하튼 B파는 그림 4-8(b)에 표시된 것처럼 기준 페이저로도 사용할 수 있는데 똑같은 위상각을 유지하기 위해서는 페이저 V_A가 시계방향으로 90° 회전해야 하며 시계방향의 회전은 –각도를 의미하게 된다. 따라서 –각도는 뒤지는(lagging)각도를 표시하기 때문에 V_A 페이저는 V_B 페이저보다 –90° 뒤져 있음을 나타내게 된다.

따라서 기준은 위상각이 진상(leading)각이냐 아니면 지상(lagging)각이냐를 결정하게 된다. 그러나 위상은 실제로 표시하는 방법에 달라지지는 않는다. 그림 4-8에서 V_A 와 V_B 는 90° 의 위상차를 갖는데 V_B가 V_A 보다 90° 앞선다고 말하거나 V_A는 V_B보다 –90° 뒤져 있다고 말할 수 있다. 두 파형과 그들에 해당하는 페이저는 90° 보다 크던 작던간에 각도에 의해서 위상차를 표시할 수 있다.

예를 들면 그림 4-9에 표시된 위상도에서는 60° 의 위상차가 있음을 표시하고 있다. 그림 4-9(a)의 파형을 보면 D파는 C파보다 60° 만큼 뒤에 있게 되는데 그림 4-9(b)의 페이저도에서 –60° 만큼 뒤져 있음을 알 수 있다.

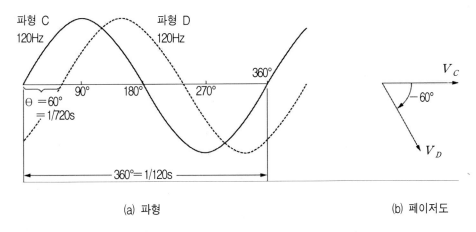

(a) 파형   (b) 페이저도

[그림 4-9] 위상각 차이가 60°인 두 파형 60°의 위상각은 1/6 사이클(60/360)에 해당한다.

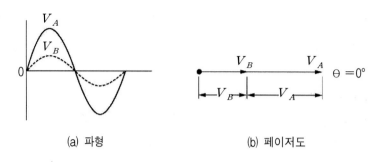

(a) 파형   (b) 페이저도

[그림 4-10] 위상차가 0°인 동위상파형

그림 4-10에 표시한 것처럼 위상차가 0° 인 두 파형은 동위상 파형이라고 부르며, 두 파형을 더한 크기는 각 파형의 크기를 더하면 된다.

그림 4-11에 표시한 것처럼 180° 의 위상차를 갖는 두 파형은 역위상 파형이라고 부르며, 두 파형을 더한 크기는 서로의 파형 크기의 차와 같다.

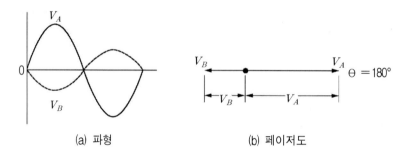

(a) 파형   (b) 페이저도

[그림 4-11] 위상차가 180°인 역위상파형

예제 4-6

그림 4-12에 표시된 파형의 위상각을 표시해 보시오.

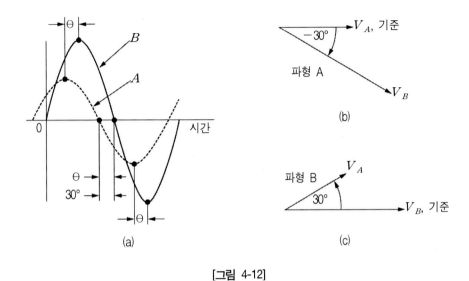

[그림 4-12]

풀이 그림 4-12(b)에 표시된 것처럼 V_B가 V_A보다 $30°$ 뒤지거나 그림 4-11(c)에 표시한 것처럼 V_A가 V_B보다 $30°$ 위상각이 앞선다.

4-5 저항을 갖는 교류회로

교류회로에는 교류전원이 사용되어진다. 4-13(a)에는 정현파 교류가 기호로 표시되어진 110V의 교류전원이 연결되어 있다. 이때 그림 4-13(b)에 표시된 것처럼 동위상과 동일한 주파수를 갖는 교류 전류가 부하에 흐르게 된다.

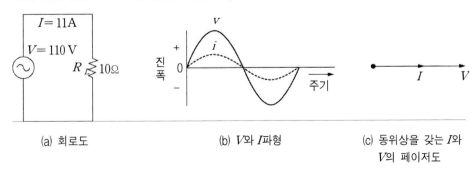

(a) 회로도

(b) V와 I파형

(c) 동위상을 갖는 I와 V의 페이저도

[그림 4-13] R이 연결된 회로

예제 4-7

그림 4-14(a)에 표시된 회로에서 V_{R1}, V_{R2}를 구하고 페이저를 표시하시오.

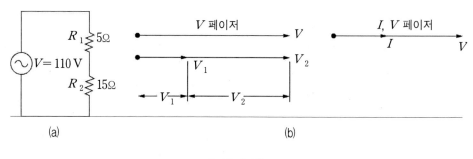

[그림 4-14]

풀이 $R_T = 20\Omega$, $I = 5.5\,A$, $V_{R1} = 27.5\,V$, $V_{R2} = 82.5\,V$이다. 페이저도는 그림 4-14(b)와 같다.

4-6 비정현파 교류파형

정현파는 교류 변화량을 표시하는 기본 파형인데 여기에는 몇 가지 이유가 있다. 정현파는 로타리 발전기에 의해서 발생되어지며 출력은 회전각에 비례하고 인덕턴스와 캐패시턴스를 갖는 전자 발전기 회로에서도 정현파 변화량을 발생시킬 수 있다. 회전운동에서부터 정현파가 유도되기 때문에 어떤 정현파라도 $0°$에서 $360°$의 각도나 0에서 2π rad의 라디안에 의해서 각도 측정의 해석이 가능하다. 정현파의 또다른 중요 특성은 기본적으로 단일성을 갖는데 있다. 정현파는 진폭의 변화율이 $90°$위상차를 갖는 코사인파와 일치하고 정현파의 변화가 발생해도 진폭만 변화된 같은 파형을 갖기 때문이다. 여러가지 전자적 응용에서 파형(wave shapes)은 아주 중요한데 그 이유는 파형들 중에는 sine파와 cosine파와 같은 정현파만 존재하는 것이 아니고 비정현파형(nonsinusoidal waveform)도 존재하기 때문이다.

그림 4-15에 구형파(sguare wave)와 톱니파(sawtooth wave)를 표시했다. 전압이든 전류이든간에 비정현파형은 고려해야될 중요한 차이점과 유사점이 있는데 sine

파와의 비교를 다음에 설명했다.

1. 모든 경우에서 사이클은 동일한 진폭을 갖고 같은 방향으로 변화하는 두 점 사이에서 측정해야 한다. 주기는 1사이클에 해당하는 시간이다. 그림 4-15에서 모든 파형의 주기 T는 $10\mu s$이고 주파수는 $1/T$이기 때문에 0.1MHz이다.

2. 최대 진폭은 zero축에서부터 최대 +값이나 최대 -값을 측정하면 된다. 피크-피크 진폭은 비정현파형인 경우 측정이 용이한데 그 이유가 비정현파형은 그림 4-15(d)에 표시한 것처럼 비대칭인 피크값을 갖기 때문이다. 그림 4-15에서 표시된 모든 파형의 피크-피크값은 20 V이다.

3. 오직 정현파의 실효값만 0.707 V로 표시할 수 있는데 0.707은 오직 정현파에서만 사용되는 각 측정의 sine값에 의해서 유도되기 때문이다.

4. 위상각은 오직 sine파에서만 적용되어지는데 그 이유가 각 측정은 정현파에서만 가능하기 때문이다. 중요한 것은 수평축이 그림 4-15(a)에 표시한 것처럼 시간의 축이기 때문에 각도에 따라서 분류될 수 있지만 비정현파에서는 각도 표시가 없다는 점이다.

5. 모든 파형은 교류전압을 표시하며 +값은 zero축 위쪽에, -값은 zero축 아래쪽에 표시된다.

그림 4-15(b)에 표시된 톱니파는 최대값을 가질 때까지는 천천히 증가하며 초기값까지는 급격히 감소하게 된다. 이런 파형을 보통 사다리 전압(ramp voltage)이라고 부르며, 일정한 변화율을 갖기 때문에 시간 함수(time base)로 사용되어지기도 한다. 주의할 점은 1사이클 속에는 전압의 느린 상승과 빠른 하강이 동시에 존재한다는 것이다.

이 예에서도 1사이클의 주기 T는 $10\mu s$이다. 따라서 이런 톱니파 사이클은 0.1MHz의 주파수에서 반복되어지며 전압이나 전류의 톱니파형은 오실로스코프와 TV 수상기의 음극선관(cathode-ray-tube)에서 전자빔의 수평편향(horizontal deflection)에 사용되어진다.

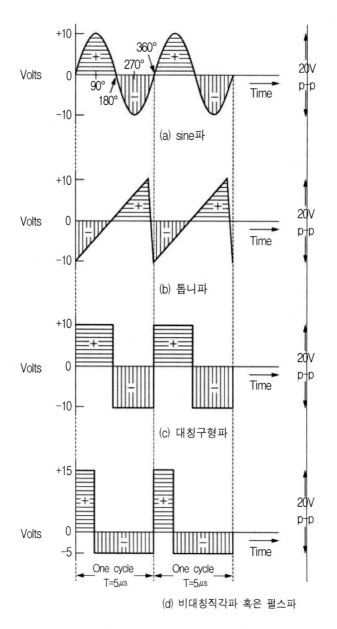

[그림 4-15] 정현파와 비정현파의 비교

그림 4-15(c)에 표시된 구형파는 스위칭 전압을 표시한다. 처음 10V 피크는 순간적으로 +극성을 인가하고 이 전압은 1/2사이클인 5μs동안 유지되고 다시 전압이 순간적으로 0V까지 감소하고 −극성이 나머지 1/2사이클 동안 유지된다.

따라서 1사이클의 주기는 10μs이고 역시 0.1MHz의 주파수를 갖게 된다. 그림 4-15(d)에 표시된 직각파형(rectangula wave shape)도 1/2사이클씩 +극성과 −극성이 유지되지만 비대칭이다. 그러나 주파수는 역시 0.1MHz이고 피크−피크값도 20V로 다른 모든 파형과 일치한다.

예제 4-8

그림 4-16에 표시된 펄스의 주기, 주파수, %듀티사이클을 구하시오.

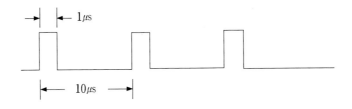

[그림 4-16]

풀이 그림 4-17에 표시된 것처럼 펄스의 폭 t_W를 펄스 주기 T로 나눈 것을 %듀티 사이클이라고 부르고 펄스의 평균 전압을 구할 때 사용한다.

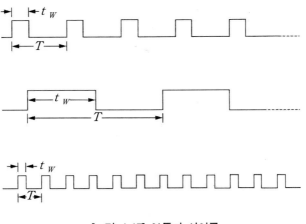

[그림 4-17] %듀티 사이클

그림 4-17에서 주기 T는 10μ s이고 주파수 f는 0.1MHz이다.

% 듀티 사이클$=(t_W/T)\times100\%$ $=(1\mu s/10\mu s)\times100\%=10\%$이다.

예제 4-9

그림 4-18에 표시된 펄스의 평균값을 구하시오.

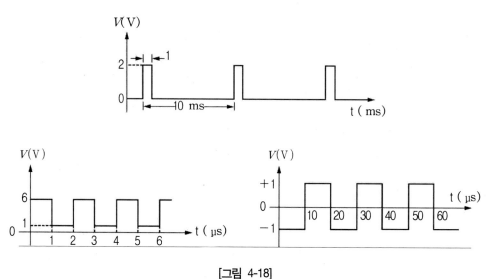

[그림 4-18]

풀이 (a) 그림 4-18(a)에서 기준전압은 0V이고 %듀티 사이클은 10%, 진폭은 2V이다. 따라서 평균전압은 0.2V이다.

$$V_{평균값}=기준전압+(듀티사이클\times진폭)=0\,V+(0.1\times2\,V)=0.2\,V$$

(b) 그림 4-18(b)에서 기준전압은 +1V이고 % 듀티 사이클은 50%, 진폭은 5V이다. 따라서 평균전압은 3.5V이다.

$$V_{평균값}=기준전압+(듀티사이클\times진폭)=+1\,V+(0.5\times5\,V)=+3.5\,V$$

(c) 그림 4-18(c)에서 기준전압은 -1V이고 % 듀티 사이클은 50%, 진폭은 2V이다. 따라서 평균전압은 0V이다.

$$V_{평균값}=기준전압+(듀티사이클\times진폭)=-1\,V+(0.5\times2\,V)=0\,V$$

4-7 삼상전력

원을 균등하게 3등분하는 3개의 권선을 갖는 교류발전기(alternator)는 각각 120°
의 위상차를 갖는 출력전압을 발생시킨다. 그림 16-25에는 삼상교류 발전전압과 페
이저도를 표시했다. 삼상교류전압의 장점은 전력배분의 효율이 높다는데 있다. 또한
교류 유도전동기는 삼상교류전류를 갖는 자기기동(self starting)을 한다. 끝으로 교
류 리플은 직류 전력공급의 정류에서 필터링시키는 것보다 훨씬 쉽다. 그림
16-26(a)에서는 3개의 권선이 Y형태를 갖는데 보통 Y(Wye)결선 또는 Star결선이
라고 부른다. 3개의 코일은 한쪽 끝에서 공통으로 연결되어지고 반대쪽 단자는 A, B,
C로 표시되며, 한쌍의 단자는 2개의 코일로 직렬연결되며 120 V씩을 공급한다. 두
단자 양단에 걸리는 출력전압은 위상각이 120°이기 때문에 208(120×1.73=208) V
가 된다. 그림 16-26(b)는 3개의 권선이 모양을 하고 있는데 단자의 한 쌍이 한 대
의 발전기에 연결되며 다른 코일은 병렬지로가 된다. 따라서 라인의 전류용량은 1.73
배로 증가하게 된다.

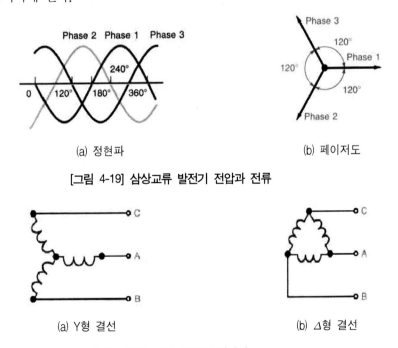

| (a) 정현파 | (b) 페이저도 |

[그림 4-19] 삼상교류 발전기 전압과 전류

| (a) Y형 결선 | (b) Δ형 결선 |

[그림 4-20] 삼상 교류의 결선법

　　그림 4-21에서 4선을 사용하는 Y형 연결의 중간점은 삼상 전력 시스템의 중성선이다. 이런 방식에서 전력은 단상 120 V 이거나 3상 208 V이다. 주의 할 것은 3상 전압 208 V는 에디슨 단상 전압 240 V와 다르다는 점이다. 그림 16-27에서 단자 A, B, C로부터 중성선 까지의 각 코일 양단에 나타나는 출력은 120 V이다. 이런 단상 120 V의 전압은 일반적인 전기 회로에 사용된다. 그러나 중성선을 포함하지 않는 단자 AB, BC, CA의 출력은 3상 유도형 전동기나 기타의 3상 전력에 필요한 208 V이다. 비록 여기에서는 120 V, 60 Hz의 전력선을 설명했지만 3상 연결은 보통 고압에서 일반적으로 사용될 수 있다는 점을 이해해야 한다.

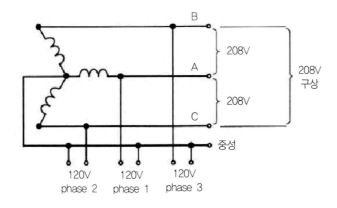

[그림 4-21] 중성선을 갖는 4선의 Y형 연결

연습문제

① 그림 4-22에 표시된 사인파 전류의 크기를 구하시오. (단 $\theta = 30°$, $225°$)

② +5V의 피크값을 갖는 100KHz의 사인파를 2주기 표시하시오. (진폭 주기를 표시하시오.)

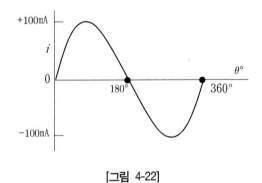

[그림 4-22]

③ 500Hz와 2MHz의 주파수에서 $45°$ 의 위상차를 가질 때 지연시간을 구하시오.

④ 다음 주파수에 해당하는 주기를 구하시오.

ⓐ 500Hz

ⓑ 5MHz

ⓒ 5GHz

ⓓ 20Hz

ⓔ 20KHz

⑤ 20Hz와 20KHz의 파장을 구하시오.

⑥ 그림 4-23에 표시된 파형의 페이저도를 그리시오.

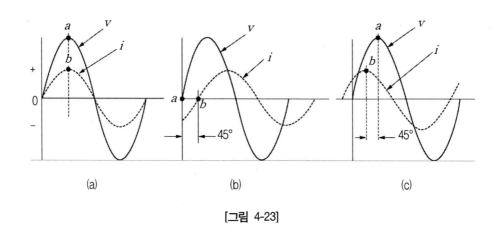

[그림 4-23]

⑦ 그림 4-24에 표시된 구형파와 톱니파의 피크값과 주파수를 계산하시오.

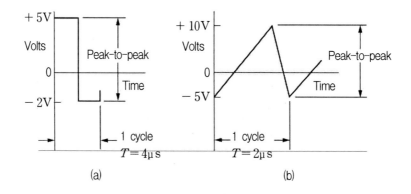

[그림 4-24]

116

정답

1. $I = I_M \sin\theta = 100\sin\theta$, 30° 에서 $i = 100\sin30° = 100 \times 0.5 = 50$mA, 225° 에서
   $i = 100\sin225° = 100 \times (-0.707) = -70.7$mA

2.

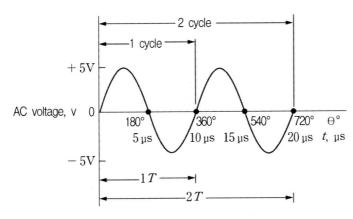

3. ⓐ $T = 1/f = 1/500Hz = 0.002s$, 지연시간 $= 0.002s \times (45°/360°) = 0.25ms$,
   ⓑ $T = 1/f = 1/2MHz = 0.5\mu s$, 지연시간 $= 0.5\mu s \times (45°/360°) = 0.0625\mu s$

4. ⓐ $T = 1/f = 1/500Hz = 0.002s$
   ⓑ $T = 1/f = 1/5MHz = 0.2\mu s$
   ⓒ $T = 1/f = 1/5GHz = 0.2ns$
   ⓓ $T = 1/f = 1/20Hz = 50ms$ ⓔ $T = 1/f = 1/20KHz = 0.05ms$

5. 20Hz에서 $\lambda = c/f = 3 \times 10^8 m / 20Hz = 15 \times 10^6 m$, 20KHz에서
   $\lambda = c/f = 3 \times 10^8 m / 20KHz = 15 \times 10^3 m$

6.

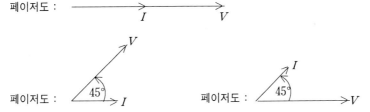

7. ⓐ 구형파인 경우 피크피크값 $= 5V + 2V = 7V$, 주파수 $= 0.25MHz$,
   ⓑ 톱니파인 경우 피크피크값 $= 10V + 5V = 15V$, 주파수 $= 0.5MHz$

Chapter 05

콘덴서와 정전용량

콘덴서는 두 도체 사이에 절연체를 끼움으로서 구성된다. 도체는 절연체 양단에 전압이 인가되는 것이 가능하도록 해준다. 다양한 종류의 콘덴서가 특별한 캐패시턴스(정전용량)를 갖도록 공장에서 제조된다. 콘덴서의 종류는 유전체에 따라서 이름이 달라지며 대부분 공기, 종이, 운모, 자기, 전해질 콘덴서가 사용된다. 전자 회로에 사용되는 콘덴서는 비교적 적고 가격이 저렴한 것들이 사용되어진다. 콘덴서가 갖는 가장 중요한 특성은 교류 신호는 통과시키는데 비해서 직류 신호는 차단시킨다는데 있다. 또한 교류 신호의 주파수가 높아 질수록 저항 성분이 낮아진다.

5-1 콘덴서의 구조 및 특성

콘덴서는 그림 5-1(a)에 표시된 것처럼 두 개의 병렬로 된 금속 도체판 사이를 유전체라고 부르는 절연체가 분리시키는 구조를 갖는다. 회로기호로는 그림 5-1(b)와 (c)에 표시된 것처럼 고정값을 갖는 고정 콘덴서와 가변값을 갖는 가변 콘덴서로 구분되어 사용된다.

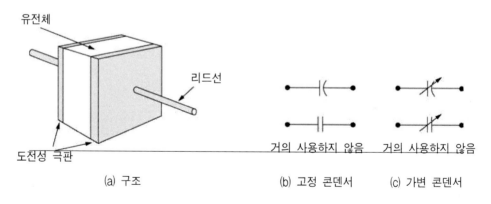

(a) 구조   (b) 고정 콘덴서   (c) 가변 콘덴서

[그림 5-1] 콘덴서의 구조

자유전자가 절연체 속을 통해서 흐를 수 없기 때문에 공기나 종이와 같은 유전체에서 전하를 보존시킬 수 있다. 그림 5-2에 표시된 것처럼 거리가 d만큼 떨어진 두 극판 사이에 전압 V가 인가되면 두 극판 사이의 전기장의 세기는 식(5-1)처럼 표시된다.

$$E = \frac{V}{d} \ [\text{V/m}] \tag{5-1}$$

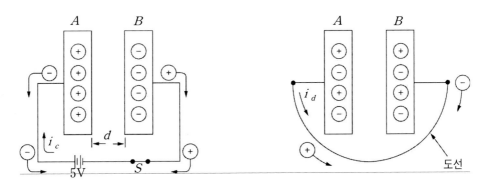

(a) 충전된 콘덴서   (b) 콘덴서의 방전

[그림 5-2] 콘덴서의 충전과 방전

콘덴서 양단에 걸리는 전위차가 공급 전압의 크기와 일치할 때까지 충전이 계속되며 직렬로 연결된 저항 성분이 존재하지 않는다면 충전은 순간적으로 일어난다. 실제로는 항상 어떤 저항이든 직렬 저항이 존재하고 이런 충전전류는 과도적이거나 혹은 일시적으로 존재하며 오로지 콘덴서가 공급 전압과 같아질 때까지만 충전하고 충전이 끝나면 회로에는 전류가 흐르지 않는다.

따라서 콘덴서는 유전체 속에 전하를 축적시킬 수 있는 특성을 갖는다. 축적이라는 것은 전압원이 제거되어도 전하가 유지될 수 있다는 것을 의미하며 얼마나 많은 양이 축적되는가는 커패시턴스(정전용량)에 따라 달라진다. 인가(공급)된 전압과 커패시턴스, 축적되는 전하량의 크기는 식(5-2)처럼 구해진다.

$$C = \frac{Q}{V}, \ V = \frac{Q}{C}, \ Q = CV \tag{5-2}$$

또한 인가 전압의 유무에 무관하게 두 극판 사이에 전도 경로가 제공되면 콘덴서는 방전한다. 사실은 콘덴서의 전압이 인가된 전압원 보다 크다면 방전이 시작된다. 방전 전류는 일시적으로 방전 경로를 통해서 흐르게 되고 콘덴서의 전압이 공급 전압의 크기와 같거나 0이 될 때까지 방전을 계속한다.

예제 5-1

(a) 그림 5-2에서 공급 전압의 크기가 10V라면 충전이 끝난 후의 콘덴서 양단에서 측정한 전압의 크기는 얼마인가?

(b) 완전히 방전하고 난 후의 콘덴서 양단에서 측정한 전압의 크기는 얼마인가?

(c) 콘덴서는 방전이 끝난 후 다시 충전할 수 있는가?

풀이 (a) $10\,V$

(b) $0\,V$

(c) 전원이 연결되면 다시 충전할 수 있다.

충전 전압이 클수록 전기장의 세기는 강해지고 유전체에 더 많은 전하가 축적된다. $1C$의 전하가 유전체 속에 축적될 때 전위차가 1V라면 커패시턴스는 1패러드가 된다. 실질적으로 콘덴서의 사이즈는 1/10,000,000 패러드 정도인데 그 이유가 보통의 콘덴서는 $1\mu F$ 이하의 전하만을 축적시킬 수 있기 때문이다.

$$1\ micro\,farad\ =\ 1\mu F\ =\ 1\times 10^{-6}F \tag{5-3}$$

$$1\ pico\ farad\ =\ 1pF\ =\ 1\times 10^{-12}F$$

예제 5-2

(a) 콘덴서 양단의 전압이 $100\,V$이고 커패시턴스가 $4\mu F$일 때 얼마의 전하가 저장되는가?

(b) 충전 전압이 $50\,V$이고 커패시턴스가 $20\mu F$인 콘덴서에 축적되는 전하량은 얼마인가?

(c) $5\mu A$의 전류가 $10s$ 동안 콘덴서에 충전된다면 축적되는 전하량의 크기는 얼마인가? 이때 충전전압이 $10\,V$라면 커패시턴스의 크기는 얼마인가?

(d) 10mA의 전류가 $20\mu F$의 콘덴서에 10초 동안 충전된다면 콘덴서 양단의 전압 크기는 얼마인가?

풀이 (a) $Q=\ CV=\ 4\times 10^{-6}F\times 100\,V=\ 400\mu C$

(b) $Q=\ CV=\ 20\times 10^{-6}F\ \times 50\,V=\ 1000\mu C$

(c) $\quad Q \;=\; I \times t \;=\; 5 \times 10^{-6} A \;\times 10s \;=50 \mu C, \quad C \;=\; \dfrac{Q}{V} \;=\; \dfrac{50 \times 10^{-6} C}{10 V} = 5 \mu F$

(d) $\quad Q \;=\; I \times t \quad = \; 10 \times 10^{-3} A \times 10s = 100 m C, \quad V = \dfrac{Q}{C} = \dfrac{100 m C}{20 \mu F} = \; 500 V$

    그림 5-3에 표시한 것처럼 각 극판의 면적이 커질수록 극판 사이의 거리가 짧아질수록 커패시턴스의 크기는 증가하게 된다.

    표 5-1에 표시된 산화 알루미늄과 산화 탄탈륨은 전해 콘덴서에 사용되는 유전체이고, 플라스틱 필름은 감긴 호일형의 콘덴서에서 종이 대신 사용되어진다. 절연체의 유전상수는 ε_0 혹은 ε_r로 표시되는데 자신의 비유전율로 전속을 집중시킬 수 있는 능력을 표시하는 것이다. 이것은 자속에서 μ_0과 μ_r으로 표시되는 비투자율과 관계를 갖는데 ε_0과 μ_0, μ_r 모두 단위로 사용하지 않고 오로지 비로만 표시된다. 이것을 평행 평판형 캐패시터에 적용시키면 식 (5-5)와 같이 표시할 수 있다.

$$C = \epsilon_r \; \frac{A}{d} \times 8.85 \times 10^{-12} F/m \tag{5-5}$$

표 5-1 각종 유전체의 비유전율

유전체	비유전율
진공	1.0
공기	1.0006
테프론	2.0
종이(파라핀함침)	2.5
고무	3.0
변압기 오일	4.0
마이커	5.0
퍼셀린	6.0
베이클라이트	7.0
유리	7.5
세라믹	1200

    그림 5-3(a)의 극판 면적이 그림 5-3(b)의 2배라면 그림 5-3(a)의 커패시턴스는 그림 5-3(b)의 2배에 해당하는 전하를 축적시킬 수 있다. 동일한 전압에 의해서 전

기장이 발생되면 극판면적이 커질수록 각 극판과 접촉할 수 있는 유전체의 단면적이 증가하게 되어서 유전체의 바깥쪽을 통해서 누설되는 전속이 감소되고 더 많은 크기의 전력선이 유전체를 통과하게 되어서 전기장은 유전체에서 더 많은 전하를 축적시키게 된다. 같은 인가 전압이라고 하더라도 극판 면적이 증가함에 따라 전하의 축적되는 양도 증가하고 이것은 커패시턴스가 증가한다는 것을 의미한다.

예제 5-3

각 극판의 단면적이 2 m^{2}이고 1 cm 거리를 두고 떨어져 있으며 공기를 유전체로 사용할 때 정전용량 C를 구하시오.

풀이 식(5-5)를 사용한다.

$$C = 1 \times \frac{2}{10^{-2}} \times 8.85 \times 10^{-12} F = 200 \times 8.85 \times 10^{-12} = 1,770 pF$$

그림 5-3(c), (d)에 표시한 것처럼 양극간의 거리가 1/2로 감소하면 그림 5-3(c)에는 그림 5-3(d)의 2배 용량에 해당하는 전하가 축적되어진다. 이것은 얇은 유전체일수록 전속밀도가 증가하기 때문이다. 따라서 두 극판 사이의 전기장이 유전체 내에 더 많은 전하를 축적시키게 된다. 다시 말하자면 충전 전압의 크기에는 무관하며 양극판 사이의 거리가 짧아질수록 전하의 축적 능력이 증가하는데 이것은 정전용량이 증가한다고 말할 수 있다.

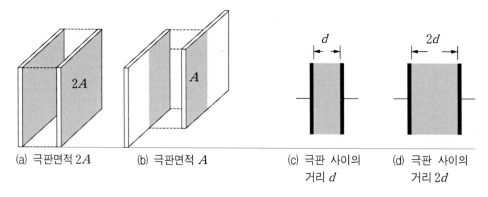

(a) 극판면적 $2A$ (b) 극판면적 A (c) 극판 사이의 거리 d (d) 극판 사이의 거리 $2d$

[그림 5-3] 커패시턴스는 비유전율과 극판 면적에 비례하고 거리에 반비례한다.

예제 5-4

그림 5-4에 표시된 콘덴서의 커패시턴스를 구하시오.

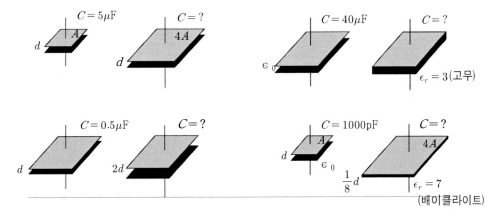

[그림 5-4]

풀이 (a) $C = 4 \times 5\mu F = 20\mu F$ (b) $C = 3 \times 40\mu F = 120\mu F$

(c) $C = 1/2 \times 0.5\mu F = 0.24\mu F$

(d) $C = 7 \times 4 \times 8 \times 1000 pF = 0.224\mu F$

　상업용 캐패시터는 유전체의 종류에 따라서 분류되어지며 대부분 공기, 운모, 종이, 자기 캐패시터와 전해 캐패시터를 사용한다. 전해 캐패시터는 유전체로 산화 필름 분자를 사용하여 좁은 체적에서도 비교적 큰 캐패시턴스 값을 갖도록 한다. 여러 종류의 캐패시터를 표 5-2에 표시했다. 전해 캐패시터를 제외하고 나머지 종류들은

표 5-2 콘덴서의 종류와 항복전압

유 전 체	구 조	캐패시턴스	항복전압
공 기	Meshed plates	10~400 pF	400(0.02 – 공극)V
세 라 믹	Tubular	0.5~1600 pF	500 – 20,000 V
	Disk	0.002~0.1μ F	
전 해 질	Aluminum	5~1000μ F	10 – 450 V
	Tantalum	0.01~300μ F	6 – 50 V
운 모	Stacked sheets	10~5000pF	5,000 – 20,000 V
종이, 플라스틱필름	Rolled foil	0.001~1μ F	200 – 1, 600 V

+와 −의 구분 없이 사용할 수 있다. 전해 콘덴서는 내부의 전해 작용을 유지하기 위해서 양극을 표시하고 있으며 충전 전압원의 극성이 콘덴서의 전압 극성을 결정한다는 점을 주의해야 한다.

5-2 콘덴서의 직렬연결과 병렬연결

콘덴서는 저항처럼 직렬로 연결되거나 병렬로 연결될 수 있는데 커패시턴스를 증가시키기 위해서는 병렬로 연결되어야 한다. 콘덴서가 직렬로 연결되면 유전체의 두께가 증가하는 것과 같기 때문에 합성 커패시턴스는 가장 작은 커패시턴스보다 항상 작게 되어 있다. 그림 5-5(a)에 표시된 것처럼 콘덴서가 직렬로 연결되면 각 콘덴서에 충전되는 전하량의 크기는 동일하다.

$$Q_T = Q_1 = Q_2 = Q_3 \tag{5-6}$$

폐루프에서 키르히호프의 법칙을 적용하면 식(5-7)이 구해진다.

$$V_T = V_1 + V_2 + V_3 \tag{5-7}$$

이식에 $V = Q/C$를 대입하면 식(5-8)이 구해진다.

$$\frac{Q_T}{C_T} = \frac{Q_1}{C_1} + \frac{Q_2}{C_2} + \frac{Q_3}{C_3} \tag{5-8}$$

여기서 등식의 양변을 Q로 나누면 직렬 커패시턴스의 합성 커패시턴스 C_T는 식(5-9)에 표시된 것처럼 계산된다.

$$\frac{1}{C_T} = \frac{1}{C_1} + \frac{1}{C_2} + \frac{1}{C_3} \tag{5-9}$$

이때 두 개의 콘덴서가 직렬로 연결된 경우를 가정한다면 합성 커패시턴스 C_T는 식(5-10)과 같이 표시할 수 있다.

$$C_T = \frac{C_1 \times C_2}{C_1 + C_2} \tag{5-10}$$

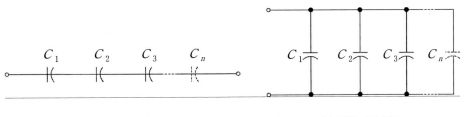

(a) 직렬연결 회로   (b) 병렬연결 회로

[그림 5-5] 콘덴서의 직렬연결과 병렬연결

그림 5-5(b)에 표시된 것처럼 콘덴서를 병렬로 연결하면 판의 면적을 더하는 것과 등가이기 때문에 각 콘덴서의 충전 전압은 같고 전체 커패시턴스의 크기는 각 커패시턴스의 크기를 더한 것과 같으며 식(5-11)처럼 표시할 수 있다.

$$C_T = C_1 + C_2 + C_3 \tag{5-11}$$

예제 5-5

(a) $0.3\mu F$과 $0.2\mu F$이 병렬로 연결되었다면 C_T는 얼마인가?

(b) C_T가 $450pF$이라면 $200pF$과 어떤 크기의 C가 병렬로 연결되어야 하는가?

(c) $0.3\mu F$의 콘덴서가 3개 직렬로 연결된다면 C_T는 얼마인가?

(d) (c)의 회로에 60V가 인가된다면 각 콘덴서 양단에 걸리는 V_C는 얼마인가?

(e) $100\mu F$과 $300\mu F$이 직렬로 연결된다면 C_T는 얼마인가?

풀이 (a) $C_T = 0.5\mu F$ (b) $C = 250pF$

(c) $0.1\mu F$ (d) $20V$

(e) $75\mu F$

125

유전체에서의 축적된 전하의 정전장은 콘덴서를 충전시키는 전압원에 의하여 공급되어지는 전기에너지를 갖고 있으며 이런 에너지는 유전체에서 저장된다. 이런 사실은 전압원이 제거되면 커패시턴스가 방전 전류를 발생시키는 것으로 증명할 수 있다. 축적되는 전기 에너지는 식(5-12)처럼 표시된다.

$$\text{에너지} = E = \frac{1}{2}CV^2 J \tag{5-12}$$

여기서 C는 커패시턴스로 F를 단위로 사용하며 V는 콘덴서 양단에 걸리는 전압이다.

예를 들자면 $2\mu F$의 콘덴서가 $400V$로 충전된다면 저장된 에너지는 $0.16J$이다.

$$E = \frac{1}{2}CV^2 = \frac{2 \times 10^{-6}F \times (4 \times 10^2)^2}{2} = 0.16J$$

이런 $0.16J$의 에너지는 전압원에 의해 공급되고 콘덴서를 $400V$까지 충전시킨다. 충전 회로가 개방되면 축적된 에너지는 남아 있으므로 폐회로가 형성되면 방전을 시작하고 $0.16J$의 에너지가 방전 전류를 흐르게 한다.

콘덴서가 완전하게 방전하면 축적된 에너지는 0이 된다. 콘덴서가 내부에 에너지를 저장하고 있으면 회로가 구성되지 않았어도 전기적 충격의 원인이 될 수 있다.

따라서 충전된 콘덴서의 두 단자를 손으로 만진다면 신체를 통해서 방전 전류를 흘리게 된다. 충전된 에너지가 $1J$ 이상의 크기를 갖는 경우는 전기적 충격을 발생시킬 만큼 충분히 큰 전압이기 때문에 주의해야 한다.

예제 5-6

컬러 브라운관의 고전압 회로에는 $500pF$의 콘덴서 양단에 $20KV$를 인가 할수 있다. 저장되는 에너지의 크기는 얼마인가?

풀이 $E = \frac{1}{2}CV^2 = \dfrac{500 \times 10^{-12} \times (20 \times 10^3)^2}{2} = 0.1J$

5-3 용량성 리액턴스

인가되는 가변전압에 의해서 콘덴서가 충전과 방전을 하면 교류전류가 흐르게 된다. 비록 콘덴서의 유전체를 통해서는 어떤 전류도 흐를 수 없지만 콘덴서의 극판에 연결되어진 회로에는 콘덴서의 충전과 방전에 의해서 전류가 흐르게 된다. 정현파전압에 의해서 흐르게 되는 전류의 세기는 용량성리액턴스 X_C에 따라서 달라진다. X_C의 크기는 $\frac{1}{2\pi fC}$로 표시되며 X_C는 Ohm 단위를 사용하고 f는 Hertz 단위를 C는 Farad 단위를 사용하지만 그들의 효과는 주파수에 따라서 반대특성을 갖게 된다. X_L은 주파수 f의 크기에 비례하는데 비해서 X_C는 f의 크기에 반비례하기 때문이며, $X_C = \frac{1}{2\pi fC}$의 역수 관계 때문에 X_C는 주파수가 높아지고 정전용량이 커질수록 감소한다. 이것은 충전전류와 방전전류가 커진다는 점을 의미한다.

그림 5-6에 표시된 것처럼 콘덴서가 연결된 회로에 교류전압이 인가되면 전류가 흐르게 된다. 그림 5-6(a)와 그림 5-6(b)의 회로에서 전구에 불이 들어오는 것은 콘덴서의 충전전류와 방전전류 때문이며 절연체인 유전체를 통해서 흐르는 전류는 존재하지 않는다. 인가전압이 증가하면 콘덴서가 충전되는데 충전전류가 도체로부터 콘덴서의 한쪽 극판으로 흐르게 되고, 인가전압이 감소하게 되면 콘덴서는 방전하게 되며 방전전류는 충전전류와 반대방향으로 흐르게 된다.

먼저 콘덴서는 한쪽 극성으로 다시 충전한 뒤 방전을 반복한다. 이런 충전과 방전의 사이클이 회로에서 인가된 전압과 같은 주파수를 갖는 교류전류를 제공하게 된다. 이런 전류가 전구를 점등시킨다.

그림 5-6(a)에서 $100\mu F$의 콘덴서는 전구가 밝게 빛을 낼 수 있을 만큼 충분한 크기의 교류전류를 제공하지만 그림 5-6(b)에서 $10\mu F$의 콘덴서는 커패시턴스가 작기 때문에 충전전류와 방전전류가 작아져서 전구가 밝지 못하고 희미하게 된다. 다시 말하자면 같은 크기의 전압이 인가된다고 하더라도 커패시턴스가 작아지면 리액턴스가 증가한다는 뜻이다.

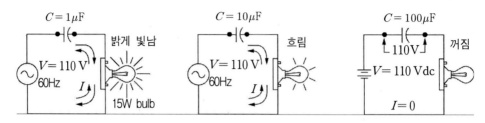

(a) 1μF의 콘덴서는 전구가 밝게 빛날 수 있도록 충분한 크기의 60Hz 전류를 공급한다.

(b) 커패시턴스가 적으면 리액턴스 X_C가 증가하기 때문에 전류가 적어지고 전구는 희미해진다.

(c) dc전압이 인가되면 전구는 점등되지 않는다.

[그림 5-6] 용량성회로에서의 전류

교류 회로에서 입력 전압의 주파수변화에 따라서 결정되는 콘덴서의 용량성 리액턴스는 식(5-13)처럼 표시된다.

f는 Hertz 단위를 C는 Farad 단위를 X_c는 Ω 단위를 사용한다.

$$X_C = \frac{1}{2\pi f C} \tag{5-13}$$

예제 5-7

그림 5-7(a)와 (b)에 표시된 회로에서 X_C의 크기를 구하시오.

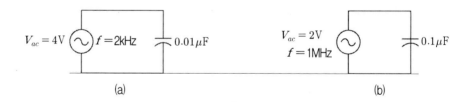

(a)   (b)

[그림 5-7]

풀이 (a) $X_C = \dfrac{1}{2\pi f C} = \dfrac{1}{6.28 \times 2000 Hz \times 0.01 \times 10^{-6} F} = 7.96 K\Omega$

(b) $X_C = \dfrac{1}{2\pi f C} = \dfrac{1}{6.28 \times 1 \times 10^6 Hz \times 0.1 \times 10^{-6} F} = 1.59 \Omega$

예제 5-8

(a) $C = 0.2 \mu F$, $f = 1400 Hz$

(b) $C = 2 \mu F$, $f = 1400 Hz$에서의 X_C를 구하시오.

풀이 (a) $X_C = \dfrac{1}{2\pi f C} = \dfrac{1}{6.28 \times 1400 \times 0.2 \times 10^{-6}} = 570 \Omega$

(b) 동일한 주파수에서 C가 (a)의 10배 이므로 X_C는 1/10인 57Ω으로 된다.

예제 5-9

C가 $4.7 pF$인 콘덴서의 X_c를 구하시오.

(a) $1 MHz$

(b) $10 MHz$

풀이 (a) $X_C = \dfrac{1}{2\pi f C} = \dfrac{1}{6.28 \times 470 \times 10^{-12} \times 1 \times 10^{6}} = 339 \Omega$

(b) $f = 10 MHz$에서 $X_C = \dfrac{338\Omega}{10} = 33.9\Omega$이다.

예제 5-10

X_C가 $2 K\Omega$이고 콘덴서의 커패시턴스가 $0.1 \mu F$ 이라고 가정한다면 주파수는 얼마인지 구하시오.

풀이 $f = \dfrac{1}{2\pi C X_C} = \dfrac{1}{6.28 \times 0.1 \times 10^{-6} F \times 2000\Omega} = 796 Hz$

5-4 용량성 리액턴스의 직렬연결회로와 병렬연결회로

용량성 리액턴스는 전류의 흐름을 방해 성분으로 Ω의 단위를 사용한다. 따라서 저항과 동일한 방법으로 합성 리액턴스를 구할 수 있다. 그림 5-8(a)에서 표시한 것처럼 200Ω과 300Ω의 리액턴스가 직렬로 연결되면 X_{CT}는 500Ω이 되고 식 (5-14)처럼 표시된다.

$$X_{CT} = X_{C1} + X_{C2} + \dots + etc. \tag{5-14}$$

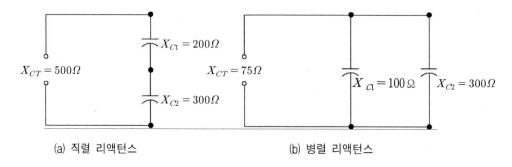

(a) 직렬 리액턴스   (b) 병렬 리액턴스

[그림 5-8] 리액턴스의 합성법

그림 5-8(b)에 표시한 것처럼 100Ω과 300Ω의 리액턴스가 병렬로 연결되면 X_{CT} 는 75Ω이 되고 식 (5-15)에 표시된 것과 같은 역수 공식을 사용해서 구할 수 있다.

$$\frac{1}{X_{CT}} = \frac{1}{X_{C1}} + \frac{1}{X_{C2}} + \cdots + etc \tag{5-15}$$

저항의 병렬연결회로의 합성저항과 마찬가지로 병렬 리액턴스의 합성 리액턴스는 가장 작은 지로 리액턴스보다 항상 적은 값을 갖는다. 또한 같은 크기의 리액턴스들이 병렬로 연결되면 합성 리액턴스는 연결된 갯수분의 1로 감소하게 된다.

또 한 가지 주의할 것은 용량성 리액턴스의 합성법은 커패시턴스의 합성법과는 반대인데 이것은 서로 반비례 관계에 있기 때문이다.

일반적으로 X_C는 직류전류를 차단시키지만 교류전류에서는 낮은 저항값을 제공하기 때문에 가변하는 교류성분을 직류전류로부터 분리시킬 수 있다. 게다가 콘덴서는 저주파 신호보다 고주파를 갖는 교류전류에서 리액턴스를 갖게 된다. R과 X_L, X_C 의 차이점은 다음과 같다. R은 교류회로나 직류회로에서 항상 일정하다. X_L이나 X_C는 주파수에 따라서 달라지며 X_L과 X_C의 효과는 서로 반대 특성을 갖는다. 따라서 X_L은 주파수에 비례하게 되고 X_C는 주파수에 반비례하게 된다. 만약 $100\,\Omega$ 의 X_C를 콘덴서가 가질 경우 주파수에 따른 C값을 표 5-3에 표시해 놓았다. C값은 보통 콘덴서의 크기를 표시하게 되는데 주파수가 클수록 C값은 적어진다는 것을 알 수 있다. 표 5-3에 사용된 $100\,\Omega$ 의 리액턴스는 결합콘덴서, 바이패스 콘덴서, 필터용 콘덴서로 사용되는 것 중에서 가장 적은 값이다. X_C는 회로에서 저항과 비교할 때 비교적 낮은 값을 가져야 하는데 AF 신호용에는 0.16μ F에서 27μ F의 크기가, RF 신호에서는 16 pF에서 1600 pF의 캐패시턴스가 사용된다. 낮은 audio 주파수인 60 Hz를 갖는 전원에는 약 $27\,\mu$ F의 캐패시턴스가 선택된다.

표 5-3 $100\,\Omega$ 의 X_C를 갖는 주파수에 따른 C의 크기 비교

C(근사값)	주 파 수	비 고
27μF	60 Hz	전력선과 낮은 오디오 주파수
1.6μF	1,000 Hz	오디오 주파수
0.16μF	10,000 Hz	오디오 주파수
1600μF	1,000 kHz(RF)	AM 주파수
160μF	10 kHz(RF)	단파 라디오
16μF	100 kHz(RF)	FM 라디오

5-5 정현파 충전전류와 방전전류

콘덴서는 교번 사이클을 갖는 충전전류와 방전전류를 제공하게 된다. 충전전류이든 방전 전류 이든 간에 용량성 전류는 전압이 변하기만 하면 증가하거나 감소한다. 따라서 i와 v는 같은 주파수를 갖는다. 용량성 전류의 크기는 전압의 변화율과 캐패시턴스에 비례하기 때문에 식(5-16)처럼 계산된다.

$$i_c = C\frac{dv}{dt} \tag{5-16}$$

여기서 i는 A, C는 F, dv/dt는 V/s를 단위로 사용한다. 예를 들어서 $100\mu F$ 콘덴서 양단에서 전압이 $1\mu S$ 동안에 5V 크기로 변한다면 용량성 전류의 크기는 0.5mA가 된다.

$$i_c = C\frac{dv}{dt} = 100 \times 10^{-12} \times \frac{5}{1 \times 10^{-6}} = 0.5 \text{mA}$$

그림 5-9(a)에 표시된 것처럼 오직 콘덴서만 연결된 교류회로에서 v_C와 i_c의 파형은 그림 5-9(b)에 표시된 것처럼 $90°$의 위상차를 갖는다. 다시 말하자면 전류 i_c가 전압 v_c보다 $90°$ 위상이 앞선다.

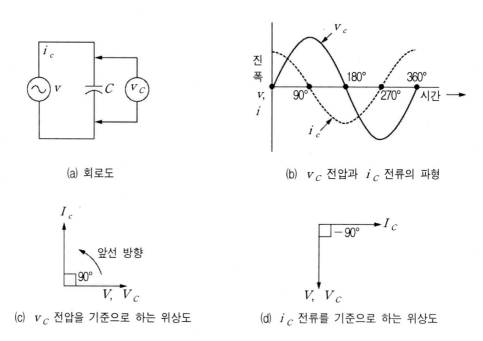

(a) 회로도

(b) v_C 전압과 i_C 전류의 파형

(c) v_C 전압을 기준으로 하는 위상도

(d) i_C 전류를 기준으로 하는 위상도

[그림 5-9] 용량성회로의 파형

연 습 문 제

① $6\mu F$의 콘덴서에 $50\mathrm{V}$ 가 충전된다면 몇 C의 전하가 축적되는가?

② $1F$의 콘덴서양단에 $50\mathrm{V}$ 의 전원이 인가된다면 몇 C의 전하가 축적되는가?

③ $4\mu F$의 콘덴서가 $300\mu C$의 전하를 축적하고 있다.

   ⓐ 콘덴서에는 얼마 크기의 전압이 인가되었나?

   ⓑ $300\mu C$의 전하를 갖는 $6\mu F$의 콘덴서에는 얼마의 전압이 필요한가?

   ⓒ $2C$의 전하량을 갖는 $0.001F$의 콘덴서에는 얼마 크기의 전압이 인가되는가?

④ $2\mu F$의 콘덴서가 $3\mu A$의 충전전류에 의해서 8초 동안 충전되었다.

   ⓐ 콘덴서에 축적된 전하량은 얼마인가?

   ⓑ 콘덴서 양단에서의 전압은 얼마인가?

⑤ $1\mu F$ 콘덴서 C_1과 $10\mu F$ 콘덴서 C_2가 직렬로 연결되어 있고 $1\mathrm{mA}$의 충전전류가 흐른다면

   ⓐ 5초 후에 C_1과 C_2에는 얼마의 전하가 축적되는가?

   ⓑ C_1과 C_2 양단에는 얼마의 전압이 걸리는가?

⑥ 마이카 콘덴서의 K_ϵ가 7이고 두께가 $0.02m$이며 극판면적이 $0.0025m^2$이다. C를 계산하시오.

⑦ 마이카 콘덴서의 K_ϵ가 6이고 두께가 $0.02cm$이며 극판면적이 $8cm^2$이다. 병렬로 5개의 section을 갖고 있을 때 C를 계산하시오.(힌트 : $1cm = 10^{-2}m$ $1cm^2 = 10^{-4}m^2$)

⑧ $120\,V$가 인가될 때 $6000\mu C$의 전하를 축적한다면 얼마의 커패시턴스가 필요한가? 또한 몇 개의 전자가 축적되는가?

⑨ 그림 5-10에 표시된 회로의 합성 커패시턴스 C_T를 구하시오.

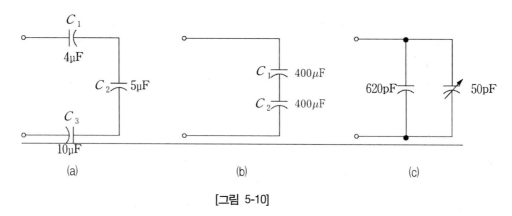

[그림 5-10]

⑩ 다음의 콘덴서에 축적되는 에너지를 계산하시오.

ⓐ $1000pF$에 $10KV$

ⓑ $10\mu F$에 $5KV$

ⓒ $80\mu F$에 $200\,V$

⑪ 그림 5-11에 표시된것처럼 세 개의 콘덴서가 병렬연결될 때 합성 커패시턴스와 동작 전압을 구하시오.(C_1은 $50\,V$용 $0.15\mu F$, C_2는 $100\,V$용 $0.015\mu F$, C_3은 $150\,V$용 $0.003\mu F$이다.)

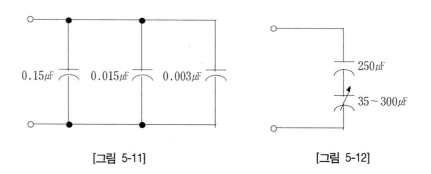

[그림 5-11]　　　　　　　[그림 5-12]

⑫ 기술자가 75V용 $300pF$, 50V용 $250pF$, 50V용 $200pF$, 75V용 $150pF$, 75V용 $50pF$등 5개의 콘덴서를 가지고 있다. 75V의 동작전압에서 $500pF$의 커패시턴스를 필요로 할 때 어떻게 회로를 구성하면 되겠는가?

⑬ 그림 5-12 에 표시된 회로에서 구할수 있는 최저 커패시턴스와 최대 커패시턴스의 크기를 구하시오.

⑭ 그림 5-13에 표시된 회로에서 C_2의 크기는 얼마인가?

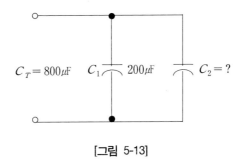

[그림 5-13]

⑮ 그림 5-14에 표시된 회로의 합성 커패시턴스를 구하시오.

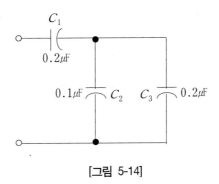

[그림 5-14]

16 그림 5-15에 표시된 회로의 합성 커패시턴스를 구하시오.

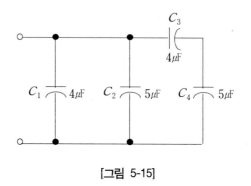

[그림 5-15]

17 그림 5-16에 표시된 회로의 합성 커패시턴스를 구하시오.

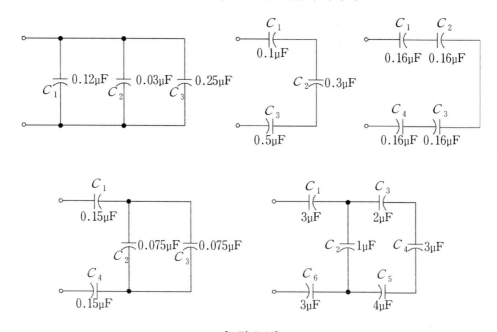

[그림 5-16]

⑱ 그림 5-17에 표시된 회로에서 C_T와 X_C를 구하시오.

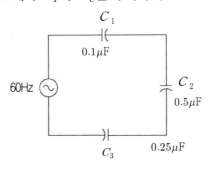

[그림 5-17]

⑲ 1000Ω의 X_c를 구하는데 필요한 커패시턴스 값을 구하시오.(단 주파수는 $0.05MHz$, $0.1MHz$, $0.25MHz$, $0.5MHz$이다.)

⑳ 20μ F의 콘덴서가 $1KHz$의 주파수에서 $5V$의 전압 강하를 발생시킨다면 콘덴서를 통해서 흐르는 전류는 얼마인가?

정답

1. $Q = CV = 6\mu F \times 50V = 300\mu C$

2. $Q = CV = 1F \times 50V = 50C$

3. ⓐ $V = Q/C = 300\mu C/4\mu F = 75V$ ⓑ $50V$ ⓒ $2000V$

4. ⓐ $Q = i \times t = 3\mu A \times 8s = 24\mu C$, ⓑ $V = Q/C = 24\mu C/2\mu F = 12V$

5. ⓐ $Q = i \times t = 1mA \times 5s = 5mC$,

   ⓑ $V_1 = Q/C_1 = 5mC/1\mu F = 5000V$, $V_2 = Q/C_2 = 5mC/10\mu F = 500V$

6. $C = k\epsilon \times (A/d) \times 8.854 \times 10^{-12} F$

   $= 7 \times (0.0025/0.02) \times 8.854 \times 10^{-12} F$

   $= 7.74 \times 10^{-12} F = 7.74pF$

7. $C = k\epsilon \times (A/d) \times 8.854 \times 10^{12} F$

$= 6 \times (8 \times 10^4 / 0.02 \times 10^2) \times 8.854 \times 10^{12} F$

$= 212.5 \times 10^{12} F = 212.5pF, Cs_T$

$= C_1 + C_2 + C_3 + C_4 + C_5 = 5 \times 212.5pF = 1062.5pF$

8. ⓐ $C = Q/V = 6000 \times 10^{-6} C / 120V = 50\mu F$,

ⓑ $1C$은 6.25×10^{18} 개의 전자가 축적된 것이므로 3.75×10^{16}개의 전자가 축적된다.

9. ⓐ $1/C_T = 1/C_1 + 1/C_2 + 1/C_3 = 1/4 + 1/5 + 1/10 = (22/40)\mu F$

따라서 $C_T = 1.82\mu F$이다.

ⓑ $C_T = C/n = 400\mu F / 2 = 200\mu F$

ⓒ $C_T = C1 + C_2 = 620pF + 50pF = 670pF$

10. $E = 1/2 CV^2$ 식에서

ⓐ $E = 1/2 \times 1000pF \times (10KV)^2 = 5 \times 10 - 2J$

ⓑ $E = 1/2 \times 10\mu F \times (5KV)^2 = 125J$

ⓒ $E = 1/2 \times 80\mu F \times (200V)^2 = 1.6J$

11. $C_T = C_1 + C_2 + C_3 = 0.15\mu F + 0.015\mu F + 0.003\mu F = 0.168\mu F$ 동작 전압은 가장 낮은 전압을 선택해야 하므로 50V이다.

12. 동작 전압은 $75V$로 결정하고 $300pF$, $150pF$, $50pF$을 병렬로 연결하면 $500pF$을 구할수 있다.

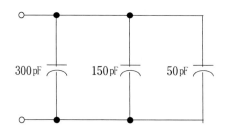

13. ⓐ $C_{T1} = C_1 C_2 / (C_1 + C_2) = (35 \times 250)/(35 + 250) = 30.7 MF$

ⓑ $C_{T2} = 136.4\mu F$

14. $C_2 = C_T - C_1 = 800\mu F - 200\mu F = 600\mu F$

15. $C_a = C_2 + C_3 = 0.1\mu F + 0.2\mu F = 0.3\mu F$

$C_T = C_1 Ca/(C_1 + C_a) = 0.06/0.5 = 0.12\mu F$

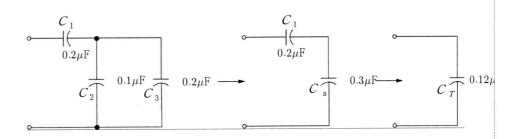

16. $C_a = C_3 C_4/(C_3 + C_4) = 20/9 = 2.22\mu F$,

$C_T = C_1 + C_2 + C_a = 4\mu F + 5\mu F + 2.22\mu F = 11.22\mu F$

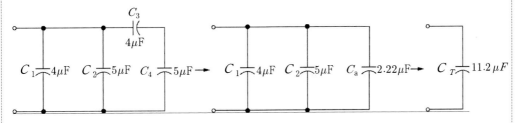

17. ⓐ $C_T = 0.4 MF$ ⓑ $0.065 MF$ ⓒ $C_T = 0.04\mu F$

ⓓ $C_T = 0.05\mu F$ ⓔ $C_T = 0.84\mu F$

18. $1/C_T = 1/C_1 + 1/C_2 + 1/C_3 = 8/0.5$ $C_T = 0.0625\mu F$,

$X_C = 1/(2\pi f C_T) = 0.519/(f C_T) = 0.519/(60Hz \times 0.0625 \times 10^{-6} F) = 42.4 K\Omega$

19. $C = 1/(2\pi f X_C) = 0.519/f X_C$이다.

ⓐ 0.05MHz에서 $C = 0.519/(0.05 \times 10^6 \times 1000) = 795 pF$

ⓑ 0.1MHz에서 $C = 0.519/(0.1 \times 10^6 \times 1000) = 398 pF$

ⓒ 0.25MHz에서 $C = 0.519/(0.25 \times 10^6 \times 1000) = 159 pF$

ⓓ 0.5MHz에서 $C = 0.519/(0.5 \times 106 \times 1000) = 80 pF$

20. $X_C = 0.519/f C = 0.519/(10^3 \times 20 \times 10^{-6}) = 7.95\Omega$

$i_c = v_c/X_C = 5V/7.95\Omega = 0.629A$

Chapter 06

인덕터와 인덕턴스

인덕턴스는 전류가 변화할 때 유도전압을 발생 시키는 도체의 능력을 표시하는 것으로, 도체의 길이가 길어질수록 자속 절단에 의해서 더 큰 유도전압을 발생시킨다. 따라서 긴 도선은 짧은 도선보다 더 큰 인덕턴스를 갖게된다. 코일은 자속을 집중시키는 능력을 갖기 때문에 직선 도선보다 더 큰 유도전압을 발생시킬 수 있다.

코일과 같은 형태로 만들어 질때 특정한 인덕턴스 값을 갖는 소자를 인덕터라고 부르고 기호로는 L을 사용하며 단위로는 헨리(H)를 사용한다. 코일은 공기가 자기회로의 일부분이 될 수 있도록 공동(hollow)의 형태로 감아서 만들어진다. 어떤 코일은 철심 코어에 감기는 경우도 있다. 이 장에서는 코일의 종류와 특성, 직렬연결과 병렬 연결시의 동작 원리에 대해서 설명한다.

6-1 인덕터의 종류 및 특성

인덕터는 그림 6-1에 표시된 것처럼 크게 가변 인덕터와 고정 인덕터로 나누고 그림 6-2에 표시된 것처럼 다시 코어물질의 종류에 따라서 공심코어, 철심코어, 훼라이트코어로 분류된다.

(a) 고정 인덕터   (b) 가변 인덕터

[그림 6-1] 인덕터의 기호

도체 양단에서 잘라진 자속이 전압을 유도시킨다. 이런 작용은 도체나 자기장 둘 중의 하나가 물리적으로 이동하기 때문에 발생된다. 도체에서 전류가 변화하면 진폭이 변하고 전류의 변화나 자기장의 변화에 관련되는 자속의 이동은 등가로 나타난다.

전류가 증가하게 되면 도체로부터 외부쪽으로 자기장이 확장되고, 전류가 감소하게 되면 자기장은 도체속으로 합병(collapses)된다. 따라서 그림 6-3에 표시한 것처럼 전류의 변화는 도체의 이동을 필요로 하지 않으면서도 유도전압을 발생시킬 수 있다.

교류 전류는 진폭이 변화하여 전류방향이 역으로 바뀌어도 자기장의 변화는 전류와 동일하게 변화한다. A점에서 전류가 zero이면 자속도 존재하지 않으며, B점에서 전류의 +방향으로 발생된 자기장의 자기력선은 반시계 방향으로 최대 자기장이 형성된다. D점에서의 자기력선은 C점보다 적어지고, E점에서의 자속은 존재하지 않고

자기장은 도선속으로 합쳐져서 없어진 것으로 생각하면 된다.

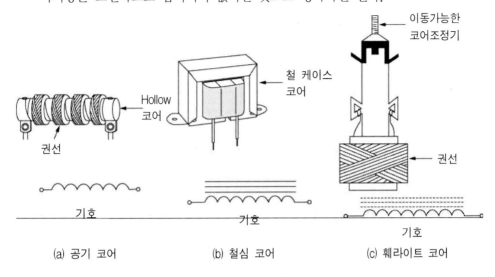

[그림 6-2] 코어의 종류에 다른 인덕터 기호

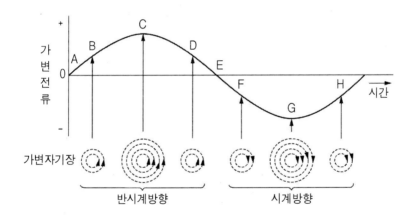

[그림 6-3] 전류 변화에 해당하는 자기장의 변화량 표시

전류의 나머지 반주기에서 자기장이 확장되고 다시 합병되어진다. 자속이 F점과 G점에서 확장될 때 자기력선은 시계방향으로 발생되고 전류의 방향은 반대로 되고 G점에서부터 H점, I점까지는 자기력선이 도선속으로 합쳐지는 구간이다.

자기장의 확장과 자기장의 소멸 결과로 자기장이 이동한 것과 같다. 이런 이동 자속의 절단은 도체 양단에서 발생되고, 이것이 전류를 제공하게 되므로 도선 자체에서 유도전압이 발생된다. 자기장 내의 다른 도체에서도 전류가 흐르거나 또는 흐르지 않는 경우에도 변하는 자속에 의해서 유도전압이 발생된다.

유도현상은 전류의 변화에 의해서 유도되는 것이지 전류의 세기 자체에 의한 것은 아니라는 사실을 주시해야 된다. 전류는 자속의 이동을 위해서 변화되어야 한다.

1000A 크기의 직류 전류는 대단히 큰 전류이지만 전류값이 항상 일정하기 때문에 어떤 유도전압도 발생시킬 수 없다. 그러나 $1\mu A$의 전류가 $2\mu A$로 변한다면 전류세기가 미약하지만 유도전압을 발생시키게 된다. 또한 전류를 빨리 변화시킬수록 자속의 변화속도가 빨라지기 때문에 유도전압의 세기가 커진다. 따라서 유도전압을 측정할 때 인덕턴스의 크기가 중요한 영향을 미치게 되므로 회로에서 저항외에 중요한 소자로 사용되고 있다.

6-2 자기 인덕턴스 L

전류가 변할 때 자체에서 유도전압을 발생시키는 도체의 능력을 자기 인덕턴스 혹은 간단히 인덕턴스라고 부르며, 기호로는 L을 사용한다. 단위로는 헨리(H)를 사용한다. 그림 5-4에 표시된 것처럼 전류가 1초에 $1A$의 변화량을 가질 때 $1V$가 유도되는 인덕턴스의 크기를 $1H$라고 정의한다. 식 (6-1)처럼 표시된다.

$$L = \frac{v_L}{di/dt} \qquad\qquad (6-1)$$

여기서 v_L은 유도 전압이고, di/dt는 [A/s]의 전류변화를 표시하고 d는 Δ(델타)로 적은 변화량을 나타낼 때 사용하는 기호로 di/dt는 전압 v_L을 유도시키기 위해서 도체가 자속을 자르는 아주 짧은 시간에 대한 전류의 변화율을 표시한다.

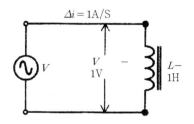

[그림 6-4] 1A/s의 변화가 1H의 인덕턴스를 갖는 코일 양단에 1V의 전압을 유도시킨다.

예제 6-1

인덕터에서 전류가 1초 동안에 12A에 16A로 변한다면 di/dt 는 어떤 크기를 갖는가?

풀이 di는 16 A-12 A=4 A이고 dt는 1s이므로

$$\frac{di}{dt} = 4 \text{ A/s이다.}$$

예제 6-2

인덕터에서 2μ s 동안에 50 mA의 전류가 변한다면 di/dt는 어떤 크기를 갖는가?

풀이 $\dfrac{di}{dt} = \dfrac{50 \times 10^{-3}}{2 \times 10^{-6}} = 25 \times 10^{3}$

$$\frac{di}{dt} = 25{,}000 \text{ A/s}$$

예제 6-3

di/dt가 4 A/s일 때 40 V의 유도전압을 발생시키는 코일의 인덕턴스는 얼마인가?

풀이 $L = \dfrac{v_L}{di/dt} = \dfrac{40}{4}$

$L = 10 \text{ H}$

예제 6-4

전류가 $2\mu s$ 동안 50mA가 변할 때 1000V를 유도시키는 코일의 인덕턴스는 얼마인가?

풀이 $L = \dfrac{v_L}{di/dt} = \dfrac{v_L \times dt}{di} = \dfrac{1 \times 10^{3} \times 2 \times 10^{-6}}{50 \times 10^{-3}} = \dfrac{2 \times 10^{-3}}{50 \times 10^{-3}} = \dfrac{2}{50}$

$L = 0.04 \text{ H} = 40 \text{ mH}$

물리적인 구조에 의해서 코일의 인덕턴스는 코일의 감긴 형태에 따라 달라진다.

> 1. 감긴 회수 N이 증가하면 더 많은 전압이 유도되기 때문에 L도 증가한다. 실제로 L
>   은 N^2에 비례한다. 같은 면적과 같은 길이에서 감긴 회수가 2배로 되면 인덕턴스는
>   4배가된다.

143

2. 감긴 면적 A가 증가하면 L이 증가한다. 이것은 코일의 감긴 회수가 증가하면 인덕 턴스도 증가한다는 것을 의미하며, L은 직접 감긴 코일직경의 제곱인 A에 비례하 게 된다.
3. L은 코어의 투자율에 따라서 증가한다. 공심코어인 경우 $\mu r = 1$이고 자기 코어를 갖는 경우 L은 코일속에 집중되어지는 자속처럼 μr 계수에 의해서 증가한다.
4. L은 같이 감긴 회수에서 길이가 길어질수록 감소한다.

그림 6-5에는 코일의 물리적 특성을 결정 하는 요소들을 표시했다. 코일이 긴 경 우 길이가 적어도 직경의 10배가되며 인덕턴스는 식 (6-2)처럼 계산되어 진다.

$$L = \mu_r \times \frac{N^2 \times A}{l} \times 1.26 \times 10^{-6} H \tag{6-2}$$

여기서 l 은 m이고 A는 m^2이다. 계수 1.26×10^{-6}은 공기나 진공의 절대 투자율 이고 L은 H단위를 사용한다. 그림 6-5에서 공심 코어를 사용하는 코일이므로 인덕 턴스 L은 $6.3\mu H$이다.

$$L = 1 \times \frac{10^4 \times 2 \times 10^{-4}}{0.4} \times 1.26 \times 10^{-6} = 6.3\mu H$$

이 값은 전류변화율이 $1A/s$일 때 $6.3\mu V$의 유도 전압을 발생시킬 수 있는 자기 인덕턱스를 의미한다. 따라서 코일의 코어가 철심 코어인 경우는 μr이 100이므로 L 은 100배 증가한다.

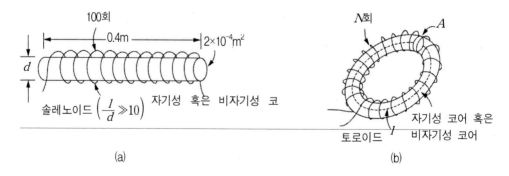

[그림 6-5] 코일의 인덕턴스를 결정하는 물리적인 요소

6-3 인덕터의 직렬연결과 병렬연결

그림 6-6(a)에 표시된 것처럼 직렬 연결된 코일의 전체 인덕턴스는 저항의 직렬연결에서 합성 저항 R_T를 구하는 것과 유사하게 개별 인덕턴스 L을 더하면 된다. 따라서 직렬 코일에는 같은 전류가 흐르게 되고 각각의 권선수에 의해서 유도된 전압의 합은 전체 유도전압의 크기와 일치한다. 직렬회로에서의 합성 인덕턴스는 식 (6-3)처럼 구해진다.

$$L_T = L_1 + L_2 + L_3 + \cdots + etc. \tag{6-3}$$

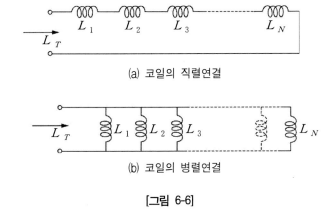

(a) 코일의 직렬연결

(b) 코일의 병렬연결

[그림 6-6]

L_T는 L_1, L_2, L_3과 같은 단위를 사용하며 이 공식에서는 코일 사이에 발생되는 상호 인덕턴스는 고려하지 않는다.

그림 6-5(b)에 표시된 것처럼 코일이 병렬로 연결되면 전체 인덕턴스는 역수 공식을 이용해서 구한다.

$$\frac{1}{L_T} = \frac{1}{L_1} + \frac{1}{L_2} + \frac{1}{L_3} + \cdots + etc. \tag{6-4}$$

코일이 두 개만 병렬 연결된 경우에는 식(6-5)가 사용된다.

$$L_T = \frac{L_1 \times L_2}{L_1 + L_2} \qquad\qquad (6\text{-}5)$$

예제 6-5

그림 6-7에 표시된 회로의 합성 인덕턴스를 구하시오.

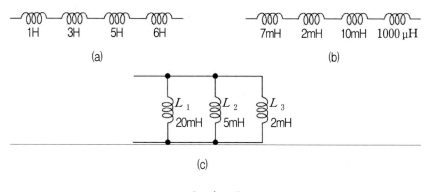

(a)

(b)

(c)

[그림 6-7]

풀이 (a) $L_T = 1H + 3H + 5H + 6H = 15H$

(b) $L_T = 7mH + 2mH + 10mH + 1000\mu H = 20mH$

(c) $L_T = \dfrac{1}{\dfrac{1}{20mH} + \dfrac{1}{5mH} + \dfrac{1}{2mH}} = \dfrac{20}{15}mH = 1.33mH$

   인덕턴스에서 전류에 관계되는 자속은 전류를 발생시키는 전압원에 의해서 공급되는 전기 에너지를 갖는다. 에너지가 자기장내에 축적되어지면 자속이 변화할 때 유도 전압을 발생시키는데 축적된 전기 에너지의 크기는 식 (6-6)에 의해서 구할 수 있다.

$$\text{에너지} = E = \frac{1}{2}LI^2 \qquad\qquad (6\text{-}6)$$

   여기서 사용되는 계수 1/2은 에너지를 공급하는 전류 I의 평균값이다. L은 단위가 H이고, I는 A이며, E는 W·초를 사용한다. 예를 들면 $4A$의 전류가 흐르고 L의 크기가 $10H$라면 자기장에서 축적된 에너지의 크기는 $80J$가 된다.

$$E = \frac{1}{2}LI^2 = \frac{1}{2}(10H \times 16A^2) = 80J$$

$80J$의 에너지는 인덕터에서 $4A$의 전류를 발생시키는 전압원에 의해서 공급되어지고 회로가 개방되면 자기장이 소멸된다. 소멸된 자기장 속에서의 에너지는 유도전압의 형태로 회로에 귀환되어서 전류를 흐르게 하려는 경향이 있다.

$80J$ 전체가 유도전압을 발생시키면 자기장에 의해서 소비되는 에너지는 없게 된다. 회로에는 저항이 존재하기 때문에 얼마간의 시간이 흐르게 되면 모든 에너지는 유도전류에 의해서 I^2R의 손실을 갖게 된다.

예제 6-6

인덕턴스가 $0.2H$인 코일에 $3A$의 전류가 흐른다면 자기장에 저장되는 에너지의 크기는 얼마인가?

풀이 $E = \frac{1}{2}LI^2 = \frac{1}{2}(0.2H \times 3A^2) = 0.9J$

6-4 유도성 리액턴스

인덕턴스 L에 교류전류가 흐르면 저항만 고려했던 회로보다 더 작은 크기의 전류가 흐르게 된다. 이것은 전류의 변화가 L에 인가된 전압을 방해하는 전압을 L양단에 유도시키기 때문이다. 정현파 교류전류에 대한 인덕턴스의 장애는 자신의 유도성 리액턴스 X_L로 표시되며 X는 리액턴스를 표시한다. 리액턴스는 전류의 흐름을 방해하는 것이며 오옴(Ω) 단위를 갖는다. 따라서 리액턴스 X_L의 크기는 $2\pi fL\,\Omega$ 이고, f는 헤르츠(Hz), L은 헨리(H) 단위를 갖는다. X_L의 저항 작용은 주파수가 커지고 인덕턴스가 커질수록 증가한다. 상수 2π 는 정현파의 변화를 표시하게 된다. X_L은 유도전압을 발생시키기 위해서 필요한 성분의 한가지로 전류가 변하면 자속이 따라서 변한다. 그러나 정적인 직류전류는 전류의 변화가 없기 때문에 X_L은 0이다. 여하튼 정현파 교류전류에서는 X_L이 인덕턴스의 효과를 해석하는 가장 좋은 방법이다.

그림 6-8은 전구에서 교류 전류를 감소시키는 리액턴스 X_L의 효과를 설명하고 있다. 그림 6-8(a)는 인덕터가 존재하지 않기 때문에 교류 전압원은 $2.4A$의 전류를 전구에 흘려 보내게 되므로 전구가 밝게 빛난다. 전구의 필라멘트 저항이 100Ω이기 때문에 $120V$의 교류 전원에 의해서 $1.2A$의 전류가 발생된다.

그림 6-8(b)에서 코일은 전구와 직렬로 연결되어 있다. 코일이 갖는 직류 저항은 단지 1Ω의 크기를 갖기 때문에 무시되지만 인덕터의 리액턴스는 $1,000\Omega$이다. X_L은 인가 전압을 방해하고 전류를 감소시키는 자체 유도 전압을 발생시킨다.

이제 I는 $120V/1,000\Omega$로 약 $0.11A$의 전류를 흐르게 하고 이런 크기를 갖는 전류는 전구를 점등시키기에는 충분하지 않다. 비록 직류 저항이 1Ω 밖에 되지 않지만 코일의 X_L이 $1,000\Omega$이기 때문에 전구가 점등되지 않을 만큼 작은 크기까지 교류 전류를 제한시킨다. $60Hz$ 전류에서의 $1,000\Omega$ 크기를 갖는 X_L은 약 $2.65H$의 인덕턴스에 의해서 구해진다.

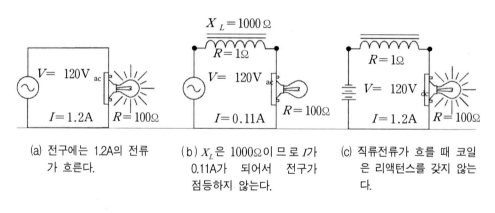

(a) 전구에는 1.2A의 전류가 흐른다.

(b) X_L은 1000Ω이므로 I가 0.11A가 되어서 전구가 점등하지 않는다.

(c) 직류전류가 흐를 때 코일은 리액턴스를 갖지 않는다.

[그림 6-8] 교류 전류를 감소시키는 X_L의 영향

그림 6-8(c)에서 코일은 전구와 직렬로 연결되어 있으나 공급 전압이 직류전류를 발생시키는 정지된 크기를 갖는 건전지 전압원이므로 전류의 변화가 발생하지 않으므로 코일은 전압을 유도시키지 못하고 따라서 리액턴스도 존재하지 않는다.

식(6-7)은 리액턴스를 계산하는데 주파수와 인덕턴스의 효과를 포함하고 있다. 주파수는 Hz 단위를 사용하고 인덕턴스는 H, 리액턴스는 Ω을 사용한다. $60Hz$의 주

파수에서 $2.65H$에 대한 리액턴스를 계산해 보면 $1,000\Omega$을 구할 수 있다.

$$X_L = 2\pi fL = 6.28 \times 60 \times 2.65 = 1000\Omega \qquad (6\text{--}7)$$

예제 6-7

X_L을 구하시오.

    (a) $f = 41.67KHz$에서 $L = 5mH$ (b) $L = 10H,\ f = 120Hz$

    (c) $L = 5H,\ f = 60Hz$ (d) $H = 250\mu H,\ f = 2MHz$

    (e) $H = 250\mu H,\ f = 4MHz$

풀이 (a) $X_L = 2\pi fL = 6.28 \times 41.67 \times 10^3 \times 5 \times 10^{-3} = 1308\Omega$

    (b) $X_L = 2\pi fL = 6.28 \times 120 \times 10 = 7536\Omega$

    (c) $X_L = \dfrac{1}{4} \times 7536 = 1884\Omega$

    (d) $X_L = 2\pi fL = 6.28 \times 2 \times 10^6 \times 250 \times 10^{-6} = 3140\Omega$

    (e) $X_L = 2 \times 3140 = 6280\Omega$

X_L은 f 와 L을 이용해서 구할 수 있지만 그중 두 가지 요소만 알고 있다면 나머지 한 가지를 쉽게 구할 수 있다. 따라서 주파수 f 와 리액턴스 X_L을 알고 있다면 식 (6-8)과 (6-9)를 사용해서 인덕턴스 L을 쉽게 구할 수 있다.

$$L = \frac{X_L}{2\pi f} \qquad (6\text{--}8)$$

$$f = \frac{X_L}{2\pi L} \qquad (6\text{--}9)$$

예제 6-8

(a) 코일의 저항은 무시한다고 가정하고 $65V$의 전압이 인가될 때 $0.01A$의 전류가 흘러간 다면 X_L은 얼마인가 f가 $60Hz$라고 가정하면 코일의 인덕턴스는 얼마인가?

(b) $10MHz$에서 $15,700\Omega$의 리액턴스를 갖는 코일의 인덕턴스를 구하시오.

(c) 리액턴스가 1000Ω이고 인덕턴스가 3H일 때 주파수는 얼마인가?

풀이 (a) $X_L = \dfrac{V_L}{I_L} = \dfrac{65\,V}{0.01A} = 6500\Omega$

$L = \dfrac{X_L}{2\pi f} = \dfrac{6500}{6.28 \times 60} = 17.25H$

(b) $L = \dfrac{X_L}{2\pi f} = \dfrac{15700}{6.28 \times 10 \times 10^6} = 250\mu H$

(c) $f = \dfrac{X_L}{2\pi L} = \dfrac{1000}{6.28 \times 3} = 53Hz$

유도성 리액턴스의 직렬 연결과 병렬 연결은 저항의 직렬과 병렬 연결처럼 해석할 수 있다. 직렬 리액턴스의 전체 리액턴스는 각각의 리액턴스를 더하면 구해지는데 그 과정은 그림 6-9(a)에 표시되어있다. 300Ω과 400Ω의 직렬 리액턴스의 전체 리액턴스는 700Ω이 된다.

$$X_{LT} = X_{L1} + X_{L2} + X_{L3} + \dots + etc. \tag{6-10}$$

병렬 리액턴스인 경우에는 역수 공식을 이용해서 X_{LT}를 구하는데 그림 6-9(b)에 표시한 것과 같고 식(6-11)과 같이 구해진다.

$$\frac{1}{X_{LT}} = \frac{1}{X_{L1}} + \frac{1}{X_{L2}} + \frac{1}{X_{L3}} + \dots + etc. \tag{6-11}$$

병렬 리액턴스의 합성 리액턴스는 가장 작은 지로 리액턴스보다 적은 값을 갖게 된다. 만약 리액턴스 크기가 같고 병렬로 연결된다면 연결된 개수 분의 1의 크기로 합성 리액턴스는 감소하게 된다.

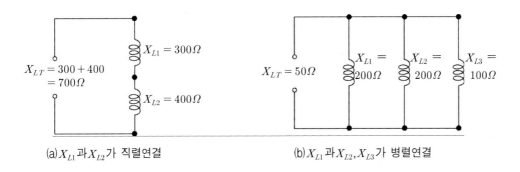

(a) X_{L1}과 X_{L2}가 직렬연결   (b) X_{L1}과 X_{L2}, X_{L3}가 병렬연결

[그림 6-9] 유도성 리액턴서의 X_{LT}

6-5   정현파 전류에 의해서 유도되는 V_L의 파형

유도성 전압의 크기는 전류의 변화율과 인덕턴스에 비례하기 때문에 식(6-12)처럼 계산된다.

$$v_L = L\frac{di}{dt} \tag{6-12}$$

여기서 v는 V, L은 H, di/dt는 A/s를 사용한다. 예를 들어서 $6mH$의 인덕터에서 $2\mu s$동안 50mA의 크기로 변화한다면 유도성 전압의 크기는 $150\,V$가 된다.

$$v_L = L\frac{di}{dt} = 6 \times 10^{-3} \times \frac{50 \times 10^{-3}}{2 \times 10^{-6}} = 150\,V$$

그림 6-10(a)에 표시된 것처럼 오직 인덕터만 연결된 교류회로에서 v_L과 i_L의 파형은 그림 6-10(b)에 표시된 것처럼 $90°$의 위상차를 갖는다. 다시 말하자면 v_L이 i_L보다 $90°$ 위상이 앞선다.

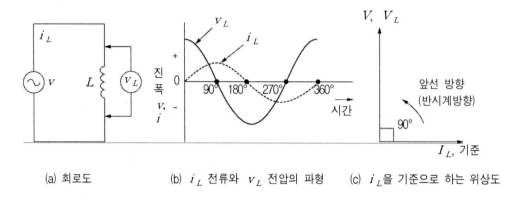

(a) 회로도   (b) i_L 전류와 v_L 전압의 파형   (c) i_L을 기준으로 하는 위상도

[그림 6-10] 유도성회로의 파형

6-6 상호 인덕턴스 L_M

인덕터에서 전류가 변하면 인접한 다른 인덕터에 의해서 변하는 자속이 절단되고 양쪽 인덕터에 모두 유도전압이 발생된다. 그림 6–11에서 코일 L_1은 발전기측에 연결되어서 권선내에서 전류변화를 발생시킨다. L_2는 L_1과 연결되어 있지는 않지만 권선은 자기장에 의해서 결합되어 있다. L_1에서 전류가 변하면 L_1과 L_2 양단에 전압이 유도된다.

만약 L_1의 전류가 발생시키는 모든 자속이 L_2에서 절단 되면 L_2의 각권선에서 유도전압은 L_1의 유도전압과 같다. 따라서 유도전압 v_{L2}는 L_2에 연결된 부하저항에 전류를 흐르게 할 수 있다. 유도전압이 L_2에서 전류를 발생시키면 이것에 의한 자기장의 변화가 L_1에 전압을 유도시키게 된다. 따라서 유도전압 v_{12}는 L_2에 연결된 부하저항에 전류를 흐르게 할 수 있다. 유도전압이 L_2에서 전류를 발생시키면 이것에 의한 자기장의 변화가 L_1에 전압을 유도시키게 된다.

따라서 2개의 코일 L_1, L_2는 상호 인덕턴스를 갖게 되고 서로 반대편에 유도전압을 발생시키게 된다. 상호 인덕턴스 단위는 역시H 이지만 기호로는 L_M 으로 표시하고, 두 코일이 1H 의 상호 인덕턴스를 가질 때 한쪽 코일에서 1A 의 전류가 변화하면 반대

152

편 코일에 1V의 전압을 유도시키게 된다. 두 개의 코일이 갖는 상호 인덕턴스의 회로도 기호는 그림 6-11에 표시했다. 그림 6-11(a)는 공심코어인 경우이고 그림 6-11(b)는 철심코어를 갖는 경우이다. 철심은 상호 인덕턴스를 증가시키는데 그 이유는 자속을 집중시키기 때문이며, 두 코일에 결합되지 않는 자기력선은 누설자속(leakage flux)이라고 부른다.

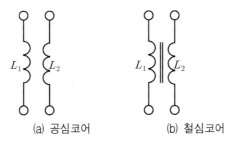

(a) 공심코어   (b) 철심코어

[그림 6-11] 상호 인덕턴스를 갖는 두 코일의 회로도 기호

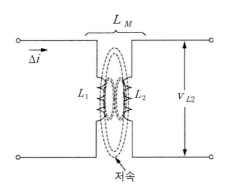

[그림 6-12] L_M에 의해서 연결되어지는 두 코일 사이의 결합방법

한쪽 코일에서 발생한 전체 자속에 대한 다른 코일과 결합되어지는 자 속의 비는 두 코일 사이의 결합계수 k이다. 예를 들면 그림 6-11에서 L_1의 모든 자속이 L_2와 연결되어지면 k는 1이고 한쪽의 1/2만 결합되어진다면 k는 1/2이 된다. 결합계수 k는 식(6-13)처럼 표시된다.

$$K = \frac{L_1 \text{과 } L_2 \text{사이에 연결된 자속}}{L_1 \text{에 의해서 발생된 자속}} \tag{6-13}$$

여기서 k는 두 코일의 자속비이기 때문에 단위를 갖지 않으며 k는 0.5와 같이 소수점을 사용하기도 하지만 %로 표시되기도 한다. 결합계수는 코일을 서로 가까이 위치시키면 증가하는데, 가능하면 한쪽 권선을 다른쪽의 바로위에 감으면 되고 서로 수직으로 하기보다는 평행으로 감는 것이 좋다. 혹은 공통의 철심코어에 코일을 감는 경우도 있다. 몇 가지 예는 그림 6-13에 표시했다. k값이 증가하면 tight coupling 이라고 부르며 한쪽 코일의 전류가 다른 쪽 코일에서 보다 큰 유도전압을 발생시킨다. 그러나 k값이 낮은 경우를 loose coupling이라고 부르며 tight coupling과는 반대 효과를 갖는다. 아주 특수한 경우에는 zero결합계수를 갖는데 이때는 상호 인덕턴스가 존재하지 않는다. 두 코일이 서로 수직으로 배치되고 가능한 멀리 떨어지게 되면 두 코일 사이의 상호 작용이 최소화되기 때문이다. 공심 코어 코일은 k값이 0.05에서 0.3까지를 가지며 대략적으로 5%에서 30%의 결합을 갖는다.

공통 철심 코어에서의 코일 사이에는 완전한 결합이 발생한다고 간주되어지며 k는 1이 되고 그림 6-13(c)에 표시한 것처럼 L_1과 L_2 권선의 모든 자속이 공통 철심 코어 속에 존재하게 된다.

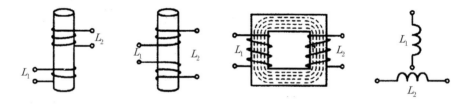

(a) 공심코어를 갖는 플라스틱이나 종이 위에 L_1과 L_2인덕턴스를 갖는 결합법 $k = 0.1$
(b) L_1이 L_2위에 단단히 결합됨 $k = 0$
(c) L_1과 L_2가 철심코어에 같이 결합됨 $k = 1$
(d) 수직인 공심 코일 사이의 zero 결합

[그림 6-13] L_M에 의해서 연결되어지는 두 코일 사이의 결합방법

예제 6-9

(a) 코일 L_1이 $100 \mu Wb$의 자속을 발생 시키고 이런 자속 중 $60 \mu Wb$만이 L_2와 연결되어 진다면 L_1과 L_2 사이의 결합계수 K는 얼마인가?

(b) 철심 코어에서 $10H$의 인덕턴스를 갖는 L_1이 $4\,Wb$의 자속을 발생시킨다. L_2가 같은 철심 코어에 연결되어 있다면 L_1과 L_2 사이의 결합계수 k는 얼마인가?

풀이 (a) $K = \dfrac{60\mu\,Wb}{100\mu\,Wb} = 0.6$

(b) 완전 결합이므로 $k = 1$이다.

L_m 계산법은 상호 인덕턴스의 1차와 2차 권선의 인덕턴스 값과 결합계수에 따라서 증가한다.

$$L_M = k\ \sqrt{L_1 \times L_2}\ \ \text{H} \tag{6-14}$$

여기서 L_1과 L_2는 두 코일이 갖는 자기 인덕턴스이고, k는 결합계수, L_M은 L_1과 L_2 사이의 상호 인덕턴스로 L_1, L_2와 같은 단위를 사용한다. 예를 들어서 $L_1 = 4H$, $L_2 = 9H$이고 철심 코어를 사용하는 완전결합을 한다면 상호 인덕턴스는 $6H$이다.

$$L_M = 1\ \sqrt{4 \times 9} = \sqrt{36} = 6H$$

L_M이 $6H$라는 것은 임의의 코일에서 $1A/s$의 전류 변화가 발생하면 반대편 코일에 $6V$의 유도전압이 발생된다는 것을 의미한다.

예제 6-10

(a) 두 코일 L_1과 L_2의 인덕턴스가 각기 $300mH$이고, 결합계수가 0.3일 때 L_M의 크기를 구하시오.

(b) 두 코일의 상호 인덕턴스가 $45mH$라면 결합계수 k는 얼마인가?

풀이 (a) $L_M = k\sqrt{L_1 \times L_2}\ = 0.3\ \sqrt{300 \times 10^{-3} \times 300 \times 10^{-3}} = 90mH$

(b) $K = \dfrac{L_M}{\sqrt{L_1 \times L_2}} = \dfrac{45mH}{90mH} = 0.5$

L_M을 갖는 직렬 코일인 경우에는 상호결합의 크기와 코일의 연결이 크기를 더하는 연결인지 아니면 서로 상쇄시키는 직렬연결인지에 따라서 달라진다. 크기가 더해지는

series-aiding은 공통 전류가 두 코일에서 자기장의 방향이 같도록 하기 때문이며 series-opposing 연결은 반대 자기장을 발생시키게 된다.

결합은 코일의 연결과 권선의 감긴 방행에 따라서 달라지며 어느 한쪽이 반대이면 자기장도 반대로 발생된다. L_1, L_2 인덕턴스가 같은 방향을 갖는 권선에서는 그림 6-14(a)에 표시된 것과 같은 series-aiding 연결이 되고 L_1이 L_2의 반대쪽에 연결 되는 그림 6-14(b)에 표시된 회로는 series-opposing 연결이 된다. 두 코일의 합성 인덕턴스를 계산하기 위해서는 상호 인덕턴스가 고려된 식(6-15)를 사용하면 된다.

$$L_T = L_1 + L_2 \pm 2L_{M12}$$ (6-15)

코일이 series-aiding 연결이면 상호 인덕턴스 L_M이 +부호를 가지며 전체 인덕 턴스는 증가하고, series-opposing 연결이면 L_M은 −부호를 갖고 전체 인덕턴스는 감소하게 된다. 그림 6-14에 표시된 코일 위쪽의 큰 점을 주시하라.

이 도트 표시법은 보통 실제 물리적인 형태를 표시하지 않고도 권선의 형태를 표시 하게 되며, 코일의 도트가 같이 표시된 것은 권선의 방향이 같은 것을 표시하며 전류 는 두 코일의 끝쪽에 찍힌 도트로 들어가게 되면 자기장은 더해지게 되서 L_M이 L에 합쳐진다.

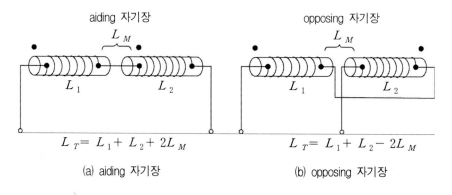

[그림 6-14] L_M을 갖는 L_1과 L_2의 직렬연결

식 (6-15)는 이미 인덕턴스를 알고 있는 L_1과 L_2를 갖는 2개의 코일 사이에 존재 하는 상호 인덕턴스를 측정하는 방법을 표시하고 있다. 우선 series-aiding 연결에

서 전체 인덕턴스를 측정하며 이것을 L_{Ta} 라고 표시하고, 한쪽 코일이 역으로 연결된 series-opposing 코일의 전체 인덕턴스를 L_{TO} 라고 놓으면 식 (6-16)을 구할 수 있다.

$$M = \frac{L_{Ta} - L_{T_o}}{4} \tag{6-16}$$

상호 인덕턴스를 알고 있다면 결합계수 k가 $L_M = k\sqrt{L_1 L_2}$에 의해서 계산되어질 수 있다.

예제 6-11

각각의 L이 $300\mu H$인 크기를 두 개의 코일에서 측정한 전체 인덕턴스가 series-aiding 인 경우 $650\mu H$이고 series-opposing인 경우는 $450\mu H$이다.

(a) 두 코일 사이의 상호 인덕턴스 L_M을 구하시오.

(b) 결합계수 k는 얼마인가?

풀이 (a) $L_M = \dfrac{L_{Ta} - L_{T_o}}{4} = \dfrac{650\mu H - 450\mu H}{4} = 50\mu H$

(b) $L_M = k\sqrt{L_1 L_2}$

$k = \dfrac{L_M}{\sqrt{L_1 L_2}} = \dfrac{50}{\sqrt{300 \times 300}} = \dfrac{1}{6} = 0.17$

예제 6-12

그림 6-15에 표시된 회로에서 코일의 전체 인덕턴스를 구하시오.

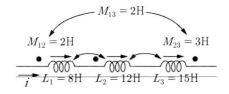

[그림 6-15]

풀이 코일 1 : $L_1 + L_{M12} - L_{M13}$

코일 2 : $L_2 + L_{M12} - L_{M23}$

코일 3 : $L_3 - L_{M23} - L_{M13}$

$L_T = (L_1 + L_{M12} - L_{M13}) + (L_2 + L_{M12} - L_{M23}) + (L_3 - L_{M23} - L_{M13})$

$= L_1 + L_2 + L_3 + 2L_{M12} - 2L_{M23} - 2L_{M13} = 8 + 12 + 15 + 4 - 6 - 4 = 29H$

6-7 코일에서의 고장(troubles in coils)

코일에서 발생하는 가장 보편적인 고장은 개방고장(open winding)이다. 그림 6-16에서 표시한 것처럼 개방회로에서 코일 양단의 저항값은 ∞를 표시하게 되며 코일이 공심코어를 갖든 철심코어를 갖든 간에 결과는 마찬가지이다. 코일이 개방되면 전류를 흐르게 하지 못하기 때문에 인덕턴스를 갖지 못하고 유도전압을 발생시킬 수도 없다. 저항이 측정될 때 코일은 정확한 저항값을 구하기 위해서 외부의 저항성분으로부터 분리된 다음 측정해야 한다.

코일은 권선에 사용되어진 도선의 저항과 같은 직류저항을 갖는다. 저항의 크기는 도선이 굵고 권선수가 적을수록 작아진다. RF 코일의 인덕턴스는 수 mH이고 10 회 내지 100 회의 권선수를 가질 경우 1 Ω 에서 20 Ω 크기의 직류저항값을 갖는다. 대략 가청 주파수대와 60 Hz의 주파수를 갖는 수백 회 정도의 권선수를 갖는 인덕터는 도선의 크기에 따라서 달라지지만 10 Ω 에서 500 Ω 정도의 크기를 갖는다. 그림 6-17에 표시한 것처럼 코일에는 인덕턴스와 직류저항이 직렬로 연결되어 있으며 도선의 저항을 극복하기 위해서 같은 크기의 전류가 권선에도 전압을 유도시킨다. 비록 저항은 유도전압을 발생시키지 않는다고 하더라도 저항이 정상적이라면 인덕턴스 또한 정상적이므로 코일의 직류저항을 알아두는 것이 편리하다.

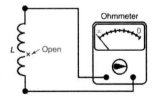

[그림 6-16] 코일이 개방 상태면 ∞ Ω을 지시한다.

[그림 6-17] 내부 직렬저항 r_i가 코일의 인덕턴스에 직렬로 연결된다.

코일이 개방되면 저항값은 ∞로 되며 변압기는 4개의 결선단자 혹은 그 이상을 갖는데 2차측의 두 단자 사이에 저항을 측정하고 2차측의 두단자 양단과 부가되는 2차측 권선의 단자중 1쌍씩을 선택해서 측정한다. 단권 변압기는 3단자를 갖기 때문에 각기 서로 다른 두 단자를 측정한다. 권선 내부에서 회로가 개방되면 사실 코일을 수리하는 일은 실용적이 아니므로 전체를 통째로 교환한다. 때로는 단자에서 개방이 발생하는데 이때는 납땜을 다시 하면 된다.

변압기의 1차측이 개방되면 전류가 흐르지 못하기 때문에 2차측에 전압을 유도시킬 수 없다.

변압기의 2차측이 개방되면 2차에 연결된 부하저항에는 전혀 전력을 공급할 수 없다. 따라서 2차측에 흐르는 전류도 발생되지 않으므로 1차측 전류도 실제는 0이 되므로 1차측 권선도 개방된 것과 같은 효과를 갖는다. 부하가 없이 2차측 양단에 유도전압을 발생시키는 자기장을 유지시키기 위한 작은 자화전류를 공급하기 위해서 1차측 전류가 필요하며, 만약 변압기가 2차측 권선을 몇 개 갖는다면 2차측의 권선중 어느 하나가 개방된다 하더라도 다른 2차측 권선들의 정상적인 동작에는 영향을 주지 못한다.

이런 경우에는 단락회로에서와 같이 과도한 1차 전류가 흐르게 되면 가끔 1차 권선이 타버리는데 그 이유는 2차 전류가 1차측에 자기 유도전압에 의한 자속을 방해하는 강하는 자기장을 형성해서 더 많은 전류를 소비하기 때문이다.

연습문제

① $L = 1H$일 때 ⓐ $f = 1\text{kHz}$, ⓑ $f = 2\text{kHz}$, ⓒ $f = 10\text{kHz}$ 에서의 X_L을 구하시오.

② X_L이 800Ω인 코일을 12V 교류 전원에 연결했다고 가정하고 전류를 계산하시오.

③ $30H$ 코일에 $60Hz$, 110V 전압이 인가되었다면

　ⓐ 코일의 유도성 리액턴스의 크기는 얼마인가?

　ⓑ 전류를 계산하시오.

　ⓒ 전류의 주파수는 얼마인가?

④ $2,000\Omega$의 X_{L1}과 $3,000\Omega$의 X_{L2}가 110V $60Hz$ 전원에 직렬로 연결되어 있다.

　ⓐ X_{LT}를 구하시오.

　ⓑ X_{L1}과 X_{L2}에 흐르는 전류를 구하시오.

　ⓒ X_{L1}과 X_{L2} 양단에 걸리는 전압을 구하시오.

　ⓓ L_1과 L_2를 구하시오.

⑤ $2,000\Omega$의 X_{L1}과 $3,000\Omega$의 X_{L2}가 110V $60Hz$ 전원에 병렬로 연결되어 있다.

　ⓐ X_{LT}를 구하시오.

　ⓑ X_{L1}과 X_{L2}에 흐르는 전류를 구하시오.

　ⓒ X_{L1}과 X_{L2} 양단에 걸리는 전압을 구하시오.

　ⓓ 본선 전류 I_T를 구하시오.

　ⓔ L_1과 L_2를 구하시오.

⑥ ⓐ $108MHz$에서 코일이 $2.4mH$의 인덕턴스를 가질 때 X_L을 계산하시오.

　ⓑ $3.2MHz$에서 $60\mu H$의 코일에서 X_L을 계산하시오.

　ⓒ $60Hz$에서 $4H$의 코일이 갖는 X_L을 계산하시오.

⑦ 직류 저항을 무시할 수 있는 $250mH$ 인덕터가 $110V$ 전원에 연결되어 있다. 다음의 주파수를 갖는 교류 전류의 X_L과 전류를 계산하시오.

　ⓐ $20Hz$　　　ⓑ $60Hz$　　ⓒ $100Hz$　　ⓓ $500Hz$　　ⓔ $5,000Hz$

⑧ 다음을 A/s 단위를 갖도록 변화시키시오.

　ⓐ 2초 동안 $2A$에서 $3A$로 변화

　ⓑ $4\mu s$ 동안에 10에서 $50mA$로 변화

　ⓒ $5\mu s$ 동안에 $150mA$에서 $200mA$로 변화

　ⓓ $5\mu s$ 동안에 $150mA$에서 $100mA$로 변화

⑨ 다음을 mH로 변환하시오.

　ⓐ $1H$　　　　ⓑ $250\mu H$　　　　ⓒ $10\mu H$　　　ⓓ $0.0005H$

⑩ 10의 지수를 이용해서 Henry를 표시하시오.

　ⓐ $300\mu H$　　　ⓑ $50\mu H$　　ⓒ$450mH$　　ⓓ $9mH$　　ⓔ $0.005H$

⑪ ⓐ I가 $100mA$이고 L이 $60mH$일 때 자기장에서 축적되어지는 에너지는 얼마인가?

　ⓑ $100mH$의 인덕터에 $1A$의 전류가 흐를 때 인덕터에 저장되는 에너지는 얼마인가?

⑫ $10mH$의 인덕턴스를 갖는 코일이 있을 때 문제 8-ⓐ에서 사용된 전류의 변화량을 갖는다고 할 때 유도전압 v_L을 구하시오.

⑬ 전류 I가 $20\text{mA}/ms$의 변화율을 가질 때 코일에 $44mV$가 유도된다면 L은 얼마인가?

⑭ 그림 6-18에 표시된 회로의 L_T를 구하시오.

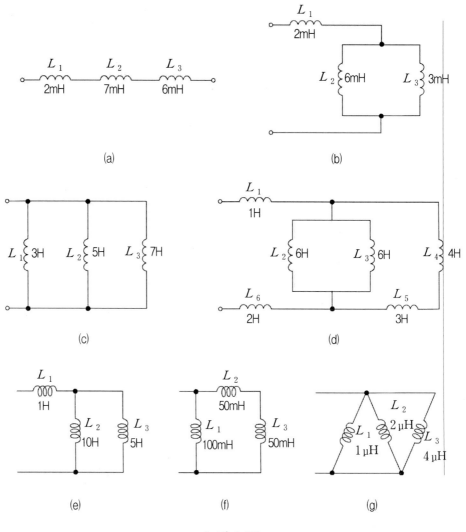

[그림 6-18]

⑮ 그림 6–18에 표시된 회로의 L_T를 구하시오.

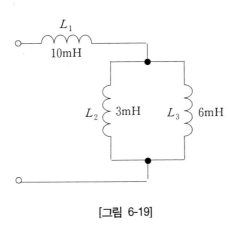

[그림 6-19]

⑯ 그림 6–20에 표시된 회로에서 L_T를 구하시오.

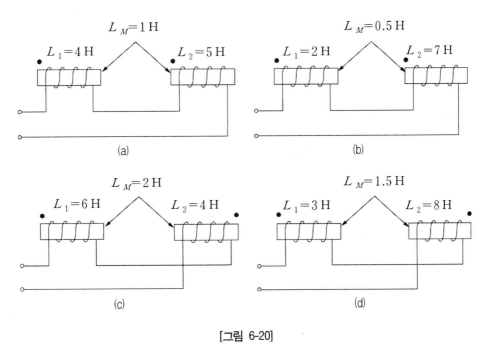

[그림 6-20]

⑰ $100\mu H$인 L_1과 $300\mu H$인 L_2를 갖는 2개의 코일이 있다고 가정하고 다음을 계산하시오.

   ⓐ 상호 결합없이 L_1과 L_2가 직렬로 연결되었을 때 L_T을 구하시오.

   ⓑ 상호 결합은 없다고 가정하고 L_1과 L_2가 병렬로 연결되었을 때 L_T를 구하시오.

   ⓒ L_1과 L_2가 Series aiding으로 연결된 경우와 Series-opposing으로 연결된 경우의 L_T를 계산하시오. 단, 상호 인덕턴스는 $20\mu H$이다.

⑱ $20mH$의 L_1과 $40mH L_2$가 series aiding으로 연결되었다. k가 0.6일 때 L_T를 계산하시오.

정답

1. $X_L = 2\pi f L$, ⓐ $6,280\Omega$ ⓑ $12,560\Omega$ ⓒ $62,800\Omega$

2. $I = V/X_L = 12V/800\Omega = 15$mA

3. ⓐ $X_L = 2\pi f L = 6.28 \times 60 \times 30 = 11304\Omega$

   ⓑ $I = V/X_L = 110V/11304\Omega = 9.7$mA ⓒ $f = 60Hz$

4. ⓐ $X_{LT} = X_{L1} + X_{L2} = 5000\Omega$ ⓑ $I_L = V/X_{LT} = 110V/5000\Omega = 22$mA

   ⓒ $V_{L1} = I_L \times X_{L1} = 22\text{mA} \times 2000\Omega = 44V$

      $V4_{L2} = I_L \times X_{L2} = 22\text{mA} \times 3000\Omega = 66V$

   ⓓ $L_1 = X_{L1}/2\pi f = 2000\Omega/(6.28 \times 60Hz) = 5.3H$,

      $L_2 = X_{L2}/2\pi f = 3000\Omega/(6.28 \times 60Hz) = 7.95H$

5. ⓐ $X_{LT} = (X_{L1} \times X_{L2})/(X_{L1} + X_{L2}) = 6,000,000/5000 = 1200\Omega$

   ⓑ $I_{L1} = V/X_{L1} = 110V/2000\Omega = 55$mA, $I_{L2} = V/X_{L2} = 110V/3000\Omega = 36.7$mA

   ⓒ $V_{L1} = V_{L2} = 110V$ ⓓ $I_{LT} = I_{L1} + I_{L2} = 91.7$mA

   ⓔ $L_1 = XL1/2\pi f = 2000/(6.28 \times 60) = 5.3H$,

      $L_2 = X_{L2}/2\pi f = 3000/(6.28 \times 60) = 7.96H$

6. ⓐ $X_L = 2\pi f L = 6.28 \times 108 \times 10^6 \times 2.4 \times 10^{-3} = 1.63 MOMEGA$

   ⓑ $X_L = 2\pi f L = 6.28 \times 3.2 \times 10^6 \times 60 \times 10^{-6} = 1205.7\Omega$

   ⓒ $X_L = 2\pi f L = 6.28 \times 60 \times 4 = 757.6\Omega$

7. ⓐ $X_L = 2\pi f L = 6.28 \times 20 \times 250 \times 10^{-3} = 31.4\Omega$, $I_L = 110V/31.4\Omega = 3.5A$

ⓑ $X_L = 2\pi f L = 6.28 \times 60 \times 250 \times 10^{-3} = 94.2\Omega$ $I_L = 110V/94.2\Omega = 1.17A$

ⓒ $X_L = 2\pi f L = 6.28 \times 100 \times 250 \times 10^{-3} = 157\Omega$ $I_L = 110V/157\Omega = 0.7A$

ⓓ $X_L = 2\pi f L = 6.28 \times 500 \times 250 \times 10^{-3} = 785\Omega$ $I_L = 110V/785\Omega = 0.14A$

ⓔ $X_L = 2\pi f L = 6.28 \times 5000 \times 250 \times 10^{-3} = 7850\Omega$ $I_L = 110V/7850\Omega = 14\text{mA}$

8. ⓐ $0.5A/s$ ⓑ $10,000A/s$ ⓒ $10,000A/s$ ⓓ $-10,000A/s$

9. ⓐ $1000mH$ ⓑ $0.25mH$ ⓒ $0.01mH$ ⓓ $0.5mH$

10. ⓐ $3 \times 10^{-4}H$ ⓑ $5 \times 10^{-5}H$ ⓒ $4.5 \times 10^{-2}H$ ⓓ $9 \times 10^{-3}H$ ⓔ $5 \times 10^{-3}H$

11. ⓐ $E = 1/2LI^2 = 1/2 \times 60 \times 10^{-3} \times (100 \times 10^{-3})^2 = 3 \times 10-6J$ ⓑ $50mJ$

12. ⓐ $5mV$ ⓑ $100V$ ⓒ $100V$ ⓓ $-100V$

13. $2.2mH$

14. ⓐ $L_T = 15mH$ ⓑ $L_T = 4mH$ ⓒ $L_T = 1.48H$ ⓓ $L_T = 5.1H$ ⓔ $4.33H$

　　ⓕ $50mH$ ⓖ $0.57\mu H$

15. $L_T = 12mH$

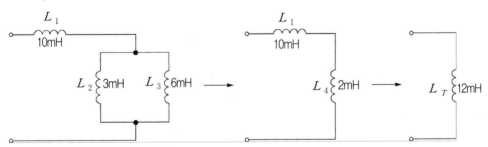

16. ⓐ $L_T = 11H$ ⓑ $L_T = 10H$ ⓒ $L_T = 6H$ ⓓ $L_T = 9H$

17. ⓐ $L_T = L_1 + L_2 = 100\mu H + 300\mu H = 400\mu H$

　　ⓑ $L_T = (L_1 \times L_2)/(L_1 + L_2) = 30,000/400 = 75\mu H$

　　ⓒ $L_T = L_1 + L_2 \pm 2L_M = 440\mu H, 360\mu H$

18. $L_M = k\sqrt{L_1 \times L_2} = 0.6\sqrt{20 \times 10^{-3} \times 40 \times 10^{-3}} = 16.5mH$

　　$L_T = L_1 + L_2 + 2L_M = 20mH + 40mH + 33mH = 93mH$

Chapter 07

RL회로와 RC회로

이 장에서는 유도성 리액턴스 X_L과 저항 R, 용량성 리액턴스 X_C와 저항 R이 결합되는 회로를 해석한다. 저항을 어떻게 합성하는가? 전류의 세기를 어떻게 조절하는가? 위상각은 무엇인가? 임피던스와 어드미턴스는 무엇인가 하는점들에 대해서 설명한다.

R과 X_L, X_C가 옴의 단위로 측정 된다고 하더라도 그들은 서로 위상차를 갖기 때문에 교류 신호가 입력 될 때 서로 다른 특성을 갖는다. RL직렬회로와 병렬회로, RC직렬 회로와 RC병렬 회로에 대해서도 설명한다.

7-1 RL회로의 특성

그림 7-1(a)에 표시된 것처럼 교류 전원에 코일과 저항이 직렬 연결되면 회로의 전류는 X_L과 R에 의해서 제한된다. X_L과 R에 흐르는 전류는 동일한 크기를 갖는다. 이때 X_L과 R에서 발생되는 전압 강하 V_L과 V_R은 90°의 위상차를 갖는다.

X_L을 통해서 흐르는 전류 I는 V_L보다 90° 위상이 뒤지며 이런 위상각은 인덕턴스를 통해서 흐르는 전류와 자체 유도 전압 사이에서 발생하게 된다. 그림 7-1(b)에 표시된 것처럼 V_R도 V_L보다 90° 위상이 뒤진다.

그림 7-1(b)에 표시한 것처럼 V_R 전압파와 V_L 전압파가 합성되면 인가된 전원 전압 V_T와 일치한다. V_L과 V_R의 최대값이 100V이면 위상차가 90° 존재하기 때문에 V_T는 200V가 아니라 141V가 된다. 100V 피크의 V_R과 100V 피크의 V_L이 수학적으로 더해질 수 없는 이유를 이해하기 위해서 순시값을 생각해 보자.

V_R이 100V의 최대값을 가질 때 V_L은 0에 있고 이때의 V_T는 100V가 된다. 이와 유사하게 V_L이 자신의 최대값 100V에 위치할 때 V_R은 0이고 전체 V_T는 역시 100V이다. 실제로 V_L과 V_R은 각각 70.7V일 때 V_T는 141V를 가질 수 있다. 따라서 위상이 다른 전압 강하가 직렬로 연결되어 있고 위상차가 고려되지 않는다면 그 크기를 더하면 된다.

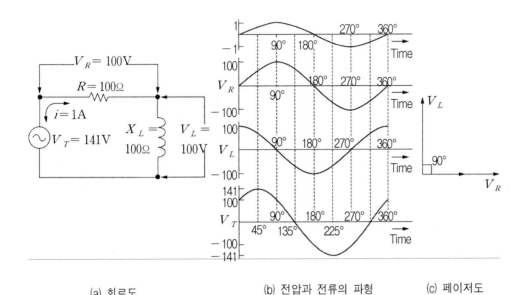

(a) 회로도　　　　　(b) 전압과 전류의 파형　　　　(c) 페이저도

[그림 7-1] X_L과 R이 직렬로 연결된 회로

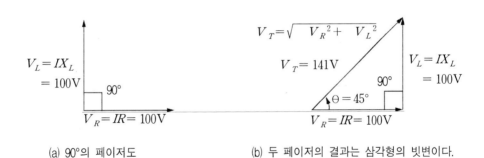

(a) 90°의 페이저도　　　　　(b) 두 페이저의 결과는 삼각형의 빗변이다.

[그림 7-2] 90° 위상차를 갖는 두 전압의 합성

위상차를 갖는 파형을 결합시키는 대신 그림 7-2에서와 같이 등가의 페이저도를 사용해서 쉽게 구할 수 있다.

그림 7-2(a)에서 페이저는 90° 위상차를 표시하고 있다. 그림 7-2(b)에서 표시된 방법은 한 페이저를 다른 쪽 페이저의 꼬리에 자신의 화살표를 더하면 그들의 관계 위상을 표시하기 위해서 필요한 각을 구할 수 있다.

167

빗변은 직각과 마주보는 변으로 직각 삼각형에서 피타고라스의 정리를 적용하면 식 (7-1)처럼 구할 수 있다.

$$V_T = \sqrt{V_R^2 + V_L^2} \qquad\qquad (7-1)$$

여기서 V_T는 V_R과 90° 위상차를 갖는 V_L전압의 합페이저이다. 이 공식에서 V_R과 V_L이 직렬 연결이며 90°의 위상각만을 가질 때 성립하며 V_A는 rms값이고 V_R과 V_L도 역시 rms값이다. V_T의 크기를 계산하기 위해 식 (7-1)을 사용하면 V_T는 141V이다.

$$V_T = \sqrt{100^2 + 100^2} = \sqrt{20,000} = 141\text{V}$$

직렬 회로에서의 R과 X_L의 페이저 삼각형이 그림 7-3에 표시되어 있다. 이것은 전압 삼각형에 대응되는 것으로 그림 7-2에 표시된 전압 삼각형과 유사하다. 다만 차이점이 있다면 공통 인수 I로 나누어진 X_L과 R만으로 표시된다는 점이다. R과 X_L의 페이저를 합성하면 전체 저항 성분이 나타나는데, 옴단위를 사용하고 임피이던스라고 부르며 Z로 표시한다. Z는 옴 단위를 사용하며 식 (7-2)처럼 표시되어진다.

$$Z = \sqrt{R^2 + X_L^2} \qquad\qquad (7-2)$$

그림 7-3의 예를 들면 $Z = \sqrt{100^2 + 100^2} = \sqrt{20,000} = 141\Omega$이다.

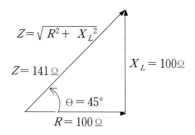

[그림 7-3] R과 X_L이 90°의 위상차를 갖는 직렬회로의 임피던스 Z를 구하기 위한 페이저도

중요한 것은 전체 임피던스 141Ω에 141V의 전압이 인가되면 1A의 전류가 직렬 회로에 흐르게 된다는 점이다. 이때 V_R의 전압강하는 100V이고 V_L의 전압강하 역시 100V로 페이저도에 의해서 더해지면 인가 전압 141V와 같아진다.

또한 인가 전압 IZ는 $1 \times 141 = 141$V로 구할 수도 있다. 전원 전압과 자신의 전류 사이의 각이 회로의 위상각이며 기호로는 θ로 표시한다.

그림 7-2에서 V_T와 IR의 위상각은 45°이다. 따라서 IR과 I는 같은 위상을 갖고 V_T와 I 사이에는 45°의 위상각을 갖는다. 그림 7-3에 표시된 임피던스 삼각형에서 Z와 R 사이의 각은 역시 위상각인데 임피던스의 위상각은 식 (7-3)에 의해서 구해진다.

$$\tan\theta_Z = \frac{X_L}{R} \tag{7-3}$$

탄젠트는 삼각 함수로 인접한 변과 대변의 비로 표시되며 X_L이 대변이고 R이 밑변이 된다. z를 θ 밑에 첨자로 사용한 것은 θ가 직렬 회로에서의 임피던스 각임을 표시하기 위해서이며 그림 7-3에서 위상각을 구해 보면 45°이다.

$$\theta_Z = \tan^{-1}\left(\frac{X_L}{R}\right) = \tan^{-1}(1) = 45°$$

예제 7-1

만약 30Ω의 저항 R과 40Ω의 리액턴스 X_L이 220V 전원에 직렬로 연결된다면 Z, I, V_R, V_L, θ_Z는 어떤 값을 갖는가? I의 위상에 대한 V_R과 V_L의 위상각은 얼마인가? 또한 직렬 전압 강하의 힘이 인가 전압과 같아지는 이유는 무엇인가?

풀이 $Z = \sqrt{R^2 + X_L^2} = \sqrt{2500} = 50\Omega$

$I = \dfrac{V_T}{Z} = \dfrac{220}{50} = 4.4A$

$V_R = IR = 4.4A \times 30\Omega = 132V$

$V_L = IX_L = 4.4A \times 40\Omega = 176V$

$\tan\theta_Z = \dfrac{X_L}{R} = \dfrac{40}{30} = \dfrac{4}{3} = 1.33$

$\theta_Z = \tan^{-1}(1.33) = 53°$ 따라서 I는 V_T보다 53° 늦어진다.

또한 I와 V_R은 같은 위상을 갖고 I는 V_L보다 90° 늦어진다.

$$V_T = \sqrt{V_R^2 + V_L^2} = \sqrt{132^2 + 176^2} = 220\,V$$

따라서 각 전압 강하의 합은 인가 전압의 합과 같다.

그림 7-4에 표시한 것처럼 직렬 회로에서 R에 비하여 X_L의 크기가 클수록 유도성 회로로 된다. 이것은 위상이 90° 쪽으로 증가하고 유도 리액턴스의 전압 강하가 커진다는 것을 의미한다. R이 없고 X_L만 있다면 인가 전압은 모두 X_L에 걸리고 θ는 90°가 된다.

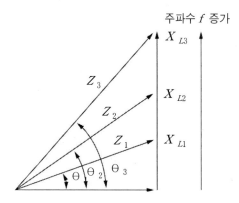

[그림 7-4] 주파수가 증가할수록 위상각 θZ는 90°에 가깝게 증가한다.

예제 7-2

그림 7-5에 표시된 RL 회로에서 임피던스와 위상각을 구하시오.

(a) $10kHz$ (b) $20kHz$

(c) $30kHz$

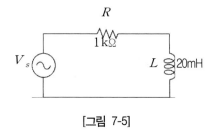

[그림 7-5]

풀이 (a) $X_L = 2\pi f L = 6.28 \times 10 \times 10^3 Hz \times 20 \times 10^{-3} H = 1.26 k\Omega$

$Z = \sqrt{R^2 + X_L^2} = \sqrt{(1K\Omega)^2 + (1.26K\Omega)^2} = 1.61K\Omega$

$\theta_Z = \tan^{-1}(\dfrac{X_L}{R}) = \tan^{-1}(\dfrac{1.26K\Omega}{1K\Omega}) = 51.6^{\circ}$

(b) $X_L = 2\pi f L = 6.28 \times 20 \times 10^3 Hz \times 20 \times 10^{-3} H = 2.51 k\Omega$

$Z = \sqrt{R^2 + X_L^2} = \sqrt{(1K\Omega)^2 + (2.51K\Omega)^2} = 2.70K\Omega$

$\theta_Z = \tan^{-1}(\dfrac{X_L}{R}) = \tan^{-1}(\dfrac{2.51K\Omega}{1K\Omega}) = 68.3^{\circ}$

(c) $X_L = 2\pi f L = 6.28 \times 30 \times 10^3 Hz \times 20 \times 10^{-3} H = 3.77 k\Omega$

$Z = \sqrt{R^2 + X_L^2} = \sqrt{(1K\Omega)^2 + (3.77K\Omega)^2} = 3.90K\Omega$

$\theta_Z = \tan^{-1}(\dfrac{X_L}{R}) = \tan^{-1}(\dfrac{3.77K\Omega}{1K\Omega}) = 75.1^{\circ}$

예제 7-3

그림 7-6에 표시된 RL회로의 전원전압을 구하시오.(전류는 $400\mu A$로 가정한다.)

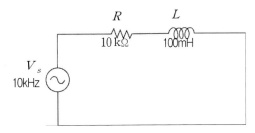

[그림 7-6]

풀이 $X_L = 2\pi f L = 6.28 \times 10 \times 10^3 Hz \times 100 \times 10^{-3} H = 6.28 k\Omega$

$Z = \sqrt{R^2 + X_L^2} = \sqrt{(10K\Omega)^2 + (6.28K\Omega)^2} = 11.8K\Omega$

$V_S = I \times Z = 400\mu A \times 11.8K\Omega = 4.72 V$

171

7-2 X_L과 R의 병렬 연결

X_L과 R이 병렬로 연결된 회로에서는 직렬회로에서의 전압강하 대신 각 지로의 전류를 고찰해야 한다. 직렬회로에서는 전류가 일정하고 전압강하가 달랐지만 병렬회로에서는 전압이 일정한 반면 지로 전류가 서로 달라진다. 그림 7-7(a)에 표시된 병렬회로에서 X_L과 R은 전원에서의 전압이 서로 크기가 같은데 그 이유는 서로 병렬 관계에 있기 때문이다. 이런 전압 사이에서는 어떠한 위상차도 존재하지 않는다. 그러나 각 지로에서는 자신의 개별 전류를 갖게 되며 저항 지로에서 $I_R = V_{A/R}$인데 비해서 유도 지로에서는 $IL = V_A/X_L$를 갖는다. 저항성 지로전류 I_R은 전원 전압 V_A와 동위상을 갖지만 유도성 지로 전류 I_L은 V_A보다 90˚위상이 뒤쳐진다. 전체 선전류는 I_R과 I_L로 구성되며 각각 90˚의 위상차를 갖게 되고 I_R과 I_L의 페이저합이 전체 본선전류 I_T와 같다. 이런 위상 관계는 그림 7-7(b)에 파형으로 표시되어 있으며 그림 7-7(c)에는 페이저가 표시되어 있다. 10 A의 I_R과 10A의 I_L의 페이저 합은 14.14 A의 I_T와 같다.

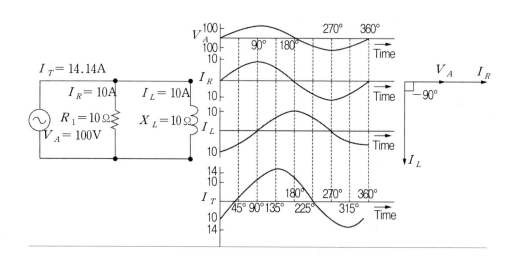

| (a) 회로도 | (b) 전압과 전류의 파형 | (c) 페이저도 |

[그림 7-7] X_L과 R이 병렬로 연결된 회로

지로 전류가 페이저에 의해서 더해질 수 있는 이유는 그들이 90°의 위상차를 갖고 있기 때문이다. 이것은 90°의 위상차를 갖는 직렬 회로에서 전압강하의 합을 구하는 데도 적용되었다.

그림 7-7(c)에 표시된 페이저도는 병렬 회로에서의 V_A가 같기 때문에 전원 전압 V_A를 기준 페이저로 표시했다.

병렬 지로 전류 I_L은 병렬 기준 전압 V_A보다 90° 뒤지기 때문에 I_L의 페이저는 X_L페이저가 위쪽으로 향한 것과 비교해 볼 때 아래쪽으로 향하고 있다. 직렬 회로에서는 X_L 전압이 기준 직렬 전류 I에 90° 앞섰었다. 이런 이유 때문에 I_L의 페이저는 −90°의 각을 갖게 되고 −90°는 전류 I_L이 기준 페이저 V_A보다 90° 뒤진다는 것을 의미한다.

병렬 회로에서 지로 전류의 합은 그림 7-8에 표시한 전류의 페이저 삼각형에 의해서 계산되어진다.

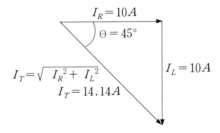

[그림 7-8] 병렬회로에서 I_T를 구하기 위한 위상차가 90°인 지로 전류의 페이저 삼각형

이 예제에서는 편리를 위해서 최대값이 사용되었지만 실제로는 rms 전압이 인가되면 전류 역시 rms값을 갖게 된다. 본선 전류를 계산하기 위해서 식(7-4)를 사용한다.

$$I_T = \sqrt{I_R^2 + I_L^2} \tag{7-4}$$

그림 7-8에서 $I_R = I_L = 10A$이므로 $I_T = \sqrt{10^2 + 10^2} = \sqrt{200} = 14.14A$이다.

병렬 회로에서 X_L과 R의 전체 임피던스를 계산하기 위해서는 본선 전류 I_T를 구해서 인가 전압을 나누면 되는데 식으로 쓰면 (7-5)와 같이 표시된다.

$$Z = \frac{V_A}{I_T} \tag{7-5}$$

예를 들자면 그림 7-7에서 V_A는 100V 이고 저항 지로 전류와 리액턴스 지로 전류의 벡터 합인 본선 전류 I_T가 14.14A이므로 임피던스는 7.07Ω이다.

$$Z = \frac{V_A}{I_T} = \frac{100\,V}{14.14A} = 7.07\Omega$$

이런 임피던스는 전원 양단에서의 저항으로 10Ω의 저항과 10Ω의 리액턴스를 합성한 저항이다. 중요한 것은 병렬 회로에서 R과 X_L의 크기가 서로 같을 때 합성 저항이 1/2로 되는 것이 아니고 각자의 70.7%가 된다는 사실이다. 그러나 아직도 합성 저항은 병렬 회로에서 가장 적은 저항값보다는 작게 된다. 임피던스를 구하는 또 다른 공식으로는 식(7-6)이 사용된다.

$$Z = \frac{R \times X_L}{\sqrt{R^2 + X_L^2}} \tag{7-6}$$

예를 들자면 그림 7-7에서 R과 X_L이 모두 10Ω이므로 식(7-6)을 이용하면 7.07Ω이 구해진다.

$$Z = \frac{R \times X_L}{\sqrt{R^2 + X_L^2}} = \frac{100}{\sqrt{100 + 100}} = \frac{100}{14.14} = 7.07\Omega]$$

병렬 회로에서 I_T와 V_A 사이의 각을 위상각이라고 한다. 따라서 식(7-7)로 표시된다.

$$\theta_I = \tan^{-1}\left(\frac{R}{X_L}\right) \tag{7-7}$$

이때 저항 전류 I_R은 V_A와 동위상을 갖기 때문에 I_R의 위상은 V_A의 위상으로 대치되어 질 수 있다. 그림 7-8에 표시된 전류 삼각형에서 지로 전류로부터 θ_T를 구하기 위해서는 식(7-8)을 사용한다.

$$\theta_I = -\tan^{-1}\left(\frac{I_L}{I_R}\right) \tag{7-8}$$

θ에 붙인 첨자 I는 병렬 회로에서 지로 전류의 삼각형으로부터 구해진다는 것을 표시하며 그림 7-8에서 θ_I는 $-45°$인데 이것은 I_L과 I_R이 등가이고 $\tan\theta_I = -1$이기 때문이다.

$-$ 부호는 전류 I_L이 I_R과 비교할 때 $-90°$로 뒤진다는 것을 의미하며 $-45°$의 위상각은 I_T가 I_R 또는 V_A보다 $45°$ 뒤진다는 것을 의미한다.

지로 전류의 페이저 삼각형은 전원 전압 V_A에 관계되는 I_T의 각으로, θ_I를 제공하고 이런 I_T의 위상각은 $0°$에서 기준으로 인가 전압을 사용하게 되는데 이것은 직렬 회로에서 전압의 페이저 삼각형에서 V_T와 Z_T의 위상각 θ_Z가 $0°$에서 직류전류를 기준으로 사용하는 것과 유사하다.

예제 7-4

200Ω의 R과 200Ω의 X_L이 병렬로 연결되었을 때 합성 임피던스 Z를 구하시오. 인가 전압은 $600V$라고 가정한다.

풀이 $I_R = \dfrac{600V}{200\Omega} = 3A\quad I_L = \dfrac{600V}{200\Omega} = 3A$

$I_T = \sqrt{I_R^2 + I_L^2} = \sqrt{18} = 4.242A$

$Z = \dfrac{V_A}{I_T} = \dfrac{600V}{4.242A} = 141.5\Omega$

$Z = \dfrac{R \times X_L}{\sqrt{R^2 + X_L^2}} = \dfrac{40000}{\sqrt{8000}} = \dfrac{40000}{282.8} = 141.5\Omega$

병렬 회로에서의 X_L과 R의 조합 예가 표 7-1에 표시되어 있다.

| 표 7-1 | 저항과 X_L의 병렬조합 |

R, Ω	X_L, Ω	I_R, A	I_L, A	I_T, A (근사값)	$Z_{EQ} = V_A/I_R$, Ω	위상각 θ_1
1	10	10	1	$\sqrt{101} = 10$	1	$-5.7°$
10	10	10	1	$\sqrt{2} = 1.4$	7.07	$-45°$
10	1	1	10	$\sqrt{101} = 10$	1	$-84.3°$

* $V_A = 10\,V$, θ_I는 병렬 회로에서 V_A기준에 대한 I_T의 각을 표시함.

X_L이 R의 10배가되면 병렬 회로는 실질적으로 저항성 회로가 되는데 그 이유는 X_L이 크면 I_L이 적게 흐르기 때문이다. 따라서 병렬 회로의 전체 임피던스는 거의 저항과 같아지며 위상각은 $0°$에 가까운 $-5.7°$가 되며 이것은 대부분의 전류가 저항 지로에 흐른다는 것을 의미한다. 그러나 X_L이 아주 적다면 본선 전류는 거의 유도성 전류 I_L이 되는데 X_L이 (1/10)R일 때 실제로 본선 전류는 I_L과 같게 된다.

따라서 병렬 회로는 유도성 회로로 되고 위상각은 $90°$에 가까운 $-84.3°$가 된다. 이런 조건은 R과 X_L의 직렬 회로와는 반대 효과를 갖는다. X_L과 R의 크기가 같을 때는 지로 전류의 크기가 같기 때문에 위상각은 $-45°$가 되고 병렬 회로에서 I_R과 I_L의 모든 위상각은 $-$ 부호를 갖게 된다.

1. 직렬 전압강하 V_R과 V_L은 각각의 값을 가지며 $90°$의 위상차를 갖는다. 따라서 V_R과 V_L은 페이저에 의해서 더하면 인가 전압 V_T와 같은 크기를 갖게 된다. 위상각 θ_Z는 V_T와 공통 전류 I 사이의 각이며 직렬 X_L이 커질수록 V_L도 커지며 회로는 유도성을 띠며 I와 V_T 사이의 위상각은 커진다.
2. 병렬 지로 전류 IR과 IL은 각기 다른 크기를 가지며 $90°$의 위상차를 갖기 때문에 I_R과 I_L은 페이저에 의해서 더해지면 IT와 같아진다. 이때 $-$ 위상각 $- \theta_I$는 I_T와 공통 전압 V_A 사이의 각으로 병렬 X_L이 적어질수록 I_L은 증가해서 회로는 유도성으로 되고 $-$ 위상각은 증가하게 된다.

예제 7-5

그림 7-9에 표시된 RL병렬 회로의 임피던스와 위상각을 구하시오.

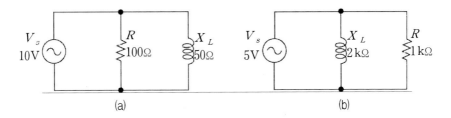

[그림 7-9]

풀이 (a) $Z = \dfrac{R \times X_L}{\sqrt{R^2 + X_L^2}} = \dfrac{5000}{\sqrt{12500}} = 44.7\Omega$

$\theta_I = -\tan^{-1}(\dfrac{R}{X_L}) = -\tan^{-1}(\dfrac{100\Omega}{50\Omega}) = -63.4°$

(b) $Z = \dfrac{R \times X_L}{\sqrt{R^2 + X_L^2}} = \dfrac{2000,000}{\sqrt{5000000}} = 894\Omega$

$\theta_I = \tan^{-1}(\dfrac{R}{X_L}) = \tan^{-1}(\dfrac{1000\Omega}{2000\Omega}) = 26.6°$

병렬 RL회로의 임피던스를 그림 16-10에 표시된 것처럼 표시하면 식(7-9)에 표시된 콘덕턴스와 식(7-10)에 표시된 서셉턴스, 식(7-11)에 표시된 어드미턴스로 표시할 수 있다.

$$G = \dfrac{1}{R} \qquad\qquad\qquad\qquad\qquad (7\text{-}9)$$

$$B_L = \dfrac{1}{X_L} \qquad\qquad\qquad\qquad\qquad (7\text{-}10)$$

$$Y = \dfrac{1}{Z} \qquad\qquad\qquad\qquad\qquad (7\text{-}11)$$

$$Y_T = \sqrt{G^2 + B_L^2} \qquad\qquad\qquad\qquad (7\text{-}12)$$

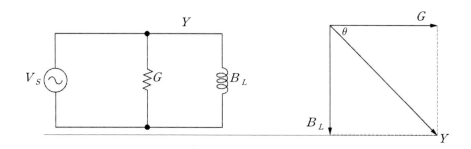

[그림 7-10] 임피던스의 역수인 어드미턴스

예제 7-6

그림 7-11에 표시된 회로의 임피던스를 어드미턴스를 이용해서 구하시오.

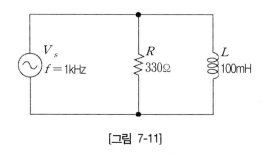

[그림 7-11]

풀이

$$G = \frac{1}{R} = \frac{1}{330\Omega} = 3.03mS$$

$$X_L = 2\pi f L = 6.28 \times 1000Hz \times 100mH = 628\Omega$$

$$B_L = \frac{1}{X_L} = \frac{1}{628\Omega} = 1.59mS$$

$$Y_T = \sqrt{G^2 + B_L^2} = \sqrt{(3.03mS)^2 + (1.59mS)^2} = 3.42mS$$

$$Z = \frac{1}{Y} = \frac{1}{3.42mS} = 292\Omega$$

7-3 RC 회로의 특성

그림 7-12(a)에 표시된 것처럼 저항 R과 콘덴서가 직렬로 연결되면 R과 X_C를 통해서 동일한 크기의 전류가 흐르게 된다. 이때 R과 X_C에 의해서 발생되는 전압강

하 V_R과 V_C는 IR과 IX_C의 크기를 갖는다.

만약 용량성 리액턴스만 고려한다면 자신의 전압강하는 전류보다 90° 늦게된다. 그러나 저항의 전압강하 IR은 전류 I와 같은 위상을 갖는다. 그림 7-12(b)에 표시된 것처럼 R과 X_C의 직렬회로에서는 서로 90°의 위상차를 갖기 때문에 페이저를 사용해서 합성한다.

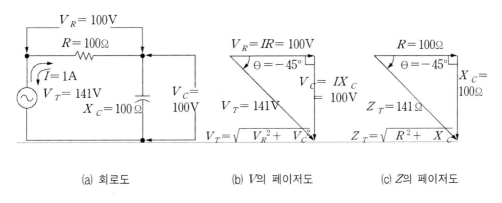

(a) 회로도　　　　　(b) V의 페이저도　　　　　(c) Z의 페이저도

[그림 7-12] X_C와 R이 직렬 연결된 회로도

그림 7-12(b)에 표시된 것처럼 전류 페이저가 기준 페이저로 수평을 표시하는데 그 이유는 직렬회로에서의 전류 I가 항상 같기 때문이다. 저항성 전압강하 IR은 I와 같은 위상을 갖는다.

용량성 전압 IX_C는 I와 IR로부터 90° 시계방향으로 회전되어 있다. 주의할 것은 IX_C의 페이저가 아래쪽으로 향하고 있는 것인데 이것은 IX_L이 위쪽으로 표시되는 것과 반대이다.

V_R과 V_c의 페이저는 90°의 위상차를 갖기 때문에 식(7-13)을 사용하면 V_T를 쉽게 구할 수 있다.

$$V_T = \sqrt{V_R^2 + V_C^2} \tag{7-13}$$

이 공식은 V_C와 V_R이 90°의 위상차를 갖는 직렬회로에서만 적용되며 모든 전압은 같은 단위를 사용한다. V_R과 V_C가 실효값(rms값)을 갖기 때문에 V_T 역시 실효값을 갖는다.

V_T를 계산하기 위해서는 우선 V_R과 V_C의 제곱을 구해서 더한 다음 제곱근을 취하면 된다. 그림 7-12에 표시된 회로의 예를 들면 두 페이저의 전압합은 90°의 위상차를 갖기 때문에 200V가 아니라 141V가 된다.

$$V_T = \sqrt{100^2 + 100^2} = \sqrt{20,000} = 141\text{V}$$

그림 7-12(b)에서 전압 삼각형에 대응되는 것이 그림 7-12(c)에 표시된 임피던스 삼각형으로 I는 서로 상쇄되어 R과 X_C만 남게 된다.

따라서 임피던스 Z의 크기는 식(7-14)를 사용하면 구할 수 있다

$$Z = \sqrt{R^2 + X_C^2} \tag{7-14}$$

R과 X_C는 Ω단위를 사용하며, Z도 역시 Ω단위를 사용한다.

그림 7-12(c)에 표시된 페이저도에서 Z값은 141Ω이다.

$$Z = \sqrt{100^2 + 100^2} = \sqrt{20,000} = 141\Omega$$

임피던스는 141Ω으로 V_T, 141V를 나누면 직렬 전류 1A를 구할 수 있다. 또한 각 전압강하 $IR = 100\text{V}$, $IX_C = 100\text{V}$가 된다.

저항과 콘덴서 양단에서 발생되는 두 직렬 전압강하의 페이저합은 인가전압 141V와 같고 V_T의 크기 역시 141V이다.

$$(I \times Z = 1A \times 141\Omega = 141\,V)$$

유도성 인덕턴스를 갖는 경우 위상각 θ는 직류전류와 전원전압 사이의 각을 표시했었다. 그림 7-12(b)와 그림 7-12(c)에 표시된 것처럼 전압이나 임피던스 삼각형에서 θ를 계산할 수 있다.

직렬 X_C를 갖는 경우 위상각은 −이고, X_C 전압이 전류보다 위상이 뒤지기 때문에 I의 기준각이 zero이고 시계방향으로 각을 갖게 된다.

−위상각을 표시하기 위해서 페이저는 유도성 회로의 경우 위쪽 방향을 지시하는 경우와 반대로 용량성 회로에서는 아래쪽을 향하게 된다. X_C와 R이 직렬로 연결된 회로의 위상각은 식 (7-15)처럼 표시된다.

$$\tan\theta_Z = -\frac{X_C}{R} \tag{7-15}$$

그림 7-12(c)에 표시된 페이저 삼각형에서 위상각 공식(7-15)를 적용하면 θ 는 $-45°$ 가 구해진다.

$$\theta_Z = -\tan^{-1}(\frac{X_C}{R}) = -\tan^{-1}(1) = -45°$$

$-$표시는 zero로 부터 시계방향으로 각을 갖는다는 것을 의미하며 V_T는 I보다 뒤진다는 것을 표시한다.

예제 7-7

30Ω의 크기를 갖는 저항 R과 40Ω의 크기를 갖는 리액턴스 X_C가 직렬 연결되어있다면 Z와 θ_Z의 크기는 얼마인지 구하시오.

풀이 $Z = \sqrt{R^2 + X_C^2} = \sqrt{30^2 + 40^2} = 50\Omega$

$\theta_Z = -\tan^{-1}(\frac{X_C}{R}) = -\tan^{-1}(\frac{40}{30}) = -53.1°$

예제 7-8

(a) 그림 7-13(a)에 표시된 회로에 $2mA$가 흐른다고 가정하고 Z, V_T, θ_Z를 구하시오.

(b) 그림 7-13(b)에 표시된 회로에서 Z와 I, θ_Z를 구하시오.

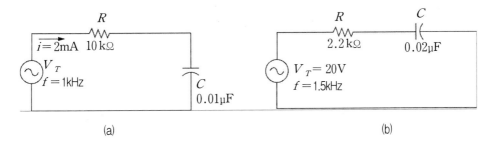

[그림 7-13]

풀이 (a) $X_C = \dfrac{1}{2\pi f C} = \dfrac{1}{6.28 \times 1000\,Hz \times 0.01 \times 10^{-6}F} = 15.9K\Omega$

$Z = \sqrt{R^2 + X_C^2} = \sqrt{(10K\Omega)^2 + (15.9K\Omega)^2} = 18.8K\Omega$

$V_T = I \times Z = 2mA \times 18.8K\Omega = 37.6V$

$\theta_Z = -\tan^{-1}(\dfrac{X_C}{R}) = -\tan^{-1}(\dfrac{15.9}{10}) = -57.8^\circ$

(b) $X_C = \dfrac{1}{2\pi f C} = \dfrac{1}{6.28 \times 1.5 \times 1000\,Hz \times 0.02 \times 10^{-6}F} = 5.3K\Omega$

$Z = \sqrt{R^2 + X_C^2} = \sqrt{(2.2K\Omega)^2 + (5.3K\Omega)^2} = 5.74K\Omega$

$I = \dfrac{V_T}{Z} = \dfrac{20V}{5.74K}\Omega = 3.48mA$

$\theta_Z = -\tan^{-1}(\dfrac{X_C}{R}) = -\tan^{-1}(\dfrac{5.3}{2.2}) = -67.5^\circ$

직렬회로에서 R과 비교할 때 X_C가 아주 크다면 회로는 용량성으로 되고, 용량성 리액턴스 양단에 대부분의 전압이 인가되고 위상은 -90° 쪽으로 증가하게 된다. 직렬 X_C에서는 전류가 항상 전압보다 앞선다.

R은 없고 X_C만 존재한다면 인가전압 전체가 X_C 양단에 걸리게 되고 θ_Z는 -90°를 갖게 된다.

X_C / R의 비가 10:1 이상이 되면 회로는 실제적으로 용량성으로 된다.

-84.3°의 위상각은 거의 -90°에 가깝고 전체 임피던스 Z는 거의 X_C와 일치한다. 직렬회로에서의 X_C 양단에서 반생하는 건압강하는 공급전압과 크기가 같고 R에는 거의 전압이 걸리지 않는다.

이와 반대로 R이 X_C보다 10배 이상 크다면 회로는 저항성으로 되고, 위상각은 -5.7°로 거의 인가전압의 위상과 일치하며 Z는 R값과 같고, R 양단에서 발생하는 전압강하가 인가전압의 크기와 일치하며 X_C에는 거의 전압이 걸리지 않는다.

그러나 X_C와 R의 크기가 등가라면 임피던스 Z는 둘 중의 어느 하나보다 1.41배 크게되며 위상각은 -45°가 되는데 이것은 저항만 존재할 경우의 0°와 용량성 리액턴스만 존재할 경우에 -90°의 중간 크기를 갖기 때문이다. 그림 7-14에 주파수와 X_C, θ_Z의 관계를 표시했다.

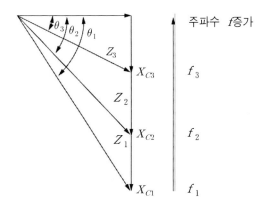

[그림 7-14] 주파수와 X_C, Z, θ_Z의 관계도(주파수가 증가하면 X_C, Z, θ_Z가 감소한다.)

예제 7-9

그림 7-15에 표시된 RC회로에서 Z와 θ_Z를 구하시오.

(a) $10KHz$

(b) $20KHz$

(c) $30KHz$

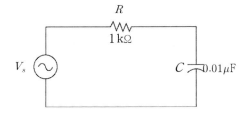

[그림 7-15]

풀이 (a) $X_C = \dfrac{1}{2\pi f C} = \dfrac{1}{6.28 \times 10 \times 1000Hz \times 0.01 \times 10^{-6}F} = 1.59K\Omega$

$Z = \sqrt{R^2 + X_C^2} = \sqrt{(1K\Omega)^2 + (1.59K\Omega)^2} = 1.88K\Omega$

$\theta_Z = -\tan^{-1}(\dfrac{X_C}{R}) = -\tan^{-1}(\dfrac{1.59K\Omega}{1K\Omega}) = -57.8°$

(b) $X_C = \dfrac{1}{2\pi f C} = \dfrac{1}{6.28 \times 20 \times 1000Hz \times 0.01 \times 10^{-6}F} = 796\Omega$

183

$$Z = \sqrt{R^2 + X_C^2} = \sqrt{(1K\Omega)^2 + (796\Omega)^2} = 1.28K\Omega$$

$$\theta_Z = -\tan^{-1}\left(\frac{X_C}{R}\right) = -\tan^{-1}\left(\frac{796\Omega}{1K}\Omega\right) = -38.5°$$

(c) $X_C = \dfrac{1}{2\pi f C} = \dfrac{1}{6.28 \times 30 \times 1000Hz \times 0.01 \times 10^{-6}F} = 531\Omega$

$$Z = \sqrt{R^2 + X_C^2} = \sqrt{(1K\Omega)^2 + (531\Omega)^2} = 1.13K\Omega$$

$$\theta_Z = -\tan^{-1}\left(\frac{X_C}{R}\right) = -\tan^{-1}\left(\frac{531\Omega}{1K}\Omega\right) = -28°$$

7-4 X_C와 R의 병렬회로

X_C는 직렬회로의 전압강하 대신에 지로전류에 대해서 90° 위상각을 갖는다. 그림 7-16(a)에 표시된 병렬회로에서 X_C와 R과 전원 전압의 크기는 모두 같다. 따라서 병렬전압 사이에는 위상차가 존재하지 않는다.

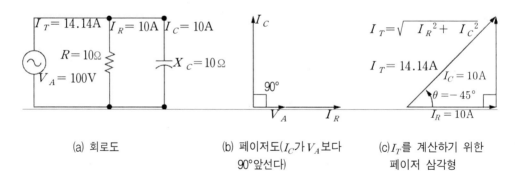

(a) 회로도   (b) 페이저도(I_C가 V_A보다   (c) I_T를 계산하기 위한
                          90°앞선다)   페이저 삼각형

[그림 7-16] X_C와 R이 병렬로 연결된 회로

각 지로전류의 크기는 서로 다르다. 저항성지로의 지로전류는 V_A/R의 크기를 갖고 용량성지로의 지로전류는 V_A/X_C의 크기를 갖는다. 그림 7-16(b)는 I_C와 I_R의 페이저도이다. 페이저도에서 전원전압 V_A가 기준으로 표시되어 있다.

저항성 지로전류 I_R은 V_A와 같은 위상을 갖지만 용량성 지로 전류 I_C는 V_A보

다 위상이 90° 앞선다. I_C의 페이저는 X_C 페이저가 아래쪽을 향하고 있는 것과 비교할 때 위쪽을 향하고 있는데, 이것은 병렬지로 전류 I_C가 기준인 V_A보다 90° 앞서기 때문이다.

이런 I_C 페이저는 X_C 페이저의 반대가 된다. 본선전류 I_T는 I_C와 I_R의 페이저 합에 의해서 구해지며 식 (7-16)처럼 표시된다.

$$I_T = \sqrt{I_R^2 + I_C^2} \qquad\qquad (7\text{-}16)$$

그림 7-16(c)에서 10A의 I_R과 $10A$의 I_c의 페이저 합은 $14.14A$가 된다. 병렬회로에서 90°의 위상차를 갖는 지로전류들의 합은 페이저에 의해서 구해지는데 이 것은 직렬회로에서 90° 위상차를 갖는 전압강하와 페이저 합을 구하는 것과 관계가 있다.

병렬회로에서의 임피던스는 공급전압을 본선전류로 나누면 구할 수 있다.
$(Z = V_A / I_T)$.

그림 7-16의 예에서 보면 Z는 7.07Ω이다.

$$Z = \frac{V_A}{I_T} = \frac{100}{14.14A} = 7.07\Omega$$

7.07Ω의 Z는 10Ω의 저항과 10Ω의 리액턴스가 병렬로 연결된 회로의 합성저항으로 항상 작은 저항보다 적게 된다. 그림 7-16(c)에서는 R과 X_c의 크기가 같기 때문에 위상각 θ 는 45°이다. 위상각은 본선전류 I_T와 전원 전압 V_A 사이의 각으로 V_A의 위상은 I_R의 위상과 같으므로 결국 θ 는 I_T와 I_R 사이의 각을 의미한다.

그림 7-16(c)의 전류 삼각형으로부터 θ 를 구하는 탄젠트 공식을 유도하면 식 (7-17)처럼 쓸 수 있다.

$$\tan\theta_I = \frac{I_C}{I_R} \qquad\qquad (7\text{-}17)$$

I_C의 페이저가 위쪽으로 향하기 때문에 위상각은 +로 되고 V_A보다 90° 앞서게 된다. 이것은 직렬 X_C의 뒤진 페이저와는 반대이다. X_C의 효과에는 변함이 없고 단

지 위상각을 표시하기 위한 기준이 변화되기 때문이다.

주의할 것은 병렬회로의 지로전류 페이저 삼각형에서 θ_I는 V_A에 대한 I_T의 각으로 I_T에 대한 이런 위상각은 전원전압과 관계를 가지므로 θ_I로 표시된다. 직렬회로에서 전압과 위상 삼각형은 Z_T와 V_T의 위상각이 직류전류에 관계를 갖기 때문에 θ_Z로 표시된다.

예제 7-10

30 mA의 I_R과 40mA의 I_C가 병렬로 연결되고 72V의 V_A가 인가된다면 I_T, Z_{EQ}, θ_I의 크기는 얼마인지 구하시오.

풀이 $I_T = \sqrt{I_R^2 + I_C^2} = \sqrt{30^2 + 40^2} = \sqrt{900 + 1600} = \sqrt{2500}$

$I_T = 50\,\text{mA}$

$Z_{EQ} = \dfrac{V_A}{I_T} = \dfrac{72\,\text{V}}{50\,\text{mA}}$

$Z_{EQ} = 1.44\,\text{K}\Omega$

$\tan\theta_I = \dfrac{I_C}{I_R} = \dfrac{40}{30} = 1.333$

$\theta_I = \arctan(1.333)$

$\theta_I = 53.1°$

표 7-1 병렬저항과 리액턴스의 조합

R, Ω	X_C, Ω	R, Ω	X_C, Ω	I_r, A	Z_{EQ}, Ω	위상각 θ_I
1	10	10	1	$\sqrt{101} = 10$	1	$-84.3°$
10	10	1	1	$\sqrt{2} = 1.4$	7.07	$-45°$
10	1	1	10	$\sqrt{101} = 10$	1	$-5.7°$

X_C가 R의 10배인 병렬회로는 저항성으로 된다. I_C의 전류가 작은 이유는 X_C의 높은 리액턴스값 때문이며, 병렬회로의 전체 임피던스는 거의 저항 크기가 일치한다. 위상각은 5.7°로 0°에 가까운데 이것은 본선전류의 대부분이 저항성 지로전류이기 때문이다.

X_C가 작아지면 본선전류 속에는 용량성 전류가 증가하고 X_C가 R의 1/10 크기를

갖는다면 실제로 본선전류의 대부분이 용량성 지로전류 성분이 된다. 따라서 병렬회로는 용량성 회로로 되고 전체 임피던스는 X_C와 일치하게 되며 위상각은 84.3°로 90°에 가까운 값을 갖는다.

이것은 X_C와 R이 직렬로 연결된 회로와 반대의 경우이다. X_C와 R의 크기가 표 7-1과 일치한다면 지로전류의 크기 역시 일치하고 위상각은 45°가 된다.

예제 7-11

그림 7-17(a)(b)에 표시된 회로의 임피던스와 위상각을 구하시오.

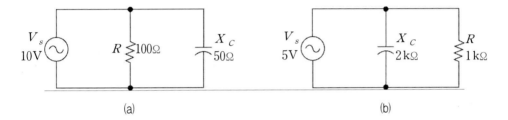

[그림 7-17]

풀이 (a) $Z = \dfrac{R \times X_C}{\sqrt{R^2 + X_C^2}} = \dfrac{100\Omega \times 50\Omega}{\sqrt{(100\Omega)^2 + (50\Omega)^2}} = 44.7\Omega$

$\theta_I = \tan^{-1}\left(\dfrac{R}{X_C}\right) = \tan^{-1}\left(\dfrac{100\Omega}{50\Omega}\right) = 63.4°$

(b) $Z = \dfrac{R \times X_C}{\sqrt{R^2 + X_C^2}} = \dfrac{1000\Omega \times 2000\Omega}{\sqrt{(1000\Omega)^2 + (2000\Omega)^2}} = 894\Omega$

$\theta_I = \tan^{-1}\left(\dfrac{R}{X_C}\right) = \tan^{-1}\left(\dfrac{1000\Omega}{2000\Omega}\right) = 26.6°$

병렬 RC회로를 그림 7-18에 표시된 것처럼 표시하면 식(7-18)에 표시된 콘덕턴스와 식(7-19)에 표시된 서셉턴스, 식(7-20)에 표시된 어드미턴스로 표시할 수 있다.

$$G = \frac{1}{R} \tag{7-18}$$

$$B_C = \frac{1}{X_C} \tag{7-19}$$

$$Y = \frac{1}{Z} \tag{7-20}$$

$$Y_T = \sqrt{G^2 + B_C^2} \tag{7-21}$$

또한 이식들을 옴의 법칙으로 변환하면 식(7-22), (7-23), (7-24)를 구할 수 있다.

$$V = \frac{I}{Y} \tag{7-22}$$

$$I = V \times Y \tag{7-23}$$

$$Y = \frac{I}{V} \tag{7-24}$$

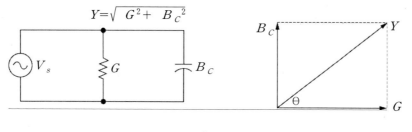

[그림 7-18]

예제 7-12

(a) 그림 7-19(a)에 표시된 회로의 어드미턴스를 구하고 임피던스로 변환하시오. θ_I를 구하시오. $I_T = 5mA$라고 가정하고 V_T를 구하시오.

(b) 7-19(b)에 표시된 회로의 본선 전류와 위상각을 구하시오.

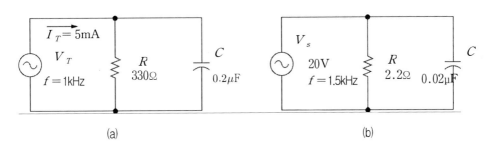

[그림 7-19]

풀이 (a) $G = \dfrac{1}{R} = \dfrac{1}{330\Omega} = 3.03mS$

$X_C = \dfrac{1}{2\pi f C} = \dfrac{1}{6.28 \times 1000Hz \times 0.2 \times 10^{-6}F} = 796\Omega$

$B_C = \dfrac{1}{X_C} = \dfrac{1}{796\Omega} = 1.26mS$

$Y_T = \sqrt{G^2 + B_C^2} = \sqrt{(3.03mS)^2 + (1.26mS)^2} = 3.28mS$

$Z = \dfrac{1}{Y_T} = \dfrac{1}{3.28mS} = 305\Omega$

$\theta_I = \tan^{-1}(\dfrac{R}{X_C}) = \tan^{-1}(\dfrac{330\Omega}{796\Omega}) = 22.5°$

$V_T = I_T \times Z = 5\text{mA} \times 305\Omega = 1.525\,V$

(b) $G = \dfrac{1}{R} = \dfrac{1}{2200\Omega} = 455\mu S$

$X_C = \dfrac{1}{2\pi f C} = \dfrac{1}{6.28 \times 1500Hz \times 0.02 \times 10^{-6}F} = 5.31K\Omega$

$B_C = \dfrac{1}{X_C} = \dfrac{1}{5.31K}\Omega = 188\mu S$

$Y_T = \sqrt{G^2 + B_C^2} = \sqrt{(455\mu S)^2 + (188\mu S)^2} = 492\mu S$

$I_T = V \times Y_T = 20\,V \times 492\mu S = 9.84\text{mA}$

$\theta_I = \tan^{-1}(\dfrac{R}{X_C}) = \tan^{-1}(\dfrac{2200\Omega}{5310\Omega}) = 22.5°$

연습문제

➊ X_L과 R이 $100\,V$ 전원 양단에 직렬로 연결된 회로도를 그리시오. Z와 I, I_R, IX_L, θ 를 구하시오.

ⓐ $R = 100\,\Omega, X_L = 1\,\Omega$

ⓑ $R = 1\,\Omega, X_L = 100\,\Omega$

ⓒ $R = 50\,\Omega, X_L = 50\,\Omega$

➋ X_L과 R이 $100\,V$ 전원에 병렬로 연결된 회로도를 그리시오. I_R, I_L, I_T, Z를 구하시오.

ⓐ $R = 100\,\Omega, X_L = 1\,\Omega$

ⓑ $R = 1\,\Omega, X_L = 100\,\Omega$

ⓒ $R = 50\,\Omega, X_L = 50\,\Omega$

➌ $1H$의 인덕턴스를 갖는 코일의 내부저항이 $100\,\Omega$이다. ⓐ 인덕턴스와 내부저항이 직렬로 연결되는 코일의 등가 회로를 그리시오. ⓑ $60Hz$에서 유도성 인덕턴스는 얼마인가? ⓒ $60Hz$에서 코일의 전체 임피던스는 얼마인가? ⓓ $60Hz$, $120\,V$ 전원에 연결되었을 때 코일에 흐르는 전류의 세기는 얼마인가? ⓔ $f = 400Hz$일 때 I는 얼마인가?

➍ 주파수가 $5KHz, 5MHz, 10MHz, 50MHz$일 때 $100\,\Omega$의 저항을 갖도록 직렬 연결된 초오크에서 필요한 최소한의 인덕턴스를 구하시오. 모든 경우에 직렬 저항은 $10\,\Omega$으로 한다.

➎ $120\,V, 60Hz$의 전원에 코일이 연결되었을 때 $0.3A$의 전류가 흐른다면 코일의 임피던스 Z는 얼마인가? 자신의 저항이 $5\,\Omega$이라면 X_L의 크기는 얼마인가? (힌트 : $X_L^2 = Z^2 - R^2$)

⑥ 200Ω의 저항 R이 $141\text{V}, 60\text{Hz}$의 전원에 인덕터 L과 직렬로 연결되어 있다. V_R이 100V라고 가정하고 L을 구하시오. (9힌트 : $V_L^2 = V_T^2 - V_R^2$)

⑦ I_L이 $8\mu s$ 동안에 $400mA$에서 0까지 감소할 때 V_L이 $10KV$가 유도된다면 L값은 얼마인가?

⑧ 400Ω R과 400Ω X_L이 $120V$ $60Hz$ 전원에 직렬 연결되어 있다. $Z, I, V_L, \ V_R, \Theta_Z$를 구하시오.

⑨ 연습문제 8과 같은 크기의 R과 X_L이 병렬연결되어 있다면 $I_R, I_L, I_T, Z, \theta_I$는 얼마인가?

⑩ 연습문제 9에서 주파수가 $120Hz$로 증가되었다면 $60Hz$와 $120Hz$에서의 I_R과 I_L, θ_I를 비교하시오.

⑪ $0.4H$의 L과 180Ω의 R이 $120V$, $60Hz$ 양단에 직렬로 연결되어 있다면 I와 θ_Z는 얼마인가?

⑫ 인덕턴스 L은 $20mA$ 전류에서 10V의 유도 전압을 갖고 주파수가 $10KHz$일 때 X_L과 L은 얼마인가?

⑬ 500Ω R이 300Ω X_L과 직렬로 연결되어 있다. Z_T와 I, θ_Z를 구하시오. $V_T = 120V$이다.

⑭ 300Ω R이 300Ω X_L과 직렬로 연결되어 있다. V_T가 $120V$일 때 Z_T, I, θ_Z를 구하시오. 연습문제 13의 θ_Z와 비교하시오.

⑮ 500Ω R이 300Ω X_L과 병렬로 연결되어 있다. I_T, Z_T, θ_I를 구하시오. 단, $V_T = 120\text{V}$이다. 연습문제 14의 θ_Z와 θ_I를 비교하시오.

191

⑯ $2.2K\Omega$의 저항과 $150mH$의 인덕터가 $20V$, $1500Hz$ 전원에 병렬연결 되어있다고 가정하고 어드미턴스, 콘덕턴스, 서셉턴스를 이용해서 전체전류와 위상각을 구해보시오.

⑰ 40Ω의 R과 30Ω의 X_C가 $100V$의 정현파 교류전원 양단에 직렬로 연결되어있다. ⓐ 회로도를 그리시오. ⓑ Z를 계산하시오. ⓒ I를 계산하시오. ⓓ R과 C 양단에 걸리는 전압을 계산하시오. ⓔ 회로의 위상각은 얼마인지 구하시오.

⑱ 40Ω의 R과 30Ω의 X_C가 $100V$의 정현파 교류전원 양단에 병렬로 연결되어있다. ⓐ 회로도를 그리시오. ⓑ I_T를 계산하시오. ⓒ 각 지로 전류를 계산하시오. ⓓ Z를 구하시오. ⓔ 회로의 위상각은 얼마인지 구하시오. ⓕ R양단에 걸리는 전압과 X_C양단에 걸리는 전압의 위상을 비교하시오.

⑲ 콘덴서가 $40K\Omega$ 저항과 직렬로 연결되어있고 $100V$ 교류 전원이 공급된다면 $100Hz$와 $100KHz$에서 X_C와 R양단에 걸리는 전압의 크기가 일치하는 C를 구하시오.

⑳ C_1과 C_2가 $100V$의 전원에 직렬로 연결된 회로도를 그리시오. C_1이 $90\mu F$이고 양단에 $90V$가 걸린다. ⓐ C_2 양단에 걸리는 전압의 크기는 얼마인가? ⓑ C_2의 커패시턴스는 얼마인가?

㉑ $120V$, $8KHz$ 전원 양단에 1500Ω의 R과 $0.01\mu F$의 C가 전원에 병렬로 연결 되어있다고 가정하고 $X_C, Z_T, \theta_Z, I, V_R, V_C$를 구하시오.

㉒ 연습문제 21과 동일한 R과 C가 병렬로 연결된다고 가정하고 $I_C, I_R, I_T, \theta_I, Z, V_R, V_C$를 구하시오.

㉓ ⓐ 40Ω X_C와 30Ω R이 $120V$ 전원에 직렬로 연결 될 때의 Z_T, I, θ_Z를 구하시오.
ⓑ 40Ω X_C와 30Ω R이 $120V$ 전원에 병렬로 연결 될 때의 Z, I_T, θ_I를 구하시오.
ⓒ 40Ω X_L과 30Ω R이 $120V$ 전원에 직렬로 연결 될 때의 Z_T, I, θ_Z를 구하시오.
ⓓ 40Ω X_L과 30Ω R이 $120V$ 전원에 병렬로 연결 될 때의 Z, I_T, θ_I를 구하시오.

㉔ 연습문제 23에서 주파수가 $120Hz$인 전원을 사용한다고 가정하고 L과 C값을 구하시오.

 정답

1. $Z = \sqrt{R^2 + X_L^2}$, $I = \dfrac{V_L}{X_L}$, $I = \dfrac{V_T}{Z}$, $\theta_Z = \tan^{-1}(\dfrac{X_L}{R})$, $V_T = \sqrt{V_R^2 + V_L^2}$

$V_R = IR$,이므로 ⓐ $Z = 100\Omega$, $I = 1A$, $IR = 100V$, $IX_L = 1V$, $\theta_Z = 0.57°$

ⓑ $Z = 100\Omega$, $I = 1A$, $IR = 1V$, $IX_L = 100V$, $\theta_Z = 89.4°$

ⓒ $Z = 70.7\Omega$, $I = 1.414A$, $IR = 70.7V$, $IX_L = 70.7V$, $\theta_Z = 45°$

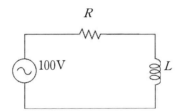

2. $I_T = \sqrt{I_R^2 + I_L^2}$, $I_L = \dfrac{V_T}{X_L}$, $I_R = \dfrac{V_T}{R}$, $I_T = \dfrac{V_T}{Z}$이므로

ⓐ $I_R = 1A$, $I_L = 100A$, $I_T = 100A$, $Z = 1\Omega$

ⓑ $I_R = 100A$, $I_L = 1A$, $I_T = 100A$, $Z = 1\Omega$

ⓒ $I_R = 2A$, $I_L = 2A$, $I_T = 2.828A$, $Z = 3.54\Omega$

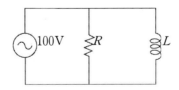

3. ⓐ

ⓑ $X_L = 2\pi f L = 6.28 \times 60 Hz \times 1 H = 376.8\Omega$

ⓒ $Z = \sqrt{R^2 + X_L^2} = \sqrt{100^2 + 376.8^2} = 389.8\Omega$

ⓓ $I = \dfrac{V}{Z} = \dfrac{120\,V}{389.8\Omega} = 0.31 A$

ⓔ $X_L = 2\pi f L = 6.28 \times 400 Hz \times 1 H = 2512\Omega$,

$Z = \sqrt{R^2 + X_L^2} = \sqrt{100^2 + 2512^2} = 2513.9\Omega , I = \dfrac{V}{Z} = \dfrac{120\,V}{2514\Omega} = 0.048 A$

4. $L = \dfrac{\sqrt{Z^2 - R^2}}{2\pi f}$ 이므로 ⓐ $L = \dfrac{\sqrt{Z^2 - R^2}}{2\pi f} = \dfrac{\sqrt{100^2 - 10^2}}{6.28 \times 5 \times 10^3} = 3.17 mH$

ⓑ $L = \dfrac{\sqrt{Z^2 - R^2}}{2\pi f} = \dfrac{\sqrt{100^2 - 10^2}}{6.28 \times 5 \times 10^6} = 3.17 \mu H$

ⓒ $L = \dfrac{\sqrt{Z^2 - R^2}}{2\pi f} = \dfrac{\sqrt{100^2 - 10^2}}{6.28 \times 10 \times 10^6} = 1.585 \mu H$

ⓓ $L = \dfrac{\sqrt{Z^2 - R^2}}{2\pi f} = \dfrac{\sqrt{100^2 - 10^2}}{6.28 \times 50 \times 10^6} = 317 nH$

5. $Z = \dfrac{V_T}{I_T} = \dfrac{120\,V}{0.3 A} = 400\Omega , X_L = \sqrt{Z^2 - R^2} = \sqrt{400^2 - 5^2} = 399.9\Omega \fallingdotseq 400\Omega$

6. $V_L = \sqrt{V_T^2 - V_R^2} = \sqrt{141\,V^2 - 100\,V^2} = 99.4\,V , I_R = \dfrac{V_R}{R} = \dfrac{100\,V}{200\Omega} = 0.5 A$

$X_L = \dfrac{V_L}{I_L} = \dfrac{99.4\,V}{0.5 A} = 199.8\Omega , L = \dfrac{X_L}{2\pi f} = \dfrac{199.8\Omega}{6.28 \times 60 Hz} = 0.53 H$

7. $\dfrac{di}{dt} = \dfrac{400 mA}{8\mu s} = 50000 A/s , \ L = \dfrac{V_L}{di/dt} = \dfrac{10 \times 10^3\,V}{50000 A/s} = 0.25 H$

8. $Z = \sqrt{R^2 + X_L^2} = \sqrt{400^2 + 400^2} = 565.7\Omega , I = \dfrac{V}{Z} = \dfrac{120\,V}{565.7\Omega} = 0.212 A$

$V_L = I \times X_L = 0.212 A \times 400\Omega = 84.8\,V$,

$V_R = I \times R = 0.212 A \times 400\Omega = 84.8\,V , \theta_Z = 45°$

9. $I_R = \dfrac{120\,V}{400\Omega} = 0.3 A , I_L = \dfrac{120\,V}{400\Omega} = 0.3 A$,

$I_T = \sqrt{I_R^2 + I_L^2} = \sqrt{(0.3 A)^2 + (0.3 A)^2} = 0.424 A , Z = \dfrac{V}{I_T} = \dfrac{120\,V}{0.424 A} = 283\Omega$

$$\theta_I = -\tan^{-1}(\frac{I_L}{I_R}) = -\tan^{-1}(1) = -45°$$

10. $120Hz$에서의 X_L은 $60Hz$에서보다 2배 증가하므로 800Ω이 된다.

따라서 $I_R = 0.3A$, $I_L = 0.15A$, $\theta_I = -\tan^{-1}(\frac{I_L}{I_R}) = -\tan^{-1}(0.5) = -26.6°$

11. $X_L = 2\pi fL = 6.28 \times 60Hz \times 0.4H = 150.7\Omega$,

$$Z = \sqrt{R^2 + X_L^2} = \sqrt{180^2 + 150.7^2} = 234.8\Omega ⓓ$$

$$I = \frac{V}{Z} = \frac{120V}{234.8\Omega} = 0.51A,$$

$$\theta_Z = \tan^{-1}(\frac{X_L}{R}) = \tan^{-1}(\frac{150.7\Omega}{180\Omega}) = \tan^{-1}(0.84) = 40°$$

12. $X_L = \frac{V_L}{I_L} = \frac{10V}{20mA} = 500\Omega, L = \frac{X_L}{2\pi f} = \frac{500\Omega}{6.28 \times 10 \times 1000Hz} = 7.95mH$

13. $Z = \sqrt{R^2 + X_L^2} = \sqrt{500^2 + 300^2} = 583\Omega, I = \frac{V}{Z} = \frac{120V}{583\Omega} = 0.206A$

$$\theta_Z = \tan^{-1}(\frac{X_L}{R}) = \tan^{-1}(\frac{300\Omega}{500\Omega}) = 31°$$

14. $Z = \sqrt{R^2 + X_L^2} = \sqrt{300^2 + 500^2} = 583\Omega, I = \frac{V}{Z} = \frac{120V}{583\Omega} = 0.206A$

$$\theta_Z = \tan^{-1}(\frac{X_L}{R}) = \tan^{-1}(\frac{500\Omega}{300\Omega}) = 59$$

15. $I_L = \frac{120V}{300\Omega} = 0.4A, , I_R = \frac{120V}{500\Omega} = 0.24A$

$$I_T = \sqrt{I_R^2 + I_L^2} = \sqrt{(0.24A)^2 + (O.4A)^2} = 0.47A, \ Z = \frac{V}{I_T} = \frac{120V}{0.47A} = 255.3\Omega$$

$$\theta_I = -\tan^{-1}(\frac{I_L}{I_R}) = -\tan^{-1}(\frac{0.4}{0.241}) = -59°$$

16. $X_L = 2\pi fL = 6.28 \times 1500Hz \times 150m4H = 1410\Omega$

$$B_L = \frac{1}{X_L} = \frac{1}{1410\Omega} = 709\mu S, G = \frac{1}{R} = \frac{1}{2200\Omega} = 455\mu S$$

$$Y_T = \sqrt{G^2 + B_L^2} = \sqrt{(455\mu S)^2 + (709\mu S)^2} = 842\mu S$$

$$I_T = V \times Y_T = 20V \times 842\mu S = 16.84mA$$

$$\theta_I = -\tan^{-1}(\frac{R}{X_L}) = -\tan^{-1}(\frac{2200\Omega}{1410\Omega}) = -57.3°$$

17. $Z = \sqrt{R^2 + X_C^2}, I = \dfrac{V_C}{X_C}, I = \dfrac{V_T}{Z}, \theta_Z = -\tan^{-1}(\dfrac{X_C}{R}), V_T = \sqrt{V_R^2 + V_C^2}$

$V_R = IR$,이므로 ⓐ

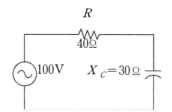

ⓑ $Z = 50\Omega$ ⓒ $I = 2A$ ⓓ $V_R = 80V$, $V_C = 60V$ ⓔ $\theta_Z = -36.9°$

18. $I_T = \sqrt{I_R^2 + I_C^2}, I_C = \dfrac{V_T}{X_C}, I_R = \dfrac{V_T}{R}, I_T = \dfrac{V_T}{Z}, \theta_I = \tan^{-1}(\dfrac{I_C}{I_R})$이므로 ⓐ

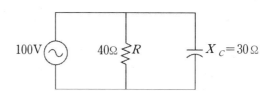

ⓑ $I_R = 2.5A$, $I_C = 3.3A$, ⓒ $I_T = 4.14A$, ⓓ $Z = 24.15\Omega$

ⓔ $\theta_I = \tan^{-1}(\dfrac{I_C}{I_R}) = \tan^{-1}(\dfrac{3.3}{2.5}) = \tan^{-1}(1.32) = 52.9°$

19. ⓐ $X_C = \dfrac{1}{2\pi fC}$이므로 $C = \dfrac{1}{2\pi fX_C}$로 구해진다.

$$C = \frac{1}{2\pi fX_C} = \frac{1}{6.28 \times 100Hz \times 20 \times 10^{3\Omega}} = 0.04\mu F$$

ⓑ $C = \dfrac{1}{2\pi fX_C} = \dfrac{1}{6.28 \times 100 \times 10^3 Hz \times 20 \times 10^3\Omega} = 40pF$

20. ⓐ $V_{C2} = V_T - V_{C1} = 100V - 90V = 10V$

196

ⓑ $Q = C_1 \times V_{C1} = C_2 \times V_{C2}$

$$C_2 = \frac{V_{C1}}{V_{C2}} \times C_1 = 9 \times 90\mu F = 810\mu F$$

21. ⓐ $X_C = \dfrac{1}{2\pi f C} = \dfrac{1}{6.28 \times 8 \times 10^3 Hz \times 0.01 \times 10^{-6} F} = 1990\Omega$

ⓑ $Z_T = \sqrt{R^2 + X_C^2} = \sqrt{(1500\Omega)^2 + (1990\Omega)^2} = 2492\Omega$

ⓒ $\theta_Z = -\tan^{-1}(\dfrac{X_C}{R}) = -\tan^{-1}(\dfrac{1500}{1990}) = -37°$

ⓓ $I = \dfrac{V}{Z_T} = \dfrac{120V}{2492\Omega} = 0.048A$

ⓔ $V_R = I \times R = 0.048A \times 1500\Omega = 72V$

ⓕ $V_C = I \times X_L = 0.048A \times 1990\Omega = 95.6V$

22. ⓐ $I_C = \dfrac{V}{X_C} = \dfrac{120V}{1990\Omega} = 60mA$

ⓑ $I_R = \dfrac{V}{R} = \dfrac{120V}{1500\Omega} = 80mA$

ⓒ $I_T = \sqrt{I_R^2 + I_C^2} = \sqrt{(60mA)^2 + (80mA)^2} = 100mA$

ⓓ $Z_T = \dfrac{V}{I_T} = \dfrac{120V}{100mA} = 1200\Omega$

ⓔ $\theta_Z = -\tan^{-1}(\dfrac{I_C}{I_R}) = -\tan^{-1}(\dfrac{60mA}{80mA}) = -37°$

ⓕ $V_C = V_R = 120V$

23. ⓐ $Z_T = \sqrt{R^2 + X_C^2} = \sqrt{(40\Omega)^2 + (30\Omega)^2} = 50\Omega, I = \dfrac{V}{Z_T} = \dfrac{120V}{50\Omega} = 2.4A$

$\theta_Z = -\tan^{-1}(\dfrac{X_C}{R}) = -\tan^{-1}(\dfrac{40}{30}) = -53.1°$

ⓑ $I_C = \dfrac{V}{X_C} = \dfrac{120V}{40\Omega} = 3A, I_R = \dfrac{V}{R} = \dfrac{120V}{30\Omega} = 4A$

$I_T = \sqrt{I_R^2 + I_C^2} = \sqrt{(4A)^2 + (3A)^2} = 5A, Z_T = \dfrac{V}{I_T} = \dfrac{120V}{5A} = 24\Omega,$

$\theta_I = \tan^{-1}(\dfrac{I_C}{I_R}) = \tan^{-1}(\dfrac{3A}{4A}) = 37°$

ⓒ $Z_T = \sqrt{R^2 + X_C^2} = \sqrt{(40\Omega)^2 + (30\Omega)^2} = 50\Omega, I = \dfrac{V}{Z_T} = \dfrac{120\,V}{50\Omega} = 2.4A$

$\theta_Z = \tan^{-1}(\dfrac{X_L}{R}) = \tan^{-1}(\dfrac{40}{30}) = 53.1°$

ⓓ $I_l = \dfrac{V}{X_C} = \dfrac{120\,V}{40\Omega} = 3A, I_R = \dfrac{V}{R} = \dfrac{120\,V}{30\Omega} = 4A$

$I_T = \sqrt{I_R^2 + I_l^2} = \sqrt{(4A)^2 + (3A)^2} = 5A, Z_T = \dfrac{V}{I_T} = \dfrac{120\,V}{5A} = 24\Omega,$

$\theta_I = -\tan^{-1}(\dfrac{I_C}{I_R}) = -\tan^{-1}(\dfrac{3A}{4A}) = -37°$

24. ⓐ $L = \dfrac{X_L}{2\pi f} = \dfrac{40\Omega}{6.28 \times 120Hz} = 53mH$

　ⓑ $C = \dfrac{1}{2\pi f X_C} = \dfrac{1}{6.28 \times 120Hz \times 40\Omega} = 33.2\mu F$

Chapter
08

시상수 RC와 L/R

정현파 교류회로에서는 인덕턴스를 사용하는 예가 많은데 L은 전류가 시간에 대하여 변화를 하기만 하면 유도전압을 발생시킨다. 비정현파의 예로는 스위치의 ON, OFF에 사용되는 직류 전압과 구형파, 톱니파, 펄스 등을 들 수 있다. 정현파 회로에서 캐패시턴스 역시 많이 사용되지만 C는 전압이 변화하기만 하면 충전전류와 방전전류를 흐르게 한다. 실제로 RC 회로가 가장 보편 적으로 사용된다. 그 이유는 콘덴서의 크기가 작고 경제적이며 강한 자기장을 갖지 않기 때문이다. 비정현파 전압과 전류는 L이나 C의 효과에 의해서 파형이 변화하게 된다. 이런 효과는 RC 회로와 RL 회로의 시상수에 의해서 해석할 수 있다. 시상수는 C 양단에 걸리는 전압이나 L을 통해서 흐르는 전류가 최대값의 63.2%까지 변화하는데 소요되는 시간을 말한다.

8-1 RL회로의 응답

그림 8-1에는 저항만으로 구성된 회로가 표시되어 있다. 스위치가 닫히면 건전지는 $10V$의 전압을 10Ω 저항 양단에 공급해서 $1A$의 전류를 흐르게 한다. 그림 8-1(b)에 표시된 그래프는 스위치가 닫혔을 때 전류 I가 순간적으로 0에서 $1A$까지 변화하는 것을 표시하고 있다. 또한 스위치가 개방되면 전류 I는 즉시 0까지 감소하게 된다.

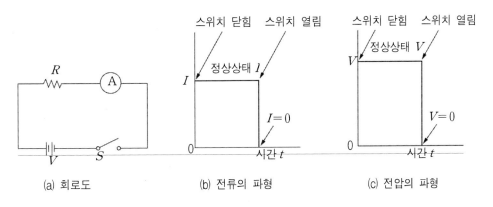

(a) 회로도   (b) 전류의 파형   (c) 전압의 파형

[그림 8-1] 저항만을 갖는 회로

저항 R과 인덕터 L이 그림 8-2(a)에 표시된 것처럼 직렬로 연결된 회로를 해석해보자. 스위치 S가 닫히면 전류 I는 그림 8-2(b)에 표시된 것처럼 zero에서부터 증가해서 결국은 1A의 정지 전류값을 갖게 된다. 이것은 10V의 전류값을 10Ω의 저항으로 나눈 크기와 같지만 전류가 0에서 1A까지 증가하는 동안 I는 변화하고 L은 변화를 방해한다.

RL 회로의 이런 동작은 1A의 정지상태 전류에 도달할 때까지 일시적으로 존재하는 조건으로 과도응답이라고 부르는데, 이것은 시정수에서 발생된다.

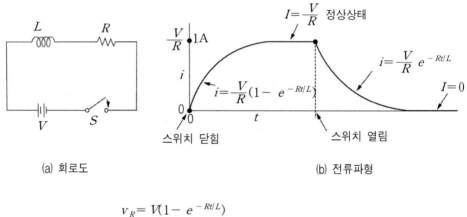

(a) 회로도   (b) 전류파형

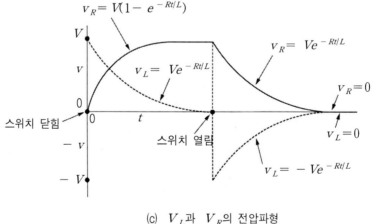

(c) V_L과 V_R의 전압파형

[그림 8-2] RL 회로의 과도 응답 스위치가 닫히면 I는 0에서 1A의 정상 상태까지 증가한다.

200

스위치 S가 개방되면 RL 회로의 과도응답은 정상전류를 zero까지 감소시키는 과도응답을 갖는다. 과도응답은 L/R의 비로 측정되는데, 이것을 회로의 시정수라고 부르고 식 (8-1)처럼 표시한다.

$$\tau = \frac{L}{R} \tag{8-1}$$

여기서 τ 는 시정수로 초 단위를 사용하고 L은 인덕턴스로 H 단위를 사용한다. 저항 R은 L과 직렬로 연결된 저항으로 Ω값을 가지며 그림 8-2에서 시정수는 0.1s이다.

$$\tau = \frac{L}{R} = \frac{1}{10} = 0.1 \ s$$

시정수를 측정하는 것은 약 63.2%까지 변화하는 전류를 측정하는 것으로, 그림 8-3(a)에서 전류는 0에서 0.63A까지 증가하는데 소비된 시간이 0.1초이므로 0.1초가 시정수가 된다. 주기는 시정수의 5배에 해당하는 시간을 갖는데 이때 전류는 정상상태 전류값 1A를 갖게 된다. 만약 스위치가 개방된다면 전류는 0까지 감소하게 되는데 1시정수에서 1A에서 0.37A까지 감소하게 된다. 주의할점은 1A에서 0.37A까지 감소한다는 것은 63% 변화한다는 것을 의미하고 전류가 0까지 감소할 때까지는 5배의 시정수가 필요하다.

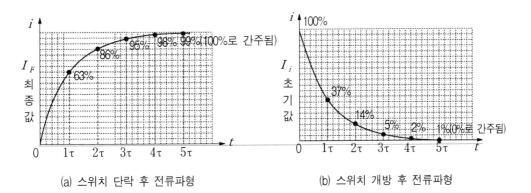

(a) 스위치 단락 후 전류파형   (b) 스위치 개방 후 전류파형

[그림 8-3]

그림 8-2(b)에 표시된 스위치가 닫힌 경우의 충전전류와 전압 공식은 식 (8-2)에서 식(8-6)처럼 표시되고 스위치가 열린 경우의 방전전류와 전압공식은 식(8-7)에서 (8-11)처럼 표시된다.

$$i = \frac{V}{R}(1 - e^{-Rt/L}) \qquad\qquad (8-2)$$

$$I = \frac{V}{R} \text{ (t가 아주 클 때)} \qquad\qquad (8-3)$$

$$V = v_R + v_L \qquad\qquad (8-4)$$

$$v_R = V(1 - e^{-Rt/L}) \qquad\qquad (8-5)$$

$$v_L = Ve^{-Rt/L} \qquad\qquad (8-6)$$

$$i = \frac{V}{R}e^{-Rt/L} \qquad\qquad (8-7)$$

$$I = 0 \text{(t가 아주 클 때)} \qquad\qquad (8-8)$$

$$0 = v_R + v_L \qquad\qquad (8-9)$$

$$v_R = Ve^{-Rt/L} \qquad\qquad (8-10)$$

$$v_L = -Ve^{-Rt/L} \qquad\qquad (8-11)$$

여기서 i는 순시전류, V는 인가된 직류 전압, R은 회로의 저항, L은 회로의 인덕턴스, t는 시간(초), e는 자연로그, I는 최종전류(정상상태전류), v_R은 저항 양단에 걸리는 순시전압, v_L은 코일 양단에 걸리는 순시 전압을 의미한다.

예제 8-1

(a) $20H$ 코일이 100Ω의 저항과 직렬로 연결된 회로에서의 시정수는 얼마의 크기를 갖는가?

(b) $20H$의 코일이 10V 전압에 인가되었을 때 100mA의 전류를 발생시키는 저항과 직렬로 연결되어있다. 0.2초 후의 전류는 얼마이며 1초 후의 전류는 얼마인가?

(c) $1M\Omega$의 저항이 $20H$ 코일과 직렬로 연결된다면 시정수는 얼마인가?

(d) $1K$의 저항이 $1mH$ 코일과 직렬로 연결된다면 시정수는 얼마인가?

[풀이] (a) $\tau = \dfrac{L}{R} = \dfrac{20H}{100\varOmega} = 0.2s$

(b) 0.2초가 시정수이므로 0.2초 후의 전류값은 $100mA$의 63.2% 값은 $63.2mA$ 크기를 가지 며, 시정수의 5배인 1초 후에는 정상 상태 전류 $100mA$에 도달하게 되며 10V 전압이 계속 존재하는 한 그 크기를 유지하게 된다.

(c) $\tau = \dfrac{L}{R} = \dfrac{20H}{1,000,000\varOmega} = 20\mu s$

(d) $\tau = \dfrac{L}{R} = \dfrac{1 \times 10^{-3}H}{1,000\varOmega} = 1\mu s$

[예제 8-2]

다음의 R, L, t에서의 $e^{-Rt/L}$의 크기를 구하고 그래프로 도시하시오.

	R[$\varOmega$]	L[H]	t[s]
a	15	15	0
b	15	15	1
c	30	15	1
d	15	30	1
e	15	15	3
f	30	20	1

[풀이] (a) $-\dfrac{Rt}{L} = \dfrac{-15 \times 0}{15} = 0$, $e^{-Rt/L} = e^{0} = 1$

(b) $-\dfrac{Rt}{L} = \dfrac{-15 \times 1}{15} = -1$, $e^{-Rt/L} = e^{-1} = 0.368$

(c) $-\dfrac{Rt}{L} = \dfrac{-30 \times 1}{15} = -2$, $e^{-Rt/L} = e^{-2} = 0.315$

(d) $-\dfrac{Rt}{L} = \dfrac{-15 \times 1}{30} = -0.5$, $e^{-Rt/L} = e^{-0.5} = 0.607$

(e) $-\dfrac{Rt}{L} = \dfrac{-15 \times 3}{15} = -3$, $e^{-Rt/L} = e^{-3} = 0.050$

(f) $-\dfrac{Rt}{L} = \dfrac{-30 \times 1}{20} = -1.5$, $e^{-Rt/L} = e^{-1.5} = 0.223$

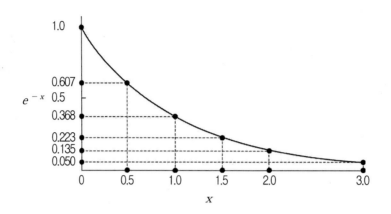

[그림 8-4] e^{-x}의 그래프

예제 8-3

(a) 그림 8-3을 활용해서 그림 8-5에 표시된 회로의 스위치가 닫힌 경우의 1시정수에서 5시정
수까지 전류를 구하시오.

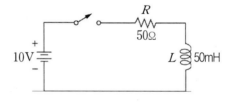

[그림 8-5]

(b) 스위치가 개방된후 1시정수에서 5시정수까지 전류를 구하시오.

풀이 (a) $\tau = \dfrac{L}{R} = \dfrac{50mH}{50\Omega} = 1ms$, $I = \dfrac{V}{R} = \dfrac{10V}{50\Omega} = 0.2A$

정상상태전류 I는 200mA(0.2A)이다. 따라서 각 시정수에서의 전류는 다음과 같다.

시정수	정상상태전류의 [%]	전류값[mA]
1τ = 1ms	63	126
2τ = 2ms	86	172
3τ = 3ms	95	190
4τ = 4ms	98	196
5τ = 5ms	99	198 ≅ 200

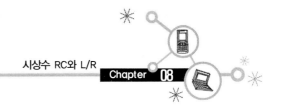

(b)

시정수	정상상태전류의 [%]	전류값[mA]
$1\tau = 1ms$	37	74
$2\tau = 2ms$	14	28
$3\tau = 3ms$	5	10
$4\tau = 4ms$	2	4
$5\tau = 5ms$	1	$2 \cong 0$

예제 8-4

그림 8-6에 표시된 회로를 이용해서 다음을 구하시오. (a) 스위치가 닫힌 후 1초에서 5초 사이의 전류를 구하시오. (b) 스위치가 닫히는 순간의 전류를 구하시오. (c) 스위치가 닫힌 후 1초 후의 코일과 저항 양단에 걸리는 전압을 구하시오. (d) $t = 0$에서 5에 대응하는 전류의 그래프를 그리시오. (e) 스위치가 닫힌 후 2초 후에 스위치를 개방시켰다. 개방 2초 후의 전류를 구하시오. (f) 시정수와 $e^{-\frac{Rt}{L}}, (1-e^{-\frac{Rt}{L}})$의 관계를 비교하시오. 〈힌트 : 식(8-2)에서 (8-11)을 이용하시오.〉

풀이 (a) $i = \dfrac{V}{R}(1-e^{-\frac{Rt}{L}})$을 이용한다.

$t[s]$	$-\dfrac{Rt}{L}$	$e^{-\frac{Rt}{L}}$	$i = \dfrac{V}{R}(1-e^{-\frac{Rt}{L}})[A]$
1s	-1	0.368	3.79
2s	-2	0.135	5.19
3s	-3	0.050	5.70
4s	-4	0.018	5.89
5s	-5	0.007	5.96

(b) $t=0$인 경우의 $e^0 = 1$이므로 전류는 0이다.

$$-\frac{Rt}{L} = -\frac{20 \times 0}{20} = 0, e^0 = 1, i = \frac{V}{R}(1-e^{-\frac{Rt}{L}}) = \frac{10}{20} \times (1-1) = 6 \times 0 = 0A$$

(c) $v_R = V(1-e^{-Rt/L}) = 120 \times (1-0.368) = 120 \times (0.632) = 75.8\,V$

$v_L = Ve^{-Rt/L} = 120 \times 0.368 = 44.2\,V$

$V = v_R + v_L = 75.8\,V + 44.2\,V = 120\,V$

(d)

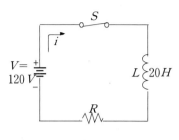

[그림 8-6]

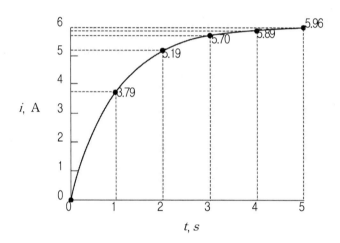

[그림 8-7] 그래프

(e) $i = \dfrac{V}{R} e^{-Rt/L} = \dfrac{120}{20} \times 0.135 = 6 \times 0.135 = 0.81 A$

(f)

시정수	$e^{-\frac{Rt}{L}}$	$(1 - e^{-\frac{Rt}{L}})$
0	1.000	0.000
0.5	0.607	0.393
1.0	0.368	0.632
1.5	0.223	0.777
2.0	0.135	0.865
2.5	0.082	0.918
3.0	0.050	0.950
3.5	0.030	0.970
4.0	0.018	0.982
4.5	0.011	0.989
5.0	0.007	0.993
5.5	0.004	0.996
6.0	0.002	0.998

8-2 RL 회로 개방시 고전압이 발생된다.

유도성 회로가 개방되면 개방회로의 저항이 아주 커지기 때문에 시정수 L/R이 아주 작아져서 짧은 시간에 감소하게 된다. 따라서 스위치가 닫혔을 때 전류의 증가보다 아주 빠른 속도로 감소하게 된다.

그 결과 RL회로가 개방되면 코일양단에 아주 큰 자기 유도전압 V_L이 발생된다. 이런 고전압은 인가전압보다 아주 커지게 되며 에너지의 이익은 없게 된다.

그 이유는 아주 짧은 시간 동안만 높은 전압의 피크값이 존재하고 전류는 빠른 속도로 감소하기 때문이다. 이때 I의 감쇄가 느린 변화속도를 갖는다면 V_L의 크기가 감소된다. 전류가 0까지 감소하면 L양단에는 전압이 존재하지 않는다.

그림 8-8에 표시된 것처럼 코일 양단에 네온 전구를 연결하면 이런 효과를 확인할 수 있다. 네온 전구는 이온화에 $90V$가 필요하며 이때 비로소 점등된다. 회로에 인가된 전압은 단지 $8V$의 크기를 갖고 있지만, 스위치가 개방되면 순간적으로 네온 전구가 점등되기에 충분한 전압이 유도된다. 전류 I가 대단히 빠른 속도로 감소하기 때문에 날카로운 전압 펄스(sharp voltage pulse) 혹은 스파이크(spike)는 $90V$ 이상의 크기를 갖게 된다.

100Ω의 저항 R_1은 $2H$ 코일의 내부저항이다. 이런 저항은 스위치가 개방되든지 닫히든지에 상관없이 항상 코일에 직렬 연결된다. $4k\Omega$의 R_2 저항은 회로에서 스위치가 개방되는 경우에만 연결 된다. 따라서 R_2가 R_1보다 아주 크기 때문에 L/R시정수는 스위치 개방시 아주 짧아지게 된다.

그림 8-8(a)에서 스위치가 닫히면 L에 흐르는 전류는 자기장내에 에너지를 저장하게 된다. R_2의 저항은 스위치에 의해서 단락되기 때문에 100Ω의 저항 성분만이 존재한다. 따라서 정상 상태의 전류세기 I는 $0.08A$ $(I=8/100)$가 된다.

이 크기는 5배의 시정수 주기후에 도달되는 값이다. 시정수는 $L/R=2/100$ $=0.02s$이다. 따라서 5배 시정수는 0.1초(5×0.02)가 되며, 0.1초 후의 전류크기는 $0.08A$가 된다.

이때 자기장내에서 저장되는 에너지는 $(1/2)LI^2$ 공식에 의해서 $64\times10^{-4}J$가 된다. 그림 8-8(b)와 같이 스위치가 개방되면 R_2 저항이 L과 직렬로 연결된다. 따라서 전체 저항은 4100Ω이므로 약 4kΩ이라고 해도 가정해도 무관하다.

따라서 전류 감소의 시정수는 더욱 짧아지게 된다. 이때 L/R = 2/4000 = 0.5ms 가 되면 전류가 0까지 될 때에는 불과 2.5ms의 시간밖에 소비되지 않는다. 전류의 급격한 강하는 L에 아주 높은 전압을 유도시킨다.

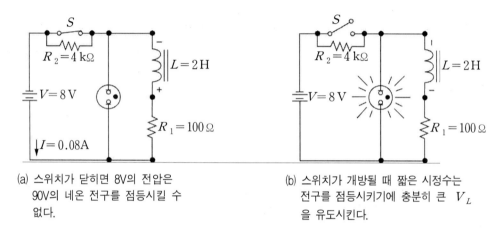

(a) 스위치가 닫히면 8V의 전압은 90V의 네온 전구를 점등시킬 수 없다.

(b) 스위치가 개방될 때 짧은 시정수는 전구를 점등시키기에 충분히 큰 V_L 을 유도시킨다.

[그림 8-8] 유도성 회로 개방으로 인한 고전압 발생예

이 예제에서 V_L은 320V 까지 유도되며 이것은 코일 양단에 연결된 네온 전구를 충분히 점등시키고도 남는 세기이다. 따라서 네온 전구는 이온화되고 점등되어진다.

그림 8-8에서 스위치가 개방될 때 유도전압의 피크값은 320V 가 된다. 스위치가 닫힐 때의 I는 직류회로 전체에서 0.08A의 크기를 갖는데 스위치 S가 개방된 순간 R_2가 L과 R_1에 직렬연결 되고, 자기장 속에 축적된 에너지는 전류가 감소하기 직전에 0.08A의 전류를 유지하려고 하기 때문에 4kΩ의 저항 R_2에 0.08A의 전류가 흐르게 되고 전위차는 0.08A × 4000Ω = 320V 가 된다.

제거되는 자기장은 스위치가 개방되는 순간 0.08A의 전류를 유지하기 위해서 320V의 펄스를 유도시킨다. 2H의 코일에 의해서 유도된 320V의 v_L은 160A/s 의 전류 변화율을 갖는다. 따라서 $v_L = (di/dt)$ 공식은 di/dt를 구하기 위해서 $v_{L/L}$로 변환시킬 수 있으며, di/dt는 320V/2H = 160A/s를 갖게 된다.

이것은 그림 8-8(b)에서 스위치 개방시 전류 감쇠가 시작될 때의 전류 변화율로 아주 짧은 감쇠가 시작될 때의 전류 변화율로 아주 짧은 시정수의 결과이다. 유도성 회로 개방으로 발생하는 고전압은 많은 분야에서 응용되어지는데 한 가지 예를 들자면 자동차의 점화장치(ignition systion)에 사용된다.

축전지는 high 인덕턴스 스파크 코일과 직렬로 연결되어 있고, 배전기 (distributor)의 차단기(breaker)에 의해서 각 방전 플러그(spark plug)에서 필요한 고전압을 유도시킨다. 유도성 회로를 급하게 개방시키면 10,000V 크기의 전압은 쉽게 유도한다.

또 다른 응용은 $10kV$에서 $30kV$의 고전압을 TV 수상기의 브라운관에 유도시키는 것으로, 유도성 회로가 개방이 될 때 발생되는 높은 유도전압은 아크(arc)의 원인이 되기도 한다.

8-3 RC 시정수

용량성 회로에서 과도응답은 RC의 크기로 표시되며 시정수는 식(8-12)처럼 표시된다.

$$\tau = RC \tag{8-12}$$

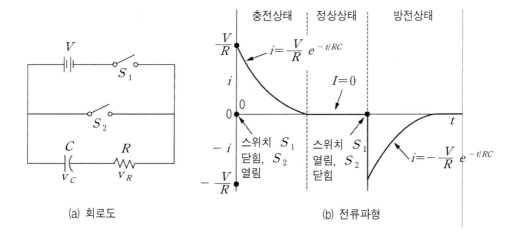

(a) 회로도   (b) 전류파형

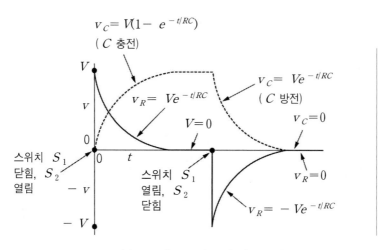

(c) V_R과 V_C의 전압 파형

[그림 8-9] RC회로의 응답

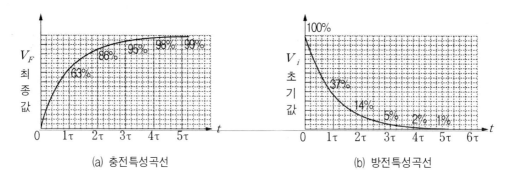

(a) 충전특성곡선　　　　　　　　　(b) 방전특성곡선

[그림 8-10] RC회로의 콘덴서 충전전압과 방전 전압의 특성곡선

여기서 R은 Ω, C는 F, τ 는 s단위를 갖는다. 콘덴서의 충전전압과 방전전압의 특성 곡선은 그림 8-9, 8-10에 표시된 것과 같다.

그림8-9에 표시된 회로에서 스위치 S_1이 닫히고 S_2가 개방된 경우의 충전 공식은 식(8-13)에서 식(8-17)까지 사용되고 스위치 S_1이 개방되고 스위치 S_2가 닫히는 경우의 방전 공식은 식(8-18)에서 식(8-22)까지 사용된다.

210

$$i = \frac{V}{R} e^{-t/RC} \qquad\qquad (8\text{–}13)$$

$$I = 0 \ (\text{t가 아주 클 때 }) \qquad\qquad (8\text{–}14)$$

$$V = v_R + v_C \qquad\qquad (8\text{–}15)$$

$$v_R = V e^{-t/RC} \qquad\qquad (8\text{–}16)$$

$$v_C = V(1 - e^{-t/RC}) \qquad\qquad (8\text{–}17)$$

$$i = -\frac{V}{R} e^{-t/RC} \qquad\qquad (8\text{–}18)$$

$$I = 0(\text{t가 아주 클 때 }) \qquad\qquad (8\text{–}19)$$

$$0 = v_R + v_C \qquad\qquad (8\text{–}20)$$

$$v_R = - V e^{-t/RC} \qquad\qquad (8\text{–}21)$$

$$v_C = V e^{-t/RC} \qquad\qquad (8\text{–}22)$$

여기서 i는 순시전류, V는 인가된 직류 전압, R은 회로의 저항, C는 회로의 커패시턴스, t는 시간(초), e는 자연로그, I는 최종전류(정상상태전류), v_R은 저항 양단에 걸리는 순시전압, v_C는 콘덴서 양단에 걸리는 순시 전압을 의미한다.

예제 8-5

(a) $0.01\mu\text{F}$의 콘덴서가 $1M\Omega$ 저항과 직렬로 연결되었을 때 시정수는 얼마인가?

(b) 100V의 직류전압이 공급되었다고 가정할 때 0.01초 후 C에 걸리는 전압의 크기는 얼마인가? 0.05초 후에는 얼마의 전압이 충전되는가? 1시간 후에는, 3일후에는 얼마인가?

(c) 콘덴서가 100V까지 충전하고 바로 방전한다면 콘덴서 전압이 방전을 시작한 후 $0.01s$가 지나면 콘덴서의 전압은 얼마가 되는가? 단 저항은 충전시와 동일하다.

(d) 만약 $1M\Omega$의 저항이 더해진다면 시정수는 얼마로 되는가?

211

풀이 (a) $\tau = 1 \times 10^6 \times 0.01 \times 10^{-6} = 0.01s$

(b) 시정수가 $0.01s$이므로 C양단에는 $100\,V$의 63% 크기인 $63\,V$가 충전되고 5배의 시정수가 지나면 C는 $100\,V$로 충전되며 2시간 후나 2일후에도 전원이 계속 연결되어 있다면 C양단에는 $100\,V$가 유지된다.

(c) 1 시정수가 지나면 63%가 감소하므로 초기 전압의 37%에 해당하는 크기만을 갖게 된다. 따라서 $37\,V$가 된다.

(d) 직렬저항은 $2M\Omega$으로 증가하기 때문에 RC도 $2 \times 0.01 = 0.02s$가 된다.

　가끔 직류전원을 갖는 용량성 회로의 전류는 어떻게 흐르게 되는가 하는 것에 의문을 가질 수 있다. 그 해답은 전압이 변하기만 하면 언제라도 전류가 흐른다는 것이다. V_T가 연결되면 인가전압은 0으로부터 변하게 되어서 충전전류가 C를 충전시키기 위해서 흐르면 인가전압까지 충전된다. v_C가 V_T와 같아지면 더 이상의 충전은 발생하지 않으며 I도 zero가 된다. 유사하게 C는 v_C가 V_T보다 크기만 하면 방전전류를 발생시킨다. V_T가 제거되면 v_C는 zero까지 방전하고 충전전류와 반대 방향으로 방전전류를 흐르게 하고 V_C가 zero가 되면 전류가 흐르지 않는다.

　이것은 전류의 변화를 방해하는 인덕턴스의 능력과 같은 것이다. R_C 회로에서 인가전압이 증가하면 캐패시턴스 양단의 전압은 충전전류가 C에 충분히 전하를 축적시킬 때까지 증가하지 않는다. 공급 전압의 증가는 콘덴서가 높은 인가전압으로 충전될 때까지 C와 같은 직렬로 연결된 저항양단에 존재하게 된다. 인가전압이 감소할 때 콘덴서 양단의 전압은 직렬저항이 방전전류를 제한하기 때문에 순간적으로 감소할 수 없다. R_C 회로에서 캐패시턴스 양단에 걸리는 전압은 인가전압에서 변화에 따라 순간적으로 흐를 수 없다. 결과적으로 캐패시턴스는 자신 양단에 걸리는 전압의 변화를 방해하는 능력을 갖게 되고 V_T의 순시변화는 직렬저항 양단에서 존재하게 된다. 따라서 직렬저항 강하가 더해지기 때문에 항상 인가전압과 같아지게 된다.

예제 8-6

다음과 같은 R, C, t에서 $e^{-t/RC}$를 구하시오.

	R[Ω]	C[F]	t[s]
a	2Ω	0.5F	1s
b	1MΩ	$10\mu F$	5s
c	1KΩ	$500\mu F$	2s
d	200Ω	$1000\mu F$	0.3s

풀이 (a) $-\dfrac{t}{RC} = \dfrac{-1}{2 \times 0.5} = -1$

$e^{-t/RC} = e^{-1} = 0.368$

(b) $-\dfrac{t}{RC} = -\dfrac{5}{1 \times 10^6 \times 10 \times 10^{-6}} = -0.5$

$e^{-t/RC} = e^{-0.5} = 0.607$

(C) $-\dfrac{t}{RC} = -\dfrac{2}{1 \times 10^3 \times 500 \times 10^{-6}} = -4$

$e^{-t/RC} = e^{-4} = 0.018$

(d) $-\dfrac{t}{RC} = -\dfrac{0.3}{2 \times 10^2 \times 10^3 \times 10^{-6}} = -1.5$

$e^{-t/RC} = e^{-1.5} = 0.223$

예제 8-7

그림 8-11에 표시된 회로를 해석하시오. (a) 스위치가 닫힌 후 1초후의 전류와 저항과 콘덴
서 양단에 걸리는 전압을 구하시오. (b) 스위치가 개방된 후 1초후의 전류와 콘덴서와 저항
양단에 걸리는 전압을 구하시오.

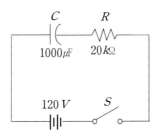

[그림 8-11]

213

풀이 (a) $i = \dfrac{V}{R}e^{-t/RC}$ 공식을 사용한다. $t=1$일때 $-\dfrac{t}{RC}=-0.5, e^{-0.5}=0.607$ 이므로

$$i = \dfrac{120\,V}{2000\,\Omega} \times 0.607 = 36.42\text{mA}$$

$$v_R = Ve^{-t/RC} = 120\,V \times 0.607 = 72.84\,V$$

$$v_C = V(1-e^{-t/RC}) = 120\,V(1-0.607) = 120 \times 0.393 = 47.16\,V$$

$$V = v_R + v_C = 72.84\,V + 47.16\,V = 120\,V \tag{8-15}$$

(b) $i = -\dfrac{V}{R}e^{-t/RC}$ 공식을 사용한다. $t=1$일 때 $-\dfrac{t}{RC}=-0.5, e^{-0.5}=0.607$ 이므로

$$i = -\dfrac{120\,V}{2000\,\Omega} \times 0.607 = -36.42\text{mA}$$

$$v_R = -Ve^{-t/RC} = -120 \times 0.607 = -72.84\,V$$

$$v_C = Ve^{-t/RC} = 120\,V \times 0.607 = 72.84\,V$$

$$0 = v_R + v_C = -72.84\,V + 72.84\,V = 0$$

8-4 RC 회로 단락시 대전류가 발생된다.

콘덴서는 고저항을 통해서 작은 충전전류를 흐르게 하면 서서히 충전되어진다. 그리고 낮은저항을 통해서 빨리 방전시키면 일시적인 서지 혹은 펄스 방전전류를 얻을 수 있다. 이런 개념은 유도성 회로를 개방시킴으로서 고전압을 유도시키는 것과 같은 것이다.

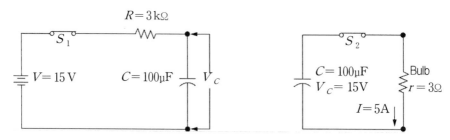

(a) 스위치 S_1이 닫히면 콘덴서는 3kΩ의 저항을 통해서 15V까지 충전된다.

(b) 스위치 S_2가 닫히면 V_C는 3Ω의 저항을 통해서 5A의 방전전류를 흐르게 한다.

[그림 8-12] 낮은 저항을 통해서 충전된 콘덴서를 방전시키면 막대한 크기의 전류가 흐른다.

그림 8–12에서 회로는 카메라의 플래시 전구를 터뜨리기 위한 전지 콘덴서 BC의 응용을 설명하고 있다. 플래시 전구는 점등에 $5A$의 전류를 필요로 하지만 정격 부하전류의 크기가 $30mA$인 15V 전지의 부하전류로는 너무도 큰 양이다. 따라서 플래시 전구를 전지의 부하로 사용하는 대신에 그림 8–12(a)에서 $100\mu F$의 콘덴서는 $3k\Omega$의 저항을 통해서 건전지로부터 충전되고 이것을 그림 8–12(b)에서 전구를 통하여 콘덴서를 방전시키면 된다.

그림 8–12(a)에서 스위치 S_1이 닫히면 전구가 없기 때문에 $3k\Omega$ 저항을 통해서 C가 충전된다. 이 회로의 RC 시정수는 $0.3s$이다. 5배 시정수, 즉 $1.5s$가 지나면 C는 전지의 $15V$ 전압까지 충전되고 충전된 순간의 최대 충전전류는

$$\frac{15\,V}{3k}\Omega = 5mA \text{ 이다.}$$

이 값은 전지에 대해서 용이한 부하전류이다. 그림 8–12(b)에서 v_C는 전지가 제거되더라도 15V로 충전되어있는 상태이다. 이때 스위치 S_2가 닫히면 C는 전구의 3Ω 저항을 통해서 방전하게 되며, 낮은 전구저항을 통해서 방전할 때의 시정수는 $3\times100\times10^{-6}$ 이므로 $300\mu s$가 되고, 방전하는 순간의 방전전류는 $5A$의 크기를 가지며 이런 전류는 전구를 터뜨리기에 충분한 크기이다.

$100\mu F$의 콘덴서는 전지의 의해서 15V 까지 충전되므로, 전기장에서의 에너지 축적은 $1/2\,CV^2$ 공식을 사용하게 되므로 약 $0.001J$의 크기를 갖는다.

이런 에너지는 스위치가 닫히는 순간 v_C에 15V를 유지시키기 위한 에너지이고 전구의 3Ω저항을 통해서 $5A$의 전류를 흐르게 한다. v_C와 i_C가 zero로 감소할 때까지 $1500\mu s$의 시간이 소비된다.

$100\mu F$의 콘덴서에 의해서 $5A$의 i_C를 발생시키기 위해서는 $0.05\times10^6\,V/s$의 전압 변화율을 가져야한다. 따라서 $i_C = C(dv/dt)$가 되면 (dv/dt)는 i_C/C와 같다. $dv/dt = \dfrac{5A}{100\mu F}$ 혹은 $0.05\times10^6\,V/s$ 가 되며 그림8–12(b)에서 스위치가 닫히는 순간의 실제 크기이다. dt/dv는 RC 시정수가 짧기 때문에 커지게 된다.

8-5 리액턴스와 시정수의 비교

용량성 리액턴스 공식은 주파수와 시간의 요소를 포함하고 있으므로 $X_C = \dfrac{1}{2\pi f C}$ 로 표시되어 진다. 따라서 X_C와 RC 시정수는 모두 전압변화에 대한 C의 작용으로 측정되어진다. 리액턴스 X_C는 정현파가 인가된 경우에서만 매우 중요하지만 RC 시정수는 어떤 파형에서도 적용되어질 수 있다.

용량성 충전전류와 방전전류 i_C는 항상 $C\dfrac{dt}{dv}$의 크기를 갖는다. v_C에 대한 정현파 변화는 여현파의 i_C 전류를 발생시킨다. 이것은 v_C와 i_C가 모두 sinusoidal 파형을 갖지만 90°의 위상차를 갖는다는 것을 의미한다. 이런 경우에는 Z와 I, 위상각 θ를 결정하기 위해서 정현파 교류회로에서 X_C를 계산에 사용하는 것이 편리하다. 따라서 $I_C = V_C / X_C$가 되고 I_C가 이미 알고 있는 값이라면 $V_C = I_C \times X_C$가 되며 회로의 위상각은 저항 R과 X_C의 크기를 비교하면 된다.

비정현파 전압이 인가되면 X_C는 사용될 수 없다. 이때 i_C는 $C(dv/dt)$에 의해서 계산되어지며 이런 i_C와 v_C의 비교에서 파형이 달라진다. 이것은 정현파 회로의 경우에서는 위상각이 변하는 것과 다른 점이다. v_C와 i_C의 파형은 RC 시정수에 따라서 달라진다.

만약 결합용 콘덴서의 응용을 고려한다면 X_C는 마땅히 원하는 주파수에서 R보다 1/10이하로 작은 크기를 가져야 한다. 이런 조건은 R_C시정수가 1사이클의 주기와 비교해서 길어야 한다는 것과 등가이며 X_C항에서 C는 IX_C 전압을 갖게 된다. 이때 모든 전압은 직렬저항 R 양단에 걸리게 된다. 긴 시정수를 갖기 때문에 C는 큰 크기까지는 충전할 수 없으며 충전전류와 방전전류에 의해서 직렬저항 R 양단에서 $VR = iR$의 전압을 발생시킨다. 이와 같은 것들은 표 8-2에 요약해서 표시했다.

유도성 회로에서도 용량성 회로에서와 유사하게 정현파에서는 $X_L = 2\pi f L$가 되며 시정수는 L/R이다. 인덕턴스 양단에 걸리는 전압은 $v_L = L(di/dt)$이고 i_L에서 정현파의 변화는 90°의 위상차를 갖는 여현파 전압 v_L을 발생시킨다. 이런 경우에는 Z, I, 위상각 θ를 결정하기 위해서 X_L이 사용된다. 따라서 $I_L = V_L / X_L$이며, 만약 i_L을 알고 있다면 $V_L = I_L \times X_L$로 구할 수 있다. 회로의 위상각은 R과 X_L을 비

표 8-2 X_C와 시정수 RC의 비교

정현파 전압	비정현파 전압
예를 들면 60 Hz의 전력선, AF 신호전압, RF 신호전압	예를들면 직류회로에서의 on, off, 구형파, 톱니파
리액턴스 $Xc = 1/2\pi f C$	시정수 $T = RC$
C가 커질수록 X_C는 작아진다	C가 커질수록 시정수는 커진다.
주파수가 커질수록 X_C는 작아진다.	시정수가 길어지면 펄스폭이 짧다.
$I_C = V_C / X_C$	$i_c = C(dt/di)$
X_C는 I_C와 V_C가 90˚의 위상차를 갖도록 만든다.	i_C와 v_C의 파형이 다르다.

교하면 구할 수 있다. 비정현파 전압을 갖는 경우에 X_L은 사용할 수 없으며 v_L은 $L(di/dt)$에 의해서 계산된다. 이때 i_L과 v_L은 서로 다른 파형을 가지며 L/R 시정수에 의존하게 된다.

초오크 코일에서는 L 양단에 걸린 모든 ac인가 전압에 대해서 생각하게 된다. X_L은 긴 시정수를 가지므로 최소한 R의 10배 이상 되어야 한다. X_L이 크다는 것은 IR의 크기가 아주 작고 모든 인가전압이 X_L 양단에서 IX_L로 표시된다는 것을 의미한다. 긴 L/R 시정수는 i_L이 상승할 수 없음을 의미하고 저항 양단에서의 v_R 전압이 아주 작다는 결과를 갖게 되며, 유도성 회로의 i_L과 v_R의 파형은 용량성 회로에서 v_c와 대응된다.

전기회로에서 시정수는 직각 펄스와 같은 비정현 파형과 L과 C의 효과를 해석하는데 편리하다. 또 다른 응용은 직류전압이 on, off할 때 의 과도 응답이다. 1 시정수에서 63 % 변화하는 것이 v나 i의 본래 특성이며 그 크기는 다른 쪽의 변화율에 비례한다.

X_L과 X_C는 정현파 V와 I에서 사용된다. Z, I 전압강하 위상각을 계산할 수 있다. 정현파의 변화에 비례하는 크기를 갖는 여현파의 본래 특성은 90˚의 위상각을 갖는 것이다.

연습문제

① 100V 전원에 $2M\Omega$의 R과 $2\mu F$의 C가 직렬로 연결되어 있다. ⓐ v_c가 63V 가 되는데 걸리는 시간은 얼마인가? ⓑ 20초 후에 v_c의 크기는 얼마인가?

② 20Ω의 저항과 $10H$의 코일이 120V 전원에 직렬 연결되어 있다고 가정하고 ⓐ 회로가 닫힌 후 $1s$후의 전류는 얼마의 세기로 흐르는가? ⓑ 이때 v_R 과 v_L은 얼마의 크기를 갖는가? ⓒ 회로가 개방된 후 $2s$후의 전류는 얼마인가? ⓓ 이때 v_R과 v_L은 얼마인가?

③ RL직렬회로의 V_{dc}는 $60V$, $R = 50\Omega$, $L = 15H$이다. ⓐ 시정수는 얼마인가? ⓑ 전류가 정상 상태를 갖기 위해서는 얼마의 시간이 필요한가? ⓒ 정상상태 전류의 크기는 얼마인가?

④ 그림 8-13에 표시된 회로의 ⓐ전체 인덕턴스를 구하시오. ⓑ 시정수를 구하시오. ⓒ 스위치 개방 2초 후의 전류를 구하시오.

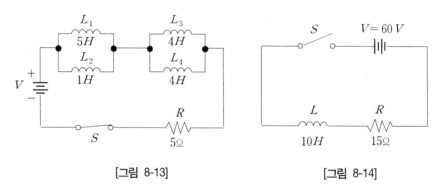

[그림 8-13]   [그림 8-14]

⑤ 그림8-14에 표시된 회로를 해석하고 ⓐ 스위치가 닫힌 후 $0.5s, 1s, 2s, 3s$ 에서의 전류를 그래프로 표시하시오. ⓑ 정상상태 도달후 스위치가 개방된다고 가정하고 스위치 개방 후 $0.5s, 1s, 2s, 3s$ 에서의 전류를 그래프로 표시하시오. ⓒ 저항과 코일 양단의 전압을 그래프로 표시하시오.

⑥ 그림 8-15에 표시된 회로를 해석하고 ⓐ 시정수를 구하시오. ⓑ 스위치가 닫힌 후 $2s$, $5s$후의 v_C와 v_R을 구하시오. ⓒ 완전히 충전된 후 방전한다면 1시정수후의 v_C와 v_R은 얼마의 크기를 갖는지 구하시오.

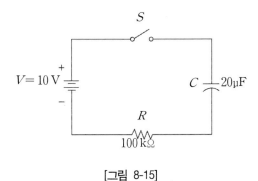

[그림 8-15]

⑦ 그림 8-16에 표시된 회로를 해석하고 시정수와 충전 후 3초 후의 콘덴서 양단에 걸리는 전압을 구하시오.

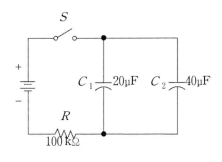

[그림 8-16]

⑧ 그림 8–16에 표시된 회로를 해석하고 $t = 0,\ 2, 6,\ 10,\ 14ms$의 충전 사이클에서 $I,\ v_R,\ v_C$를 그리시오.

⑨ 그림 8–17에 표시된 회로를 해석하고 $t = 0,\ 2,\ 6,\ 10,\ 14ms$의 방전 사이클에서 I, v_R, v_C를 그리시오.

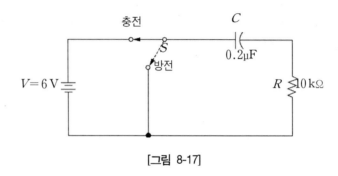

[그림 8-17]

 정답

1. ⓐ $\tau = 4s$, ⓑ $100\,V$

2. ⓐ $-\dfrac{Rt}{L} = -20 \times \dfrac{1}{10} = -2, e^{-2} = 0.135,$

   $i = \dfrac{V}{R}(1 - e^{-Rt/L}) = \dfrac{120\,V}{20\,\Omega}(1 - 0.135) = 6A \times 0.865 = 5.19A$

   ⓑ $v_R = V(1 - e^{-Rt/L}) = 120 \times .865 = 103.8\,V$

   $v_R = i \times R = 5.19A \times 20\,\Omega = 103.8\,V,$

   $v_L = Ve^{-Rt/L} = 120\,V \times .135 = 16.2\,V, v_R + v_l = 120\,V$

   ⓒ $-\dfrac{Rt}{L} = -20 \times \dfrac{2}{10} = -4, e^{-4} = 0.018,$

   $i = \dfrac{V}{R}e^{-Rt/L} = \dfrac{120\,V}{20\,\Omega} \times 0.018 = 6A \times 0.018 = 0.648A,$

   ⓓ $v_R = Ve^{-Rt/L} = 120 \times 0.018 = 2.16\,V,$

$$v_L = -Ve^{-Rt/L} = -120\,V \times 0.018 = -2.16\,V, v_R + v_L = 0$$

3. ⓐ $\tau = 0.3s$ ⓑ $1.5s$ ⓒ $1.2A$

4. ⓐ $L_a = \dfrac{L_1 \times L_2}{L_1 + L_2} = \dfrac{5 \times 1}{5 + 1} = 0.83H, L_b = \dfrac{L_3 \times L_4}{L_3 + L_4} = \dfrac{4 \times 4}{4 + 4} = 2.0H$

$$L_T = L_a + L_b = 0.83H + 2.0H = 2.83H$$

ⓑ $\tau = \dfrac{L_T}{R} = 0.57s$ ⓒ $-\dfrac{Rt}{L} = -5 \times \dfrac{2}{2.83} = -3.5, e^{-3.5} = 0.030,$

$$i = \dfrac{V}{R}e^{-Rt/L} = \dfrac{50\,V}{50\,\Omega} \times 0.030 = 10A \times 0.030 = 0.30A$$

5.

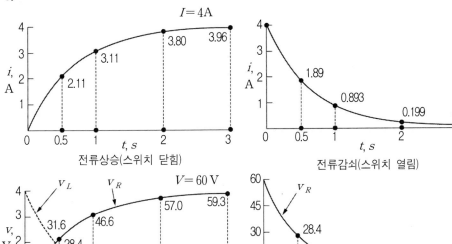

전류상승(스위치 닫힘)

전류감쇠(스위치 열림)

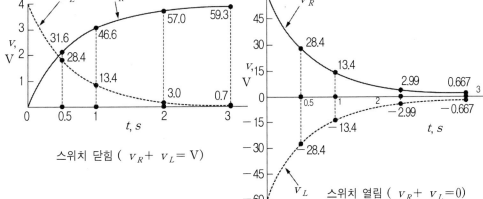

스위치 닫힘 ($v_R + v_L = V$)

스위치 열림 ($v_R + v_L = 0$)

6. ⓐ $\tau = RC = 100 \times 10^3 \Omega \times 20 \times 10^{-6}F = 2s$

ⓑ $v_C = V(1 - e^{-T/RC}) = 10\,V \times (1 - e^{-2/2}) = 10\,V \times (1 - e^{-1}) = 10\,V \times (1 - 0.368)$

$$= 10\,V \times 0.632 = 6.32\,V$$

$$v_R = V - v_C = 10\,V - 6.32\,V = 3.68\,V$$

$$v_C = V(1 - e^{-T/RC}) = 10\,V \times (1 - e^{-5/2}) = 10\,V \times (1 - e^{-2.5})$$

$$= 10\,V \times (1 - 0.082) = 10\,V \times 0.918 = 9.18\,V$$

$$v_R = V - v_C = 10\,V - 9.18\,V = 0.82\,V$$

ⓒ $\quad v_C = Ve^{-T/RC} = 10\,V \times e^{-2/2} = 10\,V \times e^{-1} = 10\,V \times 0.368 = 3.68\,V$

$$v_R = -v_C = -3.68\,V$$

7. $\quad C_T = C_1 + C_2 = 20 + 40 = 60\mu F, \tau = RC = 100 \times 10^3\,\Omega \times 60 \times 10^{-6}\,F = 6s$

$$v_C = V(1 - e^{-t/RC}) = 10\,V \times (1 - e^{-3/6}) = 10\,V \times (1 - e^{-0.5})$$

$$= 10\,V \times (1 - 0.607) = 3.93\,V$$

8.

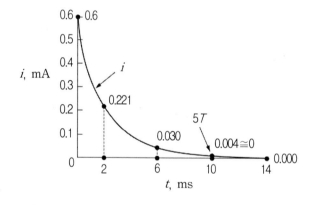

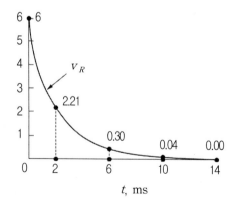

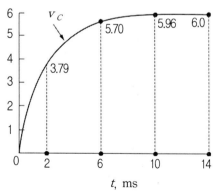

RLC 교류회로의 복소수 표현과 공진

자신의 크기와 위상각을 가지는 수 체계에서는 복소수가 사용된다. 따라서 위상을 고려해야 하는 X_L과 X_C의 리액턴스를 갖는 교류회로에서 복소수가 편리하게 사용되어진다. 예를 들면 복소수 표시는 실제로 θ_Z가 X_C의 위상각이 −인 이유를 θ_I는 I_L의 위상각이 −인 이유를 설명할 수 있다. 어떤 형태의 교류회로도 복소수에 의해서 해석되어지지만 한 개 이상의 지로와 저항, 리액턴스를 포함하는 직병렬 회로의 해석에서 더욱 편리하게 사용되어진다. 실제로 직병렬 임피던스를 가지는 교류회로를 해석하는 최선의 방법은 복소수를 사용하는 것이다.

9-1   교류회로에서의 복소수 표현

우리들이 보통 사용하는 수는 양수와 음수라는 두 가지 특별한 경우로 표시되어지는데 이들은 모두 위상각과 크기를 갖는다. 그림 9-1은 양수와 음수가 $0°$와 $180°$의 위상각을 가지고 있음을 표시하고 있다. 예를 들어서 2, 4, 6 등의 수는 수평축 혹은 x축을 따라서 오른쪽으로 증가하는 수이고, zero 위상각을 갖는다. 따라서 양수는 위상각이 $0°$이다.

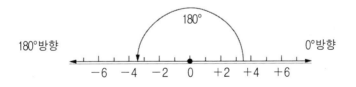

[그림 9-1] 양수와 음수

이런 위상각은 +1의 계수를 가지며 zero 위상각을 갖는 3을 표시하기 위해서는 3에 +1을 곱하면 +3이 된다. 그러나 일반적으로 +부호는 생략한다. 반대 방향의 음수는 $180°$의 위상각을 가지며 $180°$의 위상각은 −1의 계수를 가지게 되므로, −3은 3과 같은 크기의 양이 갖는 위상각이 $180°$라는 것을 의미한다. 다시 말하자면 3이 $180°$ 회전했다고 가정하면 되는데, 이와 같은 회전각을 수의 연산자라고 부른다. 연산자 −1은 $180°$이고 연산자 +1은 $0°$이다.

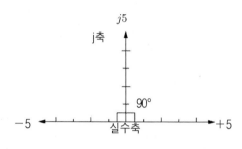

[그림 9-2] 실수축과 J축

수의 연산자는 $0°$ 에서 $360°$ 사이의 각을 가질수 있는데 교류회로에서는 $90°$ 각을 중요시하기 때문에 $90°$ 를 표시하는데 J 계수를 사용한다.

그림 9-2에서 3은 $0°$ 에서의 3 단위를 표시하고 -3은 $180°$ 에서의 3 단위를 표시하며 $j3$은 $90°$ 위상각을 갖고 있음을 표시한다. j 보통 수 앞에 쓰여지는데 이것은 j가 $90°$ 연산자를 표시하는 기호이기 때문이다.

$+$표시는 $0°$ 연산자, $-$부호는 $180°$ 연산자를 나타낸다.

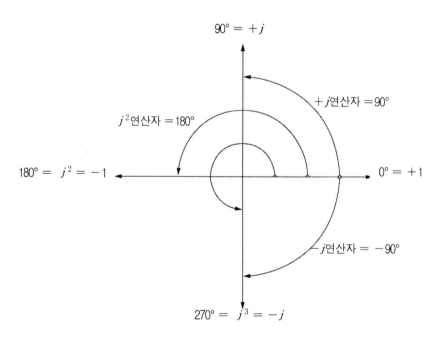

[그림 9-3] 실수축으로부터 $90°$ 회전하는 j연산자. $-j$ 연산자는 $-90°$ 회전한다.
j^2연산자는 $180°$ 회전한다.

따라서 실수축에서 90° 반시계 방향에 있는 모든 수는 허수축(j축) 위에 놓이게 된다. 수학에서는 수평축 위에 놓이는 수를 실수라고 부르며 +값과 −값을 갖는다. j축 위에 놓이는 수를 허수라고 부르는데 이것은 실수가 아니기 때문에 붙여진 이름이다.

수학에서는 허수를 표시하기 위해서 j대신 i를 사용하지만 전기에서는 전류 i와의 혼동을 피하기 위해서 j를 사용한다. j연산자의 중요한 특성은 그림 9-3에 표시된 것과 같다.

■ **복소수의 정의**

실수와 허수가 결합되어진 수를 복소수라고 부르는데, 복소수를 표시할 때는 보통 실수를 먼저 쓰고 허수를 뒤에 쓴다. 예를 들면 $3+j4$는 실수축으로 3 단위를 가지며 90° 위상차를 갖는 j축에 4 단위를 갖는 것을 의미하며 복소수는 각 항이 페이저로 더해져야 한다. 그림 9-4에 복소수 페이저를 표시했다.

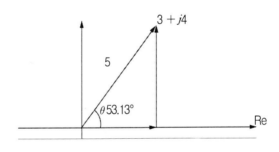

[그림 9-4] 복소수의 페이저

$+j$ 페이저는 90° 위쪽에 있고 $-j$페이저는 $-90°$ 아래쪽으로 표시된다. 페이저의 합은 한 페이저의 종점과 다음 페이저의 시점을 일치시킬 때 최초 페이저의 시점에서 최종 페이저의 종점에 이르는 값이다. 그래프적으로 두 페이저에 의해서 구성되는 직각 삼각형의 빗변에 해당된다.

$3+j4$는 직각 좌표의 형태라고 부른다. $j2$와 j^2 의 차이점을 명확히 이해해야 한다. $j2$는 계수 2를 표시하고 j^2 은 지수를 표시하는 것으로 -1에 해당되다. $j3$과 j^3 역시 주의해야 한다. j^3 는 $-j$연산자이다.

실수항과 j항을 갖는 복소수에서 j항이 더 커질 때 위상각은 45° 보다 커지고 j항이 작아질 때 위상각은 45° 보다 더 작아진다. j항과 실수항이 같을 때 위상각은 45° 가 된다.

■ 복소수를 교류회로에 적용하는 법

실제로 적용할 때 실수는 0° , $+j$는 90° , $-j$는 $-90°$ 의 위상각을 표시하게 된다. 따라서 다음 규칙을 그림 9-5와 9-6에 적용할 수 있다.

1. 위상각 0° 혹은 j연산자를 사용하지 않는 실수는 저항 R을 표시한다. 따라서 4Ω의 R은 그대로 4Ω이라고 표시한다.
2. 90° 위상각을 갖는 $+j$는 유도성 리액턴스 X_L 을 표시하는데 사용된다. 따라서 3Ω 의 X_L 은 $j3$으로 표시하고 이런 규칙은 X_L 이 R과 직렬로 연결되든 병렬로 연결되든간에 항상 적용된다. 이것은 인덕턴스 양단에 걸리는 전압이 인덕턴스를 통과하는 전류보다 90° 위상이 앞서기 때문이다. $+j$는 V_L 에서도 사용된다.
3. $-90°$ 의 위상각을 갖는 $-j$는 유도성 리액턴스 X_C 를 표시하는데 사용된다. 예를 들면 3Ω의 X_C는 $-j3\Omega$이 되며, 이 규칙은 X_C가 R과 직렬 연결이든 병렬 연결이든 간에 항상 적용된다. 이것은 콘덴서 양단에 걸리는 전압이 콘덴서의 충전전류나 방전전류보다 $-90°$ 뒤지기 때문이며 $-j$는 V_C 를 표시하는데도 사용된다.
4. 지로전류를 표시할 때도 그림 9-6(a)와 그림 9-6(b)에서 표시한 것처럼 유도성 지로전류 I_L은 $-j$로 표시되고 용량성 지로전류 I_C 는 $+j$로 표시된다.

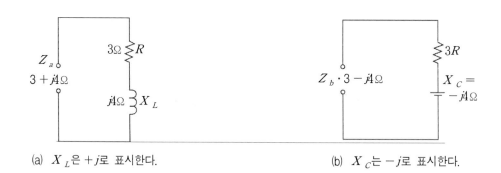

(a) X_L은 $+j$로 표시한다.

(b) X_C는 $-j$로 표시한다.

[그림 9-5] 임피던스에 대한 복소수

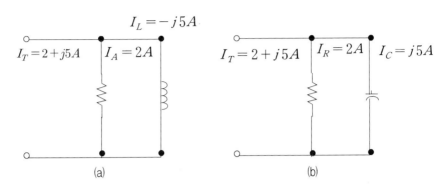

[그림 9-6] 복소수의 지로 전류 표시

복소수의 직각 좌표는 저항과 리액턴스의 직렬 임피던스를 표시하는데 편리하다. 그림 9-5(a)에서 임피던스 Z_a는 $4+j3$인데, 이것은 4Ω의 R과 3Ω의 X_L이 직렬 연결된 페이저의 합을 표시하며, Z_b는 $4-j3$ 인데 ,이것은 4Ω의 저항과 -3Ω의 X_C 가 직렬 연결임을 나타낸다.

$-$부호는 $-j$를 더한다는 의미이다. 예를 들어서 40Ω의 R과 200Ω X_L 이 직렬 연결된다고 가정하면 $Z_T = 400 + j\,200$으로 표시되며 300의 R과 900의 X_C가 직렬 연결된다고 가정하면 $Z_T = 300 - j\,900$이 된다.

0Ω의 R과 10Ω의 X_L이 직렬 연결되면 $Z_T = 0 + j\,10$로 표시되고, 10Ω의 R과 0Ω의 리액턴스가 직렬로 연결되면 $Z_T = 10 + j\,0$ 가 된다. Z_T는 $R \pm jX$의 형태로 표시되며 어느 한 항이 zero라면 Z의 일반적인 형태를 유지하기 위해서 0를 대체 시킨다.

이런 과정이 꼭 필요한 것은 아니지만 Z의 모든 형태가 사용될 때 혼동을 줄일 수 있다. 이런 방법의 이점은 여러 개의 임피던스를 갖는 경우 다음과 같이 계산 할 수 있다는데 있다.

직렬 임피던스 인 경우에는 식(9-1)이 사용된다.

$$Z_T = Z_1 + Z_2 + Z_3 + \cdots + \text{etc} \tag{9-1}$$

병렬 임피던스인 경우에는 식(9-2)가 사용된다.

$$\frac{1}{Z_T} = \frac{1}{Z_1} + \frac{1}{Z_2} + \cdots + \text{etc} \tag{9-2}$$

두 개의 병렬 임피던스를 갖는 경우는 식(9-3)이 사용된다.

$$Z_T = \frac{Z_1 \times Z_2}{Z_1 + Z_2} \tag{9-3}$$

그림 9-7(a)는 저항과 리액턴스의 직렬회로를 표시하고 있다. 실수항과 j항을 분리해서 조합하면 $Z_T = 15 + j4$가 된다. 그림 9-7(b)의 병렬회로에서 X_L은 $+j$, X_C는 $-j$로 표시했는데 이것은 리액턴스임을 나타낸다.

물론 복소수를 도입하지 않아도 회로를 해석할 수 있다. 그림 9-7(c)의 직병렬회로는 복소 임피던스 Z_T를 표시하기 위해서 복소수를 사용해야 한다. Z_T를 계산하기 위해서는 다음절에서 설명되는 복소수의 4칙 연산을 사용하게 된다.

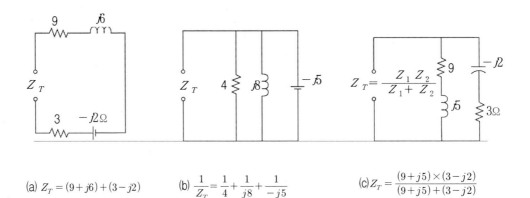

(a) $Z_T = (9 + j6) + (3 - j2)$ 　 (b) $\dfrac{1}{Z_T} = \dfrac{1}{4} + \dfrac{1}{j8} + \dfrac{1}{-j5}$ 　 (c) $Z_T = \dfrac{(9 + j5) \times (3 - j2)}{(9 + j5) + (3 - j2)}$

[그림 9-7] X_L은 $+j$, x_c는 $-j$로 표시된다.(직렬회로와 병렬 회로에서 공통임)

9-2 복소수의 사칙 연산

실수와 허수는 90°의 위상차를 갖기 때문에 직접 결합시킬 수 없으며 다음과 같은 규칙에 따라서 적용시킨다.

■ 덧셈과 뺄셈

실수와 허수는 분리해서 더하거나 뺀다.

$$(9+j6)+(6+j2)=9+6+j6+j2=15+j8$$

$$(9+j6)+(6-j2)=9+6+j6-j2=15+j4$$

$$(9+j6)+(6-j8)=9+6+j6-j8=15-j2$$

각 연산의 해답은 $R \pm jX$로 표시되며 R은 실수 혹은 저항의 대수적인 합이며 X는 허수 혹은 리액턴스의 대수적인 합이다.

■ j항을 실수로 나누거나 곱하는 경우

수를 나누거나 곱해도 j항은 유지되어진다. 다음의 예제에서 부호에 주의하라. 두 계수가 모두 같은 부호를 가지면 결과는 $+$이고 서로 다른 부호를 가지면 $-$가 된다.

$5 \times j3 = j15$	$j15 \div 3 = j5$
$j4 \times 6 = j24$	$j24 \div 6 = j4$
$j5 \times (-6) = -j30$	$-j30 \div (-6) = j5$
$-j4 \times 6 = -j24$	$-j24 \div 6 = -j4$
$-j4 \times (-6) = j24$	$j24 \div (-6) = -j4$

■ 실수를 실수로 나누거나 곱하는 경우

실수를 실수로 나누거나 곱해도 결과는 실수이다.

$$6 \times 4 = 24 \quad 24 \div 4 = 6$$

■ 허수로 허수를 곱하는 경우

허수로 허수를 곱하게 되면 j^2은 실수 축에 있기 때문에 -1이고, j가 $90°$ 위상각을 이동시킨 것이므로 j^2은 $180°$ 만큼 이동된 것을 의미한다.

$$j4 \times j6 = j^2 24 = (-1)(24) = -24$$

$$j4 \times (-j5) = -j^2 20 = -(-1)(20) = 20$$

■ 허수로 허수를 나누는 경우

허수를 허수로 나누면 실수가 된다.

$$j15 \div j3 = 5 \qquad \qquad j15 \div j3 = -5$$

$$j24 \div j4 = 6 \qquad\qquad j24 \div (-j4) = -6$$
$$j16 \div j4 = 4 \qquad\qquad -j16 \div (-j4) = 4$$

■ 복소수끼리 곱하는 경우

각각 두 항을 가진 두 요소의 곱은 대수법칙에 따른다.

$$(9+j6) \times (3-j2) = 27 + j18 - j18 - j^2 12 = 39$$

■ 복소수로 나누는 경우

이 과정은 허수로 실수를 나누는 것이 불가능하기 때문에 좀더 복잡해진다. 따라서 분모항의 허수를 실수로 바꾸어야 한다. 분모가 j항이 없도록 실수로 변환시키는 것을 분모의 유리화라고 부르는데, 이런 경우에는 분모와 분자에 분모의 공액 복소수를 곱하면 된다. 공액 복소수는 실수가 같고 허수부의 부호만 반대가 된다.

$$\frac{4-j1}{1+j3} = \frac{4-j1}{1+j3} \times \frac{1-j3}{1-j3} = \frac{4-j12-j1+j^2 3}{1+j3-j3-j^2 9} = \frac{1-j13}{10} = 0.1 + j1.3$$

$4-j1$을 $1+j3$으로 나누기 위해서 유리화 시킨 결과가 $0.1+j1.3$이다.

복소수의 크기와 위상각은 그림 9-8에 표시된 것처럼 직각 좌표형과 극 좌표형으로 표시된다. 직각 좌표형에서 극 형식으로의 변환 공식으로는 식(9-4)와 식(9-5)가 사용된다.

$$Z = \sqrt{R^2 + X_L^2} \tag{9-4}$$

$$\theta = \tan^{-1}\left(\frac{X_L}{R}\right) \tag{9-5}$$

전기에서 사용되는 복소 임피이던스 $4+j3$는 $4\,\Omega$의 저항과 $90°$ 위상이 앞서는 $3\,\Omega$의 유도성 리액턴스가 존재하고 있음을 표시하고 있다. 그림 9-8(a)를 참조하라. Z의 크기는 $\sqrt{16+9} = \sqrt{25} = 5\,\Omega$이다. $90°$ 위상차를 갖기 때문에 각 항의 제곱을 더해서 제곱근을 구하면 된다. 이런 결과의 위상각은 tangent-(0.75)에 해당하므로 $37°$의 위상각을 갖게 된다. 따라서 $4+j3 = 5\angle37°$로 표시할 수 있다. 탄

젠트의 비를 계산할 때 위상각의 탄젠트는 인접한 변에 대한 대변의 비이기 때문에 j 항은 분자이고 실수항은 분모가 된다. $-$의 j항에 대해서 탄젠트는 $-$값을 갖는데 이것은 $-$의 위상각을 표시하게 된다. 예를 들면 $4+j\,3$는 직각 좌표 형태의 복소수로 실수항이 4이고 허수항이 $j3$이며 합성된 크기는 5이고 위상각은 $37°$이다. 여기서 $|\,5\,|$는 위상 없이 크기만 표시하는 것이다. 예를 들면 $5\angle 37°\,\text{A}$로 표시된 전류는 전류계로 측정할 때 5 A의 크기를 지시하게 된다. 몇 가지의 복소수 크기와 위상각을 구해보면 다음과 같다.

$$2+j4 = \sqrt{4+16}\ \angle\ \arctan 2 = 4.47 \angle 63°$$
$$4+j2 = \sqrt{16+4}\ \angle\ \arctan 0.5 = 4.47 \angle 26.5°$$
$$8+j6 = \sqrt{64+36}\ \angle\ \arctan 0.75 = 10 \angle 37°$$
$$4+j4 = \sqrt{16+16}\ \angle\ \arctan 1 = 5.66 \angle 45°$$
$$4-j4 = \sqrt{16+16}\ \angle\ \arctan -1 = 5.66 \angle -45°$$

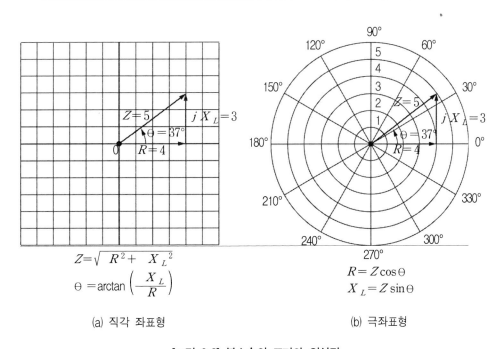

(a) 직각 좌표형

(b) 극좌표형

[그림 9-8] 복소수의 크기와 위상각

9-3 복소수의 극형식에서의 사칙연산

복소수의 크기와 위상각을 계산하는 것은 실제로 극좌표에서 각의 형태로 변화시키는 것이다. 그림 9-8에 표시한 것처럼 $4+j3$는 극 좌표에서 $5\angle 37°$ 와 같음을 알 수 있다. 극 좌표에서 중심으로부터의 거리가 벡터 Z의 크기를 나타내며 위상각 θ 는 $0°$ 축으로부터 반시계 방향으로 회전된 각을 의미한다. 복소수를 극 형식으로 변화시켜 보자.

1. 실수항과 허수항의 페이저를 더해서 크기를 구한다.
2. j항을 실수항으로 나눈 것이 tan값이 되도록 하는 θ 를 찾는다. 몇가지 예를 들어보자.

   $2+j4 = 4.47\angle 63°$

   $4+j2 = 4.47\angle 26.5°$

   $8+j6 = 10\angle 37°$

   $8-j6 = 10\angle -37°$

   $4+j4 = 5.66\angle 45°$

   $4-j4 = 5.66\angle -45°$

이런 것들은 이미 앞에서 구한 것과 동일한 크기와 위상각을 갖는다. 극형식에서의 크기는 직각좌표 형식의 실수항이나 허수항 보다는 항상 커야 하지만 두 항의 대수적인 합보다는 작아야 한다.

예를 들면 $8 + j6 = 10\angle 37°$ 에서 크기 10은 8이나 6보다는 크지만 14보다는 작게 된다. 저항이 실수항이고 리액턴스가 j항인 교류회로에서 복소수의 극형식은 합성된 임피던스의 크기와 위상각을 표시한다. 다음 경우는 저항이나 리액턴스 하나가 0인 임피던스를 표시한 것이다.

$0+j5 = 5\angle 90°$

$0-J5 = 5\angle -90°$

$5+J0 = 5\angle 0°$

이런 극형식은 복소수의 곱셈과 나눗셈에서 편리하다. 그 이유가 극형식의 곱셈은 각을 더하면 되고 나눗셈은 각을 빼면 되기 때문이다.

■ **곱셈**

크기를 곱하고 각은 더하면 된다.

$24\angle 40^{\circ} \times 3\angle 30^{\circ} = 24 \times 3\angle 40^{\circ} + 30^{\circ} = 72\angle + 70^{\circ}$

$24\angle 40^{\circ} \times (-3\angle 30^{\circ}) = -72\angle + 70^{\circ}$

$24\angle - 20^{\circ} \times 3\angle - 50^{\circ} = 72\angle - 70^{\circ}$

$15\angle - 20^{\circ} \times 4\angle 5^{\circ} = 60\angle - 15^{\circ}$

실수에 의해서 곱할때는 크기만 곱하면 된다.

$5 \times 2\angle 30^{\circ} = 10\angle 30^{\circ}$

$5 \times 2\angle - 30^{\circ} = 10\angle - 30^{\circ}$

$-5 \times 2\angle 30^{\circ} = -10\angle 30^{\circ}$

$-5 \times (-2\angle 30^{\circ}) = 10\angle 30^{\circ}$

■ **나눗셈**

크기를 나누고 각을 빼면 된다.

$24\angle 40^{\circ} \div 3\angle 30^{\circ} = 24 \div 3\angle 40^{\circ} - 30^{\circ} = 8\angle 10^{\circ}$

$24\angle 20^{\circ} \div 3\angle 50^{\circ} = 8\angle 20^{\circ} - 50^{\circ} = 8\angle - 30^{\circ}$

$24\angle - 20^{\circ} \div 4\angle 50^{\circ} = 6\angle - 70^{\circ}$

실수로 나눌때는 크기만 나누면 된다.

$24\angle 30^{\circ} \div 8 = 3\angle 30^{\circ}$

$24\angle - 30^{\circ} \div 4 = 6\angle - 30^{\circ}$

이런 규칙도 역시 특별한 것으로 실수의 위상각이 0° 이므로 어떤각에서 0° 를 빼도 그 크기는 변화가 없기 때문에 유도할 수 있다. 이번에는 반대로 복소수로 실수를 나눈다고 생각을 하면 분모의 복소수가 갖는 각의 크기는 변화가 없지만 부호가 변화한다. 이런 규칙을 예제에 적용시켜 보자.

$$\frac{10}{2\angle 30^{\circ}} = \frac{10\angle 0^{\circ}}{2\angle 30^{\circ}} = 5\angle 0^{\circ} - 30^{\circ} = 5\angle - 30^{\circ}$$

$$\frac{10}{2\angle - 30^{\circ}} = \frac{10\angle 0^{\circ}}{2\angle - 30^{\circ}} = 5\angle 0^{\circ} - (-30^{\circ}) = 5\angle 30^{\circ}$$

다시 설명하자면 각의 역수 크기는 같지만 부호가 반대로 된다는 것이다. 이런것들은 10의 멱수를 계산하는 것과 유사한 것이다.

■ 극 형식에서 직각 좌표 형식으로의 변환

극 형식에서의 복소수는 곱셈과 나눗셈에서는 아주 편리하지만 덧셈과 뺄셈을 할수는 없다. 그 이유는 각의 변화가 곱셈이나 나눗셈의 연산에 해당되기 때문이다. 따라서 극 형식의 복소수는 덧셈이나 뺄셈에서는 다시 직각 좌표 형식으로 변환시켜야한다.

극 형식에서의 임피던스는 $Z\angle\theta$ 이므로 직각 좌표계로 변환시킬 때 그림 9-9에 표시된 것처럼 식(9-6)과 (9-7)을 사용해서 직각 삼각형의 수평과 수직을 찾으면 된다.

$$\text{실수항인 } R = Z\cos\theta \tag{9-6}$$

$$j\text{항인 } X = Z\sin\theta \tag{9-7}$$

그림 9-9(a)에서 극형식의 $Z\angle\theta$가 $5\angle37°$ 이므로 sin 37° 는 0.6이고 cosine 37° 는 0.8이므로 $R = Z\cos Q = 5 \times 0.8 = 4$, $X = Z\sin\theta = 5\times0.6 = 3$이다. 따라서 $5\angle37° = 4 + j^3$ 이다.

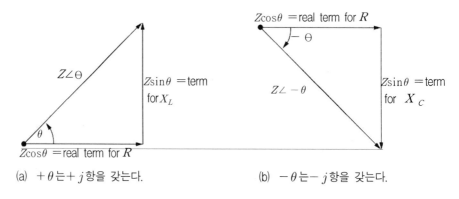

(a) $+\theta$는 $+j$항을 갖는다.   (b) $-\theta$는 $-j$항을 갖는다.

[그림 9-9] $Z\angle\theta$를 $R\pm jX$로 변환하는 방법

이 예제는 그림 9-8에 표시한 것과 같은 것으로 j항의 부호가 $+$이므로 X_L을 표시하게 된다. 그림 9-9(b)는 같은 크기를 갖지만 θ 의 부호가 $-$이므로 j항이 $-$가 됨을 표시하고 있다. $-$의 θ 는 $-$의 j항을 갖게 되는데 그 이유가 대변은 정현값이 음수인 4상한에 존재하기 때문이다.

그러나 실수항은 양수이다. 다시 말하면 $+X$는 X_L을 표시하고 $-X$는 X_c를 의미한다. 1상한과 4상한에서의 각을 갖는 몇 개의 예제를 살펴보자.

$$14.14 \angle 45° = 14.14\cos45° + 14.14\sin45° = 10 + j10$$

$$14.14 \angle -45° = 14.14\cos(-45°) + 14.14\sin(-45°) = 10 + j(-10) = 10 - j10$$

$$10 \angle 90° = 0 + j10$$

$$10 \angle -90° = 0 - j10$$

$$100 \angle 30° = 86.6 + j50$$

$$100 \angle -30° = 86.6 - j50$$

$$100 \angle 60° = 50 + j86.6$$

$$100 \angle -60° = 50 - j86.6$$

한 가지 형태에서 다른 형태로 변환할 때 j항이 실수항보다 작아지거나 커진다면 각은 $45°$ 보다 작아지거나 커지게 된다. 각이 $0°$ 에서 $45°$ 사이에 있을 때 j항을 표시하는 대변은 실수항보다 작아져야만 하며 각이 $45°$ 에서 $90°$ 사이에 있을 때 j항은 실수항보다 커져야 한다. 직각 좌표형과 극 좌표형에서 교류회로에 사용되어지는 복소수를 요약하면 다음과 같다.

1. 복소수의 덧셈과 뺄셈은 직각 좌표형에서 행해진다. 이런 과정은 직렬회로에서의 임피던스 항에 적용된다. 만약 직렬 임피던스가 직각 좌표형이라면 실수항과 허수항은 분리되어서 결합된다. 만약 직렬 임피던스가 극 좌표형이라면 더해지기 위해서 직각 좌표형으로 변환되어야 한다.

2. 곱셈이나 나눗셈을 할 때 복소수는 극 형식을 사용하면 편리하다. 만약 복소수가 직각 좌표형이라면 극 좌표형으로 변환시킨다. 이와 같이 형식의 변환을 통해서 4칙 연산을 편리하게 할 수 있다.

예제 9-1

$A = 9 + j7$을 극형식으로 변환하시오.

풀이 그림 9-10에 표시된 것처럼 $A = 11.4 \angle 37.87°$로 변환된다.

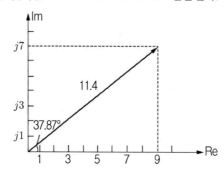

[그림 9-10] (a)의 전체 ZT는 임피던스의 합이다.

예제 9-2

$5 \angle 30° + (-2 + j2)$를 구하시오.

풀이 $5 \angle 30°$를 직각좌표형으로 변환하면 $4.33 + j2.5$이므로 그림 9-11에 표시된 것처럼 $A + B = C$이고 복소수 C는 $2.33 + j4.5$의 크기를 갖는다.

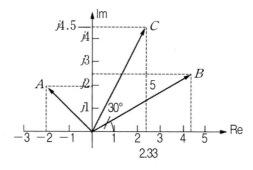

[그림 9-11]

예제 9-3

$5 \angle 30° - (-2 + j2)$

풀이 그림 9-12에 표시된 것처럼 복소수 C는 $6.33 + j0.5$의 크기를 갖는다.

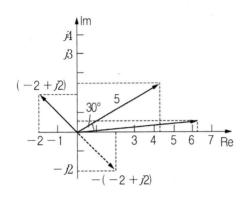

[그림 9-12]

직렬교류회로에서의 복소수

그림 9–13에 표시된 회로는 페이저에 의해서 해석되어질 수 있는 저항과 리액턴스의 직렬회로처럼 보이지만 복소수를 사용하면 보다 위상각을 자세하게 표시할 수 있다.

■ **직각좌표형에서의** Z_T

$$Z_T = 2 + j4 + 4 - j12 = 6 - j8$$

전체 직렬 임피던스는 $6 - j8\Omega$이다. 실제로 이것은 실수항과 허수항을 분리해서 더한 것과 같다.

■ **극좌표형에서의** Z_T

Z_T를 직각 좌표형에서 극좌표형으로 변환시키면 다음과 같다.

$$Z_T = 6 - j8 = \sqrt{36 + 64} \angle \tan^{-1}(-8/6) = 10 \angle -53°$$

$-53°$ 의 위상각은 회로의 전압과 전류가 $53°$ 의 위상차를 갖는다는 것을 의미한다.

■ | 계산

극 전류 I를 계산하기 위해서 인가전압을 극좌표형식의 Z_T로 나누면 된다. 그림 9-13(b)에서 V_T가 20V이고 j항을 갖지 않기 때문에 인가전압의 극좌표 형식은 20 $\angle 0°$가 되고 이것은 전압 페이저가 기준으로 사용된다는 것을 의미한다. 전류를 구하면 $2\angle 53°$가 된다.

$$I = \frac{V_T}{Z_T} = \frac{20\angle 0°}{10\angle -53°} = 2\angle 0° - (-53°)$$

$$I = 2\angle 53° A$$

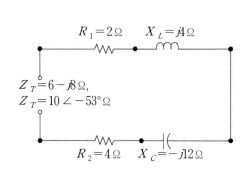

(a) 직렬 임피이던스를 갖는 회로

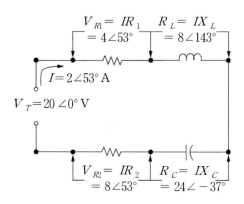

(b) 전류와 전압

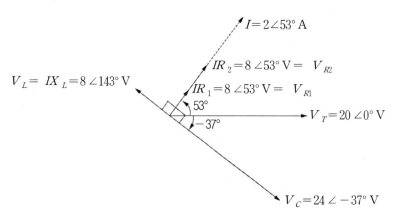

(c) 전류와 전압의 페이저도

[그림 9-13] 직렬 교류 회로에 적용되는 복소수

Z_T는 $-53°$ 의 $-$위상각을 갖지만 전류는 $0°$ 의 각을 나눈 것이기 때문에 $+$ $53°$ 의 위상각을 갖게 된다.

■ 회로의 위상각

I가 $+53°$ 의 위상각을 가지면 I는 V_T 보다 $53°$ 위상이 앞서게 된다는 것을 의미한다. I의 $+$각은 직렬회로가 용량성으로 진상 전류를 갖는다는 것을 의미한다. 이 각은 $45°$ 보다 큰데 이것은 리액턴스가 합성저항보다 크기 때문이며 그 결과 tangent 값이 1보다 크다.

회로에서의 각 저항과 리액턴스에서 발생하는 전압강하를 구해보면 다음과 같다.

$$V_{R1} = IR_1 = 2\angle 53° \times 2\angle 0° = 4\angle 53° \text{V}$$

$$V_L = IX_L = 2\angle 53° \times 4\angle 90° = 8\angle 143° \text{V}$$

$$V_C = IX_C = 2\angle 53° \times 12\angle -90° = 24\angle -37° \text{V}$$

$$V_{R2} = IR_2 = 2\angle 53° \times 4\angle 0° = 8\angle 53° \text{V}$$

■ 각각의 전압강하와 위상

회로에서의 각 저항과 리액턴스에서 발생하는 전압강하를 구해보면 다음과 같다.

$$V_{R1} = IR_1 = 2\angle 53° \times 2\angle 0° = 4\angle 5° V$$

$$V_L = IX_L = 2\angle 53° \times 4\angle 90° = 8\angle 143° V$$

$$V_C = IX_C = 2\angle 53° \times 12\angle -90° = 24\angle -37° V$$

$$V_{R2} = IR_2 = 2\angle 53° \times 4\angle 0° = 8\angle 53° V$$

각 전압의 위상은 그림 9-13(c)에 표시되어 있다. 인가전압 V_T는 zero기준 위상을 갖는다. V_{R1} 과 V_{R2}는 저항 양단에 걸리는 전압으로 I와 위상이 같기 때문에 $53°$ 앞서게 된다. V_C는 V_T보다 위상이 뒤지기 때문에 $-37°$ 의 위상각을 갖는다.

X_C 는 전류보다 $90°$ 늦기 때문에 $53°$ 를 빼면 $-37°$ 가 된다. V_L의 위상각은 $143°$ 가 되는데 이것은 전류보다 $90°$ 앞서기 때문에 $53° + 90° = 143°$ 가 되는 것이다. 직렬회로에서의 모든 전압강하를 더하면 인가전압과 크기가 같아진다. 각각의 V는 직각 좌표형으로 변환되어져야 한다. 그 계산과정은 다음과 같다.

$$V_{R1} = 4 \angle 53° = 2.408 + j3.196\,V$$

$$V_L = 8 \angle 143° = -6.392 + j4.816\,V$$

$$V_C = 24 \angle -37° = 19.176 - j14.448\,V$$

$$V_{R2} = 8 \angle 53° = 4.816 + j6.392\,V$$

합계 V$= 20.008 - j0.044\,V$

따라서 V_T를 극 좌표형으로 표시하면 $20\angle0°$ 이다.

9-5 병렬 교류회로에서의 복소수

병렬회로는 쉽게 해를 구하기 위해서 등가의 직렬회로로 변환된다. 그림 9-14에서 10Ω 의 X_L과 10Ω의 R이 병렬로 연결된 회로가 그림 9-14(b)에 표시된 직렬 등가회로로 변환되어진다. 복소수 표시에서 R은 $10+j0$이고 X_L 은 $0+j10$이다.

따라서 Z_T를 구하면 다음과 같다.

$$Z_T = \frac{(10+j0) \times (0+j10)}{(10+j0)+(0+j10)} = \frac{10 \times j10}{10+j10} = \frac{j100}{10+j10}$$

$$Z_T = \frac{j10}{1+j1}$$

이것을 극형식으로 변환시키면

$$Z_T = \frac{j100}{10+j10} = \frac{100 \angle 90°}{14.14 \angle 45°} = 7.07 \angle 45°$$

이 되고, 저항성분과 리액턴스 성분을 알아보기 위해서 다시 직각 좌표형으로 변환시키면

실수항 $= 7.07\cos45°$
$= 7.07 \times 0.707 = 5$

$$허수항 = 7.07\sin45°$$
$$= 7.07 \times 0.707 = 5$$

로 된다. 따라서

극형식에서의 $Z_T = 7.07 \angle 45°$

직각 좌표형에서의 $Z_T = 5 + j5$ 이다.

따라서 그림 19-14(b)에 표시한 것과 같은 직렬 등가회로를 구할 수 있다.

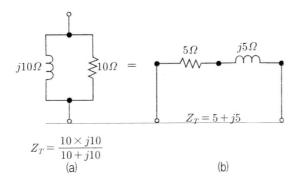

[그림 9-14] 병렬 교류 회로에서의 복소수(병렬 뱅크를 등가의 직렬 임피던스로 변환시킨다.

병렬회로에서는 보통 합성 임피던스를 구하는 것보다 지로 전류를 해석하는 것이 더 편리하다. 이런 이유 때문에 지로 저항 대신에 콘덕턴스 G가 대신 사용된다. 이와 유사하게 임피던스의 역수를 고려할 수 있는데 임피던스 Z의 역수를 어드미턴스 Y라 하고, 리액턴스의 역수를 서셉턴스 B라고 부르면 다음과 같은 식으로 표시되어진다.

$$콘덕턴스 = G = \frac{1}{R} \quad S$$

$$서셉턴스 = B = \frac{1}{X} \quad S$$

$$어드미턴스 = Y = \frac{1}{Z} \quad S$$

R, X, Z의 단위가 Ω을 사용하기 때문에 역수인 G, B, Y는 Siemens 단위인 S를 사용한다. B와 Y의 위상각은 전류와 같다. 따라서 X와 Z의 각과는 반대 부호를

갖게 된다. 유도성 지로는 서셉턴스 $-j\mathrm{B}$를 갖고 용량성 지로는 서셉턴스 $j\mathrm{B}$를 가지며 지로 전류와 같은 위상을 갖는다. 콘덕턴스와 서셉턴스의 병렬지로가 갖는 어드미턴스는 $V_T = G \pm j\mathrm{B}$로 구해지고 그림 19-14(a)에서의 예를 본다면 G는 0.1이고 B도 0.1이므로 직각 좌표계에서 $Y_T = 0.1 - j0.1 S$가 된다. 또한 극형식에서는 $Y_T = 0.14 \angle -45^\circ S$가 되고, 이때 Y_T는 1V의 전압이 $7.07\angle45^\circ$의 Z_T양단에 인가될 때 흐르는 전류 I_T와 일치한다. 또 다른 예로 $4\,\Omega$의 R과 $-j4\,\Omega$의 X_C가 병렬로 연결되었다고 가정한다면 Y_T는 $0.25 + j0.25 S$가 되고 극형식에서 $Y_T = 0.35 \angle 45^\circ S$가 된다.

두 복수지로 임피던스의 합성은 그림 9-15에 표시된 것처럼 각 복소 임피던스 Z_1과 Z_2가 리액턴스와 저항을 갖는 회로가 있다고 가정하면, 이런 회로는 그래프적으로 해석할 수도 있고 복소수를 사용해서 해석 할 수도 있다.

그러나 복소수를 사용하는 것이 더욱 편리하다. 우선 Z_T를 구하기 위해서 Z_1과 Z_1를 먼저 구해보면

$$Z_1 = 6 + j8 = 10 \angle 53^\circ$$

$$Z_2 = 4 - j4 = 5.66 \angle -45^\circ$$

이고 Z_T를 구하면 $Z_T = \dfrac{Z_1 \times Z_2}{Z_1 + Z_2}$가 된다. 이때 덧셈은 직각 좌표형을 사용하고 곱셈은 극좌표형을 사용하는데 그 결과는 다음과 같다.

$$Z_T = \frac{10\angle 53^\circ \times 5.66 \angle -45^\circ}{6 + j8 + 4 - j4} = \frac{56.6 \angle 8^\circ}{10 + j4}$$

나눗셈을 하기 위해서 분모를 극형식으로 변환시키면 $10 + j4 = 10.8 \angle 22^\circ$이므로 $Z_T = \dfrac{56.6 \angle 8^\circ}{10.8 \angle 22^\circ}$가 된다. 따라서 $Z_T = 5.24\Omega \angle -14^\circ$가 된다.

Z_T를 직각 좌표형으로 변환시키면 R성분은 $5.24 \times \cos(-14^\circ)$ 혹은 $5.24 \times 0.97 = 5.08$이 된다. $\cos\theta$는 1상한과 4상한에서 +이다.

j성분은 $5.24 \times (0.242) = -1.127$이다. 따라서 직각 좌표형은 $Z_T = 5.08 - j1.27$ 로 표시된다. 따라서 직병렬 회로의 조합은 5.08의 R과 1.27 의 X_C가 직렬 연결된 것과 등가가 된다.

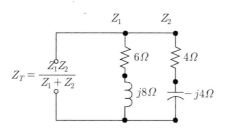

$$Z_T = \frac{Z_1 Z_2}{Z_1 + Z_2}$$

[그림 9-15] Z_1과 Z_2가 병렬로 연결된 회로의 Z_T

복수 지로전류의 합성은 그림 9-16에 표시된 두 지로에서의 I_T 를 구해보자. 병렬 지로의 합성전류 I_T는 직각 좌표형에서만 더해질 수 있다. 이것은 Z_T를 구하기 위해서 직각 좌표형의 직렬 임피던스를 더한 것과 같은 방법이다.

다시 말하면 페이저의 덧셈을 위해서 직각 좌표형이 필요하다. 그림 9-16에서 지로전류를 더하면 다음과 같다.

$$I_T = I_1 + I_2 = (6 + j6) + (3 - j4)$$

$$I_T = 9 + j2A$$

I_1은 $+j$이므로 용량성 전류이고 I_2는 $-j$ 이므로 유도성 전류이다. 이런 전류의 페이저는 리액턴스 페이저가 반대 부호를 갖게 된다. $9 + j2A$인 I_T는 극좌표형에서 지로전류의 페이저 합으로 계산되어 진다.

$$I_T = \sqrt{9^2 + 2^2} = \sqrt{85}$$

$$\tan\theta = 2/9 = 0.22$$

$$\theta_I = \arctan(0.22)$$

$$\theta_I = 12.53^{\circ}$$

따라서 직각 좌표형에서는 I_T가 $9+j2A$이고 극 좌표형에서는 I_T가 $9.22\angle 12.53°$ 가 된다.

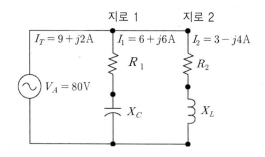

[그림 9-16] 두 병렬 지로를 갖는 회로의 IT 계산

9-6 직렬 RLC 회로의 임피던스와 위상각

그림 9-17에 표시된 것처럼 R, L, C가 직렬로 연결되면 X_L과 X_C는 반대의 특성을 갖기 때문에 식(9-8)에 표시된 것처럼 합성 리액턴스를 구할수 있다.

$$X_T = \mid X_L - X_C \mid \tag{9-8}$$

이때 X_L이 크면 회로는 유도성이 되고 X_C가 크면 회로는 용량성이 된다.
직렬 RLC 회로의 합성 임피던스는 식(9-9) 처럼 구해진다.

$$Z_T = \sqrt{R^2 + (X_L - X_C)^2} \tag{9-9}$$

이때 V와 I사이의 위상각은 식(9-10)처럼 구해진다.

$$\theta = \tan^{-1}(\frac{X_T}{R}) \tag{9-10}$$

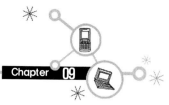

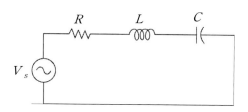

[그림 9-17] 직렬 RLC회로

예제 9-4

(a) 그림 9–18(a)에 표시된 회로의 합성 임피던스와 위상각을 구하시오.

(b) 복소수를 이용한 등가회로를 구하고 직각 좌표형과 극좌표형으로 변환하시오.

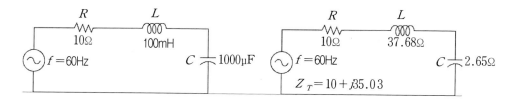

(a) 직렬 RLC 회로   (b) 복소수로 표시되는 등가회로

[그림 9-18]

풀이 (a) $X_C = \dfrac{1}{2\pi f C} = \dfrac{1}{6.28 \times 60 Hz \times 1000 \times 10^{-6} F} = 2.65 \Omega$

$X_L = 2\pi f L = 6.28 \times 60 Hz \times 100 \times 10^{-3} H = 37.68 \Omega$

$X_T = |X_L - X_C| = |37.68 \Omega - 2.65 \Omega| = 35.03 \Omega (유도성\ 회로)$

$Z_T = \sqrt{R^2 + (X_L - X_C)^2} = \sqrt{(10\Omega)^2 + (35.03\Omega)^2} = 36.43 \Omega$

$\theta = \tan^{-1}(\dfrac{35.03\Omega}{10\Omega}) = 74.1°(전류가\ 전압보다\ 위상이\ 늦어진다.)$

(b) 직각 좌표형 $Z_T = 10 + j35.03$

극 좌표형 $Z_T = 36.43 \angle 74.1°$

그림 9-19(a)에 표시한 것처럼 유도성 리액턴스는 주파수가 증가하면 따라서 증가하지만 용량성 리액턴스는 주파수가 증가하면 반대로 감소한다. 이것은 X_L과 X_C가 서로 반대되는 특성을 갖기 때문이며, 어느 한 쪽은 증가하고 어느 한 쪽은 감소하기 때문에 L_C는 X_L과 X_C가 일치하는 어느 한 주파수에 결합되어질 수 있다.

이와 같이 반대의 리액턴스가 같아지는 것을 공진이라 하고, 이때의 교류회로를 공진회로 라고 부른다. 공진 주파수에서 L_C조합은 공진 효과를 발생시킨다. 공진 주파수를 벗어나면 L_C조합은 다른 교류회로가 된다. X_L과 X_C가 같아지는 주파수를 공진 주파수라고 부르며 식(9-11)처럼 표시된다.

$$f_r = \frac{1}{2\pi\sqrt{LC}} \tag{9-11}$$

그림 9-19(b)에 표시된 것처럼 X_L과 X_C가 일치하면, X_L 과 X_C는 $180°$ 의 위상차를 갖기 때문에 상쇄되고 순 리액턴스는 zero가 된다. 이때 전류를 제한하는 것은 저항R인데 이런 값은 아주 작은 크기를 갖기 때문에 공진 주파수에서의 전류는 최대값을 갖게 된다.

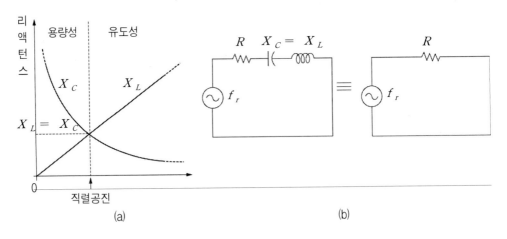

(a) (b)

[그림 9-19]

예제 9-5

(a) $f = 1\text{KHz}$, 3.56KHz, 5KHZ에서 그림 9-20(a)에 표시된 회로의 합성 임피던스와 위상각을 구하시오.

(b) 복소수를 이용한 등가회로를 구하고 직각 좌표형과 극좌표형으로 변환하시오.

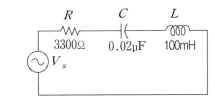

(a) 직렬 RLC 회로

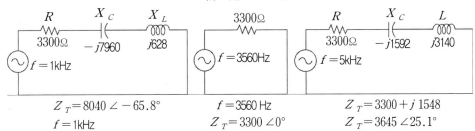

$$Z_T = 8040 \angle -65.8°$$
$$f = 1\text{kHz}$$

$$f = 3560\,\text{Hz}$$
$$Z_T = 3300 \angle 0°$$

$$Z_T = 3300 + j\,1548$$
$$Z_T = 3645 \angle 25.1°$$

(b) 복소수로 표시되는 등가회로

[그림 9-20]

풀이 $f = 1KHz$에서

(a) $X_C = \dfrac{1}{2\pi f C} = \dfrac{1}{6.28 \times 1000Hz \times 0.02 \times 10^{-6}F} \fallingdotseq 7.96 K\Omega$

$X_L = 2\pi f L = 6.28 \times 1000Hz \times 100 \times 10^{-3}H = 628\Omega$

$X_T = |X_L - X_C| = |628\Omega - 7960\Omega| = 7332\Omega$(용량성 회로)

$Z_T = \sqrt{R^2 + (X_L - X_C)^2} = \sqrt{(3300\Omega)^2 + (7332\Omega)^2} = 8040\Omega$

$\theta = \tan^{-1}(\dfrac{7332\Omega}{3300\Omega}) = 65.8°$(전류가 전압보다 $65.8°$ 위상이 빠르다.)

(b) 직각 좌표형 $Z_T = 3300 - j\,7332$

극 좌표형 $Z_T = 8040 \angle -65.8°$

$f = 3.56KHz$에서

(a) $X_C = \dfrac{1}{2\pi f C} = \dfrac{1}{6.28 \times 3560 Hz \times 0.02 \times 10^{-6} F} = 2236.4\Omega$

$X_L = 2\pi f L = 6.28 \times 3560 Hz \times 100 \times 10^{-3} H = 2235.7\Omega$

$X_T = |X_L - X_C| = |2235.7\Omega - 2236.4\Omega| = 0.7\Omega$(공진 회로)

$Z_T = \sqrt{R^2 + (X_L - X_C)^2} = \sqrt{(3300\Omega)^2 + (0.7\Omega)^2} = 3300\Omega$

$\theta = \tan^{-1}(\dfrac{0.7\Omega}{3300\Omega}) = 0°$

(b) 직각 좌표형 $Z_T = 3300 - j0.7$

극 좌표형 $Z_T = 3300 \angle 0°$

$f = 5KHz$ 에서

(a) $X_C = \dfrac{1}{2\pi f C} = \dfrac{1}{6.28 \times 5000 Hz \times 0.02 \times 10^{-6} F} = 1592\Omega$

$X_L = 2\pi f L = 6.28 \times 5000 Hz \times 100 \times 10^{-3} H = 3140\Omega$

$X_T = |X_L - X_C| = |3140\Omega - 1592\Omega| = 1548\Omega$(용량성 회로)

$Z_T = \sqrt{R^2 + (X_L - X_C)^2} = \sqrt{(3300\Omega)^2 + (1548\Omega)^2} = 3645\Omega$

$\theta = \tan^{-1}(\dfrac{1548\Omega}{3300\Omega}) = 25.1°$(전류가 전압보다 25.1° 위상이 느리다.)

(b) 직각 좌표형 $Z_T = 3300 + j\,1584$

극 좌표형 $Z_T = 3645 \angle 25.1°$

그림 9-21은 1000kHz의 공진 주파수에서 $30\mu A$까지의 공진 상승이 발생하는 것을 표시하고 있다.

직렬 공진회로의 응답곡선은 공진 주파수보다 약간 작거나 큰 주파수에서의 전류가 아주 작다는 것을 표시하고 있다. 공진 주파수에서 리액턴스가 상쇄되므로 직렬회로의 임피던스는 최소가 된다.

1. 공진 주파수 아래에서는 X_L이 작아지고 X_C가 커지며 전류의 세기를 제한하게 된다.

2. 공진 주파수 위에서는 X_C가 작아지고 X_L이 커져서 전류의 세기를 제한한다.

3. 공진 주파수에서 X_L과 X_C가 같기 때문에 서로 상쇄되어서 최대 전류가 흐르게 된다.

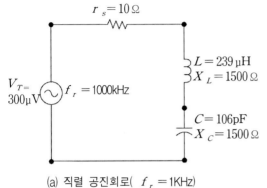

(a) 직렬 공진회로($f_r = 1\text{KHz}$)

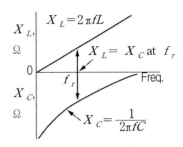

(b) 공진주파수에서 $X_C = X_L$ 이다.

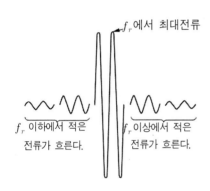

(c) 각 사이클의 진폭

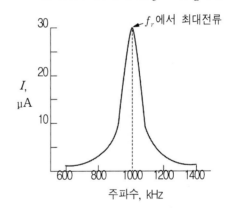

(d) 공진점 위와 아래의 전류 출력 곡선

[그림 9-21]

직렬 LC 회로가 공진시 발생시키는 최대 전류는 공진 주파수에서 X_L 이나 X_C 에 최대전압을 발생시키기 때문에 유용하다. 결과적으로 직렬공진회로는 공진의 위와 아래 주파수를 비교할 때 공진 주파수에서 더 큰 출력을 발생시키는 어느 한 개의 주파수를 선택할 수 있다.

그림 9-22는 직렬 교류회로에서 콘덴서 양단의 공진상승 전압을 표시하고 있다. 1000kHz의 공진 주파수에서는 입력전압이 $300\mu V$ 에 불과하지만 콘덴서 양단에는 $45{,}000\mu V$ 가 발생된다.

공진 주파수 아래에서 X_C 는 공진시보다 더 큰 값을 가지며 전류는 작아진다.

이와 유사하게 공진 주파수 위에서는 X_L이 공진시보다 커지며 유도성 리액턴스 때문에 전류의 크기가 작아진다. 공진시에는 X_L과 X_C가 상쇄되어 없어지기 때문에 최대전류가 흐르고 각 리액턴스는 자신의 허용된 값만을 갖는다.

따라서 전류는 회로내의 모든 부분에서 같게되고 공진에서 최대 전류는 C 양단에 IX_C를 L 양단에 IX_L을 발생시킨다. 그림 9-22(b)에서 직렬 공진회로의 전압강하는 C 양단에서 $45,000\mu V$가, L 양단에서 $45,000\mu V$가 발생되고 R양단에서는 $300\mu V$만 발생한다.

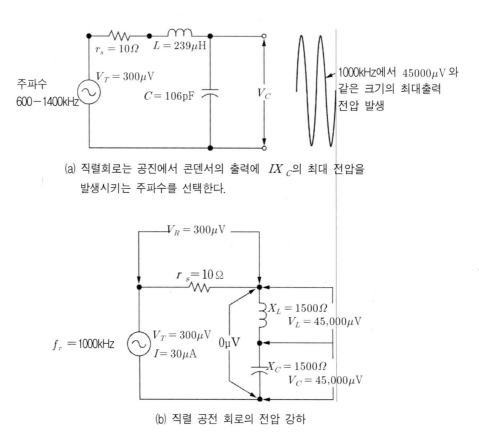

(a) 직렬회로는 공진에서 콘덴서의 출력에 IX_C의 최대 전압을 발생시키는 주파수를 선택한다.

(b) 직렬 공전 회로의 전압 강하

[그림 9-22]

저항 양단에서 발생하는 전압강하는 인가 전압과 크기와 위상이 일치한다. L 과 C 의 직렬결합에서 전압은 0이다. 그 이유는 두 직렬 전압강하의 크기는 같고 부호가 반대이기 때문이다. 전압의 공진상승을 이용하기 위해서는 출력은 반드시 L 이나 C 양단에 연결하면 된다.

V_L과 V_C 전압은 반대로 직렬 연결된 2개의 건전지와 같다고 생각하면 된다. 그 결과 크기가 같고 방향이 반대이므로 조합의 크기는 zero이지만 각 전지는 자신의 전위차를 유지하게된다. 직렬 공진회로의 중요 특성을 요약하면 다음과 같다.

1. 전류 I는 공진 주파수에서 최대이다.
2. 전류 I는 인가전압과 동위상을 갖는다. 또는 회로의 위상각은 0° 이다.
3. L이나 C의 양단에는 최대 전압이 걸리게 된다.
4. f_r 에서의 임피던스는 최소이고 R과 크기가 같다.

예제 9-6

(a) 그림 9-23(a)에 표시된 회로에서 공진시 I, V_R, V_L, V_C를 구하시오.

(b) 그림 9-23(b)에 표시된 회로에서 f_r, $f_r - 1000Hz$, $f_r + 1000Hz$ 에서의 임피던스를 구하시오.

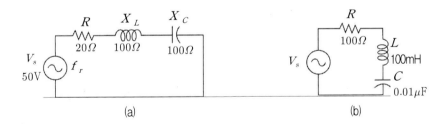

(a)   (b)

[그림 9-23]

풀이 (a) $I = \dfrac{V}{R} = \dfrac{50\,V}{20\,\Omega} = 2.5A,$

$V_R = I \times R = 2.5A \times 20\,\Omega = 50\,V$

$V_L = I \times X_L = 2.5A \times 100\,\Omega = 250\,V$

$V_L = I \times X_C = 2.5A \times 100\,\Omega = 250\,V$

(b) $f = f_r$에서 $Z = R = 100\Omega$

$$f_r = \frac{1}{2\pi\sqrt{LC}} = \frac{1}{2\pi\sqrt{100\times10^{-3}H\times0.01\times10^{-6}F}} = 5035Hz$$

$f = f_r - 1000Hz = 5035Hz - 1000Hz = 4035Hz$에서

$$X_C = \frac{1}{2\pi fC} = \frac{1}{6.28\times4035Hz\times0.01\times10^{-6}F} = 3946\Omega$$

$$X_L = 2\pi fL = 6.28\times4035Hz\times100\times10^{-3}H = 2534\Omega$$

$$X_T = |X_L - X_C| = |2534\Omega - 3946\Omega| = 1412\Omega(용량성\ 회로)$$

$$Z_T = \sqrt{R^2 + (X_L - X_C)^2} = \sqrt{(100\Omega)^2 + (1412\Omega)^2} = 1416\Omega$$

$f = f_r + 1000Hz = 5035Hz + 1000Hz = 6035Hz$에서

$$X_C = \frac{1}{2\pi fC} = \frac{1}{6.28\times6035Hz\times0.01\times10^{-6}F} = 2639\Omega$$

$$X_L = 2\pi fL = 6.28\times6035Hz\times100\times10^{-3}H = 3790\Omega$$

$$X_T = |X_L - X_C| = |3790\Omega - 2639\Omega| = 1151\Omega(유도성\ 회로)$$

$$Z_T = \sqrt{R^2 + (X_L - X_C)^2} = \sqrt{(100\Omega)^2 + (1151\Omega)^2} = 1155\Omega$$

9-7 병렬 RLC 회로의 임피던스와 위상각

그림 9-24에 표시된 것처럼 R, L, C가 병렬로 연결되면 식(9-12)에 표시된 것처럼 콘덕턴스, 서셉턴스를 이용해서 어드미턴스를 구할수 있다.

$$Y = \sqrt{G^2 + (B_C - B_L)^2} \qquad\qquad (9-12)$$

임피던스는 어드미턴스의 역수이므로 식(9-13)처럼 표시된다.

$$Z_T = \frac{1}{Y} \qquad\qquad (9-13)$$

이때 주파수가 공진 주파수 이상이면 $(X_L > X_C)$ 회로는 용량성으로 되고 주파수가 공진 주파수 이하이면 $(X_C > X_L)$ 회로는 유도성이 된다.

이때 V와 I사이의 위상각은 식(9-14)처럼 구해진다.

$$\theta = \tan^{-1}\left(\frac{B_T}{G}\right) \tag{9-14}$$

전류와 지로 전류의 위상각은 식(9-15)와 (9-16)처럼 구해진다.

$$I_T = \sqrt{I_R^2 + (I_C - I_L)^2} \tag{9-15}$$

$$\theta = \tan^{-1}\left(\frac{|I_C - I_L|}{I_R}\right) \tag{9-16}$$

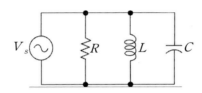

[그림 9-24] 병렬 RLC회로

예제 9-7

(a) 그림 9-25(a)에 표시된 회로의 합성 임피던스와 위상각을 구하시오.

(b) 9-25(b)에 표시된 회로의 I_R, I_C, I_L, I_T, θ 를 구하시오.

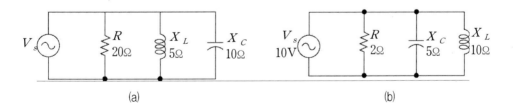

(a)   (b)

[그림 9-25]

풀이 (a) $G = \dfrac{1}{R} = \dfrac{1}{20\Omega} = 50mS$

$B_C = \dfrac{1}{X_C} = \dfrac{1}{10\Omega} = 100mS$

253

$$B_L = \frac{1}{X_L} = \frac{1}{5\Omega} = 200mS$$

$$Y = \sqrt{G^2 + (B_C - B_L)^2} = \sqrt{(50mS)^2 + (100mS - 200mS)^2} = 111.8mS$$

$$Z_T = \frac{1}{Y} = \frac{1}{111.8mS} = 8.95\Omega$$

$$\theta = \tan^{-1}(\frac{B_T}{G}) = \tan^{-1}(\frac{100mS}{50mS}) = 63.4°$$

(b) $I_R = \frac{V}{R} = \frac{10V}{2\Omega} = 5A, I_C = \frac{V}{X_C} = \frac{10V}{5\Omega} = 2A, I_L = \frac{V}{X_L} = \frac{10V}{10\Omega} = 1A$

$$I_T = \sqrt{I_R^2 + (I_C - I_L)^2} = \sqrt{5A^2 + (2A - 1A)^2} = 5.1A$$

$$\theta = \tan^{-1}(\frac{|I_C - I_L|}{I_R}) = \tan^{-1}(\frac{|1A - 2A|}{5A}) = 11.3°$$

그림 9-26에 표시된 전압 전류 페이저도 처럼 전체 전류 I_T는 전압 V를 11.3° 앞선다.

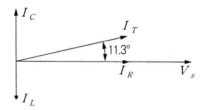

[그림 9-26]

그림 9-27에 표시한 것처럼 L과 C가 병렬연결인 회로에서는 X_L과 X_C가 등가일 때 공진시의 유도성 지로전류는 크기가 같고 방향이 반대이다. 이때 서로가 상쇄되어 본선에 흐르는 전류는 최소가 된다. 따라서 선전류가 최소가 되기 때문에 임피던스는 최대가 된다. R은 공진시 X_L과 비교할 때 아주 작은 크기를 갖는 사실에는 변화가 없기 때문이며 이런 경우에는 X_L과 X_C가 등가일 때 지로전류는 실질적으로 크기가 같아진다.

254

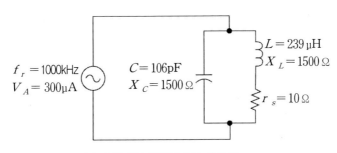

(a) L과 C가 병렬지로인 회로도

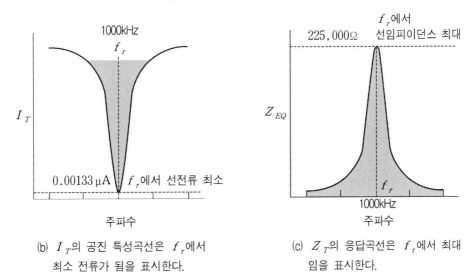

(b) I_T의 공진 특성곡선은 f_r에서
최소 전류가 됨을 표시한다.

(c) Z_T의 응답곡선은 f_r에서 최대
임을 표시한다.

[그림 9-27] 병렬 공진회로

■ 병렬공진에서의 최소 선전류

병렬 LC 회로가 공진 상태일 때 본선전류가 어떻게 해서 최소값을 갖는가는 그림 9-27에 표시된 회로의 본선 전류값과 지로전류값을 확인하면 된다. L과 C는 그림 9-21(a)의 직렬 회로에서 사용한 것과 동일한 소자를 사용하며 같은 주파수에서 X_L 과 X_C는 같은 크기를 갖는다.

따라서 L, C와 전압원이 병렬이므로 각 소자에 걸리는 전압의 크기는 인가전압과 같아진다.

따라서 각 유도성 지로전류는 지로의 리액턴스로 $300\mu V$를 나누면 구할 수 있다. 그림 9-27(b)에 표시된 것처럼 f_r에서 I_T는 최소치를 갖는다. 병렬 공진에서 I_T가 최소이며 Z_T는 최대가 된다.

255

■ 병렬공진에서의 최대 임피던스

병렬공진으로 인한 최소 선전류는 전원양단에 걸린 임피던스가 최대이기 때문에 유용하게 사용된다. 따라서 어떤 한 주파수에서는 최대 임피던스를 갖고 그 이외의 주파수에서는 임피던스 값이 낮아지기 때문에, LC 병렬공진을 사용하면 원하는 주파수에서의 최대 임피던스를 구할 수 있다.

이것은 공진에 의해서 원하는 주파수를 선택하는 또 하나의 방법으로 그림 9-27(c)의 응답 특성곡선은 병렬공진에서 임피던스가 어떻게 최대치까지 상승하는가를 표시하고 있다.

그림 9-28에 표시된 것처럼 리액턴스성 지로전류가 허용된다고 하더라도 선전류가 어떻게 해서 아주 적은 값을 가질 수 있는가를 알 수 있다.

그림 9-28(a)에서 전체 선전류의 저항성 성분은 코일 저항으로부터의 전류와 등가인 본선의 전원에 저항성 전류의 크기가 분류지로로 표시되어진다.

각 리액턴스 지로전류는 전원전압을 자신의 리액턴스로 나누면 되는데 그들은 위상이 반대이고 크기가 같다.

여하튼 리액턴스 전류는 회로내의 모든 부분에서 존재하지만 서로 반대 방향으로 흐르기 때문에 순전류의 크기가 zero라는 것이다.

그림 9-28(b)에 표시된 그래프는 I_L과 I_C가 어떻게 상쇄되는지를 표시하고 있다.

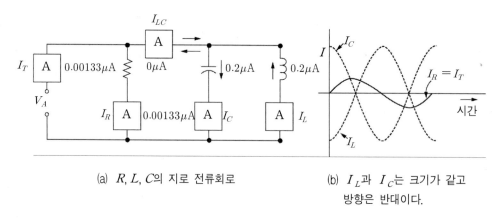

(a) R, L, C의 지로 전류회로

(b) I_L과 I_C는 크기가 같고 방향은 반대이다.

[그림 9-28] 공진에서의 병렬 회로의 전류 분배. 저항성 전류는 I_R의 등가회로로 표시된다.

9-8 공진주파수 $f_r = 1/(2\pi\sqrt{LC})$

이 공식은 $X_L = X_C$에서부터 유도된다. 공식에서 공진 주파수를 f_r로 표시하면 $2\pi f_r L = \dfrac{1}{2\pi f_r C}$로 표시할 수 있고 양변에 f_r을 곱하면 $2\pi L(f_r)^2 = \dfrac{1}{2\pi C}$로 표시된다. 다시 $2\pi L$로 양변을 나누면 $f_r^2 = \dfrac{1}{(2\pi)^2 LC}$이 되고 f_r을 구하면 식 (9-17)처럼 표시할 수 있다.

$$f_r = \frac{1}{2\pi\sqrt{LC}} \tag{9-17}$$

위 식에서 L은 henry 단위를 갖고 C는 farad 단위를 사용하며 f_r은 hertz 단위를 사용하게 된다.

$\dfrac{1}{2\pi} = \dfrac{1}{6.28} = 0.159$이므로 식 (9-17)을 식(9-18)처럼 변환시킬 수 있다.

$$f_r = \frac{0.159}{\sqrt{LC}} H_Z \tag{9-18}$$

■ f_r의 L과 C에 따른 변화

L과 C값이 커지면 f_r은 작아진다. 따라서 LC 회로는 L과 C의 크기에 따라서 수 Hz에서 수 MHz 사이의 모든 주파수에서 공진 된다. 예를 들면 8 H의 인덕턴스와 $20\,\mu$F의 캐패시턴스의 LC 조합은 12.6 Hz의 비교적 낮은 가청 주파수에서 공진을 한다. $2\,\mu$H의 적은 인덕턴스와 3 pF의 적은 캐패시턴스는 64.9 MHz의 RF에서 공진 된다. 이런 예를 확인하기 위해서 다음의 2가지 예제에서 응용되어진다.

예제 9-8

8 H의 인덕턴스와 $20\,\mu$F의 캐패시턴스가 공진시키는 주파수의 크기를 구하시오.

풀이 $f_r = \dfrac{1}{2\pi\sqrt{LC}} = \dfrac{1}{2\pi\sqrt{8\times20\times10^{-6}}}$

$$= \frac{1}{6.28\sqrt{160 \times 10^{-6}}} = \frac{1}{6.28 \times 12.65 \times 10^{-3}}$$

$$= \frac{1}{79.44 \times 10^{-3}}$$

$$f_r = 0.0126 \times 10^3 = 12.6\,\text{Hz}$$

예제 9-9

$2\,\mu\text{H}$의 L과 $3\,\text{pF}$의 C가 동조시키는 주파수는 얼마인지 계산하시오.

풀이 $f_r = \dfrac{1}{2\pi\sqrt{LC}} = \dfrac{1}{2\pi\sqrt{2 \times 10^{-6} \times 3 \times 10^{-12}}}$

$$= \frac{1}{6.28\sqrt{6 \times 10^{-18}}} = \frac{1}{6.28 \times 2.45 \times 10^{-9}}$$

$$= \frac{1}{15.4 \times 10^{-9}} = 0.065 \times 10^9$$

$$f_r = 65 \times 10^6 = 65\,\text{MHz}$$

좀 더 정확하게 말하면 f_r은 LC의 제곱근에 반비례로 감소하게 된다. 예를 들면 L이나 C가 4배로 되면 f_r이 1/2 이 된다. LC 조합에 의한 f_r이 6 MHz라고 가정 하면 L이나 C가 4배로 증가할 때 f_r이 3 MHz로 감소한다는 것이다. 반대로 f_r이 2배로 증가하면 L이나 C는 1/4로 감소하거나 동시에 L과 C가 1/2로 감소된다.

■ f_r를 결정하는 LC곱

어느 한 주파수에서 공진시킬 수 있는 LC 조합의 경우의 수는 셀 수 없을 만큼 많 다. 표 9-1에는 1000 kHz에서 공진되는 5가지의 경우를 표시했다.

표 9-1 1000 KHz에서 공진하는 LC조합

L, μH	C, pF	L×C LC Product	X_L, Ω at 1000 kHz	X_C, Ω at 1000 kHz
23.9	1060	25,334	150	150
119.5	212	25,334	750	750
239	106	25,334	1,500	1,500
478	53	25,334	3,000	3,000
2390	10.6	25,334	15,000	15,000

■ 공진을 이용한 L과 C의 측정

L, C, f_r의 세 가지 요소를 이용한 공진 주파수 공식에서는 그 중의 2개를 알면 나머지 하나를 손쉽게 구할 수 있다. LC 조합의 공진 주파수는 LC 조합에서의 공진 응답을 발생시키는 주파수를 결정함으로 해서 실험적으로 구할 수 있다. L이나 C 중에서 하나를 알고 공진 주파수를 알고 있으면 나머지 하나도 쉽게 구할 수 있기 때문에 인덕턴스와 캐패시턴스 측정에 사용될 수 있다. 이런 목적으로 사용되는 측정계기를 Q미터라고 하면 코일의 Q도 동시에 측정할 수 있다.

■ f_r로부터 C 계산

C는 공진 공식에서부터 다음과 같이 구해진다.

$$f_r = \frac{1}{2\pi\sqrt{LC}}$$

에서 양변을 제곱하면

$$f_r{}^2 = \frac{1}{(2\pi)^2 Lc}$$

가 되고 C는 식 (9–19)처럼 구해진다.

$$C = \frac{1}{(2\pi)^2 f_r^2 L} = \frac{1}{4\pi^2 f_r{}^2 L} = \frac{0.0254}{f_r{}^2 L} \tag{9–19}$$

여기서 f_r은 hertz, C는 farad, L은 henry 단위를 사용한다. 계수 0.0254는 $4\pi^2$인 39.44의 역수값을 표시한다.

■ f_r로부터 L 계산

L 역시 f_r 공식으로부터 계산하면 식 (9–20)처럼 표시할 수 있다.

$$L = \frac{1}{(2\pi)^2} = \frac{1}{4\pi^2 f_r{}^2 C} = \frac{0.0254}{f_r{}^2 C} \tag{9–20}$$

예제 9-10

1000 kHz에서 239 μ H의 L과 공진시키는 C의 크기는 얼마인가?

[풀이] $C = \dfrac{1}{4\pi^2 f_r{}^2 L} = \dfrac{1}{4\pi^2 (1000 \times 10^3)^2 239 \times 10^{-6}}$

$\qquad = \dfrac{1}{39.48 \times 1 \times 10^6 \times 239} = \dfrac{1}{9435.75 \times 10^6}$

$\quad C = 0.000106 \times 10^{-6} \text{F} = 106 \text{ pF}$

예제 9-11

100 kHz에서 100 pF의 C와 공진시키는 L의 크기는 얼마인가?

[풀이] $L = \dfrac{1}{4\pi^2 f_r{}^2 C} = \dfrac{1}{39.48 \times 1 \times 10^{12} \times 106 \times 10^{-12}}$

$\qquad = \dfrac{1}{4184.88}$

$\quad L = 0.000239, \quad H = 239 \, \mu\text{H}$

9-9 공진회로의 확장계수 Q

공진회로의 질이나 감도계수는 Q에 의해서 표시된다. 일반적으로 공진에서 직렬저항에 대한 리액턴스의 비가 커지게 되면 Q의 값도 커지고 공진효과는 더욱 예리해진다.

▌ 직렬회로의 Q

직렬 공진회로에서는 식 (9-21)를 이용해서 Q를 계산할 수 있다.

$$Q = \frac{X_L}{r_s} \tag{9-21}$$

여기서 Q는 감도계수이고 X_L은 유도성 리액턴스, r_S는 X_L에 직렬로 연결된 저항이다.

$$Q = \frac{1500\varOmega}{10\varOmega} = 150$$

Q는 단위를 갖지 않는데 그 이유는 저항과 리액턴스의 단위가 모두 $\varOmega$ 이므로 서로 상쇄되기 때문이다. 따라서 직렬저항이 공진시 전류의 크기를 제한하므로 직렬저항의 크기가 작을수록 공진 주파수에서 전류의 크기는 날카롭게 증가하는데 이것은 Q가 크다는 것을 의미한다. 또한 공진에서의 리액턴스 값이 커지면 최대전류가 출력전압의 크기를 크게 한다. Q는 공진에서 X_L 대신 X_C를 사용해도 그 크기는 변화가 없다. 그 이유는 공진시의 $X_L = X_C$이기 때문이다. 여하튼 회로의 Q는 X_L의 항에서 고려되는데 그 이유가 직렬저항은 코일 속에 포함되기 때문이다. 이런 경우 코일의 Q와 직렬 공진회로의 Q는 서로 같은 값을 갖게 된다. 만약 보조저항이 삽입된다면 회로의 Q는 코일의 Q보다 적어지게 된다. 회로가 가질 수 있는 최대 크기의 Q는 코일의 Q와 같다. Q가 150이라면 비교적 큰 값이라고 말할 수 있다. 일반적인 값은 대략 50에서 250이다. 10보다 적게 되면 Q는 낮은 값이고 300보다 크다면 아주 큰 값이다.

■ L/C의 비가 크면 Q가 크다.

앞의 표 9-1에서 이미 표시한 것처럼 LC 조합의 여러 가지 경우가 같은 f_r을 갖는 것을 설명했다. 여하튼 공진에서 리액턴스의 크기는 서로 달라진다. X_L 좀더 커지면 C는 작아지고 X_L과 X_C가 모두 크다면 L/C의 비가 커진다. 만약 교류저항이 증가하지 않는다면 X_L은 Q를 증가시킬 수 있다. 일반적으로 RF 코일에서 최대의 Q는 X_L이 약 $1000 \,\varOmega$ 일 때 발생된다. 많은 경우에 최소의 C는 회로의 표유 캐패시턴스에 의해서 제한된다.

■ 직렬연결된 L이나 C의 양단 전압에서 Q 배만큼 증가한다.

공진회로의 Q는 직렬회로에서 전류의 공진 상승에 의해서 증가되는 L이나 C 양단의 전압이 어떻게 증가하는가를 결정하는 확장계수로 생각할 수 있다. 특별히 직렬 공진에서 출력전압의 Q배까지 증가한다.

$$V_L = V_C = Q \times V_{\text{인가전압}} \tag{9-22}$$

그림 9-22(a)에서 인가전압이 $300\,\mu$ V 이고 Q가 150이다. L이나 C 양단의 공진상승 전압은 $45,000\,\mu$ V가 된다.

■ 직렬공진회로에서의 Q의 측정방법

직렬공진회로가 갖는 Q의 본질은 L이나 C 양단의 전압을 측정하고 이것을 인가 전압과 비교함으로 해서 실험적으로 확인할 수 있다.

$$Q = \frac{V_{\text{out}}}{V_{\text{in}}} \tag{9-23}$$

위 식에서 V_{OUT}은 코일이나 콘덴서에서 측정되는 ac 전압이고 V_{in}은 회로에 인가된 전압이다. 그림 9-22(b)에서 L과 C 양단에 교류 전압계를 연결하면 공진 주파수에서 $45,000\,\mu$ V의 전압을 측정할 수 있다. 역시 입력전압은 $300\,\mu$ V이므로 Q는 150이 된다.

$$Q = \frac{V_{\text{out}}}{V_{\text{IN}}} = \frac{45,000\,\mu\text{V}}{300\,\mu\text{V}}$$

$$Q = 150$$

이 방법은 Q를 구하기 위해서 사용한 X_L / r_s 공식보다 편리하다. 그 이유는 r_s는 코일이 갖는 교류저항이기 때문에 측정에 어려움이 많기 때문이다. 코일의 교류저항은 저항계로 측정한 직류 저항보다 2배 이상 커질 수 있음에 유의해라. 사실 식 (9-23)을 사용하여 Q를 계산함으로서 손쉽게 교류저항을 계산할 수 있다.

예제 9-12

$0.4\,\text{MHz}$의 f_r을 갖는 직렬공진회로는 $2\,\text{mV}$의 입력전압에 대해서 $250\,\mu$ H의 L 양단에 $100\,\text{mV}$의 전압을 출력시킨다. Q를 계산하라.

[풀이] $Q = \dfrac{V_{\text{out}}}{V_{\text{IN}}} = \dfrac{100\text{m V}}{2\text{m V}}$

$Q = 50$

예제 9-13

앞의 예제에서 코일이 갖는 교류저항이 크기는 얼마인가?

[풀이] 코일의 Q는 50이고 $Q = X_L/r_s$이므로 $r_s = X_L/Q$로 구하면 된다. 우선 X_L을 구하면 628 Ω 이 구해진다. r_s 의 크기는 12.56 Ω 이다.

$$X_L = 2\pi f L = 6.28 \times 0.4 \times 10^6 \times 250 \times 10^{-6}$$

$$X_L = 628\ \Omega$$

$$r_s = \frac{628\ \Omega}{50} = 12.56\ \Omega$$

■ 병렬회로의 Q

병렬 공진회로에서 r_s는 X_L에 비해서 아주 적은 값을 갖지만 Q는 직렬회로와 똑같은 X_L/r_s 공식에 의해서 구해진다. 그림 9-29에서 X_L과 직렬로 연결된 코일의 r_s를 볼 수 있다. 코일의 Q는 용량성 지로의 Q보다 적기 때문에 코일의 Q를 병렬회로의 Q로 결정한다. 콘덴서는 작은 손실 때문에 비교적 큰 Q를 가지므로 동조회로에 사용된다. 그림 9-29에서 Q는 1500/10 Ω = 150이다. 이것은 직렬 공진 회로에서의 Q값과 같은 크기이다. 이 예제는 전원저항이 아주 크고 동조회로를 분류시키는 다른 지로저항이 없다고 가정한다. 이때 병렬 공진회로의 Q는 코일의 Q와 같다. 그러나 실제의 션트 저항은 위에서 해석되는 병렬 공진회로의 Q를 낮추게 한다.

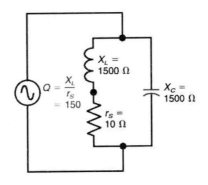

[그림 9-29] X_L에 r_s가 직렬 연결된 병렬 공진회로의 Q

■ **병렬 공진회로 양단의 임피이던스가 Q배 증가한다.**

병렬 공진회로에서 Q 확장계수는 최소 선전류 때문에 병렬회로의 합성 임피이던스가 얼마나 증가했는가를 결정하게 된다. 특히 병렬 공진회로의 임피이던스는 공진 주파수에서 유도 리액턴스의 Q배다.

$$Z_{EQ} = Q \times X_L \tag{9-24}$$

그림 9-27의 병렬 공진회로에서 X_L이 1500 Ω 이고 Q가 150 이었다. 이 사실은 공진 주파수에서 $150 \times 1500\ \Omega = 225,000\ \Omega$ 에 해당하는 임피이던스를 갖게 된다는 것을 의미하며, 선전류는 V_A/Z_{EQ}이므로 $300\mu\ \mathrm{V}/225,000\ \Omega = 0.001,333\ \mu\ \mathrm{A}$ 가 흐르게 된다. f_r에서의 최소 선전류는 각 지로전류의 $1/Q$배에 해당한다. 그림 9-28에서 I_C나 I_L은 $0.2\ \mu$ A를 갖고 Q가 150이기 때문에 I_T는 $0.2/150 = 0.0013$ μ A가 된다. 이것은 V_A/Z_{EQ} 와 같은 크기를 갖기 때문에 순환 전류는 최소 I_T의 Q배에 해당한다는 것을 알 수 있다.

■ **병렬 공진회로의 Z_{EQ} 측정방법**

공식 (9-25)을 $Q = Z_{EQ}/X_L$로 변환시키면 편리하게 사용할 수 있다. Z_{EQ}를 측정하기 위해서 그림 9-29에 표시된 방법을 사용한다. 여기서 Q는 코일의 유도성 리액턴스와 Z_{EQ}로부터 계산되어진다. Z_{EQ}를 계산하기 위해서 우선 LC 회로를 공진시켜야 한다. 이때 R_1을 조정해서 자신의 교류전압 V_R이 공진회로의 교류 전압 V_{LC}와 같도록 하면 Z_{EQ}는 R_1과 같게 된다. 그림 9-27과 그림 9-29에 표시된 병렬 공진회로에서 Z_{EQ}는 225,000Ω 이다. 따라서 $Q = Z_{EQ}/X_L$ 이므로 225,000/1500=150 이 된다.

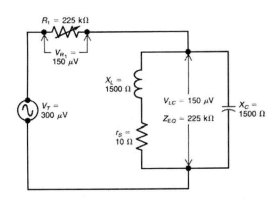

[그림 9-30] 병렬공진회로의 Z_{EQ} 측정방법. R_1을 조정해서 $V_R = V_{LC}$가 되도록 만든다. 이때 $Z_{EQ} = R_1$이다.

예제 9-14

그림 9-30에서 V_T에 대한 교류 입력신호가 4 V이고 R_1에 걸리는 전압은 R_1이 225 kΩ 일 때 2V이다. Z_{EQ}와 Q를 계산하시오.

풀이 V_T를 등가로 배분하기 위해서 Z_{EQ}는 225 KΩ 이어야 한다. 전압 분배는 R_1과 Z_{EQ}의 상대적인 크기에 따라 결정되므로 교류 입력과는 무관하다. Z_{EQ}가 225 KΩ 이고 X_L이 1.5 KΩ 이므로 Q는 225/1.5 = 150이 된다.

예제 9-15

350 μ H의 L을 갖고 200 kHz에 동조되는 병렬 LC회로가 17,600 Ω 의 Z_{EQ}를 갖는다면 Q는 얼마인가?

풀이 우선 f_r에서 X_L을 계산한다.

$$X_L = 2\pi \times 200 \times 10^3 \times 350 \times 10^{-6} = 440 \ \Omega$$

$$Q = \frac{Z_{EQ}}{X_L} = \frac{17,600}{440} = 40$$

9-10 공진회로의 대역폭

LC회로가 어느 한 주파수에서 공진 된다면 최대 공진 효과를 갖는다. 여하튼 f_r에 근접한 다른 주파수들도 또한 효과적이다. 직렬공진의 경우에 f_r 바로 위아래의 주파수에서 전류는 공진점에서 보다는 적지만 상당히 접근한다. 마찬가지로 병렬 공진의 경우 f_r에 근접한 주파수에서는 비록 최대값의 Z_{EQ} 보다는 조금 적지만 비교적 큰 임피던스를 갖게 된다. 따라서 공진 주파수는 공진 효과를 제공하는 주파수 대역에 관계를 갖게 된다. 대역의 폭은 공진회로의 Q에 따라서 달라진다. 실제로 LC 회로가 어느 한 주파수에서만 공진된다는 것은 불가능하다. f_r에 중심을 둔 주파수의 공진 대역폭은 동조회로의 대역폭이라고 부르게 된다.

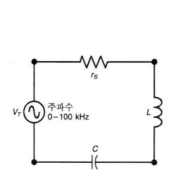
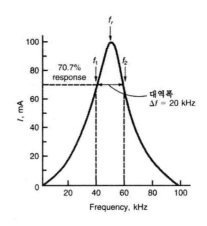

(a) 0 KHz에서 100 kHz의 입력을 갖는 직렬회로   (b) f_1과 f_2의 사이가 20 kHz의 Δf대역폭을 갖는 응답특성곡선

[그림 9-31] LC 회로의 공진 대역폭

■ 대역폭 측정

최대값의 70.7 %나 그 이상의 응답을 갖는 주파수의 모임을 일반적으로 대역폭이라 부르며 그림 9-31에 표시된 것과 같다. 공진 응답은 그림 9-31(a)의 직렬회로에서 전류를 증가시킨다. 따라서 f_1과 f_2 주파수 사이에서 대역폭을 측정할 수 있다. 병렬회로에서 공진 응답은 임피던스 Z_{EQ}를 증가시킨다. 대역폭은 f_r에서 Z_{EQ}의

최대 70.7 %를 갖는 두 주파수 사이에서 측정된다. 대역폭은 그림 9-31(b)의 공진 특성곡선에서 20 kHz이다. 이것은 60 kHz의 f_2 - 40 kHz의 f_1이 70.7 %의 응답에 해당한다. 50 kHz의 f_r에서 100 mA의 최대전류가 흐른다면 공진 아래의 f_1과 공진 위의 f_2에는 각기 70.7 mA의 전류가 흐르게 되고 이런 20 kHz 내의 모든 주파수들은 70.7 mA 이상의 전류를 흐르게 한다.

■ 대역폭 $= fr/Q$

높은 Q를 갖는 날카로운 공진은 좁은 대역폭을 의미한다. Q가 낮아질수록 공진 응답은 넓어지고 대역폭은 커진다. 또한 공진 주파수가 높을수록 날카로운 공진의 주어진 대역폭에 포함되는 주파수 범위는 커진다. 따라서 공진회로의 대역폭은 식 (9-25)에 의존하게 된다.

$$f_2 - f_1 = \Delta f = \frac{f_r}{Q} \qquad (9\text{-}25)$$

여기서 Δf는 공진 주파수 f_r 과 같은 단위를 갖는 대역폭을 의미한다. 또한 대역폭 Δf는 간단히 BW라고 약자를 사용하기도 한다. 예를 들어서 직렬회로가 100의 Q를 갖고 있으며 800 kHz에서 공진된다면 대역폭은 8 kHz가 된다. 이때 I는 최대치의 70.7 % 이상을 갖게 된다. 이런 주파수대의 800 kHz를 중심으로 796 kHz에서 804 kHz 사이에 존재한다. 10 이상의 Q를 갖는 병렬 공진회로는 식 (9-25)을 사용해서 Z_{EQ}의 70.7 % 이상을 제공하는 대역폭을 계산하게 된다. 그러나 이런 공식은 낮은 Q를 갖는 병렬 공진회로에서는 사용되지 못한다. 그것은 공진 특성곡선이 비대칭이기 때문이다.

■ 높은 Q는 좁은 대역폭을 갖는다.

Q의 값에 따라서 달라지는 응답효과를 그림 9-32에 표시했다. 같은 공진 주파수를 갖는 경우에도 Q가 클수록 대역폭은 좁아진다. 측면의 기울기는 날카롭게 되고 자신의 진폭이 커지게 된다. Q가 크면 일반적으로 공진회로로부터 더 많은 출력을 구하게 된다.

■ Edge 주파수

f_1이나 f_2 전체 대역폭의 1/2만큼 f_r 로부터 분리되어 있다. 그림 9–32에서는 Q 가 80 이고 Δf가 10 kHz일 때 f_r이 800 kHz이다. 따라서 edge 주파수는 다음과 같이 구할 수 있다.

$$f_1 = f_r - \frac{\Delta f}{2} = 800 - 5 = 795 \text{ kHz}$$

$$f_2 = f_r + \frac{\Delta f}{2} = 800 + 5 = 805 \text{ kHz}$$

이런 예는 대칭 구조의 공진 곡선을 가질 경우에만 가능하다. 따라서 높은 Q를 갖는 병렬 공진회로와 임의의 Q를 갖는 직렬 공진회로에서 적용되어질 수 있다.

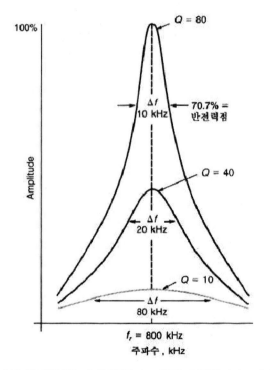

[그림 9-32] Q가 높을수록 공진응답은 날카로워진다. 진폭은 직렬공진의 I이거나 병렬공진의 Z_{EQ}를 표시한다. 반전력 주파수에서의 대역폭은 Δf이다.

예제 9-16

2000 kHz에서 공진하는 LC 회로가 100의 Q를 갖는다면 대역폭 Δf와 edge 주파수 f_1, f_2는 얼마인가?

풀이
$$\Delta f = \frac{f_r}{Q} = \frac{2000 \ \text{KHz}}{100} = 20 \ \text{KHz}$$

$$f_1 = f_r - \frac{\Delta f}{2} = 2000 - 10 = 1990 \ \text{KHz}$$

$$f_2 = f_r + \frac{\Delta f}{2} = 2000 + 10 = 2010 \ \text{KHz}$$

예제 9-17

예제 9의 회로에서 f_r 이 6000 kHz이고 Q가 100일 때 Δf, f_1, f_2 를 계산하시오.

풀이
$$f = \frac{f_r}{Q} = \frac{6000 \ \text{KHz}}{100} = 60 \ \text{KHz}$$

$$f_1 = 6000 - 30 = 5970 \ \text{KHz}$$

$$f_2 = 6000 + 30 = 6030 \ \text{KHz}$$

■ 반 전력점

계산시의 편리성을 고려해서 대역폭은 70.7 % 응답을 갖는 두 주파수 사이를 의미한다고 정의한다. 이런 각 주파수에서는 순 용량성 리액턴스이던 순 유도성 리액턴스이던 간에 저항과 크기가 같다. 이때 직렬 리액턴스와 저항의 Z_{EQ}는 R보다 1.414배 크다. 임피이턴스가 증가하면 전류는 1/1.414로 감소해서 최대값의 약 0.707배를 갖게 된다. 게다가 70.7 %의 상대적인 전류나 전압값은 전력의 50 %에 해당한다. 그 이유는 $I^2 R$ 또는 V^2/R 식에서 0.707의 제곱은 0.5이기 때문이다. 따라서 전류나 전압의 70.7 % 응답을 갖는 두 점 사이의 Δf에 대해서 유도되었다.

■ Q를 계산하기 위한 대역폭 측정

반전력점 주파수 f_1과 f_2가 실험적으로 결정되어진다. 직렬 공진에서 최대값 I의 70.7 %에 해당하는 전류를 갖는 2개의 주파수를 찾는다. 혹은 병렬 공진에서 최대 Z_{EQ}의 70.7 %에 해당하는 임피이턴스를 발생시키는 두 주파수를 구한다. 그림 9-30에서 다음의 방법을 사용하면 Q와 Δf 를 결정하는 Z_{EQ}를 구할 수 있다.

1. 회로를 f_r 에서 최대 Z_{EQ} 를 갖도록 공진 시킨다. 예에서는 200 kHz의 공진 주파수에서 Z_{EQ} 가 10,000 Ω 이 되도록 한다.

2. 입력전압의 크기를 유지하면서 주파수를 f_r 아래쪽으로 약간 이동시켜서 Z_1 이 Z_{EQ} 의 70.7 %가 되는 f_r 주파수를 찾는다. 이때의 Z_1 은 10,000 × 70.7 = 7070 Ω 이다. 이때의 f_1 은 195 kHz라고 가정하자.

3. f_2 를 찾기 위해서 f_r 위쪽으로 약간 주파수를 이동시켜서 $Z_2 Z_2$ 가 7070 Ω 이 되는 주파수를 찾으면 205 kHz가 된다.

4. 두 반전력점 사이의 대역폭은 $f_2 - f_1$ 에 의해서 구해지며 10 kHz가 크기를 갖는다.

5. $Q = f_r / \Delta f$ 에 의해서 Q 가 20이 됨을 계산할 수 있다.

9-11 동조

이것은 L 이나 C 를 변화시킴으로 해서 여러 다른 주파수에서 공진을 얻을 수 있다는 것을 의미한다. 그림 9-33에는 가변 콘덴서 C 가 5개의 서로 다른 주파수에서 공진 되어질 수 있도록 LC 회로를 동조시키는 것을 표시하고 있다. V_1 에서 V_5 까지 5개의 전압은 특별한 주파수를 갖는 교류입력을 표시하고 있다. LC 회로의 공진 주파수에 의해서 결정되는 최대 출력을 위해서 하나의 주파수가 선택되어진다. C 가 424 pF으로 고정되면 LC 회로의 공진 주파수는 500 kHz의 주파수를 갖는 입력전압은 C 양단에서 최대 출력전압을 갖도록 하는 공진전류를 발생시킨다. 또 다른 주파수인 707 kHz에서 출력전압은 입력보다 적게 된다. C 가 424 pF이기 때문에 LC 는 500 kHz에 동조되고 다른 주파수에 비교할 때 출력전압이 아주 크게 증가한다. 우리가 707 kHz의 주파수에서 교류 입력에 대한 최대 출력전압을 발생시키고자 한다면 LC 회로를 707 kHz에 동조시키도록 C 값을 212 pF에 고정시켜야 한다. 이와 유사하게 동조회로는 각각의 입력전압에 대한 다른 주파수에서 공진 될 수 있으며, LC 회로는 원하는 주파수에 선택되도록 동조된다. 가변 콘덴서 C 는 LC 회로가 다른 주파수에 동조되도록 표 9-2에 표시된 값을 갖게 된다.

표 9-2에는 5개의 주파수만 기록했는데, 500 kHz에서 2000 kHz 범위의 주파

수에서 $239\,\mu\mathrm{H}$의 코일과 동조되는 콘덴서의 가변용량은 $26.5\,\mathrm{pF}$에서 $424\,\mathrm{pF}$의 크기를 갖게 된다. 병렬 공진회로도 L이나 C의 가변에 의해서 동조될 수 있다.

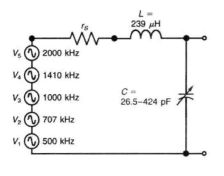

(a) 회로는 다른 주파수에서 입력 전압을 갖는다.

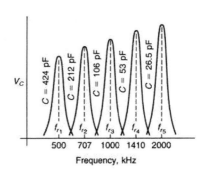

(b) C가 변화할 때 다른 주파수에서의 공진응답

[그림 9-33] 동조회로

표 9-2 가변 콘덴서 C에 의한 LC 회로의 동조

L, μH	C, pF	fr , kHz
239	424	500
239	212	707
239	106	1000
239	53	1410
239	26.5	2000

■ 동조비

LC 회로가 동조될 때 공진 주파수의 변화는 L이나 C의 변화의 제곱근에 반비례한다. 표 9-2에 표시한 것처럼 C가 1/4로 감소하면($424\,\mathrm{pF}$에서 $106\,\mathrm{pF}$으로) 공진주파수는 $500\,\mathrm{kHz}$에서 $1000\,\mathrm{kHz}$로 2배 증가한다. 혹은 주파수는 $1/\sqrt{\dfrac{1}{4}}$ 비율로 증가하므로 2배가 증가한다.

가령 $500\,\mathrm{kHz}$에서 $2000\,\mathrm{kHz}$ 사이의 모든 주파수를 동조시키고자 한다면 동조비는 4 : 1이 된다. 따라서 캐패시턴스는 $242\,\mathrm{pF}$에서 $26.5\,\mathrm{pF}$까지 16 : 1의 용량비를 갖게 된다.

■ 라디오의 동조 다이얼

그림 9-34은 방송대역에서의 원하는 방송의 전송 주파수를 수신기로 동조시키는 공진회로의 일반적인 응용을 표시하고 있다. 동조는 공기 콘덴서 C에 의해서 행해지며 공기 콘덴서는 완전히 mesh가 벗어났을 때 40 pF이고, 완전히 겹쳐질 때 360 pF의 캐패시턴스를 갖게 된다. 고정된 극판은 스태터를 구성하고 로터는 안 밖으로 이동하게 된다. 540 kHz의 가장 낮은 주파수는 360 pF의 높은 C에서 동조되고, 가장 높은 주파수인 1600 kHz는 가장 낮은 C인 40 pF에서 동조된다. 캐패시턴스의 범위가 40 pF에서 360 pF으로 가변될 때 주파수의 범위는 1620 kHz에서 540 kHz까지 변하게 된다. 주파수 F_L이 F_H의 1/3인 것은 최대 C가 최소 C의 9배이기 때문이다. 동조 다이얼은 공간을 확보하기 위해서 마지막 zero는 항상 생각한다. 똑같은 개념이 88 MHz에서 108 MHz 사이의 FM 방송 대역에서도 적용되어진다. 또한 TV 수상기는 원하는 주파수에서의 공진에 의해서 특정한 방송 채널에 동조되어진다. 전자동조에서의 C의 바랙터에 의해서 가변 되어진다. 이것은 반도체 다이오드로서 자신의 전압이 변할 때 캐패시턴스가 변하게 된다.

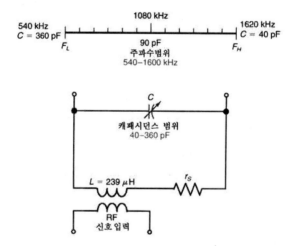

[그림 9-34] 540 kHz에서 1620 kHz의 AM 방송대역에서의 LC동조회로

9-12 비동조

예를 들어서 직렬 LC 회로는 $1000\,\text{kHz}$에서 동조되지만 입력전압의 주파수가 $17\,\text{kHz}$라면 완전하게 비공진 하게 된다. 회로는 $1000\,\text{kHz}$의 주파수를 갖는 전류가 출력전압에서 Q배만큼 전압을 증폭시키지만 입력전압이 존재하지 않기 때문에 이런 주파수에서 전류는 존재하지 않는다. 입력전압은 $17\,\text{kHz}$의 주파수를 갖는 전류를 발생시키고 이런 주파수는 전류에서 공진 상승을 발생시킬 수 없는데, 그 이유는 전류가 순 리액턴스 성분에 의해서 제한되기 때문이다. 입력전압의 주파수와 LC 공진회로의 주파수가 같지 않을 때 비동조된 회로는 공진시 전압에서 Q배 증가를 갖는 출력과 비교할 때 아주 작은 크기를 갖게 된다. 이와 유사하게 병렬회로가 비동조되면 큰값의 임피이턴스를 갖지 못하게 된다.

■ 직렬회로의 off Resonance

입력전압의 주파수가 직렬 LC 회로의 공진 주파수보다 낮다면 용량성 리액턴스가 유도성 리액턴스보다 커진다. 결과적으로 유도성 리액턴스보다 용량성 리액턴스 양단에 걸리는 전압이 커진다. 직렬 LC 회로는 공진 아래서는 용량성이기 때문에 용량성 전류가 인가전압보다 위상이 앞서고, 공진 주파수보다 위쪽의 주파수에서 유도성 리액턴스가 용량성 리액턴스보다 커진다. 그 결과 회로는 공진 위에서 유도성으로 되고 유도성 전류는 인가전압보다 위상이 뒤진다. 두 경우 모두 공진시의 출력전압보다 아주 적은 출력전압을 발생시킨다.

■ 병렬회로의 off Resonance

병렬 LC 회로는 공진 아래에서 유도성 리액턴스의 크기가 작기 때문에 용량성 지로전류보다 유도성 지로전류의 크기가 크게 된다. 순 선전류는 유도성이 되고 병렬 LC 회로는 공진 아래에서 유도성이 되기 때문에 본선전류는 인가전압보다 위상이 늦어진다. 공진 주파수 위에서 순 본선전류는 용량성이 되며 병렬 LC 회로가 용량성이 때문에 인가전압보다 위상이 앞서게 된다. 두 경우 모두 병렬회로의 Z_{EQ}는 공진시의 최대 임피이턴스보다 아주 적게 된다. 용량성과 유도성의 off resonance 효과는 직렬과 병렬회로에서 서로 반대이다.

병렬 공진회로의 해석

병렬 공진회로는 직렬 공진회로보다 해석이 어렵다. 그 이유는 X_C와 X_L이 같을 때 리액터스성 지로전류는 정확하게 같지 않기 때문이다. 이런 것은 코일이 X_L의 지로에서 직렬저항 r_s를 포함하고 있는데 비해서 콘덴서는 X_C만을 갖기 때문이다. 높은 Q를 갖는 회로에서 r_s의 효과는 무시해 버릴 수도 있지만 낮은 Q를 갖는 회로에서 유도성지로는 X_L과 r_s가 직렬로 연결된 복소 임피이던스로 해석되어지기 때문이다. 병렬회로에서의 이런 임피이던스는 그림 9-35에 표시되어 있다. Z_{EQ}는 복소수를 이용해서 계산되어진다.

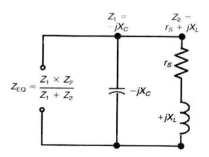

[그림 9-35] 병렬 공진회로 Z_{EQ} 계산

■ 높은 Q를 갖는 회로

그림 9-35에서의 병렬 공진회로의 Z_{EQ}는 그림 9-27에서 이미 구한 것처럼 225,000 Ω 이다. 이때 X_L과 X_C는 1500 Ω 이고 r_s는 10 Ω 이다. Z_{EQ}의 계산과정은 다음과 같다.

$$Z_{EQ} = \frac{Z_1 \times Z_2}{Z_1 + Z_2} = \frac{-j\,1500 \times (j\,1500 + 10)}{-j\,1500 + j\,1500 + 10} = \frac{-j^2\,2.25 \times 10^6 - j\,15,000}{10}$$

$$= -j^2\ 2.25 \times 10^5 - j\,1500$$

$$Z_{EQ} = 225,000 - j\,1500 = 225,000 \angle 0^0\ \Omega$$

$-j^2$ 은 +1이다. 따라서 $j1500\,\Omega$ 은 $225,000\,\Omega$ 에 비교하면 무시되어진다. 따라서 Z_{EQ} 는 $Q \times X_L$ 혹은 $150 \times 15,000$ 의 크기를 갖게 된다.

■ 낮은 Q를 갖는 회로

Q 가 10보다 적을 때 낮다고 말할 수 있다. 그림 9–27에 표시된 동일회로에서 X_L 은 $1500\,\Omega$ 이고 r_s 가 $300\,\Omega$ 이라면 Q 는 $1500/300 = 5$ 가 될 것이다. 이런 경우는 r_s 가 고려된다. 왜냐하면 X_C 와 X_L 이 같다고 하더라도 지로전류의 크기가 다르기 때문이다. 비교적 낮은 Q 를 갖는 회로의 Z_{EQ} 는 지로 임피이던스의 항으로 계산되어지며, 예제에서 모든 임피이던스는 kΩ 단위로 표시했다.

$$Z_{EQ} = \frac{Z_1 \times Z_2}{Z_1 + Z_2} = \frac{-j1.5 \times (j1.5 + 0.3)}{-j1.5 + j.15 + 0.3} = \frac{-j^2 2.25 - j\,0.45}{0.3}$$

$$Z_{EQ} = 7.5 - j1.5 = 7.65 \angle -11.3°\ k\Omega = 7650 \angle -11.3°$$

위상각 θ 가 zero가 아닌 이유는 X_L 과 X_C 는 같지만 리액턴스성 지로전류가 같지 않기 때문이다. X_L 에 포함된 r_s 의 크기가 X_C 지로에서의 I_C 보다 적은 지로전류를 발생시킨다.

■ 병렬공진의 판별

주파수 f_r 은 $X_C = X_L$ 이기 때문에 항상 $1/(2\pi\sqrt{LC})$ 의 공식에 의해서 구해진다. 그러나 낮은 Q 를 갖는 회로의 f_r 은 반드시 원하는 공진 효과를 제공하지는 않는다. 병렬공진의 세 가지 판별은 다음과 같다.

1. zero 위상각과 단위 역률
2. 최대 임피이던스 Z_T 와 최소 선전류
3. $X_C = X_L,\ f_r = \dfrac{1}{2\pi\sqrt{LC}}$

이런 세 가지 효과는 낮은 Q 를 갖는 병렬회로의 같은 주파수에서 발생되지 않는다. 단위 역률은 $X_L = X_C$ 인 경우와 구분하기 위해서 병렬회로의 antiresonance라고 부른다. Q 가 10 이상일 때 병렬 지로전류는 실질적으로 $X_L = X_C$ 에서 같게 된다.

이때 $f_r = \dfrac{1}{2\pi\sqrt{LC}}$이다. 위상각은 zero가 되며 임피이던스는 최대가 된다. 직렬 공진회로는 병렬지로가 없기 때문에 정확하게 f_r에서 전류가 최대가 되며 Q값의 높고 낮음과는 무관하다.

9-14 병렬 공진회로의 Damping

그림 9-36(a)에서 L과 C 양단에 연결된 션트 저항 R_P는 동조회로의 Q를 낮게 만들기 때문에 댐핑 저항이라고 부른다. R_P는 병렬 공진회로를 구동시키는 외부전원의 저항으로 표시될 수도 있으며 대역폭을 증가시키고 Q를 낮추기 위해서 더해진 실제 저항기일 수도 있다. Q를 감소시키기 위해서 R_P를 사용하는 것은 직렬저항 r_s를 증가시키는 것보다 우수하다. 그 이유가 공진응답은 션트 댐핑을 가질 때 더욱 대칭

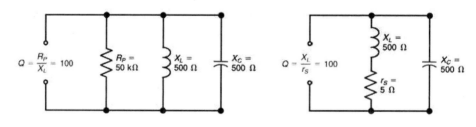

(a) r_s를 무시하고 R_p를 사용한다. (b) 직렬 r_s가 사용되고 R_p는 존재하지 않는다.

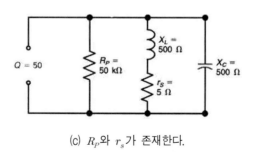

(c) R_p와 r_s가 존재한다.

[그림 9-36] 코일 저항 r_s와 병렬 댐핑 저항 R_P를 갖는 병렬 공진회로의 Q

구조를 갖기 때문이다. 병렬 R_P의 가변효과는 직렬 r_s와 반대이며, R_P의 낮은 값은 Q를 낮추고 공진의 날카로움도 감소시킨다. 병렬지로에서의 낮은 저항은 많은 전류를 흐르게 한다는 것을 기억해야 한다. 이런 저항성 지로전류는 리액턴스 전류에 의해서 공진시 상쇄되지 않는다. 따라서 공진의 최소 선전류는 증가한 저항성 선전류 때문에 덜 날카롭게 되고 특별하게 Q는 병렬지로에서 결정될 때는 식(9-26)에 의해서 구해진다.

$$Q = \frac{R_P}{X_L} \qquad\qquad (9\text{-}26)$$

이 관계식은 션트 R_P와 직렬 r_s에 의해서 구성되며 R_P가 감소하면 Q가 줄어들고 r_s를 감소시키면 Q는 증가된다. 댐핑은 r_s와 R_P에 의해서 모두 행해질 수 있다.

■ r_s를 갖지 않는 병렬 R_P

그림 9-36(a)에서 Q는 r_s가 존재하지 않기 때문에 오로지 R_P에 의해서만 결정되어지며 r_s는 아주 작거나 0이라고 간주하면 된다. 이때 코일의 Q는 동조회로의 댐핑된 Q보다 10 배 이상 충분히 큰 값이거나 ∞ 크기를 갖는다. 댐핑된 공진회로의 Q는 R_P/X_L에 의해서 구해보면 100이 된다.

$$Q = R_P/X_L = 50,000/500 = 100$$

■ R_P가 존재하지 않는 직렬 r_s

그림 9-36(b)에서는 R_P가 존재하지 않기 때문에 Q는 오직 r_s에 의해서만 결정되어지므로 $Q = X_L/r_s$이다. 따라서 100 이 된다.

$$Q = X_L/r_s = 500/5 = 100$$

이런 코일의 Q는 션트 댐핑을 갖지 않는 병렬 공진회로의 Q가 된다.

■ r_s 혹은 R_P의 변환

그림 9-36(a)와 그림 9-36(b)에서 두 회로의 Q가 모두 100이다. 이것은 50,000 Ω의 R_P가 5 Ω의 r_s로 변환되었기 때문이다. r_s는 R_P로 변환될 수 있다. 따라서 다음 공식을 유도할 수 있다.

$$r_s = X^2_{/R_pL} \qquad\qquad R_P = X^2_{/r_sL}$$

따라서 r_s는 250,000/50,000 = 5 Ω 이고 R_P는 250,000/5 = 50,000 Ω 이다.

■ r_s와 R_P를 갖는 Damping

그림 9-36(c)는 r_s와 R_P를 함께 고려하는 경우를 표시하고 있다. 이때 회로의 Q 는 식(9-27)에 의해서 계산되어진다.

$$Q = \frac{X_L}{r_s + X^2_{/R_pL}} \tag{9-27}$$

그림 9-36(c)에서 Q를 계산하면 50이 된다.

$$Q = \frac{500}{5 + 250,000/50,000} = \frac{500}{5+5} = \frac{500}{10}$$

$$Q = 50$$

그림 9-36(a), (b)의 경우에서 Q와 비교하면 아주 적은 값인데 그 이유는 r_s와 R_P를 모두 고려했기 때문이다. 식 (9-27)에서 r_s가 0이라면 $Q = R_P/X_L$로 변환되어지며 이것은 식 (9-26)과 같아진다. 병렬지로가 개방되면 R_P가 ∞이므로 식 (9-27)은 X_L/r_s로 표시되고 이것은 션트 댐핑을 갖지 않는 식(9-21)와 같다.

9-15 공진회로의 L과 C 선택

다음 예들은 X_L과 X_C의 응용에 의해 어떻게 공진되는가를 설명하고 있다. 가령 159 kHz에서 회로를 공진 시킨다면 적당한 인덕터스와 캐패시턴스 값을 결정하는 문제에 직면하게 될 것이다. 우선 C나 L 중에서 한 가지를 알고 있어야 나머지 값을 구할 수 있다. 아주 높은 주파수를 갖는 경우에 C는 약 10 pF 정도의 낮은 값을 갖게 되고 중간 주파수에서는 일반적으로 L을 선택하게 되는데 보통 X_L은 1000 Ω 정도에서 결정된다. 이때 인덕턴스를 구해야 하는데 그 크기는 1 mH 정도가 된다. 159 kHz에서 공진될 때 L이 1 mH라면 C는 1000 pF이 된다. 이것은 159 kHz에서 X_C가 1000 Ω 이 되기 때문이다.

어떤 경우에는 $1 \times 10^{-9} F$의 C와 $1 \times 10^{-3} H$의 L을 사용할 경우 f_r 은 159 kHz 가 된다. 159 kHz에서의 L과 C는 병렬과 직렬에서 모두 공진하게 된다. 직렬 공진에서는 159 kHz에서 L이나 C 양단에 최대전압과 최대전류를 발생시키고 f_r 에서 동조되는 RF 증폭기의 입력회로에서 필요로 하는 효과이다. 병렬 공진에서의 효과는 159 kHz에서 최소의 선전류와 최대 임피이던스를 발생시키므로 RF 증폭기의 출력에서 필요하게 된다.

만약 L로 사용한 1 mH의 코일이 20 Ω 의 내부 저항을 갖고 있다면 코일의 Q는 50이 된다. 이 값은 또한 직렬 공진회로의 Q이기도 한다. 만약 션트 댐핑 저항이 병렬 LC회로 양단에 존재하지 않는다면 자신의 Q 역시 50 이 되고 공진회로의 대역폭 Δf는 3.18 kHz이다.

연습문제

① $100e^{j\frac{2}{3}\pi}$ 를 복소수로 표시하시오.

② $e^{j\frac{2}{3}\pi}$ 는 어떻게 표시되는가?

③ $\dot{A}_1 = 20\left(\cos\frac{\pi}{3} + j\sin\frac{\pi}{3}\right),\ \dot{A}_2 = 5\left(\cos\frac{\pi}{6} + j\sin\frac{\pi}{6}\right)$로 표시되는 두 벡터가 있다. $\dot{A}_3 = \dot{A}_1/\dot{A}_2$의 값은 얼마인가?

④ ⓐ $A = 13\angle 112.6°$를 직각좌표형으로 변환하시오.
　　ⓑ $A = 9.5\angle 73°$를 직각좌표형으로 변환하시오.
　　ⓒ $A = 1.2\angle -152°$를 직각좌표형으로 변환하시오.
　　ⓓ $\dot{A} = 6 + j\,8,\ \dot{B} = 20\angle 60°$일때 $\dot{A} + \dot{B}$를 직각좌표형식으로 표시하시오.

⑤ $I_1 = 20\angle\tan^{-1}(4/3), I_2 = 10\angle\tan^{-1}(3/4)$일 때 $I = (I_1 - I_2)$는 얼마인가?

⑥ $\dot{I}_1 = 5\left(\cos\frac{\pi}{6} + j\sin\frac{\pi}{6}\right)$와 $\dot{I}_2 = 4\left(\cos\frac{\pi}{3} + j\sin\frac{\pi}{3}\right)$로 표시되는 두 벡터의 곱을 구하시오.

⑦ $v = 100\sqrt{2}\,sin\left(wt + \frac{\pi}{3}\right)$를 복소수로 표시하시오.

⑧ 그림 9–37와 같은 회로에서 전류 i의 순시치를 표시하는 식을 구하시오.

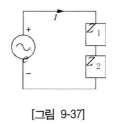

[그림 9-37]

⑨ 그림 9–38과 같은 회로에서 벡터 어드미턴스 $\dot{Y}[\text{℧}]$를 구하시오.

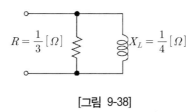

[그림 9-38]

⑩ 그림 9–39과 같은 R–C 병렬 회로에 전압원 $e_s(t)$로서 $10\epsilon^{-5t}$인 전압을 사용할 때 전류 $i_c(t)$를 구하시오.

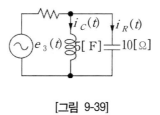

[그림 9-39]

⑪ 임피던스 $Z = 15 + j4[\text{℧}]$의 회로에서 $\dot{I} = 10(2+j)$를 흘리는데 필요한 전압 $\dot{V}$는 얼마인지 구하시오.

281

⑫ 그림 9-40과 같은 회로에서 단자 ab에 $100[V]$를 인가할 때 cd사이에 나타나는 전압은 몇[V]인지 계산하시오.

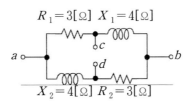

$R_1 = 3[\Omega]$ $X_1 = 4[\Omega]$

$X_2 = 4[\Omega]$ $R_2 = 3[\Omega]$

[그림 9-40]

⑬ 다음의 그림 9-41의 L ab단자 사이의 합성 임피던스 [Ω]는 얼마인지 계산하시오.

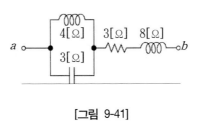

$4[\Omega]$ $3[\Omega]$ $8[\Omega]$

$3[\Omega]$

[그림 9-41]

⑭ 합성 어드미턴스 $\dot{A} = G_1 + jB_1$, $\dot{B} = G_2 - jB_2$의 합성 어드미턴스를 계산하시오.

⑮ 그림 9-42에 표시된 공진회로에서 i, v_R, v_L, v_C를 페이저형으로 구하시오. 회로의 Q_s는 얼마인가? 공진주파수가 $5000 Hz$라고 가정하고 대역폭을 구하시오. 반전력점 주파수에서 회로에서 소비된 전력은 얼마인가?

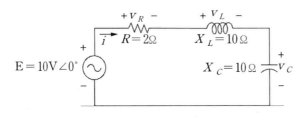

$+ v_R -$ $+ v_L -$

$\overrightarrow{i}$ $R = 2\Omega$ $X_L = 10\Omega$

$E = 10V \angle 0°$ $X_C = 10\Omega$ v_C

[그림 9-42]

⑯ 직렬공진회로의 대역폭은 $400Hz$이다. 만약 공진주파수가 $4000Hz$라면 Q_s값은 얼마인가? $R = 10\Omega$에서 공진이 일어나는 X_L의 값은 얼마인가? 회로의 인덕턴스 L과 커패시턴스 C를 구하시오.

⑰ 어떤 직렬 R–L–C 회로가 $12000Hz$의 직렬공진주파수를 갖는다. $R = 5\Omega$이고, 공진에서 X_L이 300Ω일 때의 대역폭을 구하고 차단주파수를 구하시오.

⑱ ⓐ 그림 9–43의 공진특성 곡선에 대한 대역폭과 Q를 결정하시오.
　 ⓑ $C = 0.1\mu F$일 때, 직렬공진회로에 있어서 L과 R을 결정하시오.

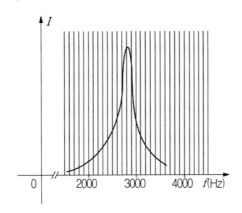

[그림 9-43]

⑲ 직렬 R–L–C 회로는 $w_s = 10^5 rad/s$에서 공진하고 $0.15w_s$의 대역폭을 가지며 $120V$전원으로부터 $16W$를 이끌어 내도록 고안되어 있다. 다음을 구하여라.

　 ⓐ 회로의 Q_s의 값　　　　　ⓑ L값
　 ⓒ 주파수　　　　　　　　　　ⓓ R값

정답

1. $100e^{j\frac{2}{3}\pi} = 100\cos\frac{2}{3}\pi + j100\sin\frac{2}{3}\pi = -50 + j50\sqrt{3}$

2. $-\frac{1}{2} + j\frac{\sqrt{3}}{2}$

3. $\dot{A}_3 = 4\left(\cos\frac{\pi}{6} + j\sin\frac{\pi}{6}\right)$

4. $16 + j25.32$

5. $4 + j10$

6. $j20$

7. $50 + j50\sqrt{3}$

8. $i = 10\sqrt{2}\sin\left(120\pi t - \tan^{-1}\frac{3}{4}\right)$

9. $\dot{Y} = \frac{1}{R} + \frac{1}{j}X_L = \frac{1}{\frac{1}{3}} \times \frac{1}{\frac{1}{j}4} = 3 - j4[\mho]$

10. $i_c(t) = C\frac{de_s(t)}{dt} = 5 \times \frac{d}{dt}(10\epsilon^{-5t}) = -250\epsilon^{-5t}$

11. $V = IZ = 10(2+j)(15+j4) = 10\{30 + 15j + 8j - 4\} = 10(26 + j23)$

12. 전류의 방향을 다음과 같이 정하면, cd사이의 전압 강하는 $\dot{V}_2 - \dot{V}_1$ 혹은 $\dot{V}_3 - \dot{V}_4$ 이다.

먼저 $\dot{I}_1 = \frac{100}{3+j}4 = 100(3 - j\frac{4)}{3^2+4^2} = \frac{300}{25} - j\frac{400}{25} = 12 - j16[A]$

$\dot{I}_2 = \frac{100}{3+j}4 = 12 - j16[A]$

따라서, R에 걸리는 단자 전압 $\dot{V}_1$, $\dot{X}_2$에 걸리는 단자 전압 $\dot{V}_2$는

$\dot{V}_1 = \dot{I}_1 R_1 = (12 - j16) \times 3 = 36 - j48[\text{V}]$

$\dot{V}_2 = \dot{I}_2 j\dot{X}_2 = (12 - j16)j4 = 64 + j48[\text{V}]$

$$\therefore \dot{V}_{cd} = \dot{V}_2 - \dot{V}_1 = (64 + j48) - (36 - j48) = 28 + j96 [\text{V}]$$

$$\therefore V_{cd} = \sqrt{28^2 + 96^2} = 100 [\text{V}]$$

13. 병렬로 된 곳의 어드미턴스 $\dot{Y}_1 = \dfrac{1}{j4} + \dfrac{1}{-j3} = \dfrac{-j3 + j4}{-j^2 \times 4 \times 3} = \dfrac{j}{12} [\text{Ʊ}]$

따라서 $\dot{Z}_1 = \dfrac{1}{\dot{Y}_1} = \dfrac{12}{j} = -j12 [\Omega]$

$$\therefore \dot{Z}_{ab} = -j12 + 3 + j8 = 3 - j4 [\Omega]$$

14. $(G_1 + G_2) + j(B_1 - B_2)$

15. $\dot{Z} = r - jX_c + \dfrac{1}{\dfrac{1}{R} + \dfrac{1}{jX_L}} = r - jX_c + \dfrac{jRX_L}{R + jX_L}$

$$= r - jX_C + \dfrac{jRX_L(R - jX_{L)}}{R^2 + X_L^2} = r + \dfrac{RX_L^2}{R^2 + X_L^2} + j\left(\dfrac{R^2 X_L^2}{R^2 + X_L^2} - X_C\right)$$

따라서, 회로 전류가 최대가 되려면 회로의 합성 임피던스의 허수부가 00이면 된다. 즉,

$$\dfrac{R^2 X_L}{R^2 + X_L^2} - X_C = 0, \quad X_C = \dfrac{R^2 X_L}{R^2 + X_L^2}$$

$$\dfrac{1}{2\pi f C} = \dfrac{R^2 X_L}{R^2 + X_L^2}, \quad 2\pi f C R^2 X_L = R^2 + X_L^2$$

$$\therefore C = \dfrac{R^2 + X_L^2}{2\pi f R^2 X_L} = \dfrac{1}{2\pi f} \cdot \dfrac{R^2 + (2\pi f L)^2}{R^2 2\pi f L} = \dfrac{R^2 + w^2 L^2}{(2\pi f R)^2 L} = \dfrac{R^2 + w^2 L^2}{w^2 R^2 L}$$

16. $Z_{T_s} = R = 2\Omega$

$$I = \frac{E}{Z_{T_s}} = \frac{10\,V \angle 0°}{2\Omega \angle 0°} = 5A \angle 0°$$

$$V_R = E = 10\,V$$

$$V_L = IX_L = (5A \angle 0°)(10\Omega \angle 90°) = 50\,V \angle 90°$$

$$V_C = IX_L = (5A \angle 0°)(10\Omega \angle -90°) = 50\,V \angle -90°$$

$$Q_S = \frac{X_L}{R} = \frac{10\Omega}{2\Omega} = 5$$

$$BW = f_2 - f_1 = \frac{f_s}{Q_s} = \frac{5000\,Hz}{5} = 1000\,Hz$$

$$P_{HPF} = \frac{1}{2}P_{\max} = \frac{1}{2}I_{\max}^2 R = (\frac{1}{2})(5A)^2(2\Omega) = 25\,W$$

17. $BW = \dfrac{f_s}{Q_s}$ 이므로 $Q_s = \dfrac{f_s}{BW} = \dfrac{4000\,Hz}{400\,Hz} = 10$

$Q_s = \dfrac{X_L}{R}$ 이므로 $X_L = Q_s R = (10)(10\Omega) = 100\Omega$

$X_L = 2\pi f_s L$ 이므로 $L = \dfrac{X_L}{2\pi f_s} = \dfrac{100\Omega}{(6.28)(4000\,Hz)} = 3.98mH$

$X_C = \dfrac{1}{2\pi f_s C}$ 이므로 $C = \dfrac{1}{2\pi f_s X_C} = \dfrac{1}{(6.28)(4000\,Hz)(100\Omega)} = 0.398\mu F$ 이다.

18. $Q_s = \dfrac{X_L}{R} = \dfrac{300\Omega}{5\Omega} = 60\quad BW = \dfrac{f_s}{Q_s} = \dfrac{12,000\,Hz}{60} = 200\,Hz$

$Q_s \geq 10$이기 때문에 대역폭의 중간은 f_s 가 된다. 따라서

$$f_2 = f_s + \frac{BW}{2} = 12,000\,Hz + 100\,Hz = 12,000\,Hz$$

$$f_1 = 12,000\,Hz - 100\,Hz = 11,900\,Hz \text{이다.}$$

19. ⓐ 공진주파수가 $2800\,Hz$ 이다. 극값의 0.707일 때, $BW = 200\,Hz$ 이다. 그리고

$$Q_s = \frac{f_s}{BW} = \frac{2800\,Hz}{200\,Hz} = 14$$

ⓑ $f_s = \dfrac{1}{2\pi\sqrt{LC}}$

ⓒ $L = \dfrac{1}{4\pi^2 f_s^2 C}$

$= \dfrac{1}{4\pi^2 (2.8 \times 10^3 Hz)^2 (0.1 \times 10^{-6} F)}$

$= \dfrac{1}{30.951} = 32.31 mH$

ⓓ $Q_s = \dfrac{X_L}{R}$

$= 40.572 \Omega$

Chapter 10

고유 응답

전기회로나 역학계의 특성을 예측하기 위해서는 두 가지의 다른 에너지원을 고려해야 하는데 외부 에너지원에 의한 특성을 강제응답이라고 부르고, 내부 에너지원에 의한 특성은 고유응답 이라고 부른다.

전기회로에서 외부 에너지원 다시 말하자면 강제함수는 연속이고 회로내부의 콘덴서나 인덕터에 전계나 자계의 형태로 축적된다. 따라서 내부 에너지원과 외부 에너지원을 가진 일반적인 문제나 강제 혹은 고유응답을 포함한 문제를 고찰할 필요가 있다.

강제응답은 에너지가 계속 가해지는 한 유지된다. 반대로 고유응답은 피할 수 없는 에너지의 손실, 즉 회로 내의 저항이나 역학적 마찰 때문에 시간이 지남에 따라 없어진다. 고유응답이 무시될 수 있을 정도로 작아졌을 때 정상상태에 이르렀다고 말한다. 또한 고유응답이 시작되었을 때부터 없어질 때까지를 과도기라고 부른다.

10-1 1계 미방 시스템

일반적으로 전기회로나 물리계의 특성은 미분–적분 방정식으로 표시된다. 그림 10-1에 표시된 RL 직렬회로에 I_0의 전류가 흐르고 있다고 가정한다. 갑자기 스위치를 닫아 단락 시키고 회로에 키르히호프의 전압법칙을 적용시키면 전류 i에 대한 방정식을 얻을 수 있다.

$t > 0$인 경우 회로 내의 모든 전압의 합은 0이다. 따라서 식(10-1)을 표시할 수 있다.

$$L\frac{di}{dt} + Ri = 0, \quad \frac{di}{dt} + \frac{R}{L}i = 0 \tag{10-1}$$

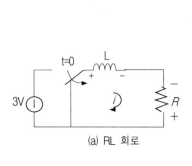

(a) RL 회로

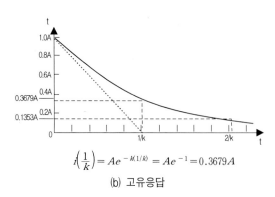

$$i\left(\frac{1}{k}\right) = Ae^{-k(1/k)} = Ae^{-1} = 0.3679A$$

(b) 고유응답

[그림 10-1]

여기서 $\dfrac{R}{L}$ 을 k라고 놓으면 식(10-2)를 표시할 수 있다.

$$\frac{di}{dt} + ki = 0 \tag{10-2}$$

$i(t) = Ae^{st}$ 라고 놓으면 미분하면 $\dfrac{di}{dt} = sAe^{st}$ 이므로 식(10-2)는 식(10-3)처럼

표시할 수 있다.

$$sAe^{st} + kAe^{st} = 0, \ \ 혹은 \ \ Ae^{st}(s+k) = 0 \tag{10-3}$$

따라서 $(s+k) = 0, s = -k$이므로 해는 식(10-4)처럼 구해진다.

$$i(t) = Ae^{kt} \tag{10-4}$$

이때 고유응답 특성곡선은 그림 10-1(b)에 표시된 거소가 같은 형태를 갖게 된다.

여기서 $\dfrac{1}{k}$ 을 시스템의 시정수 라고 부르고 τ로 표시하기도 한다.

$$i(t) = Ae^{-\frac{1}{\tau}t} \tag{10-5}$$

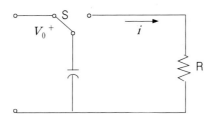

[그림 10-2] RC회로

그림 10-2에 표시된 회로를 살펴보자. 콘덴서에 초기전압 V_0 (혹은 $Q_o = CV_o$ 의

전하가)를 가지고 있다가 $t = 0$ 인 순간에 저항 R 양단에서 갑자기 단락 시켰다고 가

정하면 $t > 0$인 모든 시간에서 전류 $i(t)$는 키르히호프의 전압 법칙을 만족하고 식

289

(10-6)처럼 표시된다.

$$V_o = \frac{1}{C}\int_0^t i\,dt + R_i \tag{10-6}$$

적분을 제거하기 위해서 미분하고 상수와 항을 정리하면 식(10-7)이 유도된다.

$$R\frac{di}{dt} + \frac{1}{C}i = 0 \tag{10-7}$$

그림 10-2에 표시된 회로의 방정식인 식 (10-7)은 함수$i(t)$와 그 미분인 di/dt를 포함하고 있으며, 이들의 합은 0임을 의미한다. 이것은 $i(t)$와 di/dt가 같은 형태의 함수(지수함수)가 됨을 짐작할 수 있는데 식(10-8)처럼 이 표시할 수 있다.

$$i = Ae^{st}, \quad \frac{di}{dt} = sAe^{st} \tag{10-8}$$

여기서 A는 진폭이고, s는 주파수를 나다낸다. 식 (10-8)을 식(10-7)에 대입하면 식(10-9)을 구할 수 있다.

$$Rs\,Ae^{st} + \frac{1}{C}Ae^{st} = 0 \tag{10-9}$$

따라서 시간 t의 모든 값에서 식(10-9)가 성립된다.

$$(Rs + \frac{1}{C})Ae^{st} = 0 \tag{10-10}$$

먼저 $A = 0$ 가 되는 가능성이 있다. 그러나 이런 경우는 유용하지 못하기 때문에 타당치 않다. 다른 가능성은$(Rs + 1/C) = 0$이며 여기에서 식(10-11)과 식(10-12)를 구할 수 있다.

$$s = -\frac{1}{RC} \tag{10-11}$$

$$i = Ae^{-t/RC} \tag{10-12}$$

진폭 A를 결정하기 위하여 원래의 방정식을 살펴보면,

$V_o - \dfrac{1}{C}\displaystyle\int_0^t i\,dt - iR = 0$ 이므로 $t = 0$ 인 시간 직후인 $t = 0^+$ 를 생각하자.

전류의 적분은 유한한 시간 동안 흐른 전하량을 의미한다. 따라서 $t = 0^+$ 일 경우에 전류의 적분치는 $\displaystyle\int_0^{0^+} i\,dt = 0$가 된다. 따라서 초기조건은 식

(10-13)과 같다.

$$V_o - 0 - i_o R = 0 \text{ 혹은 } i_o = \frac{V_o}{R} \tag{10-13}$$

식(10-12)에 의해서 $t = 0^+$ 에서 $i_o = Ae^{s(0)} = Ae^0 = A$가 되며 $A = i_o = \dfrac{V_o}{R}$이다. 결국 스위치가 닫혀진 후 임의의 시간에 대해서 식(10-14)가 성립하게 된다.

$$i = \frac{V_o}{R} e^{-t/RC} \tag{10-14}$$

이식의 물리적 의미를 생각해 보면 저항에 흐르는 전류는 저항 양단의 전압에 비례하며 콘덴서에 흐르는 전류는 콘덴서 양단 전압의 시간에 대한 변화율에 비례한다는 것을 알 수 있다. 이제 스위치가 닫히면 콘덴서 양단의 전압은 저항 양단에 걸리게 되어 초기전류 $i_o = \dfrac{V_o}{R}$는 아주 큰 값이 된다.

그러나 이 전류에 의해서 전하가 이동하므로 콘덴서와 저항 양단의 전압을 $\dfrac{dvc}{dt} = \dfrac{i}{C}$ 감소시킨다.

따라서 전류는 감소된다. 전압이 감소됨에 따라서 전류가 줄어들고 전압 역시 점점 줄어들게 된다. 이런 과정에 의해서 전류는 계속해서 작아진다. i_o를 결정하는 데는 또 다른 방법이 있다. 콘덴서에 축적된 에너지는 $\dfrac{1}{2}Cv^2$이며, 이는 급격한 변화를 하지 않는다.

따라서 콘덴서 양단의 전압은 순간적인 변화를 하지 않으며, 스위치를 닫는 순간, 즉 $t = 0^+$ 에서 전압은 스위치를 닫기 전의 전압 V_o와 같아지는데 예제 10-1을 통해서 확인해 보도록 하자.

$$v_c = V_o = v_R = i_o R, \ i_o = \frac{V_o}{R} \tag{10-15}$$

예제 10-1

그림 10-3(a)에 표시한 회로에서 스위치 S를 전원으로부터 개방하는 순간, $t = 0$ 에서 RL회로를 단락 시킨다. 만약 코일의 초기전류가 $I_{0 = 10A}$ 라고 가정하고 1초 후의 전류를 구하시오.($R = 10\Omega, \ L = 2H$이다.)

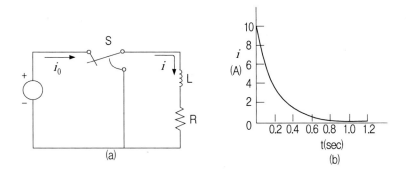

[그림 10-3] RL회로에서의 지수전류 감쇠

풀이 키르히호프의 전압법칙을 적용하면 $L\dfrac{di}{dt} + iR = 0$으로 표시된다.

지수해를 가정하면 $i = Ae^{st}$로 쓸수 있고 여기서 S와 A를 구하면 된다. 동차방정식에 대입하면 $LsAe^{st} + RAe^{st} = (sL + R)Ae^{st} = 0$을 유도할 수 있다.

만약$(sL + R) = 0, s = -\dfrac{R}{L}$ 이 라면 $i = Ae^{-(R/L)t}$가 된다.

인덕터에 축적된 에너지 $(\frac{1}{2}Li^2)$는 순간적으로 변화할 수 없으므로 코일의 전류는 갑자기 변할 수 없다. 따라서 스위치가 조작된 직후의 시간 $t = 0^+$ 일 때에

$i = I_o = Ae^o = A, \ A = I_o = 10A$ 으로 구해지고

일반해인 $i = 10e^{-(10/2)t} = 10e^{-5t}A$를 구할수 있다.

이 식을 그림으로 그린 것이 그림 10-3(b)이며 1초 후의 전류는 $0.067A$이다.

$$i = 10e^{-5 \times 1} = 10 \times 0.0067 = 0.067A$$

에너지를 축적할 수 있는 요소 하나를 가지고 있는 시스템은 1계 미분방정식으로 표시되므로 1계 미방 시스템이라고 부른다.

고유특성은 동차방정식의 해로서 구해진다. RC회로에서의 고유특성인 전류가 식 (10-16)에 표시되어있다.

$$i = I_o e^{-t/RC} \qquad\qquad (10\text{-}16)$$

그림 10-4(a)에 표시된 회로에서 $V_o = 6\,V$, R = 1000Ω, $C = 2\mu F$라고 가정하고 해를 구하면 전류는 식(10-17)처럼 구해지는데 이것에 대한 그래프는 그림 10-4(b) 에 표시된 것과 같다.

$$i = \frac{V_o}{R} e^{-t/RC} = \frac{6}{10^3} e^{-t/2*10^{-6}} = 6e^{-500t}mA \qquad\qquad (10\text{-}17)$$

그림 10-4(b)와 같이 감소되는 전류는 시간 t의 계수에 따라서 감소하는 정도가 다르다. 이런 감소속도를 구별하기 위하여 시정수를 정의할 필요가 있다. 시정수는 전류가 초기값의 1/e 이 되는 시간을 의미한다.

그림 10-4(b)를 보면 시정수 T는 0.002 sec가 됨을 알 수 있다. 식 (10-17)에서 일반적인 RC회로의 시정수는 $\tau = RC$이다.

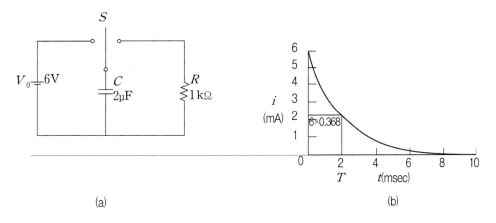

[그림 10-4] RC회로의 고유응답

10-2 2계 미방 시스템의 고유응답

만약 어떤 시스템이 두 개의 서로 다른 에너지 축적요소를 포함한다면, 이 시스템의 특성은 좀더 복잡해지며, 이런 특성을 표시하는 미분방정식은 2계 미분 방정식이 된다. 그러나 이것을 해석하는 방법은 1계 미방 시스템의 경우와 유사하다.

RLC 회로에서 에너지는 인덕터와 콘덴서에서 축적된다.

그림 10-5에 표시된 RLC 직렬회로에서 초기 조건으로 콘덴서 양단의 전압 V_O를 가정하자. 스위치가 열린 상태에서 L에는 전류가 흐르지 못하므로 자장의 형태로는 에너지가 축적되지 않으며 R역시 에너지를 축적할 능력이 없다.

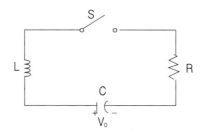

[그림 10-5] RLC 직렬회로

다음과 같은 일반적인 절차에 의해서 고유특성을 결정할 수 있다. 먼저 키르히호프의 전압 법칙 사용해서 방정식을 세운다. 시계방향으로 전류방향을 가정하면 스위치가 닫힌 후에 $L\dfrac{di}{dt} + Ri + \dfrac{1}{C}\displaystyle\int_0^t i\,dt = V_0$ 가 되며 양변을 t 로 미분하면, 식(10-17)이 구해진다.

$$L\frac{di^2}{dt^2} + R\frac{di}{dt} + \frac{1}{C}i = 0 \tag{10-17}$$

다시 말하자면 새로운 에너지 축적요소는 동차 미분 방정식의 차수를 증가시킨다. 이런 방정식은 전형적인 2계 미방 시스템을 표시한다. 이제 지수함수의 해

$i = Ae^{st}$를 가정하고 식 (10–17)에 대입하면 식(10–18)이 유도된다.

$$s^2 LAe^{st} + sRAe^{st} + \frac{1}{C}Ae^{st} = 0 \qquad (10\text{–}18)$$

따라서 식(10–19)가 성립된다.

$$Ls^2 + Rs + \frac{1}{C} = 0 \qquad (10\text{–}19)$$

이 식은 전압이나 전류로 표시된 항은 없지만 회로 특성들로 이루어진 항으로 구성되며, 여기서부터 고유특성을 얻을 수 있으므로 이를 특성 방정식이라고 부른다. 식 (10–19)의 근은 다음과 같다.

$$s_1 = -\frac{R}{2L} + \sqrt{\frac{R^2}{4L^2} - \frac{1}{LC}}, s_2 = -\frac{R}{2L} - \sqrt{\frac{R^2}{4L^2} - \frac{1}{LC}} \qquad (10\text{–}20)$$

만약 두개의 해 $i_1 = A_1 e^{s_1 t}$ 와$i_2 = A_1 e^{s_2 t}$ 가 동시에 식 (10–17)을 만족시킨다면 이들 두 개의 합도 식(10–17)을 만족시킨다. 따라서 일반해는 식(10–21) 처럼 같이 표시된다.

$$i = A_1 e^{s_1 t} + A_1 e^{s_2 t} \qquad (10\text{–}21)$$

여기서 A_1 과 A_2는 초기조건 으로 부터 구할 수 있다. 한편 R, L, C는양수 이며 실수이다. 따라서 이들 R, L, C로 주어지는 s_1, s_2는 식 (10–19)의 판별식의 부호에 따라서 실수, 복소수 및 허수가 된다. 고유응답은 판별식의 부호에 크게 좌우된다.

판별식이 0보다 크면 서로 다른 실근을 갖고, 0보다 작으면 서로 다른 복소수의 근을 가지며 특히 $R = 0$ 이면 허수의 근이 된다. 또한 판별식이 0 이면 서로 같은 실근을 갖는다.

예제 10-2

그림 10-6(a)에 주어진 회로에서 스위치가 닫힌 후 전류의 크기를 시간의 함수로 구하고 그래프로 표시하시오.

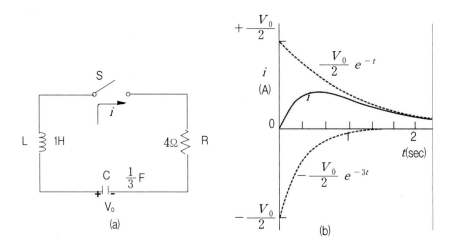

[그림 10-6] 과대 감쇠된 2계 응답

풀이 $s_1 = -\dfrac{R}{2L} + \sqrt{\dfrac{R^2}{4L^2} - \dfrac{1}{LC}}$, $s_2 = -\dfrac{R}{2L} - \sqrt{\dfrac{R^2}{4L^2} - \dfrac{1}{LC}}$ 식에 의해서 s_1과 s_2를 구하면

$\dfrac{R}{2L} = 2$, $\dfrac{R^2}{4L^2} - \dfrac{1}{LC} = 1$ 이므로 $s_1 = -1$, $s_2 = -3$ 이 된다.

따라서 일반해는 $i = A_1 e^{-t} + A_2 e^{-3t}$로 구해진다. A_1과 A_2를 결정하기 위해서 초기조건을 생각하자. 스위치가 닫히는 순간 콘덴서 양단의 전압은 $v_c = V_O$이고, 인덕터에 흐르는 전류 $i_L = 0$ 이다. 따라서 에너지는 순간적으로 변화를 할 수 없으므로 스위치가 닫혀진 직후의 시간 $t = 0^+$에서 직렬회로의 각 소자에 흐르는 전류는 0 이어야 한다.

다시 말하자면 $t = 0^+$ 일때에 전류는 0 이므로 $i = i_o = 0 = A_1 e^0 + A_2 e^0 = A_1 + A_2$ 이다.

따라서 $A_2 = -A_1$ 이고 저항 양단의 전압도 0 이므로 $v_L = v_c$이고 $L\dfrac{di}{dt} = V_O$이므로 식

$i = A_1 e^{-t} + A_2 e^{-3t}$ 로부터 $t = 0^t$ 일때에 $\dfrac{di}{dt} = \dfrac{V_o}{L} = -A_1 e^0 - 3A_2 e^0 = -A_1 - 3A_2 = -A_1 + 3A_1$

$= +2A_1$가 구해진다.

$A_1 = +\dfrac{V_0}{2L} = +\dfrac{V_0}{2}, A_2 = -A_1 = -\dfrac{V_0}{2}$ 이기 때문에 $i = \dfrac{V_0}{2}e^{-t} - \dfrac{V_0}{2}e^{-3t}$ 가 구해지고 그림

10-6(b)와 같이 그려진다.

예제 10-3

그림 10-7에 표시된 회로에서 $L = 1H$, $C = 1/17F$, $R = 2\Omega$이라고 가정하고 고유응답을 구해보시오.

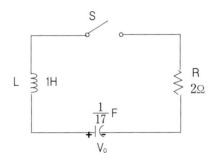

[그림 10-7] RLC 회로

풀이 $s_1 = -\dfrac{R}{2L} + \sqrt{\dfrac{R^2}{4L^2} - \dfrac{1}{LC}}$, $s_2 = -\dfrac{R}{2L} - \sqrt{\dfrac{R^2}{4L^2} - \dfrac{1}{LC}}$ 식을 이용하면

$\dfrac{R}{2L} = \dfrac{2}{2 \times 1} = 1$, $\dfrac{R^2}{4L^2} - \dfrac{1}{LC} = 1 - 17 = 16$가 구해진다.

따라서 $\quad s_1 = -1 + \sqrt{-16} = -1 + j4$, $\quad s_2 = -1 - \sqrt{-16} = -1 - j4 \quad$ 이고 $\quad$ 고유응답은
$i = A_1 e^{(-1+j4)t} + A_2 e^{(-1-j4)t}$ 가 구해진다.

판별식이 0보다 작을때는 서로 다른 두 개의 복소수근을 가지며, 두 근은 서로 공액 복소수이다. 이런 고유특성은 지수함수 형태로 진폭이 감소하는 정현파로 정의되며 예제 (10-3)에서 이미 살펴보았다. 고유응답의 물리적인 의미를 쉽게 이해하기 위해서 약간의 수학적 변환을 해보자.

$$\alpha = \frac{R}{2L}, \omega_n^2 = \frac{1}{LC}, \omega^2 = \frac{1}{LC} - \frac{R^2}{4L^2} = \omega_n^2 - \alpha^2 \text{ 라고 가정하면}$$

$s_1 = -\alpha + jw, s_2 = -\alpha - jw$로 표시할 수 있다. 고유응답으로 식(10-22)를 유도할 수 있다.

$$i = A_1 e^{(-\alpha + jw)t} + A_2 e^{(-\alpha - jw)t} \tag{10-22}$$

오일러의 방정식을 이용하면,

$e^{jwt} = \cos wt + j\sin wt, e^{-jwt} = \cos wt - j\sin wt$ 이므로 식(10-22)는 식 (10-23)처럼 쓸 수 있다.

$$i = e^{-\alpha t}[(A_1 + A_2)\cos wt + j(A_1 + A_2)\sin wt] \tag{10-23}$$

A_1과 A_2는 복소 상수이고 i는 물리적인 전류이므로 $\cos wt$와 $\sin wt$의 계수인 $(A_1 + A_2)$와 $j(A_1 - A_2)$는 실수이어야 하고 B_1과 B_2로 바꾸어 쓰면 식(10-24)를 유도할 수 있다.

$$i = e^{-\alpha t}[B_1 \cos wt + B_2 \sin wt] \tag{10-24}$$

그러나 정현파와 여현파의 합은 한 개의 정현파로 변환할 수 있으므로 식 (10-24)는 다시 $i = Ae^{-\alpha t}\sin(wt + \theta)$ 로 표시할 수 있다.

식 (10-24)은 진폭이 지수함수 형태로 감소하는 정현파이므로 감쇠형 정현파라고 부른다. 여기서 ω 는 고유 주파수라고 부르며 단위는 rad/sec이다. α 는 감쇠 계수 (damping coefficient)라고 부른다. $Ae^{-\alpha t}$는 고유특성의 포락선을 이룬다.

만일 α 가 큰 값을 가지면 빨리 감쇠하며, α 가 작을수록 늦게 감쇠한다. 여기서 진폭 A와 위상각 θ 는 상수이며 초기조건으로부터 구할 수 있다.

예제 10-4

(a) 예제(10-3)에서의 $i = A_1 e^{(-1+j4)}t + A_2 e^{(-1-j4)}t$를 감쇠 정현파의 형태로 표시하고 스위치를 닫은 후의 고유 특성을 구하시오.

(b) 진동주기의 감쇠계수를 구하라.

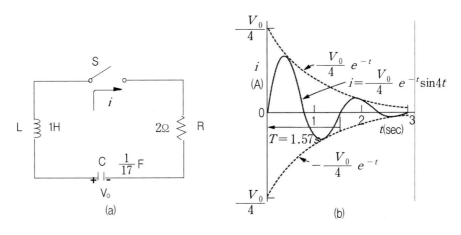

[그림 10-8] 진동하는 2차계의 응답

풀이 (a) $a = 1$, $\omega = 4$이므로 식$(10-28)$은 $i = Ae^{-t}\sin(4t+\theta)$ $\dfrac{di}{dt} = Ae^{-t}4\cos(4t+\theta)$

$-Ae^{-t}\sin(4t+\theta)$로 표시된다.

스위치를 닫은 직후의 전류는 0이고, 전류의 시간변화율은 V_0이므로 $t = 0^t$일 때 $i = 0 = Ae^0 \sin(0+\theta) = A\sin\theta$ 이다.

A는 유한한 값이므로 $\theta = 0$ 가 되어야한다.

$\dfrac{di}{dt} = V_0 = Ae^0 4\cos(0) - Ae^0 \sin(0) = 4A$이다.

따라서 $A = V_0/4$ 이므로 $i = \dfrac{V_0}{4}e^{-t}\sin4t$ 이다.

(b) 그림 10-10(b) 를 보면 주기는 1.57sec이고 감쇠계수는 $\alpha = 1\sec^{-1}$이다.

$$T = \frac{1}{f} = \frac{2\pi}{w} = \frac{2\pi}{4} = 1.57\sec$$

다시 말하자면 1초 후 포락선은 초기치의 $1/e$ 배로 줄어든다.

복소수의 근을 갖는 방정식으로 설명되는 시스템은 진동 혹은 과소 감쇠라고 부른다. 이에 반하여 근이 실수인 경우는 과대감쇠라고 부른다. 이 두 조건의 경계조건을 갖는 시스템에 대해서는 임계감쇠라고 부르며 판별식이 0, 즉 두개의 같은 실근을 가진다. 이런 경우에는 단지 경계를 나타내므로 물리적으로 큰 의미를 갖지 않지만 특수한 형태의 해를 가지므로 수학적으로 흥미있는 경우라고 할 수 있다.

예제 10-5

$L = 1H$, $C = \dfrac{1}{3}F$인 RLC직렬회로에서 임계감쇠 되는 R과 i값을 구하시오.

풀이 두개의 같은 실근을 갖기 위해서는 판별식이 0이어야 한다.

$$\frac{R^2}{4L^2} - \frac{1}{LC} = 0$$

다시 말하자면 $R = 3.6\Omega$이다.

$$R^2 = \frac{4L^2}{LC} = \frac{4}{1/3} = 12, R = 3.6\Omega$$

만약 두 근이 서로 같다면 $s_1 = s_2 = s$이므로 전류 i는

$$i = A_1 e^{st} + A_2 e^{st} = (A_1 + A_2)e^{st} = Ae^{st}$$

로 표시한다.

그러나 이것은 2계 미방식의 일반해로는 충분치 못하기 때문에 식(10-25)처럼 사용하게 된다.

$$i = A_1 e^{st} + A_2 te^{st} \tag{10-25}$$

지금까지는 2계 미방 시스템의 고유특성을 특성 방정식의 판별식의 세가지 조건에 의해서 해석하면 물리적으로 서로 다른 특성을 갖는다는 사실에 대해서 설명했다. 이번에는 이들 세가지 특성을 일반화 시키고 회로 정수가 변할 때 복소 평면 위에서 근의 위치 변화를 조사하는 방법에 대해서 알아보도록 하겠다.

일반적으로 근은 실수축인 σ축과 허수축인 jw축으로 구성되는 복소 평면 위에 위치한다. 이런 복소 평면을 s평면 또는 s가 주파수 단위를 가지기 때문에 복소 주파수 평면 이라고 부른다. 특수한 경우로 RLC직렬 회로에서 R을 0에서 ∞까지 변화시킬 경우 어떤 궤적이 구해지는지 살펴보도록 하자.

RLC회로의 특성 방정식은 식(10-19)에 표시된 것처럼 $Ls^2 + Rs + \dfrac{1}{C} = 0$ 이므로 이식의 근은 식(10-26)처럼 표시된다.

$$s = -\frac{R}{2L} \pm j \sqrt{\frac{1}{LC} - \frac{R^2}{4L^2}} = -\alpha \pm jw \tag{10-26}$$

$R = 0$일때의 근은 $s = \pm j \sqrt{\dfrac{1}{LC}} = \pm jw_n$ 인데 이것은 비감쇠 고유 주파수 w_n에 의해서 정의된다. 다시 말하자면 $R = 0$이면 $\alpha = 0$이고 진동 특성을 가지며 감쇠는 발생되지 않는다. 이런 경우의 근은 그림 10-9(e)에 표시된 것처럼 허축상에 위치한다. R_a가 아주 작고 유한한 값을 가진다면 $R = R_a$일때 s의 실수부가 생겨서 s는 서로 공액인 두개의 복소수가 된다.

이제 R이 R_b로 증가하면 근은 점 s_b로 이동하고 점 s_b와 원점 사이의 거리는 식(10-27)로 구해지고 상수값을 가진다.

$$\sqrt{\alpha^2 + w^2} = \sqrt{(-\frac{R}{2L})^2 + (\frac{1}{LC} - \frac{R^2}{4L^2})} = \sqrt{\frac{1}{LC}} = w_n \tag{10-27}$$

따라서 궤적은 반지름이 w_n인 원의 원호가 된다.

저항의 임계값은 $w = 0$에 의해서 정의된다. 다시 말하자면 판별식이 0이 되는 값을 의미한다. 이런 조건에서는 $\sigma = \dfrac{-R}{2L} = -\sqrt{\dfrac{1}{LC}}$ 이 성립된다.

저항의 임계값이 R_C라고 정의하면 $R = R_C$에서 두근은 실수축의 한점 $\sigma = -\dfrac{R}{2L}$ 에서 만나게 된다. 다시 R이 R_d로 증가하면 s_{d1}은 원점으로 이동하고 s_{d2}는 실축을 따라서 원점과 반대 방향으로 이동한다.

R이 ∞로 증가하면 s_1은 원점에 가까워지고 s_2는 무한히 증가하게 된다. 이와는 달리 회로정수를 L.C로 변수로 선택하면 근은 다른 형태의 궤적을 그리게 되는데 이런 궤적을 근의 궤적 (root locus)이라고 부르며 고유특성을 결정하는 근의 위치를 이해할 수 있으므로 해서 회로 정수의 변화에 따른 영향을 명확하게 찾아 볼 수 있다. 이런 것을 이해하기 위해서는 임피던스에 대해서 이해하는 것이 필요하다.

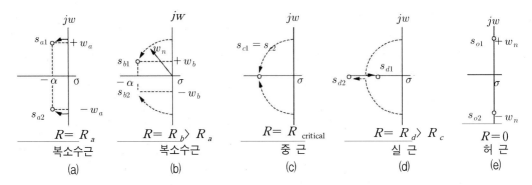

[그림 10-9] RLC 근의 궤적

10-3 임피던스

지수함수 형태의 파형을 고찰하면 전압과 전류 사이의 유용한 관계를 발견할 수 있다. 실제로 정현파는 지수 함수로 표시할 수 있고 직류는 $s = 0$인 지수 함수로 표시되어 지므로 일반 적인 경우라고 할 수 있다. s가 실수인 경우에 나타나는 여러 형태의 지수 함수를 그림 10-10에 표시했다.

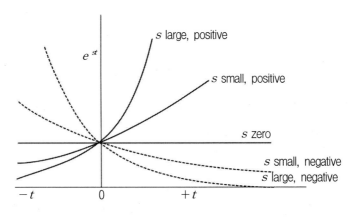

[그림 10-10] 지수함수

지수함수가 가지는 중요한 특성은 그 자신의 미분 역시 지수함수라는 점이다.

예를 들면 $i = I_o e^{st}$, $\dfrac{di}{dt} = sI_O e^{st} = si$, $v = V_o e^{st}$, $\dfrac{dv}{dt} = s V_O e^{st} = sv$로 표시된다.

이런 성질은 전압 – 전류 관계가 간단하므로 RLC를 포함하는 회로의 특성을 규명하는데 유용하게 사용될 수 있다. 지수함수 형태의 파형을 가진 전압에 대한 전류의 비를 임피던스 Z로 정의한다. 저항 R에 대해서 $v = Ri$이므로 식(10–28)을 구할 수 있다.

$$Z_R = \frac{v}{i} = \frac{iR}{i} = R \ [\ \Omega\ ] \tag{10–28}$$

인덕터 L에 대해서는 $v = L\dfrac{di}{dt} = sLi$ 이므로 식(10–29)가 구해진다.

$$Z_L = \frac{v}{i} = \frac{sLi}{i} = sL \ [\Omega] \tag{10–29}$$

콘덴서 C에 대해서는 $i = C\dfrac{dv}{dt} = sC_v$ 이므로 식(10–30)가 구해진다.

$$Z_C = \frac{v}{i} = \frac{v}{sC_v} = \frac{1}{sC} \ [\Omega] \tag{10–30}$$

이런 임피던스 Z_R, Z_C, Z_L는 지수함수형의 전압과 전류 사이의 비례상수에 지나지 않는다. 세 가지 경우 모두 저항의 단위인 Ω을 사용한다. 따라서 저항 회로에서 적용되는 옴의 법칙을 적용할 수 있다.

예제 10-6

그림 10-11에 표시된 회로에서 $R_1 = 4\Omega$, $C = 0.5F$, $R = 2\Omega$이라고 가정하고 임피던스의 개념을 사용해서 전류세기 i를 구하시오. ($v = 6e^{-2t}$라고 가정한다.)

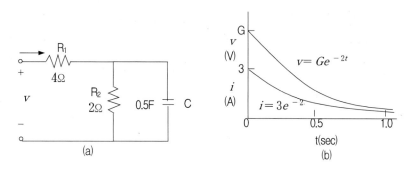

[그림 10-11]

풀이 옴의 법칙을 적용하면

$$Z = Z_1 + \frac{Z_R Z_C}{Z_R + Z_C} = R_1 + \frac{R(1/sC)}{R + (1/sC)} = 4 + \frac{2/(-2 \times 0.5)}{2 + 1/(-2 \times 0.5)} = 4 + \frac{-2}{1} = 2\Omega \text{이다. 따라서 } i$$

는 $3e^{-2t}$A이다. $i = \dfrac{v}{Z} = \dfrac{6e^{-2t}}{2} = 3e^{-2t} \, [A]$

이해가 정확한지를 검사해 보자.

$$v_R = v_C = v - iR_1 = 6e^{-2t} - 4 \times 3e^{-2t} = -6e^{-2t} A$$

$$i = i_R + i_C = \frac{v_R}{R} + C\frac{dv}{dt} = \frac{-6e^{-2t}}{2} + 0.5(-2)(-6e^{-2t}) = 3e^{-2t} A$$

두 결과가 일치된다. 따라서 임피던스 개념을 이용한 해석방법이 정확했음을 알 수 있다.

그림 10-12에 표시된 회로에서 키르히호프의 전압법칙을 적용하면 식(10-31)을 구할 수 있다.

$$v = L\frac{di}{dt} + iR + \frac{1}{C}\int i \, dt \tag{10-31}$$

식 (10-31)을 지수함수형 전류 $i = I_O e^{st}$에 대해서 정리하면 식(10-32)이 구해진다.

$$v = L_s i + i R + \frac{1}{s C} \tag{10-32}$$

$$Z = \frac{v}{i} = s L + R + \frac{1}{s C} \tag{10-33}$$

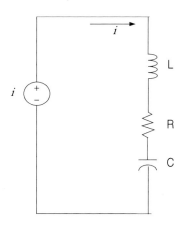

[그림 10-12] RLC 직렬회로

이식은 특성 방정식 (10-19)를 s로 나눈 것과 같다. 그러나 식(10-33)에서 임피 던스는 지수형태의 전류와 전압의 비로 표시되어있다. 직렬 연결된 회로의 전체 임피 던스는 식(10-34)에 표시된 것처럼 각 임피던스의 대수적인 합으로 구해지는데 $Z(s)$는 임피던스가 지수함수 $A e^{st}$로 표시된다는 것을 나타낸다.

$$Z = Z_L + Z_R + Z_C = Z(s) \tag{10-34}$$

예제 10-7

그림 10-13(a)에 표시된 회로에서 $i = I_O e^{st}$라고 가정하고 (a)일반적인 형태의 $Z(s)$를 구 하시오. (b)$i = 6e^{st}$라고 가정하고 v를 구하시오. (c) Z(s)를 구하고 실수축 s를 따라서 그 래프를 그리시오.

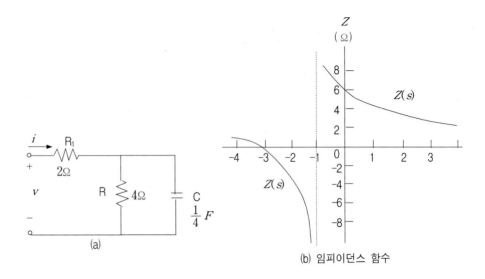

[그림 10-13] 임피던스회로

$\boxed{\text{풀이}}$ (a) $Z(s) = Z_1 + \dfrac{Z_R Z_C}{Z_R + Z_C} = R_1 + \dfrac{R(1/sC)}{R + 1/sC} = R_1 + \dfrac{R}{RsC + 1} = \dfrac{sR_1RC + R_1 + R}{sRC + 1}$

(b) $s = 2$인경우 $Z(S) = 3\dfrac{1}{3}\Omega$ 이다.

$$Z(s) = Z(2) = \dfrac{(2)(2)(4)(\frac{1}{4}) + 2 + 4}{(2)(4)(\frac{1}{4}) + 1} = 3\dfrac{1}{3}\Omega = 3\dfrac{1}{3}\Omega$$

$$v = Zi = (\dfrac{10}{3})6e^{2t} = 20e^{2t}\,V$$

(c) $Z(s) = \dfrac{2s + 6}{s + 1} = \dfrac{2(s + 3)}{s + 1}$

  그림 10-13(b)의 $Z(s)$로부터 $s = -3$일때 $Z(s) = 0$이고 $Z(s)$는 s가 -1로 접근함에 따라 무한히 증가한다는 사실을 확인할 수 있다. 임피던스 $Z(s)$는 특성 방정식과 같이 취급될 수 있으므로, 이것은 시스템의 고유특성을 알아내는데 많이 사용되며, 또한 정상상태의 문제를 풀 수도 있다.

10-4 극점과 영점

예제(10-7)에서 $Z(s)$는 s의 실수부분에 대하여 그려져 있다. s의 각각의 값은 특별한 지수함수에 대응하기 때문에 임피던스 $Z(s_1)$은 $i = I_o e^{s_1 t}$로 나타나는 전압에 대한 전류의 비율이다. 예를 들면 직류 전류의 흐름에 대해서 결정하기 위해서는 직류 전류는 $i = I_o e^{(0)t} = I_o$이므로 $s = 0$에 대해서 임피던스를 계산하면 된다.

예제(10-7)에서는 $Z(0) = 6\Omega$ 이다. 다시 말하자면 두 개의 저항이 직렬로 연결되었을 때와 같다. 이것은 정상상태에서 콘덴서 양단에 걸리는 전압에는 변함이 없으며, 또한 콘덴서에는 전류가 흐르지 않기 때문에 결과적으로 오직 두 개의 저항을 포함하고 있는 회로로 생각할 수 있다.

복소주파수 평면의 모든 점들은 지수함수를 나타내며, 전체 평면은 모든 지수함수를 나타낸다. 임피던스의 크기 $|Z(s)|$는 s평면 위의 수직거리로 나타나며 결과적으로 복잡한 평면을 갖는다.

3차원으로 표시되는 주파수함수는 s평면을 향하는 텐트와 같이 나타나며, 텐트의 높이는(즉, Z의 크기) 극점이라 불리우는 특정의 값에서 매우 커진다(무한대에 이른다). 텐트가 평면에 닿는 점의 s 값을 영점이라 부르는데 임피던스 평면의 방정식은 매우 복잡하기는 하지만 회로망 해석이나 결합에서 비교적 쉽게 사용된다.

임피던스 함수는 다음의 두 가지 이유 때문에 많이 응용되어진다. 첫째, 보통 임피던스 평면 중 어떤 하나의 궤적만이 유용한 정보를 주기 때문이다. 예를들면 jw축에 이르는 궤적은 여러 주파수를 가진 정현파 함수를 나타낸다.

둘째, 두 점은 직선, 세 점은 곡선을 정의하는 것과 마찬가지로 극점과 영점은 임피던스 함수를 거의 결정지어 줄 수 있다.

다시 말하자면 그림 10-14(d)의 극점-영점 도표는 그림 10-14(c)에 그려진 임피던스 함수의 기본적인 특성을 알려 준다. 비교적 알기 쉬운 극점(X)이나 영점(O)의 위치는 고유응답을 이해하는데 큰 도움을 준다.

예제 10-8

그림 10-13(a)에 표시되어있는 회로의 임피던스 함수 크기를 s의 실수축 및 허수축을 따라 그리시오. 또한 임피던스 곡면을 3차원적으로 스케치하시오.

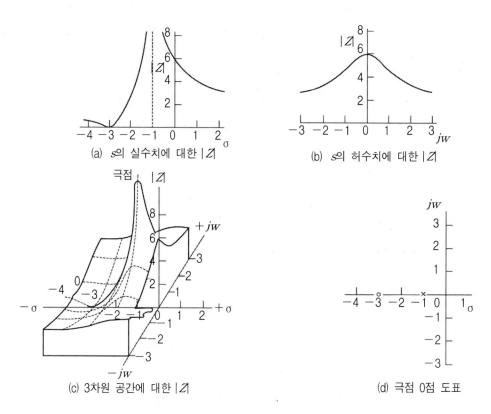

(a) s의 실수치에 대한 $|Z|$

(b) s의 허수치에 대한 $|Z|$

(c) 3차원 공간에 대한 $|Z|$

(d) 극점 0점 도표

[그림 10-14] 임피던스 함수의 도식적 표현

풀이 $Z(s)$의 크기는 s가 실수를 가질 때 그림 10-13(b)에 표시된 그래프와 같이 그릴 수 있다. s가 허수일 때 ($\pm j1$, $\pm j2$ 등)도 거의 같은 방법으로 얻을 수 있다.

$s = -j$ 일 때, $Z(s) = 2\dfrac{3-j}{1-j}$, $|Z| = \dfrac{2\sqrt{10}}{\sqrt{2}} \cong 4.5\varOmega$

$s = -1-j2$일 때, $Z(s) = 2\dfrac{2-j2}{0-j2}$, $|Z| = \dfrac{2\sqrt{8}}{\sqrt{4}} \cong 2.8\varOmega$

그림 10-14(a)와 (b), 그리고 복소평면의 다른 점들을 이용하면 임피던스곡면은 그림10-14(c)와 같이 표시된다. 0이나 혹은 무한대의 값을 갖는 점은 그림10-14(d)에 그려져 있다.

예제 10-9

그림 10-15에 표시된 회로에서 극점과 영점을 구하고 콘덴서에 초기전압 V_O가 회로 내에 에너지로 저장되었다고 가정하고 스위치 S를 닫을 때 흐르는 전류 i를 구하시오.

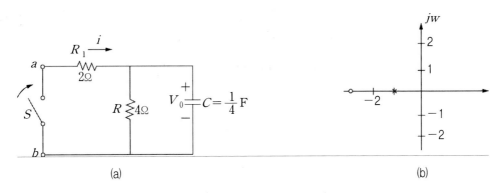

[그림 10-15] 임피던스의 영점-극점도표

풀이 이미 앞에서 설명한 바와 같이 단자 a, b에 나타나는 임피던스 함수는 $Z(S) = 2\dfrac{S+3}{S+1}$로 구

해진다. 여기서 $s = -1$일 때 분모가 0이 되며, $Z(s) = \infty$이므로 $s = -1$에 극점이 존재한다. $s = -3$일 때 분자가 0이면 $Z(S) = 0$이면 $S = -3$에 영점이 존재한다.

만약 임피던스가 0이라면 전류는 외부전압에 관계없이 존재할 수 있다. 따라서 고유 전류의 특성은 $s = s_1 = -3s = s_1 = -3$에 의해서 정의되거나 $i = I_1 e^{-3t}$로 표시된다.

앞에서와 같이 I_1은 초기조건으로부터 구할 수 있다. 스위치가 닫히는 순간에 R_1 양단에 V_0가 걸리게 되고 (가정한 전류에 반대방향으로) i는 $i_0 = I_1 e^0 = I_1 = -\dfrac{V_0}{R}$ 표시되어진

다. 따라서 고유 응답 전류는 $i = -\dfrac{V_0}{R} e^{-3t}$ 로 표시할 수 있다.

그림 10-13에 표시된 회로에서

$Z(s) = R_1 + \dfrac{R(1/sC)}{R + (1/sC)} = \dfrac{sR_1RC + R_1 + R}{sRC + 1}$ 그림 10-12에 표시된 회로에서는 임피던스 함

수가 $Z(s) = sL + R + \dfrac{1}{sC} = \dfrac{s^2LC + sRC + 1}{sC}$ 로 표시된다.

아무리 복잡한 회로라고 하더라도 저항, 인덕턴스와 캐파시턴스 로써 구성된 회로에서는 s에서의 두 다항식의 비로 나타낼 수 있는데 일반적으로 식(10-35)처럼 표시된다.

$$Z(s) = K \frac{s^n + ... + k_2 s^2 + k_1 s + k_0}{s^m + ... + c_2 s^2 + c_1 s + c_0} \qquad (10\text{--}35)$$

비록 쉬운일은 아니지만 식(10-41) 처럼 인수 분해 할수 있다.

$$Z(s) = K \frac{(s-s_1)(s-s_2)....(s-s_n)}{(s-s_a)(s-s_b)....(s-s_m)} \qquad (10\text{--}36)$$

$s = s_1, s_2, ..., s_n$, 일때 $Z(s) = 0$ 이므로 영점이 되고
$s = s_a, s_b, ..., s_m$ 일때 $Z(s) = \infty$ 이므로 극점이 된다.

예제 10-10

[예제10-9]에서 콘덴서에 초기전압 V_O 에너지가 저장되어 있다면 스위치 S가 열릴 때 a, b 에 걸리는 전압 v를 구하시오.

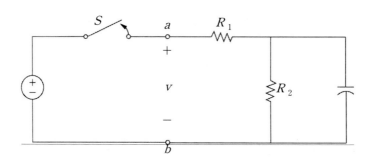

[그림 10-16] 고유전압응답

풀이 외부 전압원이 제거되면 오직 고유전압특성만이 나타난다. 그러한 전압은 임피던스가 무한대일 때 전류의 흐름 없이 나타난다. 극점 $s = s_a = -1$ 에시의 고유 전압 특성식은 $v = V_a e^{-t}$ 로 구해진다. V_a는 초기조건에서 주어진다.

스위치가 열리는 순간의 R_1의 전류는 0으로 되고 a, b 양단에 걸리는 전압은

$v_R = v_c = + V_0$ 같이 구해진다. 고유 전압특성은 $v = V_0 e^{-t}$로 표시되어진다. 이 결과는 $v = i_2 R$을 대입하면 확인할 수 있다.

i_2는 충전된 콘덴서에 갑자기 저항 R이 연결 될때 흐르는 고유 전류 특성을 의미한다.

임피턴스는 지수 함수형태의 전압과 전류의 비로써 표시된다. 임피턴스의 역수를 **어드미턴스**(admittance)라고 부르는데 이것은 지수 함수형태의 전류를 전압으로 나눈 것과 같고 식(10-37)처럼 표시된다. 이때 단위는 지멘스(S)가 사용된다.

$$Y = \frac{i}{v} = \frac{1}{Z} \tag{10-37}$$

이상적인 저항인 경우는 어드미턴스가 식(10-38)으로 표시되는 콘덕턴스가 되고 전류·전압이 지수함수 형태를 가진 경우 각 회로소자에 대한 용량성 회로와 유도성 회로의 어드미턴스는 식(10-39)로 표시된다.

$$Y_R = \frac{i_R}{v_R} = \frac{i}{Ri} = \frac{1}{R} = G \tag{10-38}$$

$$Y_L = \frac{i_L}{v_L} = \frac{i}{L(di/dt)} = \frac{i}{sLi} = \frac{1}{sL} \tag{10-39}$$

$$Y_C = \frac{i_c}{v_c} = \frac{C(dv/dt)}{v} = \frac{sCv}{v} = sC \tag{10-40}$$

어드미턴스는 소자들이 병렬로 연결된 회로의 해석에서 유용하다. 전류는 직접 어드미턴스에 비례하므로 $i = Yv$이고 병렬로 연결된 전체의 어드미턴스는 병렬로 연결된 콘덕턴스 처럼 직접 더하면 된다.

집중 수동소자들로 이루어진 회로의 어드미턴스 함수 $Y(s)$는 s의 다항식비로서 나타낼 수 있다. 인수분해된 표준형은 식(10-41) 처럼 표시된다.

$$Y(s) = \frac{1}{Z(s)} = \frac{1}{K} \frac{(s-s_a)(s-s_b)....(s-s_m)}{(s-s_1)(s-s_2)....(s-s_n)} \tag{10-41}$$

311

어드미턴스 함수는 임피던스 함수의 영점에 극점을 가지며 임피던스 함수의 극점에 영점을 가진다. 어드미턴스 함수의 극점−영점도표는 임피던스 함수의 그것과 유사하게 표시할 수 있다.

예제 10-11

그림 10-17(a)에서 전원전압이 오랫동안 연결되어 있어 정상상태에 도달하여 있다. 이때 $t = 0$ 에서 스위치 S가 열린다고 가정하고 (a) 단자 a, b 양단에 걸리는 개방회로의 전압을 구하시오. (b) 어떤 다른 스위치에 의하여 단자 a, b가 단락 되었을 때의 전류 i를 구하시오.

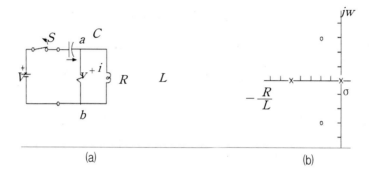

(a)   (b)

[그림 10-17] 극점과 영점의 사용

풀이 (a) 1. 일반적인 과정에 따라서 임피던스를 구하면 식(10-42)이 구해진다.

$$Z_{ab}(s) = \frac{1}{sC} + \frac{RsL}{R+sL} = \frac{R+sL+s^2RLC}{sC(R+sL)} = R\frac{s^2 + (1/RC)s + 1/LC}{s(s+R/L)}$$

$$= \frac{1}{Y(s)} \tag{10-42}$$

식(10-36)의 일반형은 식(10-43)으로 표시가 가능하고 식(10-41)은 식(10-44)로 표시가 가능하다.

$$Z_{ab}(s) = R\frac{(s-s_1)(s-s_2)}{(s-0)(s-[-R/L])} \tag{10-43}$$

$$Y_{ab}(s) = \frac{1}{R} \frac{(s-0)(s-[-R/L])}{(s-s_1)(s-s_2)} \tag{10-44}$$

2. 임피던스 함수는 $s = 0$, $s = -R/L$에서 극점을 가지며 $s = s_1$, $s = s_2$에서 영점을 갖는다. 여기서 s_1, s_2를 식(10-50)으로 표시되는 복소근이라고 가정하고 그림 10-17(b)에 영점과 극점의 도표를 그렸다.

$$s_1, s_2 = -\frac{1}{2RC} \pm \sqrt{\frac{1}{4R^2C^2} - \frac{1}{LC}} \tag{10-45}$$

3. 단자가 개방되었을 때 v는 식(10-46)처럼 구해진다.

$$v = V_a e^0 + V_b e^{-(R/L)t} \tag{10-46}$$

4. 정상상태에서 인덕턴스의 전류는 상수가 된다.

$$v_L = L\frac{di}{dt} = 0 = v_R \tag{10-47}$$

커패시턴스에 걸리는 모든 전압과 인덕턴스에 흐르는 전류는 0 이다. 전압의 두 번째 성분(인덕턴스에 지정된 에너지)은 0이다.

$t = 0$ 에서 콘덴서 저장되어있는 에너지는 식(10-48)처럼 구해진다.

$$v = V_a e^0 = V \tag{10-48}$$

다시 말하자면 ab 단자에 걸리는 개방전압은 V이고 이상적인 콘덴서는 스스로 방전되지 않는다.

(b) 단자가 단락된 경우, 고유특성은 Z(s)의 영점에 의하여 정해진다.

$$i = I_1 e^{s_1 t} + I_2 e^{s_2 t} \tag{10-49}$$

고유전류 특성은 판별식의 값에 따라서 감쇠하거나 진동한다.

연습문제

❶ 그림 10-18에 표시된 각 회로는 모두 정상 상태이다. $t = 0$에서 그림과 같이 각 스위치를 동작 시킬때 각 회로에서의 전류 $i(0)$값을 구하시오.(그림 10-18(c)의 단극 쌍투 스위치는 한쪽 회로가 개방되기 전에 다른 쪽이 닫히는 것을 나타내는 것으로 연계접점(make before break)이라고 부른다.

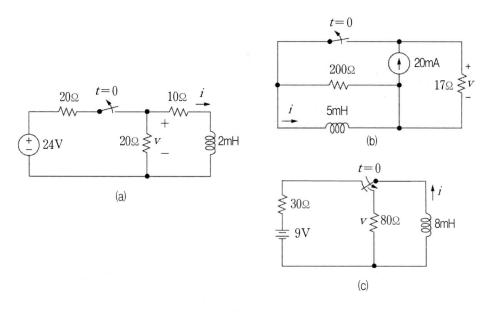

[그림 10-18]

❷ 그림 10-18에 표시된 회로에서 스위치가 동작한 직후의 v를 구하시오.

③ 그림 10-19에 표시된 회로에서 $R = 0.8\Omega$, $L = 1.6H$이고 $t = -1s$에서 $i = 20A$라고 가정하고 다음을 구하시오. ⓐ $i(0)$ ⓑ $t = 1s$에서 인덕터가 흡수하는 전력 ⓒ 인덕터에 축적되는 에너지가 $100J$의 크기가 되는 시간.

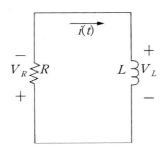

[그림 10-9] $i(0) = I_0$인 RL회로

④ $t = 0$ 이후 그림 10-18에 표시된 각 회로는 전원이 제거된 상태가 된다. 각 회로에서 $t = 50\mu s$일때 i와 v를 구하시오.

⑤ 그림10-20에 표시된 회로에서 $t = 5ms$에서 다음을 구하시오.

ⓐ i_L ⓑ i_X ⓒ i_Y

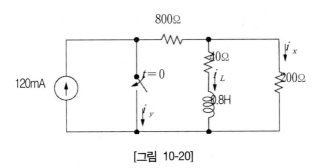

[그림 10-20]

6 그림 10-21에 표시된 회로에서 $v(0^+)$를 구하시오.

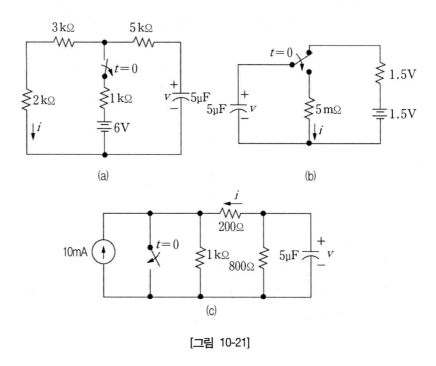

[그림 10-21]

7 그림 10-21에 표시된 회로에서 $i(0^+)$를 구하시오.

8 그림 10-22에 표시된 회로에서 $C = 0.02\mu F$, $R = 500\Omega$의 크기를 가진다. $t = 5\mu s$에서 $v = 20V$라 가정하면 다음은 어떻게 구해지는가? ⓐ $v(10\mu s)$ ⓑ $t = 12\mu s$일때 콘덴서가 공급하는 전력 ⓒ 콘덴서에 축적되는 에너지가 $1.5\mu J$이 되는 시간

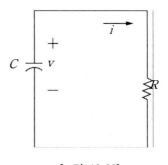

[그림 10-22]

9 그림 10-23에 표시된 회로에서 $t = 20\mu s$일 때 인덕터에 축적된 에너지를 구하시오.

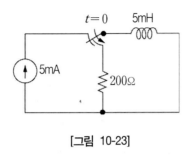

[그림 10-23]

10 그림 10-24에 표시된 회로에서 스위치는 오래 동안 닫혀 있었고 $t = 0$에 개방하였다. $t = -10, 0^-, 0^+, 10$및 $20ms$에 있어서 v_x의 값을 구하시오.

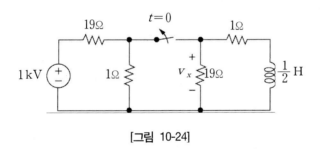

[그림 10-24]

11 그림 10-25에 표시된 회로에서 $t = 1s$일 때의 다음 값을 구하시오.

ⓐ v_c ⓑ v_R ⓒ v_{SW}

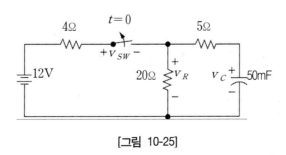

[그림 10-25]

⑫ 그림 10-26에 표시된 회로에서 ⓐ $v_c(0)$를 구하시오. ⓑ τ ⓒ $v_c(t)$를 구하시오.

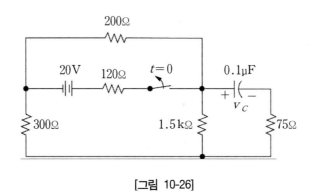

[그림 10-26]

정답

1. ⓐ 직류 전원에서 인덕터는 단락된다.

$$i = \frac{20}{10+20} \times \frac{24}{20+6.667} = 0.6A = 600mA$$

ⓑ 전류원에서 공급되는 전류는 모두 인덕터로 흐르게 되므로 $20mA$ 이다.

ⓒ $i = -\frac{9}{30} = -300mA$

2. ⓐ $v = -20 \times 0.6 = -12V$ ⓑ $20 \times 10^{-3} \times 17 = 0.34$ ⓒ $v = 80 \times -0.3 = -24V$

3. $i(t) = I_O e^{-\frac{R}{L}t}$, $20 = I_O e^{-\frac{0.8}{1.6} \times (-1)}$, $I_o = 12.13$, ⓐ $i(0) = 12.13 e^{-\frac{0.8}{0.6} \times 0} = 12.13$

ⓑ $v_L = L\frac{di}{dt} = LI_o(-\frac{R}{L})e^{\frac{-R}{L}t}$, $v_{L(1)} = -(0.8) \times 12.13 e^{-0.5} = -5.89$

$p = v \times i = -5.89 \times 7.36 = -43.3W$

ⓒ $W = \frac{1}{2}Li^2 = 100$, $i^2 = \frac{200}{L} = 125$, $I_o^2 e^{\frac{-R}{L}t} = 125$, $e^{\frac{-2R}{L}t} = 0.850, t = 0.1632s$

4. ⓐ $\tau = \frac{L}{R} = \frac{2 \times 10^{-3}}{30} = 66.67 \times 10^{-6}$

$$i = I_O e^{\frac{-t}{\tau}} = 0.6 e^{\frac{-50 \times 10^{-6}}{66.67 \times 10^{-6}}} = 0.283A, \quad v = -20 \times 0.283 = -5.67V$$

ⓑ $\tau = \dfrac{L}{R} = \dfrac{5 \times 10^{-3}}{200} = 25.0 \times 10^{-6}$

$$i = I_O e^{\frac{-t}{\tau}} = 20 \times 10^{-3} e^{\frac{-50 \times 10^{-6}}{25 \times 10^{-6}}} = 2.71 \times 10^{-3}A,$$

$$v = 20 \times 10^{-3} \times 17 = 0.340V$$

ⓒ $\tau = \tau = \dfrac{L}{R} = \dfrac{8 \times 10^{-3}}{80} = 1 \times 10^{-4}$

$$i = I_O e^{\frac{-t}{\tau}} = -0.3 e^{\frac{-50 \times 10^{-6}}{1 \times 10^{-4}}} = -182.0\text{mA}, v = 80 \times (-1.820 \times 10^{-3}) = -14.56V$$

5. $I_O = 0.1A, \quad \tau = \dfrac{L}{R_{EQ}} = \dfrac{0.8}{200} = 4 \times 10^{-3},$

ⓐ $i_L = I_O e^{\frac{-t}{\tau}} = 0.1 e^{\frac{-5 \times 10^{-3}}{4 \times 10^{-3}}} = 28.7mA$

ⓑ $i_X = -\dfrac{800}{1000} \times 28.7 = -22.9mA,$ ⓒ $i_Y = 120 - (28.7 - 22.9) = 114.2mA$

6. 직류에서는 콘덴서가 개방된다. ⓐ $v(0^+) = v(0^-) = \dfrac{5}{5+1} \times 6 = 5V$

ⓑ $v(0^+) = v(0^-) = 15V,$ ⓒ $v = 800 \times \left(\dfrac{1000}{1000 + 200 + 800} \times 10 \times 10^{-3}\right) = 4V$

7. $t > 0$일때 콘덴서는 방전한다. ⓐ $i = \dfrac{5}{2+3+5} = 0.5mA,$ ⓑ $i = \dfrac{1.5}{5 \times 10^{-3}} = 300A$

ⓒ $T = 0$인경우 $1K\Omega$ 저항에는 전류가 흐르지 않고 콘덴서에서의 방전 전류도 단락 회로를 통해서 흐르게 된다. $R_{EQ} = 160\Omega, \quad i = \dfrac{4}{160} \times \dfrac{800}{1000} = 20mA$

8. $v = V_0 e^{\frac{-t}{\tau}}, \tau = RC = 500 \times 0.02 \times 10^{-6} = 10 \times 10^{-6}, v = 20 e^{\frac{5 \times 10^{-6}}{10 \times 10^{-6}}} = 32.97V$

ⓐ $v(10\mu s) = 32.97 e^{-\frac{10 \times 10^{-6}}{10 \times 10^{-6}}} = 12.13\,V$,

ⓑ $v(12\mu s) = 9.93\,V$, $P = \dfrac{V^2}{R} = 197.3m\,W$

ⓒ $W = \dfrac{1}{2} C V^2 = 1.5 \times 10^{-6}$ 이므로 $V^2 = 150$이 구해진다. 따라서 $t = 9.90\mu s$ 이다.

9. $\tau = \dfrac{1}{R} = 2.5 \times 10^{-6} s$, $i(t) = I_o = e^{-\frac{t}{\tau}} = 5 \times 10^{-3} e^{-40000t} A$, $T > 0$

   $i(20\mu s) = 2.25 mA$, $W = \dfrac{1}{2} L i^2 = 12.62\,J$

10. $i_L(0) = \dfrac{1000}{19 + (1 \parallel 19 \parallel 1)} \times \dfrac{1}{1 + 1 + \dfrac{1}{19}} = 25 A$

   $v_x(0^1) = -475\,V$, $v_x = -475 e^{40t}\,V$, $t > 0$

   $v_x(-10ms) = v_x(0^-) = 25\,V$, $v_x(10ms) = -475 e^{-0.4} = -318.4\,V$

   $v_x(20ms) = -213.4\,V$

11. ⓐ $v_c = 10\,V$, $v_c(t) = 10 e^{-0.8t}\,V$, $t > 0$, $v_c(1) = 4.493\,V$

   ⓑ $v_{R(t)} = v_R(0^1) e^{0.8t} = 8 e^{0.8t}$, $v_R(1) = 3.595\,V$

   ⓒ $v_{SW}(1) = 12 - v_{R(1)} = 8.405\,V$

12. ⓐ $v_c(0) = \dfrac{20}{120 + (1800 \parallel 200)} \times \dfrac{200}{1800 + 200} \times 1500 = 10\,V$

   ⓑ $\tau = [75 + (500 \parallel 1500)] \times 10^7 = 45\mu s$

   ⓒ $v_{c(t)} = 10 e^{-22222t}\,V$, $t > 0$

Chapter 11

3상회로

회전자의 회전이 단상 교류 전압을 발생시키도록 고안된 발전기를 단상 발전기라고 부른다. 만약 회전자의 코일수가 여러 방법에 의해서 증가되면 다상 발전기가 되고 이런 발전기는 회전자의 회전에 의해서 다상 교류 전압을 발생시키게 된다.

이 장에서는 전력전송에서 가장 많이 사용되는 3상 교류계에 대해서 알아보도록 한다. 전력의 송전은 두 개, 세 개혹은 그이상의 정현파 전압의 조합으로 구성되는 다상계가 더 효율이 높다. 3상 회로에서의 전력은 단상의 맥동전력에 비해서 시간에 다른 변화가 거의 없다. 3상 전동기는 단상 전동기에 비해서 구동이나 시동이 훨씬 쉽다.

11-1 3상 발전기

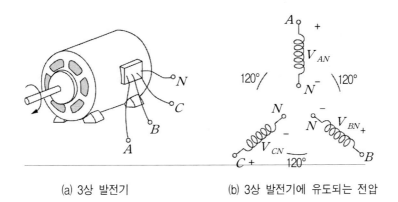

| (a) 3상 발전기 | (b) 3상 발전기에 유도되는 전압 |

[그림 11-1]

그림 11-1(a)에 표시된 3상 발전기의 유도 전압은 그림 11-1(b)에 표시된 것처럼 회전자 상에 120°의 각도를 갖는 유도 코일에 의해서 유도된다. 세 개의 코일이 동일한 권선 수를 가지고, 동일한 각 속도로 회전하기 때문에 각 코일에 유도되는 전압은 동일한 극성, 동일한 형태, 동일한 주파수를 가지게 된다.

발전기의 회전자가 외력에 의해서 회전하게 되면 유도전압 v_{AN}, v_{BN}, v_{CN}은 그림 11-2에 표시된 형태로 유도된다. 각 파형 사이의 120° 위상각과 세 개의 교류파형이 동일한 형태를 가진다는 점을 주의해야 한다.

특별한 어떤 순간에 3상 전압의 합은 0(zero)이 된다. 그림 11-2에 $\omega = 0$일 때의 파형이 표시되어 있다. 한 상은 0이고 다른 두 상은 각각 양의 값과 음의 값으로 크기는 최대값의 86.6%이다. 더욱이, 어떤 두 상의 파형이 같은 크기와 부호를 가지고 ($0.5\,V_m$에서) 나머지 한 상이 반대 부호를 가지고 최대값을 표시하는 경우도 마찬가지이다.

그림11-2에서 각 상에 나타나는 유도전압은 식(11-1), (11-2), (11-3)으로 표시할 수 있다.

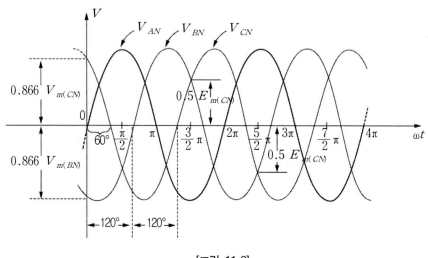

[그림 11-2]

$$v_{AN} = V_{m(AN)}\sin\omega t \tag{11-1}$$

$$v_{BN} = V_{m(BN)}\sin(\omega t - 120°) \tag{11-2}$$

$$v_{CN} = V_{m(CN)}\sin(\omega t - 240°) = V_{m(CN)}\sin(\omega t + 120°) \tag{11-3}$$

그림 11-3에는 $0\,V_{AN} = 0.707\,V_{m(AN)}$,그림 11-1(a)에 표시된 3상 발전기의 유도 전압은 그림 11-1(b)에 표시된 것처럼 회전자 상에 120° 의 각도를 갖는 유도 코일에 의해서 유도된다. 세 개의 코일이 동일한 권선 수를 가지고, 동일한 각 속도로 회전하기 때문에 각 코일에 유도되는 전압은 동일한 극성, 동일한 형태, 동일한 주파수를 가지게 된다.

$V_{BN} = 0.707\, V_{m(BN)}$, $V_{CN} = 0.707\, V_{m(CN)}$의 크기를 갖는 유도 전압의 페이저가 $V_{AN} = V_{AN}\angle\, 0°$, $V_{BN} = V_{BN}\angle - 120°$, $V_{CN} = V_{CN}\angle + 120°$로 표시되어있다.

그림 11-4에 표시된 것처럼 어떤 두 벡터의 합은 한 벡터의 머리 부분을 다른 벡터의 꼬리부분에 이으면 마지막에 연결된 벡터의 꼬리부분은 영점에 놓는다는 벡터법칙을 대입하면 3상 전압의 합은 식(11-4)에 표시된 것처럼 영이 된다.

$$\sum(V_{AN} + V_{BN} + V_{CN}) = 0 \tag{11-4}$$

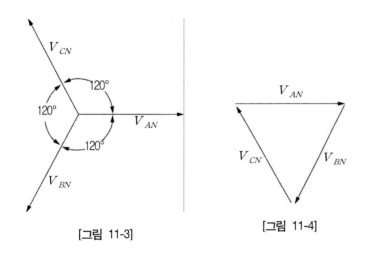

[그림 11-3]　　　　　　[그림 11-4]

11-2 Y 결선 발전기

그림 11-1(b)에서 세 단자에 표시되는 N은 그림 11-5에 표시되는 것처럼 서로 결합되어지고 이런 발전기를 Y결선 3상 발전기라고 부른다. 그림 11-5에서 Y는 사용하기 편리하도록 뒤집혀져 있다.

모든 단자가 결합되어지는 점을 중성점이라고 부른다. 이런 중성점으로부터 도체가 부하로 연결되어있지 않으면, 이런 계를 Y결선, 3상 3선 발전기라고 부른다. 만약 중성점이 결합되어 있으면, 이 계를 Y결선, 3상 4선 발전기라고 부른다. A, B, C로부터 부하로 연결되는 세 개의 도체는 전선이라고 부른다.

Y결선 계에서는 그림 11-5로부터 선전류가 각상의 상전류와 동일하다는 사실을 확인할 수 있다.

$$I_L = I_{\phi g} \tag{11-5}$$

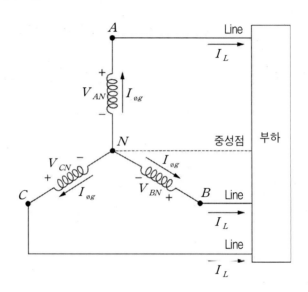

[그림 11-5] Y 결선 발전기

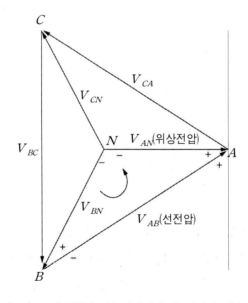

[그림 11-6] Y결선 3상 발전기의 선 전압과 위상전압

한 선에서 다른 선으로의 전압을 상전압이라고 부른다. 그림 11-6에 표시된 페이저 도에서 한 상의 끝에서 다른 상의 끝으로 반시계 방향으로의 그림이 페이저이다. 그림 11-6에 표시된 폐루프에서 키르히호프의 전압 법칙을 적용하면 식(11-6)과 식(11-7)을 구할 수 있다.

$$V_{AB} - V_{AN} + V_{BN} = 0 \tag{11-6}$$

$$V_{AB} = V_{AN} - V_{BN} = V_{AN} + V_{NB} \tag{11-7}$$

V_{AB}를 구하기 위해서 페이저도를 다시 그리면 그림 11-7처럼 표시할 수 있다.

V_{AB} 전압을 반대방향으로 했을 때 다른 두 페이저는 $\alpha = 60°, \beta = 30°$ 로 된다. 평행 사변형의 양쪽 끝에서부터 그려진 선은 원점과 끝점의 양각을 이등분한다. 평행 사변형의 양쪽 모서리 사이에 그려진 선은 서로의 각을 이등분한다. 길이 x는 식(11-8)처럼 구해진다.

$$x = V_{AN}\cos30° = \frac{\sqrt{3}}{2} V_{AN} \tag{11-8}$$

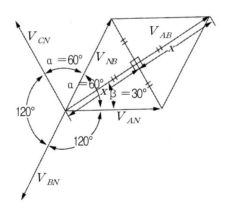

[그림 11-7]

V_{AB}는 $2x$의 크기를 갖기 때문에 식(11-8)을 이용하면 $\sqrt{3}\, V_{AN}$으로 표시할 수 있다.

V_{AB}의 각도 θ는 $\beta = 30°$이므로 $V_{AB} = V_{AB}\angle 30° = \sqrt{3}\,V_{AN}\angle 30°$로 구해진다. 따라서 Y결선 발전기의 선전압은 상전압의 $\sqrt{3}$배에 해당하는 크기를 갖는다.

$$V_L = \sqrt{3}\,E_\phi \tag{11-9}$$

선전압과 가장 가까운 위상전압 사이의 위상각은 $30°$ 이다. 그림11-7에 표시된 V_{AN}과 V_{AB} 사이의 각은 $\beta = 30°$로 같다. 각 선전압은 식(11-10), (11-11), (11-12)처럼 표시된다.

$$v_{AB} = \sqrt{2}\,V_{AB}\sin(\Omega t + 30°) \tag{11-10}$$

$$v_{CA} = \sqrt{2}\,V_{CA}\sin(\Omega t + 150°) \tag{11-11}$$

$$v_{BC} = \sqrt{2}\,V_{BC}\sin(\Omega t + 270°) \tag{11-12}$$

선전압과 상전압에 대한 페이저 도는 그림 11-8 처럼 표시할 수 있다. 그림 11-8에 표시된 선전압을 페이저로 표시할 때 약간 변형하면 11-8(b)에 표시된 폐회로를 구성할 수 있다. 따라서 선전압의 합도 식(11-13)에 표시된 것처럼 0이 된다.

$$\sum (V_{AB} + V_{CA} + V_{BC}) = 0 \tag{11-13}$$

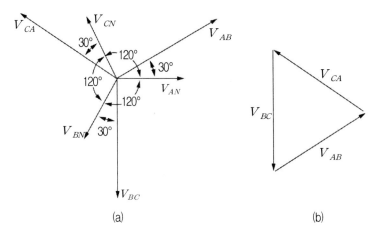

(a)   (b)

[그림 11-8]

11-3 Y결선 발전기에서의 위상 시퀀스

만약 페이저가 반시계 방향으로 회전한다면 페이저의 시퀀스는 페이저도의 고정된 점을 통과하는 페이저 전압을 표시하는 시퀀스로 나타낼 수 있다. 예를 들면 그림 11-9에서 페이저 시퀀스는 ABC이다. 그러나 고정점은 페이저도의 어느 부분이라도 될 수 있기 때문에 그 순서를 BCA나 CAB로 표시할 수도 있다.

전력의 3상 배분에 있어서 페이저 의 순서는 대단히 중요하다. 예를 들어서 3상 전동기의 경우 두 상의 전압이 바뀐다면 전동기의 회전방향이 바뀌게 된다. 위상의 시퀀스는 또한 선전압으로도 설명 할 수 있다.

그림 11-10에 표시된 페이저도는 선전압을 표시하고 있다.

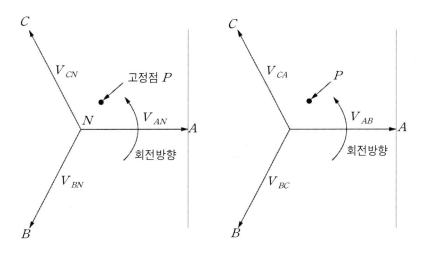

[그림 11-9] 상전압의 시퀀스   [그림 11-10] 선전압의 페이저도

여기서도 반시계 방향으로 페이저를 회전시켜서 페이저의 시퀀스를 구할 수 있다. 그러나 이런 경우에는, 첫 번째나 두 번째 첨자의 순서를 따라서 시퀀스를 구할 수 있다. 예를 들면 P점을 통과하는 첫 번째 첨자의 순서는 ABC이다.

그리고 두 번째 첨자의 순서는 BCA이다. 그러나, BCA는 ABC와 같다는 것을 알고 있다. 따라서 시퀀스는 동일하다. 위상의 시퀀스는 그림 11-9에 표시된 상전압의 시퀀스와 같다는 점을 기억해야한다.

만약 시퀀스가 주어진다면, 페이저 도는 간단히 기준전압을 잡아주고, 이런 전압을 기준축에 놓고 다른 전압들을 알맞은 각을 갖는 위치에 놓아주기만 하면 된다.

예를 들면 ACB의 시퀀스에서 선전압의 페이저도를 그리려면 그림 11-11(a)에 표시된 것처럼 V_{AB}를 기준전압으로 선택하면 된다. 그리고 상 전압을 그리려면 그림 11-11(b)에 표시된 것처럼 V_{NA}를 선택하면 된다. 페이저도에서

선전압은 $V_{AB} = V_{AB} \angle 0°, V_{CA} = V_{CA} \angle -120°, V_{BC} = V_{BC} \angle +120°$

상전압은 $V_{AN} = V_{AN} \angle 0°, V_{CN} = V_{CN} \angle -120°, V_{BN} = V_{BN} \angle +120°$

로 표시된다.

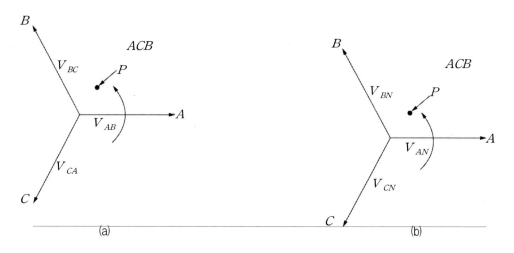

[그림 11-11]

11-4 Y결선 부하를 갖는 Y결선 발전기

3상 전원에 연결되는 부하는 Y와 Δ(델타) 두 가지 종류가 있다. 만약 Y 결선 부하가 Y 결선 발전기에 연결된다면 이런 계는 Y-Y로 표시된다.

그림 11-12는 이런 계통의 물리적인 장치를 표시하고 있다. 만약 부하가 평형 상태라고 가정하면 중성점은 다른 회로에 어떤 영향도 미치지 않고 제거할 수 있다.

다시 말하자면 $Z_1 = Z_2 = Z_3$라면 I_N은 0이 된다. 평형 상태의 부하를 가지기 위해서, 위상각은 각 임피던스에서 일치되어야 한다. 만약 공장이 평형 상태의 3상 부하를 가지고 있다고 가정하면 중성점을 제거해도 부하가 이상적으로 항상 평형 상태이기 때문에 아무런 영향을 미치지 않게 된다.

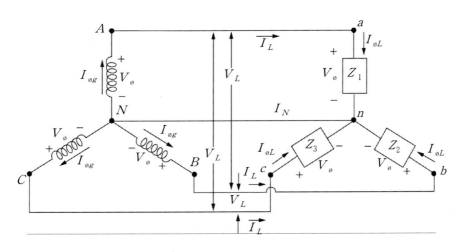

[그림 11-12] Y결선 부하를 갖는 Y결선된 발전기

따라서 도체의 사용을 줄일 수 있기 때문에 원가를 절감할 수 있다. 그러나, 전구와 대부분의 전기 기구는 상 전압 중 하나의 상만을 사용하게 된다. 그리고 상전압이 아무리 균형 잡히도록 설계된다고 하더라도 전구나 전기기구들은 전원이 들어오거나 나가기 때문에 이런 상태를 계속해서 유지할 수는 없게 된다.

따라서 남아서 부하에 흐르는 전류를 Y 결합된 발전기로 중성점을 통해서 되돌려 주어야 한다. 이와 같은 현상은 불평형 Y결선 시스템에서 나타난다.

이번에 설명하는 4선식 Y-Y 결선 시스템에서 각 상에 흐르는 전류는 관련된 선전류와 동일하다. 이것은 Y결선 부하에 대한 전류는 식(11-14)에 표시된 것처럼 이런 부하가 달려있는 상 부하에 흐르는 전류와 같기 때문이다.

$$I_{\phi g} = I_L = I_{\phi L} \qquad\qquad (11\text{-}14)$$

평형 상태와 불평형 상태의 부하에서 발전기와 부하가 같은 중성점을 가지기 때문에 $V_\phi = V_L$이고 $I_{\phi L} = \dfrac{V_\phi}{Z_\phi}$이기 때문에 각 상에 대한 전류의 크기는 평형상태 부하에서 일치되고 불평형 상태 부하에서는 불 일치된다.

Y결선 발전기에서 선 전압의 크기는 상전압의 $\sqrt{3}$ 배가 된다. 이와 같은 관계는 4선 Y결선 평형상태 부하와 불평형 상태부하에 적용될 수 있다.

$$V_L = \sqrt{3}\,V_\phi \qquad\qquad (11\text{-}15)$$

부하양단에서 발생되는 전압강하에서, 첫번째 첨자는 부하에 전류가 흘러 들어가는 단자를 표시하고 두 번째 첨자는 진류가 흘러 나오는 단자를 나타낸다. 그림 11-13에는 전압원에 대한 표준 이중첨자와 전압강하가 표시되어있다.

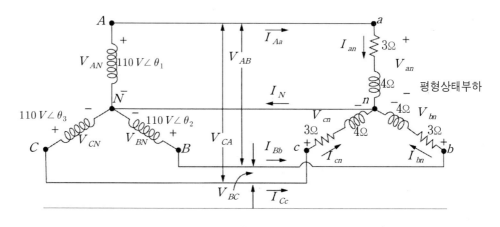

[그림 11-13]

예제 11-1

그림 11-13에 표시된 Y결선 발전기의 페이저 시퀀스는 ABC이다.

(a) 위상각 θ_2, θ_3를 구하시오.

(b) 선전압의 크기를 구하시오.

(c) 선전류를 구하시오.

(d) 부하가 평형 상태일 때, $I_N = 0$임을 증명하시오.

풀이 (a) ABC의 위상 시퀀스에 따라서 $\theta_2 = -120°$, $\theta_3 = +120°$이다.

(b) $V_L = \sqrt{3}\, V_\phi = \sqrt{3} \times 110\,V = 190\,V$이다.

$$V_{AB} = V_{BC} = V_{CA} = 190\,V$$

(c) $V_\phi = V_L$ 이므로 $V_{an} = V_{AN}, V_{bn} = V_{BN}, V_{cn} = V_{CN}$이다.

$$I_{\phi L} = I_{an} = \frac{V_{an}}{Z_{an}} = \frac{110\,V \angle 0°}{3\Omega + j4\Omega} = \frac{110\,V \angle 0°}{5\Omega \angle 53.13°} = 22A \angle -53.13°$$

$$I_{bn} = \frac{V_{bn}}{Z_{bn}} = \frac{110\,V \angle -120°}{5\Omega \angle 53.13°} = 22A \angle -173.13°$$

$$I_{cn} = \frac{V_{cn}}{Z_{cn}} = \frac{110\,V \angle +120°}{5\Omega \angle 53.13°} = 22A \angle 66.87°$$

따라서 $I_L = I_{\phi L}$이므로,

$$I_{Aa} = I_{an} = 22A \angle -53.13°, \quad I_{Bb} = I_{bn} = 22A \angle -173.13°,$$

$$I_{Cc} = I_{cn} = 22A \angle 66.87°$$

이다.

(d) 키르히호프의 전류법칙을 적용하면 $I_N = I_{Aa} + I_{Bb} + I_{Cc}$가 성립된다.

직각 좌표계로 전환하면,

$$I_{Aa} = 22A \angle -53.13° = 13.2A - j17.6A$$

$$I_{Bb} = 22 \angle -173.13° = -21.84A - J2.63A$$

$$I_{Cc} = 22A \angle 66.87° = 8.64A + j20.23A$$

$$\sum (I_{Aa} + I_{Bb} + I_{Cc}) = 0 + j0$$

11-5 Y-계

그림 11-14에 표시된 Y-Δ계에는 중성점이 없다. 따라서 불평형 부하를 발생시키는 어떤 상의 임피던스 변환에 대해서 계의 상 전류와 선 전류를 변화시키게 된다.

평형 상태 부하에서는 $Z_1 = Z_2 = Z_3$로 되고 각 상의 부하에 인가되는 전압은 평형 상태 혹은 불평형 상태 부하의 발전기 선전압과 같다. 따라서 $V_\phi = V_L$이다.

평형상태 Δ부하의 선 전류와 상 전류 간의 관계는 앞에서 구했던 Y-결선 발전기에서의 선 전압과 상 전압 간의 관계를 구할 때 사용한 방법을 이용하면 된다. 이때 키르히호프의 전류법칙을 적용하면 $I_L = \sqrt{3}\,I_\phi$가 구해진다.

선 전류와 근접한 상 전류 사이의 위상각은 30°이다. 평형 상태 부하에서 선 전류와 상전류는 같다.

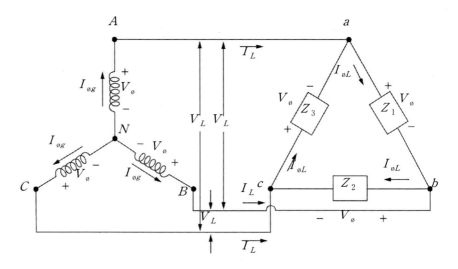

[그림 11-14] Δ 부하를 갖는 Y결선 발전기

예제 11-2

그림 11-15에 표시된 3상계에서 (a) 위상각 θ_2와 θ_3를 구하시오. (b) 부하의 각 상에 흐르는 전류를 구하시오. (c) 선전류의 크기를 구하시오.

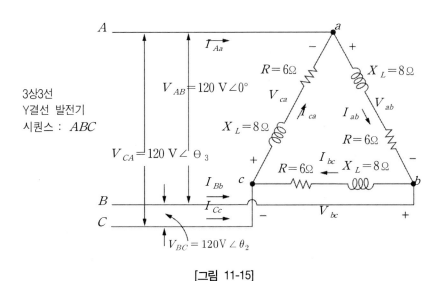

3상3선
Y결선 발전기
시퀀스 : ABC

[그림 11-15]

풀이 (a) ABC 시퀀스에 따라서 $\theta_2 = -120°$, $\theta_3 = +120°$ 이다.

(b) $V_\phi = V_L$ 이므로 $V_{ab} = V_{AB}, V_{ca} = V_{CA}, V_{bc} = V_{BC}$ 이다.

상전류는 $I_{ab} = \dfrac{V_{ab}}{Z_{ab}} = \dfrac{120\,V\angle 0°}{6\Omega + j8\Omega} = \dfrac{120\,V\angle 0°}{10\Omega\angle 53.13°} = 12A\angle -53.13°$

$I_{bc} = \dfrac{V_{bc}}{Z_{bc}} = \dfrac{120\,V\angle -120°}{10\Omega\angle 53.13°} = 12A\angle -173.13°$

$I_{ca} = \dfrac{V_{ca}}{Z_{ca}} = \dfrac{120\,V\angle +120°}{10\Omega\angle 53.13°} = 12A\angle 66.87°$

(c) $I_L = \sqrt{3}\,I_\phi = \sqrt{3} \times 12A = 20.78A$ 이다. 따라서 $I_{Aa} = I_{Bb} = I_{Cc} = 20.78A$ 이다.

11-6 △ 결선 발전기

그림 11-16(a)에 표시된 발전기의 코일을 그림 11-16(b)에 표시된 형태로 재구성 될 때 3상 3선 △ 결선 교류발전기라고 부른다.

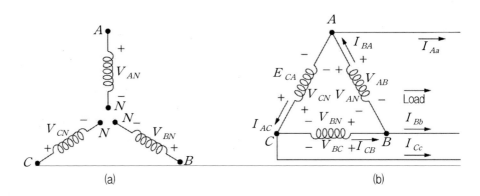

[그림 11-16] $\triangle$ 결선 발전기

이런 계에서 상전압과 선전압은 서로 같고 발전기의 각 코일에 유도되는 전압은 같다. 페이저의 시퀀스가 ABC라고 가정하면 $V_{AB} = V_{AN}, V_{BC} = V_{BN}, V_{CB} = V_{CN}$ 이고 $v_{AN} = \sqrt{2}\,V_{AN}\sin\omega t,\quad v_{BN} = \sqrt{2}\,V_{BN}\sin(\omega t - 120°),\quad v_{CN} = \sqrt{2}\,V$ 이므로 $V_L = V_{\phi g}$로 표시 할 수 있다.

Y결선 시스템에서, 두 개의 전압이 이용 가능한 대신에 오직 하나의 전압(크기)만을 사용할 수 있다는 점을 기억해야한다. Y결선 발전기의 선 전류와는 달리, $\triangle$결선 발전기의 선 전류는 상 전류와 같지 않다.

둘 중 하나의 결점에 키르히호프의 전류법칙을 적용하고 상 전류에 대한 선 전류를 구해서 두 전류 사이의 관계를 구할 수 있다.

절점 A에서 $I_{BA} = I_{Aa} + I_{AC}$ 혹은 $I_{Aa} = I_{BA} - I_{AC} = I_{BA} + I_{CA}$로 표시된다.

그림 11-17에는 평형 상태의 부하에 대한 페이저도가 표시되어 있다. Y 결선 발전기의 선 전압을 구하는데 사용된 것과 같은 방법을 적용하고 선 전류를 구하면 식 (11-16)이 구해진다.

$$I_L = \sqrt{3}\,I_{\phi g} \tag{11-16}$$

선전류와 인접한 상전류의 위상각은 30° 이다. 전류에 대한 페이저도는 그림 11-18에 표시되어 있다. 평형 상태의 부하에서 $\triangle$결선된 계의 선전류나 상전류의 합이 영이라는 사실은 Y결선 발전기의 전압에서 사용된 것과 동일한 방법으로 표시된다.

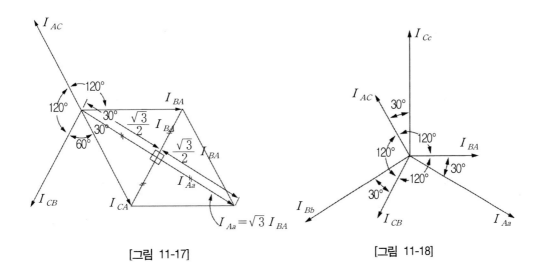

[그림 11-17]　　　　　　　　　　　　[그림 11-18]

11-7 △ 결선 발전기의 위상 시퀀스

△ 결선 계의 선 전압과 상 전압이 같다고 하더라도, 선 전압으로 위상의 시퀀스를 설명하는 것이 바람직하다. 예를 들자면 ABC의 시퀀스를 갖는 선전압에 대한 페이저 도는 그림 11-19에 표시되어있다.

$$V_{AB} = V_{AB} \angle 0°, \ V_{BC} = V_{BC} \angle -120°, \ V_{CA} = V_{CA} \angle +120°$$

이런 도면에서 첫 번째와 두 번째 첨자가 같은 순서를 가지도록 주의해야 한다.

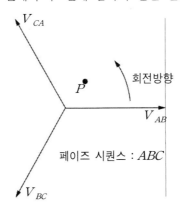

[그림 11-19]

335

11-8 $\Delta - \Delta, \Delta - Y$ 3상계

$\Delta - \Delta, \Delta - Y$ 시스템을 해석하는 기본식은 이미 앞에서 설명한바 있다. 따라서 두 가지의 예제를 통해서 이들의 특성을 비교해 보도록 하자.

예제 11-3

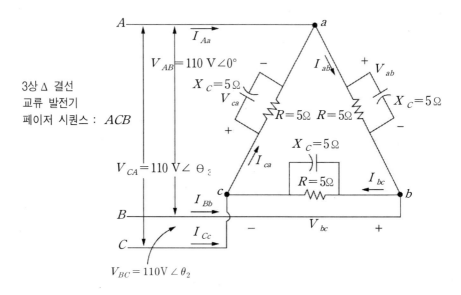

3상 Δ 결선
교류 발전기
페이저 시퀀스 : ACB

[그림 11-20] $\Delta - \Delta$ 시스템

그림 11-20에 표시된 $\Delta - \Delta$ 시스템에서 (a) 일정한 위상 시퀀스에 따른 위상각 θ_2와 Θ_3를 구하시오. (b) 부하의 각 전류를 구하시오. (c) 선전류의 크기를 구하시오.

풀이 (a) ABC 시퀀스에 따라서 $\theta_2 = 120°$, $\theta_3 = -120°$ 이다.

(b) $V_\phi = V_L$ 이므로 $V_{ab} = V_{AB}$, $V_{ca} = V_{CA}$, $V_{bc} = V_{BC}$이다.

상전류는

$$I_{ab} = \frac{V_{ab}}{Z_{ab}} = \frac{110\,V\angle 0°}{\dfrac{(5\Omega\angle 0°) \times (5\Omega\angle -90°)}{5\Omega - j5\Omega}} = \frac{110\,V\angle 0°}{\dfrac{25\Omega\angle -90°}{7.07\angle -45°}}$$

336

$$= \frac{110\,V\angle 0°}{3.54\,\Omega\angle -45°} = 31.07A\angle 45°$$

$$I_{bc} = \frac{V_{bc}}{Z_{bc}} = \frac{110\,V\angle 120°}{3.54\,\Omega\angle -45°} = 31.07A\angle 165°$$

$$I_{ca} = \frac{V_{ca}}{Z_{ca}} = \frac{110\,V\angle -120°}{3.54\,\Omega\angle -45°} = 31.07A\angle -75°$$

(c) $I_L = \sqrt{3}\,I_\phi = \sqrt{3}\times 31.07A = 53.81A$이다. 따라서 $I_{Aa} = I_{Bb} = I_{Cc} = 53.81A$이다.

예제 11-4

그림 11-21에 표시된 $\varDelta$-Y 시스템에서 (a) 부하의 각 상에 대한 전압을 구하시오. (b) 선 전압의 크기를 구하시오.

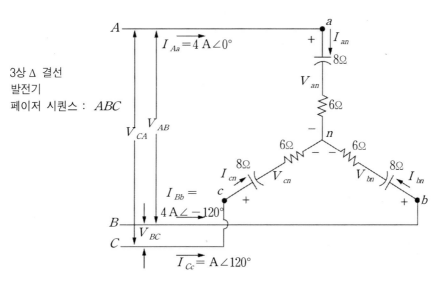

[그림 11-21] $\varDelta - Y$ 시스템

풀이 (a) $I_{\phi L} = I_L$ 이므로

$\quad I_{an} = I_{Aa} = 4A\angle 0°$, $\ I_{bn} = I_{bb} = 4A\angle -120°$, $\ I_{cn} = I_{Cc} = 4A\angle +120°$이다.

위상전압은

$$V_{an} = I_{an} \times Z_{an} = (4A\angle 0°)\times(10\,\Omega\angle -53.13°) = 40\,V\angle -53.13°$$

$$V_{bn} = I_{bn} \times Z_{bn} = (4A\angle -120°)\times(10\,\Omega\angle -53.13°) = 40\,V\angle -173.13°$$

$$V_{cn} = I_{cn} \times Z_{cn} = (4A\angle 120°)\times(10\,\Omega\angle -53.13°) = 40\,V\angle 66.87°$$

(b) $V_L = \sqrt{3}\,V_\phi = \sqrt{3}\times 40\,V = 69.28\,V$이다. 따라서 $V_{BA} = V_{CB} = V_{AC} = 69.28\,V$이다.

3상 변압기의 연결법

　　3상 변압기는 3개의 분리된 (그러나 동일한) 단상 변압기나 혹은 3상 권선이 포함된 한 개의 3상 시스템에 의해서 구성된다. 변압기의 권선은 (1차측에서 3개이고 2차측에서도 3개이다) 그림 11−22에 표시된 것처럼 4개의 가능한 방법중 한가지의 형태로 구성된다. 각각의 1차측 권선은 병렬로 그려진 것처럼 2차측 권선과 매칭된다. 그림 11−22에 표시된 것처럼 인가된 1차측의 선간 전압V 와 전류 I는 전압과 전류의 항으로 표시된다. 이때 $a = \dfrac{N_1}{N_2}$ 로 1차측과 2차측 권선의 비로 표시된다.

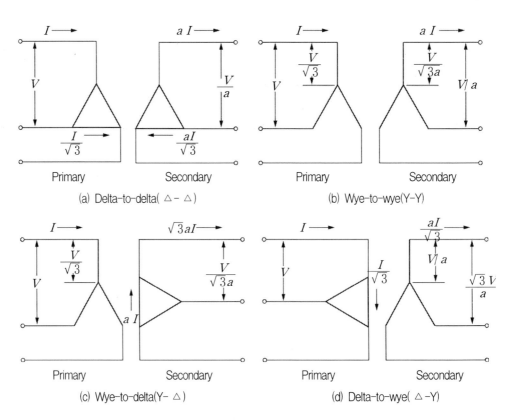

　　(a) Delta-to-delta(△ − △)　　　　　　(b) Wye-to-wye(Y-Y)

　　(c) Wye-to-delta(Y- △)　　　　　　(d) Delta-to-wye(△ -Y)

[그림 11-22] 일반적인 3상 변압기 연결법 변압기 권선은 굵은선으로 표시된다.

(여기서 $a = \dfrac{N_1}{N_2}$ 라고 가정한다.)

선전압은 두선 사이의 전압이고 상전압은 변압기의 권선 양단에 걸리는 전압이다. 선 전류는 선중의 하나의 전류이고 상 전류는 변압기의 권선에 흐르는 전류이다. 개별적인 변압기의 전압과 전류 정격은 그림 11-22에 표시된 연결방법에 따라서 결정된다. 이런 경우의 계산을 위해서 편리하게 사용하도록 표 11-1에 관계식을 표시했다. 변압기는 이상적이라고 가정한다. 각 변압기의 KVA 정격은 사용된 변압기 연결법에 무관하게 뱅크의 KVA정격의 $\frac{1}{3}$이다.

* $a = N_1/N_2$; $\sqrt{3} = 1.73$

표 11-1 일반적인 3상 변압기 연결의 전압 전류 관계식

변압기의 연결법	1차측				2차측			
	선(Line)		상(Phase)		선 (Line)		상(Phase)	
	전압	전류	전압	전류	전압*	전류	전압	전류
$\Delta - \Delta$	V	I	V	$\dfrac{I}{\sqrt{3}}$	$\dfrac{V}{a}$	aI	$\dfrac{V}{a}$	$\dfrac{aI}{\sqrt{3}}$
$Y - Y$	V	I	$\dfrac{V}{\sqrt{3}}$	I	$\dfrac{V}{a}$	aI	$\dfrac{V}{\sqrt{3}\,a}$	aI
$Y - \Delta$	V	I	$\dfrac{V}{\sqrt{3}}$	I	$\dfrac{V}{\sqrt{3}\,a}$	$\sqrt{3}\,aI$	$\dfrac{V}{\sqrt{3}\,a}$	aI
$\Delta - Y$	V	I	V	$\dfrac{I}{\sqrt{3}}$	$\dfrac{\sqrt{3}\,V}{a}$	$\dfrac{aI}{\sqrt{3}}$	$\dfrac{V}{a}$	$\dfrac{aI}{\sqrt{3}}$

예제 11-5

3상 변압기 뱅크의 선 전압이 2000 V라고 가정하고 4가지의 변압기 연결법에서 변압기 1차측 권선 양단에 걸리는 전압은 얼마인지 구하시오. 그림 11-22와 표 11-1을 참조하시오.

풀이 $\Delta - \Delta$방식에서 1차측 권선 전압은 V = 2000V

$Y - Y$방식에서 1차측 권선 전압은 $\dfrac{V}{\sqrt{3}} = \dfrac{2000V}{1.73} = 1156V$

$Y - \Delta$방식에서 1차측 권선 전압은 $\dfrac{V}{\sqrt{3}} = \dfrac{2000V}{1.73} = 1156V$

$\Delta - Y$방식에서 1차측 권선 전압은 V = 2000V

예제 11-6

3상 변압기 뱅크의 선 전류가 $22.5A$ 라고 가정하고 4가지의 변압기 연결법에서 변압기 1차측 권선을 통해서 흐르는 전류는 얼마인지 구하시오. 그림 11-22와 표 11-1을 참조하시오.

풀이 $\Delta - \Delta$방식에서 1차측 권선 전류는 $\dfrac{I}{\sqrt{3}} = \dfrac{22.5A}{1.73} = 13A$

$Y - Y$방식에서 1차측 권선 전류는 $I = 22.5A$

$Y - \Delta$방식에서 1차측 권선 전류는 $I = 22.5A$

$\Delta - Y$방식에서 1차측 권선 전류는 $\dfrac{I}{\sqrt{3}} = \dfrac{22.5A}{1.73} = 13A$

예제 11-7

1차측과 2차측의 권선비가 2:1일 때 1차측 선전류가 $11.25A$ 라고 가정하고 변압기의 각 연결법에서의 2차측 선전류와 상전류를 구하시오. 그림 11-22와 표 11-1을 참조하시오.

풀이 $\Delta - \Delta$방식에서   2차측 선 전류는 $aI = 2 \times 11.25A = 22.5A$

2차측 상전류는 $\dfrac{aI}{\sqrt{3}} = \dfrac{2 \times 11.25A}{1.73} = 13A$

$Y - Y$방식에서   2차측 선 전류는 $aI = 2 \times 11.25A = 22.5A$

2차측 상전류는 $aI = 2 \times 11.25A = 22.5A$

$Y - \Delta$방식에서   2차측 선 전류는 $\sqrt{3}\, aI = 1.73 \times 2 \times 11.25A = 39A$

2차측 상전류는 $aI = 2 \times 11.25A = 22.5A$

$\Delta - Y$방식에서   2차측 선 전류는 $\dfrac{aI}{\sqrt{3}} = \dfrac{2 \times 11.25A}{1.73} = 13A$

2차측 상전류는 $\dfrac{aI}{\sqrt{3}} = \dfrac{2 \times 11.25A}{1.73} = 13A$

11-10 3상 회로의 전력

그림 11-23에 표시된 평형상태의 부하를 갖는 Y결선과 Δ결선 에서의 전력을 구해보자. 각 상에 전달된 평균전력은 식(11-17), (11-18), (11-19)중 하나를 이용하면 구할 수 있다.

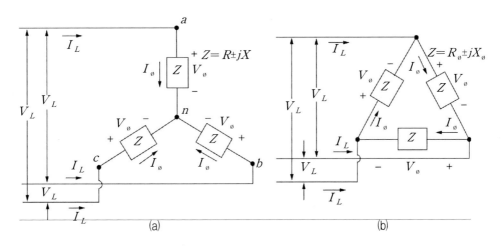

[그림 11-23]

$$P_\phi = V_\phi I_\phi \cos\theta_{I_\phi}^{V_\phi} = I_\phi^2 R_\phi = \frac{V_R^2}{R_\phi}[\text{W}] \tag{11-17}$$

여기서 $\theta_{I_\phi}^{V_\phi}$는 θ가 V_ϕ와 I_ϕ 사이의 위상각임을 나타낸다. 평형상태 부하에 전달된 전체전력은 식(11-18)처럼 표시된다.

$$P_T = 3P_\phi[\text{W}] \tag{11-18}$$

$V_\phi = \dfrac{V_L}{\sqrt{3}}$, $I_\phi = I_L$이므로 $P_T = 3\dfrac{V_L}{\sqrt{3}}I_L\cos\theta_{I_\phi}^{V_\phi}$로 표시할 수 있다.

$\dfrac{3}{\sqrt{3}} = \sqrt{3}$ 이므로 식 (11-19)를 구할수 있다.

$$P_T = \sqrt{3}\, V_L I_L \cos\theta_{I_\phi}^{V_\phi} = 3I_L^2 R_\phi[\text{W}] \tag{11-19}$$

각 상의 무효 전력은 식(11-20)처럼 표시할 수 있다.

$$Q_\phi = V_\phi I_\phi \sin\theta_{I_\phi}^{V_\phi} = I_\phi^2 X_\phi = \frac{V_X^2}{X_\phi} [\text{VAR}] \tag{11-20}$$

부하의 전체 무효 전력은 $Q_T = 3Q_\phi$ [VAR]로 구해지는데 이식을 다시 정리하면 식(11-21)처럼 표시할 수 있다.

$$Q_T = \sqrt{3}\, V_L I_L \sin\theta_{I_\phi}^{V_\phi} = 3I_L^2 X_\phi [\text{VAR}] \tag{11-21}$$

각 상의 피상전력은 $S_\phi = V_\phi I_\phi$ [VA] 이고 부하의 전체 피상 전력은 $S_T = 3S_\phi$ [VA]로 구해진다. 이식을 다시 정리하면 식(11-22)가 구해진다.

$$S_T = \sqrt{3}\, V_L I_L [\text{VA}] \tag{11-22}$$

또한 계의 역률은 식(11-23)으로 표시할 수 있다.

$$F_p = \frac{P_T}{S_T} = \cos\theta \tag{11-23}$$

예제 11-8

그림 11-24에서 Z_ϕ, V_ϕ, I_ϕ, 평균 전력, P_T, 무효전력, Q_T, 피상전력, S_T, 역률을 구하시오.

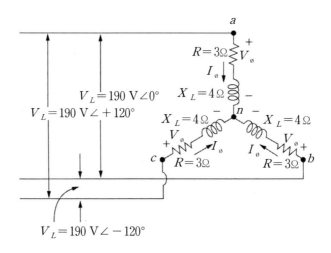

[그림 11-24]

풀이 $Z_\phi = 3\Omega + j4\Omega = 5\Omega\angle 53.13\degree$, $V_\phi = \dfrac{V_L}{\sqrt{3}} = \dfrac{190\,V}{1.73} = 110\,V$,

$$I_\phi = \frac{V_\phi}{Z_\phi} = \frac{110\,V}{5\Omega} = 22A$$

평균전력은 1452[W]이다.

$$P_\phi = V_\phi I_\phi \cos\theta_{I_\phi}^{V_\phi} = 110\,V \times 22A \times 0.6 = 1452[\mathrm{W}]$$

$$P_\phi = I_\phi^2 R_\phi = (22A)^2 \times 3 = 1452[\mathrm{W}]$$

$$P_\phi = \frac{V_R^2}{R_\phi} = \frac{(66\,V)^2}{3\Omega} = 1452[\mathrm{W}]$$

전체 전력은 4356[W]이다.

$$P_T = 3P_\phi = 3 \times 1452[\mathrm{W}] = 4356[\mathrm{W}]$$

$$P_T = \sqrt{3}\,V_L I_L \cos\theta_{I_\phi}^{V_\phi} = 1.73 \times 190\,V \times 22A \times 0.6 = 4356[\mathrm{W}]$$

무효전력은 1936[VAR]이다.

$$Q_\phi = V_\phi I_\phi \sin\theta_{I_\phi}^{V_\phi} = 110\,V \times 22A \times 0.8 = 1936[\mathrm{VAR}]$$

$$Q_\phi = I_\phi^2 X_\phi = (22A)^2 \times 4\Omega = 1936[\mathrm{VAR}]$$

전체 무효전력은 5808[VAR]이다.

$$Q_T = 3Q_\phi = 5808[\mathrm{VAR}]$$

$$Q_T = \sqrt{3}\,V_L I_L \sin\theta_{I_\phi}^{V_\phi} = 3I_L^2 X_\phi = 5808[\mathrm{VAR}]$$

피상전력은 2420[VA]이고 전체 피상전력은 7260[VA]이다.

$$S_\phi = V_\phi I_\phi = 110\,V \times 22A = 2420[\mathrm{VA}]$$

$$S_T = 3S_\phi = 7260[\mathrm{VA}]$$

$$S_T = \sqrt{3}\,V_L I_L = \sqrt{3} \times 190\,V \times 22A = 7260[\mathrm{VA}]$$

역률은 지상이고 0.6이다.

$$F_p = \frac{P_T}{S_T} = \frac{4356[W]}{7260[VA]} = 0.6$$

예제 11-9

그림 11-25에 표시된 회로의 P_T, Q_T, S_T, F_P를 구하시오.

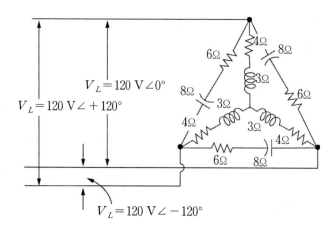

[그림 11-25]

풀이 Δ 회로에서

$$Z_\Delta = 6\Omega - j8\Omega = 10\Omega \angle -53.13°$$

$$I_\phi = \frac{V_L}{Z_\Delta} = \frac{120V}{10\Omega} = 12A$$

$$P_{T\Delta} = 3I\phi^2 R_\phi = 3 \times (12A)^2 \times 6\Omega = 2592[\text{W}]$$

$$Q_{T\Delta} = 3I\phi^2 X_\phi = 3 \times (12A)^2 \times 8\Omega = 3456[\text{VAR}]$$

$$S_{T\Delta} = 3V\phi I_\phi = 3 \times 120V \times 12A = 4320[\text{VA}]$$

Y 회로에서

$$Z_Y = 4\Omega + j3\Omega = 5\Omega \angle 36.87°$$

$$I_\phi = \frac{V_L/\sqrt{3}}{Z_Y} = \frac{120V/\sqrt{3}}{5\Omega} = 13.87A$$

$$P_{TY} = 3I\phi^2 R_\phi = 3 \times (13.87A)^2 \times 4\Omega \fallingdotseq 2309[\text{W}]$$

$$Q_{TY} = 3I\phi^2 X_\phi = 3 \times (13.87A)^2 \times 3\Omega \fallingdotseq 1731[\text{VAR}]$$

$$S_{TT} = 3V\phi I_\phi = 3 \times (72V) \times 13.87A \fallingdotseq 2996[\text{VA}]$$

전체 부하에서

$$P_T = P_{T\Delta} + P_{TY} = 2592W + 2309W = 4901W$$

$$Q_T = Q_{T\Delta} - Q_{TY} = 3456\text{VAR} - 1731\text{VAR} = 1725[\text{VAR}]$$

$$S_T = \sqrt{P_T^2 + Q_T^2} = 5196[\text{VA}]$$

$$\dot{F}_P = \frac{P_T}{S_T} = \frac{4901}{5196} = 0.945 \quad \text{진상}$$

11-11 전력계법

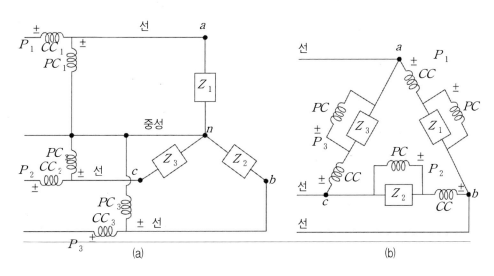

[그림 11-26]

    평형 혹은 불평형 4선 Y 결선 부하에 전달된 전력은 그림 11-26에 표시된 3 전력계법을 사용하면 측정할 수 있다. 각각의 전력계는 각 상에 전달된 전력을 측정한다. 각 전력계의 전압코일은 부하에 병렬로 연결되어 있는 반면에, 전류 코일은 직렬로 연결되어 있다. 계의 전체 평균전력은 식(11-24)에 표시된 것처럼 세 개의 전력을 더하면 구할 수 있다.

$$P_{TY} = P_1 + P_2 + P_3 \tag{11-24}$$

    Δ형 부하에서 전력계는 그림 11-26(b)에 표시된 것처럼 결선 된다. 전체 전력은 세 전력계의 측정치를 더하면 된다.

$$P_{T\Delta} = P_1 + P_2 + P_3 \tag{11-25}$$

연습문제

1 그림 11-27에 표시된 회로에서 지상역률은 0.6이고 $240\,V$에서 3상 Δ 결선 발전기의 각상은 부하 전류는 $100A$를 공급한다. ⓐ 선 전압, ⓑ 선 전류 ⓒKVA 3상 전력 ⓓ W 3상 전력을 구하시오.

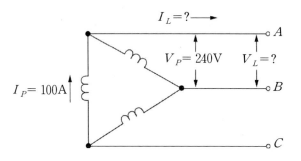

[그림 11-27] 3상 Δ 결선 발전기

2 그림 11-28에 표시된 Y결선 부하의 각 저항은 20Ω이고 선 전압은 $240\,V$, 역률은 1 이다. ⓐ 각 저항을 흐르는 전류는 얼마인가? ⓑ 선전류는 얼마인가? ⓒ 3저항에서 소비되는 전력은 얼마인가?

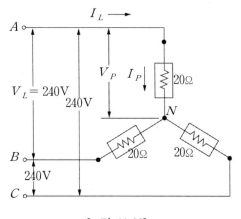

[그림 11-28]

③ 그림 11–29에서 문제 11–2를 반복하시오.

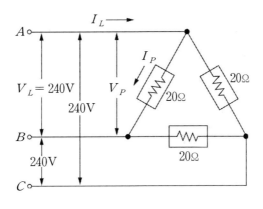

[그림 11-29]

④ 각 도선이 $20\,A$의 전류를 전송하고 선간 전압이 $220\,V$, 역률이 1이라고 가정하면 평형 3상 시스템에는 얼마의 전력이 전송되는가?

⑤ 그림 11–30은 3상 Y결선 변압기의 2차측이 $208\,V$ 4선식 ABC시스템를 표시하고 있다. 30개의 전구는 각상 양단에 연결되고 각각 $120\,V$, $2\,A$의 정격을 갖는다. 만약 부하가 평형 상태라고 가정하고 각 상에서 소비되는 전력과 시스템에서 소비되는 전력을 구하시오.

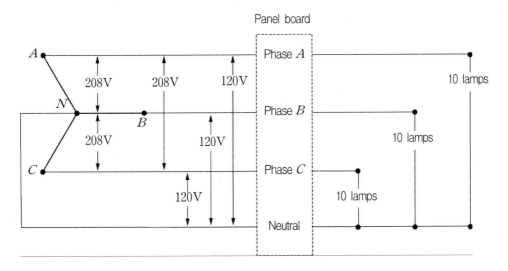

[그림 11-30] 평형 3상 회로의 부하 연결

⑥ 3상 3선 방식의 선전류가 $25\,A$이고 선전압이 $1000\,V$이다. 부하의 전력계수는 86.6%지상이다. ⓐ 실효 전력을 구하시오. ⓑ 무효전력을 구하시오. ⓒ 피상 전력을 구하시오. ⓓ 전력 삼각형을 그리시오.

⑦ 다음에 표시된 표를 완성하시오.

연결방식	선전압 (V_L)	선 전류 (I_L)	상전압(V_P)	상전류 (I_P)
Δ	90V	14A	?	?
Y	?	?	50V	10A

⑧ Δ 결선 부하에서 다음의 도표를 완성하시오.

$V_L(V)$	$I_L(A)$	$V_P(V)$	$I_P(A)$	P_F(지상)	$P_T(KW)$
110	?	?	18	0.9	?
?	32	120	?	0.8	?
?	?	220	27	?	16

 정답

1. ⓐ $V_L = V_P = 240\,V$

   ⓑ $I_L = \sqrt{3}\,I_P = 1.73 \times 100A = 173A$

   ⓒ $S_T = \sqrt{3}\,V_L I_L = 1.73 \times 240\,V \times 173A = 71.8KVA$

   ⓓ $P_T = S_T \cos\theta = 71.8 \times 0.6 = 43.1KW$

2. ⓐ $V_P = \dfrac{V_L}{\sqrt{3}} = \dfrac{240\,V}{1.73} = 138.7\,V, I_P = \dfrac{V_P}{Z_P} = \dfrac{V_P}{R_P} = \dfrac{138.7\,V}{20\varOmega} = 6.94A$

   ⓑ $I_L = I_P = 6.94A$

   ⓒ $P_T = 3P_P = 3\,V_P I_P \cos\theta = 3 \times 138.9\,V \times 6.94A \times 1 = 2890\,W$

3. ⓐ $V_P = V_L = 240\,V, I_P = \dfrac{V_P}{Z_P} = \dfrac{V_P}{R_P} = \dfrac{240\,V}{20\varOmega} = 12A$

   ⓑ $I_L = \sqrt{3}\,I_P = 1.73 \times 12A = 20.8A$

ⓒ $P_T = 3P_P = 3\,V_P I_P\cos\theta = 3 \times 240\,V \times 12\,A \times 1 = 8640\,W$

$P_T = \sqrt{3}\,V_L I_L\cos\theta = 1.73 \times 240\,V \times 20.8\,A \times 1 = 8640\,W$

4. $P_T = \sqrt{3}\,V_L I_L\cos\theta = 1.73 \times 220\,V \times 20\,A \times 1 = 7612\,W$

5. 선전압이 $208\,V$로 주어지기 때문에 상전압은 $120\,V$이다.

$$V_P = \frac{V_L}{\sqrt{3}} = \frac{208\,V}{1.73} = 120\,V$$

평형 부하를 갖기 위해서 30개의 전구는 3개의 $120\,V$ 상전압 양단에 균일하게 분배되어
야 한다. 따라서 그림에 표시된 것처럼 10개씩 분배된다. 상전력은 $2400\,W$이다.

$$P_P = V_P I_P\cos\theta = 120\,V \times (전구\,10개 \times \frac{2A}{전구}) \times 1 = 120\,V \times 20\,A \times 1 = 2400\,W$$

따라서 전체 전력은 상 전력의 3배 이므로 $7200\,W$이다.

$P_T = 3P_P = 7200\,W$

6. ⓐ $P_T = \sqrt{3}\,V_L I_L\cos\theta = 1.73 \times 1000\,V \times 25\,A \times 0.866 = 37.5\,KW$

$\theta = \cos^{-1}0.866 = 30°$, $\sin\theta = 0.5$

ⓑ $Q_T = \sqrt{3}\,V_L I_L\sin\theta = 1.73 \times 1000\,V \times 25\,A \times 0.5 = 21.6\,KVAR$ 지상

ⓒ $S_T = \sqrt{3}\,V_L I_L = 1.73 \times 1000\,V \times 25\,A = 43.4\,KVA$

7.

연결방식	선전압 (V_L)	선 전류 (I_L)	상전압(V_P)	상전류 (I_P)
Δ	90V	14A	90V	8.09A
Y	86.5V	10A	50V	10A

8.

V_L (V)	I_L(A)	V_P(V)	I_P(A)	P_F (지상)	P_T(KW)
110	31.1	110	18	0.9	5.33
120	32	120	18.5	0.8	5.31
220	46.7	220	27	0.9	16

Chapter 12

4단자 회로망

이장에서는 2port를 갖는 4단자 회로망에서 사용되는 Z파라미터, Y파라미터, H파라미터, ABCD파라미터, G파라미터, 영상파라미터, 반복 파라미터의 특성과 상호 변환에 대해서 알아보도록 한다.

12-1 4단자 회로망의 파라미터

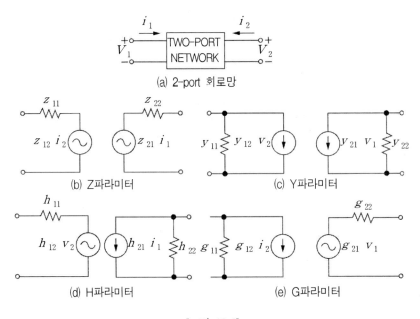

[그림 12-1]

테브닌의 정리와 노턴의 정리는 그림 12-1에 표시된 것과 같은 2 port 회로망에 적용시킬 수 있다. v_1은 입력 포트 양단에 걸리는 전압으로 입력 포트로 들어가는 전류 i_1을 설정한다. 교류 출력전압 v_2는 출력단에 나타나는 전압으로 교류 출력전류

i_2 를 갖는다. 정의에 의해서 포트 쪽으로 유입되는 방향의 전류는 +, 포트에서 나오는 방향의 전류는 -로 표시한다.

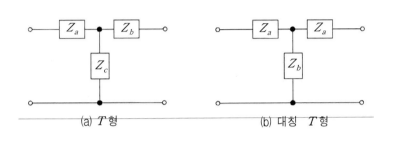

(a) T형   (b) 대칭 T형

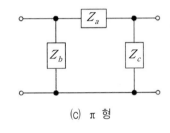

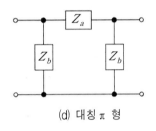

(c) π 형   (d) 대칭 π 형

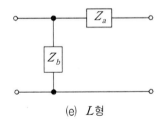

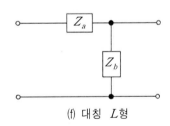

(e) L형   (f) 대칭 L형

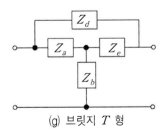

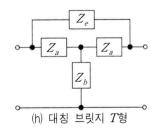

(g) 브릿지 T 형   (h) 대칭 브릿지 T형

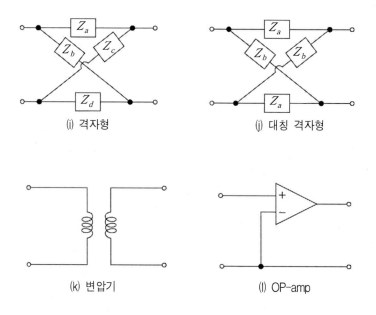

(i) 격자형   (j) 대칭 격자형

(k) 변압기   (l) OP-amp

[그림 12-2] 2port 회로망의 다양한 형태

■ Z 파라미터

회로가 오직 선형소자만 포함하고 있다면 그림 12-1(b)와 같은 교류 모델을 구하기 위해서 입, 출력 포트에 테브닌의 정리를 적용시킬 수 있다. 어떤 포트에서 바라다보든지 간에 임피던스는 전압원과 직렬로 연결되어있다. 교류 모델에서 키르히호프의 전압법칙을 적용하면

$$v_1 = z_{11}i_1 + z_{12}i_2 \tag{12-1}$$

$$v_2 = z_{21}i_1 + z_{22}i_2 \tag{12-2}$$

로 표시되며 계수 z_{11}, z_{12}, z_{21}, z_{22}는 Z파라미터 또는 임피던스 파라미터라고 부른다. Z파라미터는 식(12-3)처럼 행렬식으로 표시할 수도 있다.

$$\begin{bmatrix} v_1 \\ v_2 \end{bmatrix} = \begin{bmatrix} z_{11} & z_{12} \\ z_{21} & z_{22} \end{bmatrix} \begin{bmatrix} i_1 \\ i_2 \end{bmatrix} \tag{12-3}$$

352

Z파라미터의 물리적인 의미는 다음과 같다.

$$z_{11} = \frac{v_1}{i_1} \Big|_{i_2 = 0} \text{ 단자 1-1 ' 에서의 개방 구동점 임피던스}$$

$$z_{22} = \frac{v_2}{i_2} \Big|_{i_1 = 0} \text{ 단자 2-2 ' 에서의 개방 구동점 임피던스}$$

$$z_{21} = \frac{v_2}{i_1} \Big|_{i_2 = 0} \text{ 출력개방 순방향 전달 임피던스}$$

$$z_{12} = \frac{v_1}{i_2} \Big|_{i_1 = 0} \text{ 입력개방 역방향 전달 임피던스}$$

이때 $z_{12} = z_{21}$ 의 관계가 성립되고 대칭회로인 경우는 $z_{11} = z_{22}$가 된다. 또한 기타의 파라미터와는 $F = AD - BC$, $y = y_{11}y_{22} - y_{12}y_{21}$라고 정의 할때 다음과 같은 관계가 성립된다.

$$z_{11} = \frac{y_{22}}{|y|} = \frac{A}{C} \tag{12-4}$$

$$z_{12} = \frac{y_{12}}{|y|} = \frac{F}{C} \tag{12-5}$$

$$z_{21} = -\frac{y_{21}}{|y|} = -\frac{1}{C} \tag{12-6}$$

$$z_{22} = \frac{y_{11}}{|y|} = \frac{D}{C} \tag{12-7}$$

예제 12-1

그림 12-3에 표시된 T형 회로의 Z임피던스를 구하시오.

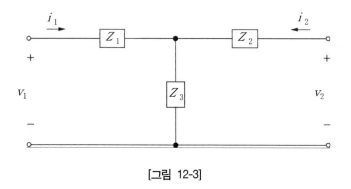

[그림 12-3]

풀이 $i_1 = \dfrac{v_1}{Z_1 + Z_3}$ 이고 $z_{11} = \dfrac{v_1}{i_1}\Big|_{i_2 = 0}$ 이므로 $z_{11} = Z_1 + Z_3$ 이다.

$z_{12} = \dfrac{v_1}{i_2}\Big|_{i_1 = 0} = \dfrac{i_2 Z_3}{i_2}$ 이므로 $z_{12} = Z_3$ 이다.

$z_{21} = \dfrac{v_2}{i_1}\Big|_{i_2 = 0} = \dfrac{i_1 Z_3}{i_1}$ 이므로 $z_{12} = Z_3$ 이다.

$z_{22} = \dfrac{v_2}{i_2}\Big|_{i_1 = 0} = \dfrac{i_2(Z_2 + Z_3)}{i_2}$ 이므로 $z_{22} = Z_2 + Z_3$ 이다.

예제 12-2

그림 12-4에 표시된 T형 회로에서 Z임피던스를 구하시오.

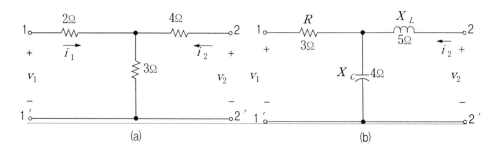

[그림 12-4]

풀이 (a) $z_{11} = Z_1 + Z_3 = 5\Omega, z_{12} = Z_3 = 3\Omega, z_{21} = Z_3 = 3\Omega, z_{22} = Z_2 + Z_3 = 7\Omega$

(b) $z_{11} = Z_1 + Z_3 = 3\Omega - j4\Omega$, $z_{12} = Z_3 = -j4\Omega$, $z_{21} = Z_3 = -j4\Omega$,

$z_{22} = Z_2 + Z_3 = 5\Omega\angle 90^\circ + 4\Omega\angle -90^\circ = 1\Omega\angle 90^\circ = j1\Omega$

예제 12-3

그림 12-5에 표시된 2port 회로망의 z 파라미터를 구하시오.

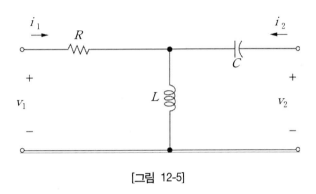

[그림 12-5]

풀이 z 파라미터의 정의를 이용하면

$$z = \begin{bmatrix} z_{11} & z_{12} \\ z_{21} & z_{22} \end{bmatrix} = \begin{bmatrix} R+Ls & Ls \\ Ls & \dfrac{1}{Cs}+Ls \end{bmatrix}$$

예제 12-4

그림 12-6(a)와 12-6(b)에 표시된 2port 회로망에서 Z_1, Z_2, Z_3을 Z 파라미터를 이용해서 표시하시오.

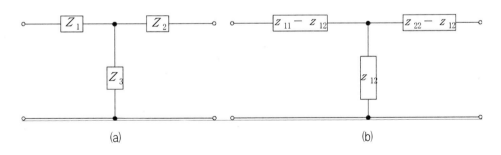

(a)   (b)

[그림 12-6]

풀이 $z_{12} = Z_3$, $z_{11} = Z_1 + Z_3$, $Z_1 = z_{11} - z_{12}$, $z_{22} = Z_1 + Z_3$, $Z_2 = z_{22} - z_{12}$

예제 12-5

다음에 정의되는 z파라미터를 이용해서 T형 회로를 구성하시오.

$$z_{11}(s) = \frac{8s^2 + 10s + 1}{2s}, z_{12}(s) = z_{21}(s) = 4s + 5, z_{22}(s) = \frac{12s^2 + 15s + 1}{3s}$$

풀이

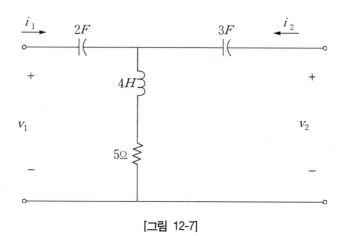

[그림 12-7]

그림 12-6을 참조하면 $Z_3 = z_{12}(s) = z_{21}(s) = 4s + 5$

$$Z_1 = z_{11} - z_{12} = \frac{8s^2 + 10s + 1}{2s} - (4s + 5) = \frac{1}{2s}$$

$$Z_2 = z_{22} - z_{12} = \frac{12s^2 + 15s + 1}{3s} - (4s + 5) = \frac{1}{3s}$$

■ Y 파라미터

만일 선형 회로망의 양측에 노턴의 정리를 적용시킨다면 그림 12-1(c)와 같은 등가회로를 구할 수 있다. 이때 각 포트는 전류원에 의해서 분기된 어드미턴스로 구성되어진다. 이러한 교류 모델에서 키르히호프의 전압법칙을 적용하면

$$i_1 = y_{11}v_1 + y_{12}v_2 \qquad (12\text{-}8)$$

$$i_2 = y_{21}v_1 + y_{22}v_2 \qquad (12\text{-}9)$$

로 표시되며, 계수 y_{11}, y_{12}, y_{21}, y_{22}를 Y 파라미터라고 부른다.

어드미턴스 파라미터는 고파에서 동작하는 트랜지스터 회로해석에 적용되어진다. Y 파라미터는 식(12-10)처럼 행렬식으로 표시된다.

$$\begin{bmatrix} i_1 \\ i_2 \end{bmatrix} = \begin{bmatrix} y_{11} & y_{12} \\ y_{21} & y_{22} \end{bmatrix} \begin{bmatrix} v_1 \\ v_2 \end{bmatrix}$$ (12-10)

Y파라미터의 물리적인 의미는 다음과 같다.

$$y_{11} = \frac{i_1}{v_1} \bigg|_{v_2 = 0}$$ 단자 1-1' 에서의 단락 구동점 어드미턴스

$$y_{22} = \frac{i_2}{v_2} \bigg|_{v_1 = 0}$$ 단자 2-2' 에서의 단락 구동점 어드미턴스

$$y_{21} = \frac{i_2}{v_1} \bigg|_{v_2 = 0}$$ 출력 단락 순방향 전달 어드미턴스

$$y_{12} = \frac{i_1}{v_2} \bigg|_{v_1 = 0}$$ 입력 단락 역방향 전달 어드미턴스

여기서 $y_{12} = y_{21}$ 이 되고 대칭회로인 경우는 $y_{11} = y_{22}$ 이다. y파라미터와 다른 파라미터와는 $F = AD - BC$, $z = z_{11}z_{22} - z_{12}z_{21}$ 라고 정의할때 다음과 같은 관계가 성립된다.

$$y_{11} = \frac{z_{22}}{|z|} = \frac{D}{B}$$ (12-11)

$$y_{12} = -\frac{z_{12}}{|z|} = -\frac{|F|}{B}$$ (12-12)

$$y_{21} = -\frac{z_{21}}{|z|} = -\frac{1}{B}$$ (12-13)

$$y_{22} = \frac{z_{11}}{|z|} = \frac{A}{B}$$ (12-14)

예제 12-6

그림 12-8에 표시된 π형 회로의 어드미턴스 파라미터를 구하시오.

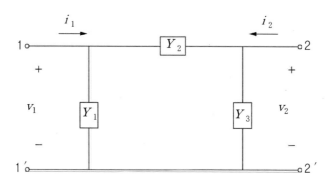

[그림 12-8]

풀이 $i_1 = v_1(Y_1 + Y_2)$이고 $y_{11} = \dfrac{i_1}{v_1} \mid_{v_2 = 0}$ 이므로 $y_{11} = Y_1 + Y_2$이다.

$y_{12} = \dfrac{i_1}{v_2} \mid_{v_1 = 0}$ 이고 $i_1 = -v_2 Y_2$ 이므로 $y_{12} = -Y_2$이다.

$y_{21} = \dfrac{i_2}{v_1} \mid_{v_2 = 0}$ 이고 $i_2 = -v_1 Y_2$ 이므로 $y_{21} = -Y_2$이다.

$y_{22} = \dfrac{i_2}{v_2} \mid_{v_1 = 0}$ 이고 $i_2 = v_2(Y_2 + Y_3)$ 이므로 $y_{22} = Y_2 + Y_3$이다.

예제 12-7

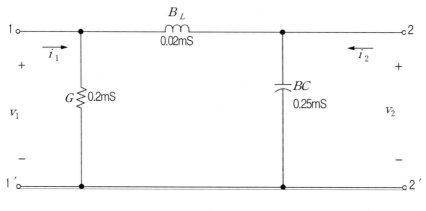

[그림 12-9]

풀이 $Y_1 = 0.2mS \angle 0°$, $Y_2 = 0.02mS \angle -90°$, $Y_3 = 0.25mS \angle 90°$ **이므로**

$y_{11} = Y_1 + Y_2 = 0.2mS - j0.02mS$, $y_{12} = y_{21} = -Y_2 = j0.02mS$,

$y_{22} = Y_2 + Y_3 = -j0.02mS + j0.25mS = j0.23mS$이다.

예제 12-8

그림 12-10에 표시된 2port 회로망의 Y 파라미터를 구하시오.

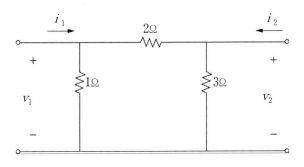

[그림 12-10]

풀이 정의에 의하면 $[y] = \begin{bmatrix} y_{11} & y_{12} \\ y_{21} & y_{22} \end{bmatrix} \begin{bmatrix} 3/2 & -1/2 \\ -1/2 & 5/6 \end{bmatrix}$ 로 표시된다.

예제 12-9

그림 12-11(a)와 12-11(b)에 표시된 2port 회로망에서 Y_1, Y_2, Y_3를 Y 파라미터를 이용해서 표시하시오.

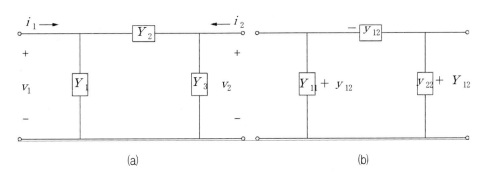

[그림 12-11]

풀이 $y_{12} = -Y_2$, $y_{11} = Y_1 + Y_2$, $Y_1 = y_{11} + z_{12}$, $y_{22} = Y_2 + Y_3$, $Y_3 = y_{22} + y_{12}$

■ ABCD 파라미터

ABCD파라미터는 종속파라미터 또는 전송 파라미터라고 부르며 전송회로해석에 주로 사용된다. 이들은 주파수의 함수이기 때문에 $\begin{bmatrix} A & B \\ C & C \end{bmatrix}$ 를 F행렬이라고 부르기도 하고 $[F]$로 표시된다. 그림 12-1(a)에 표시된 회로에서 전류 방정식을 구하면 식 (12-15)처럼 구해진다.

$$i_1 = y_{11}v_1 + y_{12}v_2, -i_2 = y_{21}v_1 + y_{22}v_2 \tag{12-15}$$

1차측의 전류와 전압으로 표시하면 식(12-16)이 구해진다.

$$v_1 = Av_2 + Bi_2, \ i_1 = Cv_2 + Di_2 \tag{12-16}$$

따라서 행렬식으로 표시하면 식(12-17)이 구해진다.

$$\begin{bmatrix} v_1 \\ i_1 \end{bmatrix} = \begin{bmatrix} A & B \\ C & D \end{bmatrix} \begin{bmatrix} v_2 \\ i_2 \end{bmatrix} \tag{12-17}$$

$y = y_{11}y_{22} - y_{12}y_{21}, z = z_{11}z_{22} - z_{12}z_{21}$ 라고 정의할 때

$$A = -\frac{y_{22}}{y_{21}} = \frac{z_{11}}{z_{21}} \tag{12-18}$$

$$B = -\frac{1}{y_{21}} = \frac{|z|}{|z_{21}|} \tag{12-19}$$

$$C = -\frac{|y|}{y_{21}} = \frac{1}{z_{21}} \tag{12-20}$$

$$D = -\frac{y_{11}}{y_{21}} = \frac{z_{22}}{z_{21}} \tag{12-21}$$

의 관계식을 갖는다. ABCD 파라미터의 물리적인 의미는 다음과 같다.

$$A = \frac{v_1}{v_2} \Big|_{i_2 = 0} \text{출력개방시 역전압 이득}$$

$$B = \frac{v_1}{i_2} \Big|_{v_2 = 0} \text{출력단락시 역방향 전달 임피던스}$$

$$C = \frac{i_1}{v_2} \Big|_{i_2 = 0} \text{출력 개방시 역방향 전달 어드미턴스}$$

$$D = \frac{i_1}{i_2} \Big|_{v_2 = 0} \text{출력 단락시 역방향 전류이득}$$

여기서 $y_{12} = y_{21}$ 이므로 $\begin{bmatrix} A & B \\ C & C \end{bmatrix} = AD - BC = 1$의 관계가 성립되고 대칭회로인 경우는 $A = D$이다.

예제 12-10

그림 12-3에 표시된 T 형 회로의 전송 파라미터 ABCD를 구하시오.

풀이 $A = \dfrac{v_1}{v_2} \Big|_{i_2 = 0} = \dfrac{v_1}{\dfrac{z_3}{z_1 + z_3} v_1} = \dfrac{z_1 + z_3}{z_3} = 1 + \dfrac{z_1}{z_3}$

$B = \dfrac{v_1}{i_2} \Big|_{v_2 = 0} = \dfrac{v_1}{\dfrac{v_1}{z_1 + \dfrac{z_2 \times z_3}{z_2 + z_3}} \times \dfrac{z_3}{z_2 + z_3}} = \dfrac{z_1 z_2}{z_3} + z_2 + z_1$

$C = \dfrac{i_1}{v_2} \Big|_{i_2 = 0} = \dfrac{i_1}{i_1 z_3} = \dfrac{1}{z_3}$

$D = \dfrac{i_1}{i_2} \Big|_{v_2 = 0} = \dfrac{i_1}{\dfrac{z_3}{z_2 + z_3} i_1} = 1 + \dfrac{z_2}{z_3}$

G 파라미터

만약 노턴의 정리가 입력 포트에 적용되고 출력 포트에 테브닌의 정리가 적용된다면 그림 12-1(e)와 같은 교류 모델을 구할 수 있는데 입력측은 전류원에 의해서 어드미턴스가 션트 되어있고, 출력측은 전압원이 임피던스와 직렬로 연결된다. 키르히호프의 전압법칙을 적용하면 식(12-22), (12-23)처럼 표시된다.

$$i_1 = g_{11}v_1 + g_{12}i_2 \qquad (12\text{-}22)$$

$$v_2 = g_{21}v_1 + g_{22}i_2 \qquad (12\text{-}23)$$

계수 $g_{11}, g_{12}, g_{21}, g_{22}$를 G 파라미터라고 부른다.

$g_{11} = \dfrac{i_1}{v_1} \mid_{i_2 = 0}$ 출력 단락 입력 임피던스

$g_{12} = \dfrac{i_1}{i_2} \mid_{v_1 = 0}$ 입력 개방 역방향 전류 이득

$g_{21} = \dfrac{v_2}{v_1} \mid_{i_2 = 0}$ 출력 단락 순방향 전압 이득

$g_{22} = \dfrac{v_2}{i_2} \mid_{v_1 = 0}$ 입력 단락 출력 임피던스

■ H 파라미터

만약 입력 포트에 테브닌의 정리를 적용하고 출력 포트에 노턴의 정리를 적용시킨다면 그림 12-1(d)와 같은 하이브리드 모델을 구할 수 있다.

입력측은 임피던스 h_{11}이 전원 전압 $h_{12}v_2$와 직렬로 연결되고, 출력측은 어드미턴스 h_{22}에 의해서 전류원 $h_{21}i_1$이 분기 되어 있다. 키르히호프의 전압법칙을 h파라미터 모델에 적용하면 식(12-24), (12-25)처럼 표시할 수 있다.

$$v_1 = h_{11}i_1 + h_{12}v_2 \qquad (12\text{-}24)$$

$$i_2 = h_{21}i_1 + h_{22}v_2 \qquad (12\text{-}25)$$

계수 $h_{11}, h_{12}, h_{21}, h_{22}$를 하이브리드 파라미터라고 부르며, 간단하게 h 파라미터라고 한다. 이것은 저주파에서 공통 이미터, 공통 컬렉터, 공통베이스 증폭기의 해석에 사용된다.

12-2 H 파라미터의 의미

트랜지스터 회로를 해석하는 여러 가지 시스템을 설명했는데 저주파에서 동작하는 트랜지스터의 해석에는 h파라미터가 가장 적합하다. 그림 12-12(a)는 포트 전압과 포트 전류를 갖는 하이브리드 모델을 나타내고 있다. 포트의 전압은 그림에 표시된 것처럼 +, − 극성을 표시하고 전류도 포트로 유입되는 것을 +로 간주한다. 앞에서 표시한 대로 하이브리드 모델에 키르히호프의 전압법칙을 적용하면 $v_1 = h_{11}i_1 + h_{12}v_2$, $i_2 = h_{21}i_1 + h_{22}v_2$ 식이 구해진다.

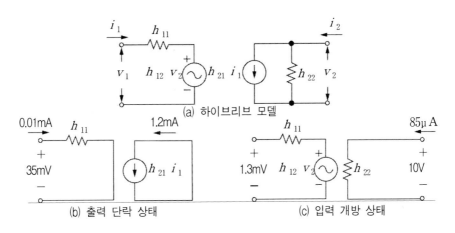

(a) 하이브리드 모델

(b) 출력 단락 상태

(c) 입력 개방 상태

[그림 12-12]

■ 입력 임피던스 h_{11}

h_{11}과 h_{21}의 물리적인 의미를 이해하기 위해서 다음 과정에 따라서 해석한다. 출력 단자는 교류단락으로 가정하면 $v_2 = 0$이 되며, 하이브리드 식은 식(12-26)과 식(12-27)로 표시된다.

$$v_1 = h_{11}i_1 \tag{12-26}$$

$$i_2 = h_{21}i_1 \tag{12-27}$$

식(12-26)을 풀어보면 식(12-28)이 구해진다.

$$h_{11} = \frac{v_1}{i_1} \mid_{v_2 = 0 \, 출력단락상태} \tag{12-28}$$

이것은 전류로 전압을 나눈 차원이므로 h_{11}은 출력이 단락된 상태의 회로망의 입력 임피던스로 그림 12-12(b)에 표시된 것과 같다.

■ 전류이득 h_{21}

식(12-27)을 풀면 식(12-29)가 구해진다.

$$h_{21} = \frac{i_2}{i_1} \mid_{v_2 = 0, \, 출력단락상태} \tag{12-29}$$

이것은 입력전류에 대한 출력전류의 비이므로 h_{21}을 출력 단락 상태의 전류이득이라고 부른다.

$i_2 = 1.2\mathrm{mA}$ 이고, $i_1 = 0.01\mathrm{mA}$ 라고 가정하면 $h_{21} = \frac{i_2}{i_1} = \frac{1.2\mathrm{mA}}{0.01\mathrm{mA}} = 120$ 이다.

여기서 h_{21}은 출력이 단락된 상태의 회로망의 전류이득으로 그림 12-6(b)에 표시된 것과 같다.

■ 역전압이득 h_{12}

h_{12}와 h_{22}의 의미는 무엇인가? 입력단자가 개방된다고 가정하면 $i_1 = 0$이고, 식(12-24)와 식 (12-25)는 식(12-30)과 식(12-31)로 간략화 된다.

$$v_1 = h_{12}v_2 \tag{12-30}$$

$$i_2 = h_{22}v_2 \tag{12-31}$$

식(12-30)을 풀면 식(12-32)가 구해진다.

$$h_{12} = \frac{v_1}{v_2} \mid_{i_1 = 0, \, 입력개방상태} \tag{12-32}$$

h_{12}는 출력전압에 대한 입력 전압의 비로 입력 개방 상태의 역전압 이득이라고 부른다. 다시 말하자면 신호 발생기를 이용해서 출력을 구동시키고 입력측으로 귀환되는 신호를 측정하면 입력 개방상태의 역전압 이득을 계산할 수 있다. 예를 들어서 출력 포트를 구동하는 전압이 $10\,V$이고, 입력 포트에 나타난 전압이 $1.3m\,V$라면

$$h_{12} = \frac{v_1}{v_2} = \frac{1.3m\,V}{10\,V} = 1.3 \times 10^{-4}$$이다.

보다시피 역전압 이득 h_{12}는 매우 적은 값이다. 따라서 h_{12}는 역방향으로는 회로가 잘 동작하지 않는다는 것을 의미한다. h_{12}는 입력 개방상태의 역방향 이득으로 그림 12-6(c)와 같이 표시된다.

■ 출력 어드미턴스 h_{12}

식(12-31)을 풀면 식 (12-33)을 얻을 수 있다.

$$h_{22} = \frac{i_2}{v_2} \mid i_1 = 0, \text{입력개방상태} \tag{12-33}$$

h_{22}는 출력전압에 대한 입력 전류의 비로 입력 개방상태의 출력 어드미턴스라고 부른다. 예를 들면 $i_2 = 85\mu A$, $v_2 = 10\,V$라고 가정하면 $h_{22} = \frac{i_2}{v_2} = \frac{85\mu A}{10\,V}$ $= 8.5\mu S$ 가 된다.(S는 지멘스(simens) 혹은(mhos)를 표시하며, 옴(ohms)의 역수이다).

그림 12-12(c)에서 h_{22}는 어드미턴스이다.

12-3 대표적인 4단자망 파라미터

대표적인 4단자망 파라미터를 정리하면 표 12-1과 같다.

표 12-1 파라미터 사이의 관계

$\Delta Z = Z_{11}Z_{22} = Z_{12}Z_{21}$, $\Delta Y = Y_{11}Y_{22} - Y_{12}Y_{21}$, $\Delta g = g_{11}g_{22} - g_{12}g_{21}$, $\Delta h = h_{11}h_{22} - h_{12}h_{21}$, $\Delta T = AD - BC$

	Z	Y	h	g	F
Z	$\begin{matrix} Z_{11} & Z_{12} \\ Z_{21} & Z_{22} \end{matrix}$	$\begin{matrix} \dfrac{Y_{22}}{\Delta Y} & \dfrac{-Y_{12}}{\Delta Y} \\[6pt] \dfrac{-Y_{21}}{\Delta Y} & \dfrac{Y_{11}}{\Delta Y} \end{matrix}$	$\begin{matrix} \dfrac{\Delta h}{h_{22}} & \dfrac{h_{12}}{h_{22}} \\[6pt] \dfrac{-h_{21}}{h_{22}} & \dfrac{1}{h_{22}} \end{matrix}$	$\begin{matrix} \dfrac{1}{g_{11}} & \dfrac{-g_{12}}{g_{11}} \\[6pt] \dfrac{g_{21}}{g_{11}} & \dfrac{\Delta g}{g_{11}} \end{matrix}$	$\begin{matrix} \dfrac{A}{C} & \dfrac{\Delta T}{C} \\[6pt] \dfrac{1}{C} & \dfrac{D}{C} \end{matrix}$
Y	$\begin{matrix} \dfrac{Z_{22}}{\Delta Z} & \dfrac{-Z_{12}}{\Delta Z} \\[6pt] \dfrac{-Z_{21}}{\Delta Z} & \dfrac{Z_{11}}{\Delta Z} \end{matrix}$	$\begin{matrix} Y_{11} & Y_{12} \\ Y_{21} & Y_{22} \end{matrix}$	$\begin{matrix} \dfrac{1}{h_{11}} & \dfrac{h_{12}}{h_{11}} \\[6pt] \dfrac{h_{21}}{h_{11}} & \dfrac{\Delta h}{h_{11}} \end{matrix}$	$\begin{matrix} \dfrac{\Delta g}{g_{22}} & \dfrac{g_{12}}{g_{22}} \\[6pt] \dfrac{-g_{21}}{g_{22}} & \dfrac{1}{g_{22}} \end{matrix}$	$\begin{matrix} \dfrac{D}{B} & \dfrac{-\Delta T}{B} \\[6pt] \dfrac{-1}{B} & \dfrac{A}{B} \end{matrix}$
h	$\begin{matrix} \dfrac{\Delta Z}{Z_{22}} & \dfrac{Z_{12}}{Z_{22}} \\[6pt] \dfrac{-Z_{21}}{Z_{22}} & \dfrac{1}{Z_{22}} \end{matrix}$	$\begin{matrix} \dfrac{1}{Y_{11}} & \dfrac{-Y_{12}}{Y_{11}} \\[6pt] \dfrac{Y_{21}}{Y_{11}} & \dfrac{\Delta Y}{Y_{11}} \end{matrix}$	$\begin{matrix} h_{11} & h_{12} \\ h_{21} & h_{22} \end{matrix}$	$\begin{matrix} \dfrac{g_{22}}{\Delta g} & \dfrac{g_{12}}{\Delta g} \\[6pt] \dfrac{-g_{21}}{\Delta g} & \dfrac{g_{11}}{\Delta g} \end{matrix}$	$\begin{matrix} \dfrac{B}{D} & \dfrac{\Delta T}{D} \\[6pt] \dfrac{-1}{D} & \dfrac{C}{D} \end{matrix}$
g	$\begin{matrix} \dfrac{1}{Z_{11}} & \dfrac{-Z_{12}}{Z_{11}} \\[6pt] \dfrac{Z_{21}}{Z_{11}} & \dfrac{\Delta Z}{Z_{11}} \end{matrix}$	$\begin{matrix} \dfrac{\Delta Y}{Y_{22}} & \dfrac{Y_{12}}{Y_{22}} \\[6pt] \dfrac{-Y_{21}}{Y_{22}} & \dfrac{1}{Y_{22}} \end{matrix}$	$\begin{matrix} \dfrac{h_{22}}{\Delta h} & \dfrac{-h_{12}}{\Delta h} \\[6pt] \dfrac{-h_{21}}{\Delta h} & \dfrac{h_{11}}{\Delta h} \end{matrix}$	$\begin{matrix} g_{11} & g_{12} \\ g_{21} & g_{22} \end{matrix}$	$\begin{matrix} \dfrac{C}{A} & \dfrac{-\Delta T}{A} \\[6pt] \dfrac{1}{A} & \dfrac{B}{A} \end{matrix}$
F	$\begin{matrix} \dfrac{Z_{11}}{Z_{21}} & \dfrac{\Delta Z}{Z_{21}} \\[6pt] \dfrac{1}{Z_{21}} & \dfrac{Z_{22}}{Z_{21}} \end{matrix}$	$\begin{matrix} \dfrac{-Y_{22}}{Y_{21}} & \dfrac{-1}{Y_{21}} \\[6pt] \dfrac{-\Delta Y}{Y_{21}} & \dfrac{-Y_{12}}{Y_{21}} \end{matrix}$	$\begin{matrix} \dfrac{-\Delta h}{h_{21}} & \dfrac{-h_{11}}{h_{21}} \\[6pt] \dfrac{-h_{22}}{h_{21}} & \dfrac{-1}{h_{21}} \end{matrix}$	$\begin{matrix} \dfrac{1}{g_{21}} & \dfrac{g_{22}}{g_{21}} \\[6pt] \dfrac{g_{11}}{g_{21}} & \dfrac{\Delta Y}{g_{21}} \end{matrix}$	$\begin{matrix} A & B \\ C & D \end{matrix}$

12-4 영상 파라미터

그림 12-13에 표시된 것처럼 단자 2-2' 임피던스 Z_{i2} 를 접속한후 단자 1-1'에서 우측을 바라다본 임피던스가 Z_{i1} 이다. 단자 1-1'에 임피던스 Z_{i1}을 접속하고 단자 2-2'에서 좌측을 바라다본 임피던스가 Z_{i2}가 되었다면 단자 1-1'에서 좌우측에 대한 임피던스가 Z_{i1} 이다. 단자 2-2'에서 좌우측에 대한 임피던스는 Z_{i2}가 된다. 이들을 영상 임피던스라고 부른다.

$$Z_{i1} = \sqrt{\frac{AB}{CD}}$$ (12-34)

$$Z_{i2} = \sqrt{\frac{DB}{CA}}$$ (12-35)

또한 그림 12-14에서 입력측 개방과 단락 임피던스를 이용해서 구하면 식 (12-36), (12-37)처럼 표시된다.

$$Z_{i1} = \sqrt{Z_{01} \cdot Z_{s1}}$$ (12-36)

$$Z_{i2} = \sqrt{Z_{02} \cdot Z_{s2}}$$ (12-37)

또한 대칭회로에서는 $A = D$이므로 식(12-38)이 유도된다.

$$Z_{i1} = Z_{i2} = Z_i = \sqrt{\frac{B}{C}}$$ (12-38)

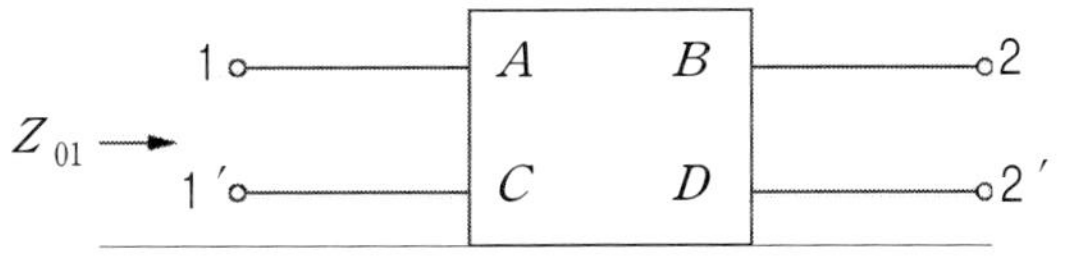

[그림 12-13]

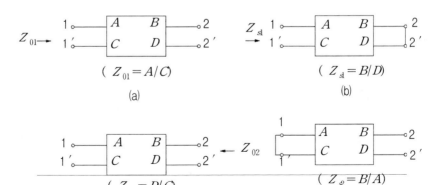

[그림 12-14]

■ **영상전달정수**

그림 12-15 처럼 4단자망 양측이 각각 영상 임피던스로 정합되어 있는 경우 영상 전달정수 θ를 가지게 된다.

$$e^{\theta} = \sqrt{\frac{v_1 i_1}{v_2 i_2}}$$ (12-39)

또한 $Z_{i1} Z_{i2}, \theta$ 를 영상 파라미터라고 부른다.

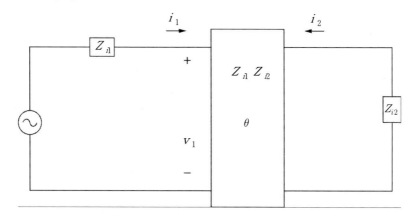

[그림 12-15]

여기서 $e^{\theta} = \sqrt{AD} + \sqrt{BC}$가 되고 $e^{-\theta} = \sqrt{AD} - \sqrt{BC}$이므로 식(12-40), (12-41), (12-42)가 구해진다.

$$\cosh\theta = \frac{e^{\theta} + e^{-\theta}}{2} = \sqrt{AD}$$ (12-40)

$$\sinh\theta = \frac{e^{\theta} - e^{-\theta}}{2} = \sqrt{BC}$$ (12-41)

$$\tanh\theta = \frac{\sinh\theta}{\cosh\theta} = \sqrt{\frac{BC}{AD}}$$ (12-42)

그림12-8에서 $\tanh\theta = \sqrt{\dfrac{Z_{s1}}{Z_{01}}} = \sqrt{\dfrac{Z_{s2}}{Z_{02}}}$ 가 된다.

이때 θ는 복소수이므로 $\theta = \alpha + j\beta$라고 표시되는데 α는 영상 감쇠정수라고 부르고 β는 영상 위상 정수라고 부른다.

연 습 문 제

1 그림 12-16과 같은 회로에서 임피던스 파라미터 z_{11}을 구하시오.

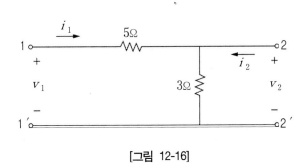

[그림 12-16]

2 그림 12-17에 표시된 것처럼 Z파라미터로 표시되는 4단자망의 1-1′ 단자사이에 $4A$, 2-2′ 단자 사이에 $1A$의 정전류원을 연결할 때 1-1′ 단자간의 전압 V_1과 2-2′ 단자간의 전압 V_2를 구하시오.(단, Z파라미터는 Ω단위이다.)

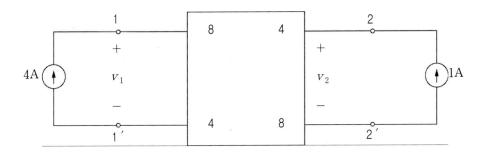

[그림 12-17]

❸ 그림12-18과 같은 회로의 임피던스 파라미터 Z_{22}를 구하면 몇 Ω인가?

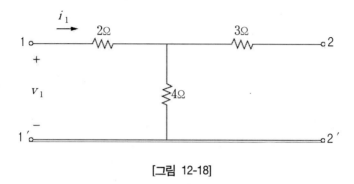

[그림 12-18]

❹ 그림12-19의 1-1′에서 바라다본 구동점 임피던스 Z_{11}을 구하시오.

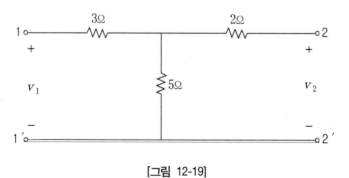

[그림 12-19]

❺ 그림 12-20에 표시된 π형 4단자 회로의 어드미턴스 파라미터중에 Y_{11}을 구하시오.

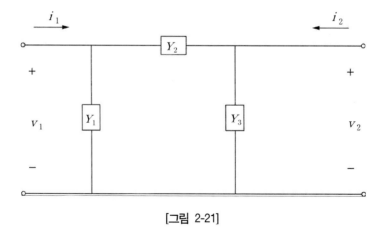

[그림 2-21]

⑥ 그림 12-21에 표시된 회로의 전달 어드미턴스는 몇 Ω인가?

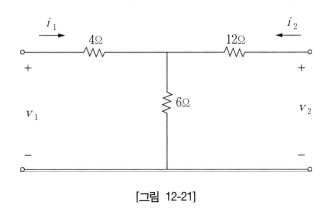

[그림 12-21]

⑦ 그림 12-22에 표시된 4단자망의 어드미턴스 파라미터는 어떻게 표시되는가?

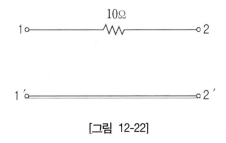

[그림 12-22]

⑧ 그림12-23에 표시된 4단자 회로망에서 하이브리드 파라미터 h_{11}을 구하시오.

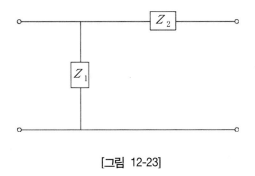

[그림 12-23]

⑨ 그림12-24에 표시된 4단자 회로망의 개방 순방향 전달 임피던스 Z_{21}과 단락 순방향 전달 어드미턴스 Y_{21}을 구하시오.

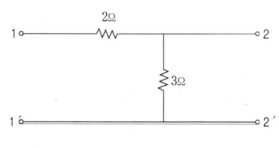

[그림 12-24]

정답

1. $Z_{11} = \dfrac{V_1}{\dfrac{V_1}{8}} = 8\Omega$

2. $\begin{bmatrix} v_1 \\ v_2 \end{bmatrix} = \begin{bmatrix} z_{11} & z_{12} \\ z_{21} & z_{22} \end{bmatrix} \begin{bmatrix} i_1 \\ i_2 \end{bmatrix} = \begin{bmatrix} 8 & 4 \\ 4 & 8 \end{bmatrix} \begin{bmatrix} 4 \\ 1 \end{bmatrix} = \begin{bmatrix} 36 \\ 24 \end{bmatrix}$

3. $Z_{22} = Z_2 + Z_3,\ V_2 = I_2 Z_{22} = Z_2(4+3),\ Z_{22} = \dfrac{(4+3)I_2}{I_2} = 7\Omega$

4. $Z_{11} = Z_1 + Z_2$에서 $V_1 = I_1(3+5) = 8I_1,\ Z_{11} = \dfrac{V_1}{I_1} = \dfrac{8I_1}{I_1} = 8\Omega$

5. $Y_{11} = Y_1 + Y_2,\ YI_2 = -Y_2 = Y_{21},\ Y_{22} = Y_2 + Y_3$

6. $Y_{12} = \dfrac{I_1}{V_2} = \dfrac{\dfrac{V_2}{12 + \dfrac{4 \times 6}{4+6}} \times \dfrac{-6}{(4+6)}}{V_2} = -\dfrac{1}{24}$

7. $Y_{11} = \dfrac{1}{10} = Y_{22},\ Y_{21} = \dfrac{1}{10} = Y_{12}$

8. $V_1 = H_{11}I_1 + H_{12}V_2$에서 $H_{11} = \dfrac{V_1}{I_1}\ |\ _{V_2 = 0} = \dfrac{\dfrac{Z_1 Z_2}{Z_1 + Z_2}I_1}{I_1} = \dfrac{Z_1 Z_2}{Z_1 + Z_2}$

9. 전달임피던스에서 $Z_{21} = \dfrac{I_1 \times 3}{I_1} = 3\Omega$, 단락 순방향 전달 어드미턴스 $Y_{21} = Y_{12} = \dfrac{1}{B}$

에서 B는 $Z_1 = 2\Omega$ $\therefore Y_{21} = -\dfrac{1}{2}\Omega$ 이다.

Chapter

13

라플라스 변환

이 장에서는 회로를 분석하는데 있어서 아주 효과적인 방법인 라플라스 변환을 소개 하기로 한다. 회로해석에서 라플라스 정리를 이용하면 회로를 구성하는 미분방정식들을 주파수 영역의 선형 대수 방정식으로 변환시킬 수 있다. 다음 단계로 대수를 해석하는 직접적인 방법으로 얻고자하는 변수의 해를 구할 수 있다. 마지막으로 역 라플라스 변환을 이용해서 주파수 영역에서 시간 영역으로 변환 시킨 다음 원하는 해를 시간 영역에서의 형태로 표시하게 된다.

13-1 라플라스 변환의 개념

라플라스 변환은 시불변 선형 미분방정식을 해석하기 위한 연산자법으로 영국의 Oliver Heaviside 에 의해서 개발되었다.

주어진 함수 $f(t)$의 Laplace 변환을 위해서는 $f(t)$에 e^{-st} 를 곱한다. 이런 곱한 함수를 시간 t에 대해서 0(zero)에서부터 ∞(무한대)까지 적분하면 시간함수 $f(t)$의 Laplace변환이 되고 이것을 식(13-1)에 표시된 것처럼 $F(s)$로 표시한다.

$$F(s) = \int_0^\infty f(t)e^{-st}dt \tag{13-1}$$

여기서 $s = \sigma + j\Omega$ 이고 $F(s) = \mathcal{L}[f(t)]$ 로 표시되며 $\mathcal{L}$은.....의 Laplace변환, 다시 말하면 $F(s)$=시간함수 $f(t)$의 Laplace변환이라는 의미이다. 또한 이것의 역함수를 구하면 $f(t) = \mathcal{L}^{-1}[F(s)]$ 로 표시되며 이것을 역 라플라스 변환이라고 부른다. 다음의 함수들을 라플라스 변환하면 표 13-1과 같은 결과를 얻을 수 있다.

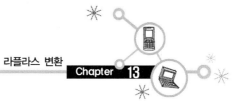

표 13-1 Laplace 변환표

	$f(t)$	$F(s)$
1	$u(t)$	$\dfrac{1}{s}$
2	t	$\dfrac{1}{s^2}$
3	$\dfrac{t^{n-1}}{(n-1)!}, n=$ 정수	$\dfrac{1}{s^n}$
4	e^{at}	$\dfrac{1}{s-a}$
5	te^{at}	$\dfrac{1}{(s-a)^2}$
6	$\dfrac{t^{n-1}}{(n-1)!}e^{-at}, n=$ 정수	$\dfrac{1}{(s-a)^n}$
7	$\dfrac{1}{a-b}(e^{at}-e^{bt})$	$\dfrac{1}{(s-a)(s-b)}$
8	$\dfrac{e^{-at}}{(b-a)(c-a)}+\dfrac{e^{-bt}}{(a-b)(c-b)}+\dfrac{e^{-ct}}{(a-c)(b-c)}$	$\dfrac{1}{(s+a)(s+b)(s+c)}$
9	$1-e^{+at}$	$\dfrac{-a}{s(s-a)}$
10	$\dfrac{1}{w}sin\,wt$	$\dfrac{1}{s^2+w^2}$
11	$\cos wt$	$\dfrac{s}{s^2+w^2}$
12	$1-\cos wt$	$\dfrac{w^2}{s(s^2+w^2)}$
13	$\sin(wt+\theta)$	$\dfrac{s\,sin\theta+w\,cos\theta}{(s^2+w^2)}$
14	$\cos(wt+\theta)$	$\dfrac{s\,sin\theta-w\,cos\theta}{(s^2+w^2)}$
15	$e^{-at}\sin(wt+\theta)$	$\dfrac{w}{(s+\alpha)^2+w^2}$
16	$e^{-at}\cos(wt+\theta)$	$\dfrac{s+\alpha}{(s+\alpha)^2+w^2}$
17	$\sinh\alpha t$	$\dfrac{\alpha}{(s^2-\alpha^2)}$
18	$\cosh\alpha t$	$\dfrac{s}{(s^2-\alpha^2)}$
19	$e^{at}\cos wt$	$\dfrac{s-\alpha}{(s-\alpha)^2+w^2}$
20	$e^{at}\sin wt$	$\dfrac{w}{(s-\alpha)^2+w^2}$

예제 13-1

단위 계단 함수를 Laplace 변환하시오.

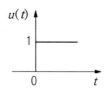

[그림 13-1]

풀이 $u(t) = 1,\ t \geq 0 = 0, t < 0$

단위계단함수는 $t < 0$에서 0, $0 < t$에서 1이 되는 함수로서 기호로는 $u(t)$로 표시한다. $u(t)$의 Laplace 변환은 $\mathcal{L}[u(t)]$로 표시되고 $u(t)$에 e^{-st}를 곱하고 0에서 ∞까지 적분하면 $F(s)$를 구할 수 있다.

$$\mathcal{L}[u(t)] = \int_0^\infty u(t)e^{-st}dt$$

$$\int_0^\infty e^{-st}dt \mid_{u(t)=1} = 1, \ 0 < t = [-\frac{1}{s}e^{-st}]_0^\infty = [0 - (-\frac{1}{s})]$$

$$= \frac{1}{s}(\text{단, Re(s)}>0)$$

따라서 $\mathcal{L}[u(t)] = \frac{1}{s}$ 이다.

예제 13-2

$f(t) = e^{at}$ 일때 $F(s)$를 구하시오.

풀이 $\mathcal{L}[f(t)] = \int_0^\infty e^{at} \cdot e^{-st}dt = \int_0^\infty e^{-(s-a)t}dt = [-\frac{1}{(s-a)}e^{-(s-a)t}]_0^\infty = \frac{1}{s-a}$

예제 13-3

$f(t) = e^{-at}u(t)$ 일때 $F(s)$를 구하시오.

[풀이] $\mathcal{L}[f(t)] = \displaystyle\int_0^\infty e^{-at} \cdot e^{-st}dt = \int_0^\infty e^{-(s+a)t}dt = [-\frac{1}{(s+a)}e^{-(s+a)t}]_0^\infty$

$\qquad\qquad = \dfrac{1}{s+a}$

13-2 라플라스 변환의 기본정리

다음의 성질을 이용해서 라플라스 변환을 구한다.

(1) 선형 정리

함수 $f_1(t)$와 $f_2(t)$가 시간의 함수이고 a와 b가 상수라고 가정하면 식(13-2)가 성립한다.

$$\mathcal{L}[af_1(t) + bf_2(t)] = aF_1(s) + bF_2(s) \qquad\qquad (13-2)$$

좌변을 살펴 보면

$\mathcal{L}[af_1(t) + bf_2(t)] = \displaystyle\int_0^\infty [af_1(t) + bf_2(t)] \cdot e^{-st}dt$

$\qquad\qquad\qquad\quad = \displaystyle\int_0^\infty af_1(t)e^{-st}dt + \int_0^\infty bf_2(t)e^{-st}dt$

$\qquad\qquad\qquad\quad = a\displaystyle\int_0^\infty f_1(t)e^{-st}dt + b\int_0^\infty f_2(t)e^{-st}dt$

여기서 $a\displaystyle\int_0^\infty f_1(t)e^{-st}dt$를 $F_1(s)$로 $b\displaystyle\int_0^\infty f_2(t)e^{-st}dt$를 $F_2(s)$로 치환하면

$\mathcal{L}[af_{1(t)} + bf_2(t)] = aF_1(s) + bF_2(s)$가 된다.

예제 13-4

선형정리를 이용해서 $\sin\omega t$와 $\cos\omega t$를 Laplace변환 하시오.

풀이 Eluer(오일러) 등식을 이용하면 $e^{+-j\omega t} = \cos\omega t + -j\sin\omega t$로 표시된다.

따라서 $\mathcal{L}[\cos\omega t]$와 $\mathcal{L}[\sin\omega t]$를 구하려면 오일러 등식을 이용해서 우선 $\sin\omega t$와 $\cos\omega t$를 먼저 구해야 한다.

$$e^{j\omega t} = \cos\omega t + j\sin\omega t \qquad (1)$$

$$e^{-j\omega t} = \cos\omega t - j\sin\omega t \qquad (2)$$

(1)식과 (2)식을 더하면 $e^{j\omega t} + e^{-j\omega t} = 2\cos\omega t$ 가 구해진다.

따라서 $\cos\omega t = \dfrac{e^{j\omega t} + e^{-j\omega t}}{2}$ 로 표시할수 있다.

(1)식에서 (2)식을 빼면 $e^{j\omega t} - e^{-j\omega t} = 2\sin\omega t$ 가 구해진다.

따라서 $\sin\omega t = \dfrac{e^{j\omega t} - e^{-j\omega t}}{2j}$ 로 표시할수 있다.

$$\begin{aligned}
\mathcal{L}[\cos\omega t] &= \int_0^\infty \left[\frac{e^{j\omega t} + e^{-j\omega t}}{2}\right] e^{-st} dt \\
&= \frac{1}{2}\left[\int_0^\infty e^{-(s-j\omega)t} dt + \int_0^\infty e^{-(s+j\omega)t} dt\right] \\
&= \frac{1}{2}\left[\frac{1}{-(s-j\omega)} e^{-(s-j\omega)t}\right]_o^\infty + \frac{1}{2}\left[\frac{1}{-(s+j\omega)} e^{-(s+j\omega)t}\right]_o^\infty \\
&= \frac{1}{2}\left[\frac{1}{(s-j\omega)} + \frac{1}{(s+j\omega)}\right] \\
&= \frac{1}{2}\left[\frac{(s+j\omega) + (s-j\omega)}{(s-j\omega)(s+j\omega)}\right] \\
&= \frac{1}{2}\left[\frac{2s}{s^2+w^2}\right] = \frac{s}{s^2+w^2}
\end{aligned}$$

$$\begin{aligned}
\mathcal{L}[\sin\omega t] &= \int_0^\infty \left[\frac{e^{j\omega t} - e^{-j\omega t}}{2j}\right] e^{-st} dt \\
&= \frac{1}{2j}\left[\int_0^\infty e^{-(s-j\omega)t} dt - \int_0^\infty e^{-(s+j\omega)t} dt\right] \\
&= \frac{1}{2j}\left[\frac{1}{-(s-j\omega)} e^{-(s-j\Omega)t}\right]_o^\infty + \frac{1}{2j}\left[\frac{1}{-(s+j\omega)} e^{-(s+j\Omega)t}\right]_o^\infty
\end{aligned}$$

$$= \frac{1}{2j}[\frac{1}{(s-jw)} - \frac{1}{(s+jw)}]$$

$$= \frac{1}{2j}[\frac{(s+jw)-(s-jw)}{(s-jw)(s+jw)}]$$

$$= \frac{1}{2j}[\frac{+2j\omega}{s^2+w^2}] = \frac{\omega}{s^2+w^2}$$

따라서 $\mathcal{L}[\cos\omega t] = \frac{s}{s^2+\omega^2}$, $\mathcal{L}[\sin\omega t] = \frac{\omega}{s^2+\omega^2}$ 이다.

[Euler 등식]

$e^x = 1 + x + \frac{x^2}{2!} + \frac{x^3}{3!} + \ldots$ 로 표시되고

여기서 x 대신에 복소변수 $j\omega t$를 대입하면

$e^{jwt} = 1 + jw + \frac{jw^2}{2!} + \frac{jw^3}{3!} + \ldots$

여기서

$j = \sqrt{-1}$ 이고 $j^2 = -1$, $j^3 = -j, j^4 = 1$ 이므로

$e^{jwt} = 1 - \frac{(wt)^2}{2!} + \frac{(wt)^4}{4!} - \ldots + j[wt - \frac{(wt)^3}{3!} + \ldots]$로 표시된다.

여기서 실수부와 허수부는 $\cos\omega t$ 와 $\sin\omega t$의 급수전개이므로

$\cos wt = 1 - \frac{(wt)^2}{2!} + \frac{(wt)^4}{4!} \ldots$

$\sin wt = wt - \frac{(wt)^3}{3!} + \frac{(wt)^5}{5!} \ldots$로 표시되고

$e^{jwt} = \cos\omega t + j\sin\omega t$가 되고 ωt대신에 $-\omega t$를 대입하면

$e^{-jwt} = \cos(-\omega t) + j\sin(-\omega t)$

$e^{-jwt} = \cos\omega t - j\sin\omega t$

따라서 $e^{\pm jwt} = \cos\omega t \pm j\sin\omega t$가 된다.

예제 13-5

선형성을 이용해서 $f(t) = e^{-2t} + \sin t$의 라플라스변환을 구하시오.

풀이 $\mathcal{L}[e^{-2} + \sin t] = \mathcal{L}[e^{-2}] + \mathcal{L}[\sin t] = \dfrac{1}{s+2} + \dfrac{1}{s^2+1}$

따라서 $F(s) = \dfrac{s^2 + s + 3}{(s+2)(s^2+1)}$

(2) 복소추이 정리

$$\mathcal{L}[e^{-at}f(t)] = \int_0^\infty f(t)e^{-(s+a)t}dt$$

$$= F(s+a) \mid = \int_0^\infty f(t)e^{-st}dt = F(s) \tag{13-3}$$

예제 13-6

복소추이 정리를 이용해서 $e^{-al}\cos\omega t$와 $e^{-at}\sin\omega t$ 의 라플라스 변환을 구하시오.

풀이 $\mathcal{L}[e^{-at}\cos\omega t] = \mathcal{L}[e^{-at}f(t)] \mid = f(t) = \cos\omega t$

윗식을 복소추이 정리식을 이용하면

$\mathcal{L}[e^{-at}f(t)] = F(s+a)$

$\qquad\qquad = \dfrac{s+a}{(s+a)^2+w^2} \mid = F(\cos\omega t) = \dfrac{s}{s^2+\omega^2}$

$\mathcal{L}[e^{-at}\sin\omega t] = \mathcal{L}[e^{-at}f(t)] \mid = f(t) = \sin\omega t$

윗식을 복소추이 정리식을 이용하면

$\mathcal{L}[e^{-at}f(t)] = F(s+a)$

$\qquad\qquad = \dfrac{\omega}{(s+a)^2+w^2} \mid = F(\sin\omega t) = \dfrac{\omega}{s^2+\omega^2}$

따라서 $\mathcal{L}[e^{-at}\cos\omega t] = \dfrac{s+a}{(s+a)^2+w^2}$

$\mathcal{L}[e^{-at}\sin\omega t]] = \dfrac{w}{(s+a)^2+w^2}$ 이다.

예제 13-7

그림 13-2에 표시된 $g(t) = e^{-4t}u(t-3)$를 라플라스 변환하시오.

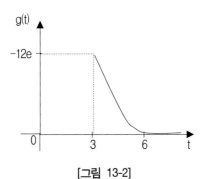

[그림 13-2]

풀이 먼저 $u(t-3)$의 라플라스변환을 구한다.

$$F(s) = \mathcal{L}[u(t-3)] = e^{-3s}\left(\frac{1}{s}\right)$$

$$G(s) = \mathcal{L}[e^{-4t}u(t-3)] = \mathcal{L}[e^{-4t}f(t)] = F(s+4)$$

따라서 $G(s) = e^{-3(s+4)}\frac{1}{s+4} = e^{-12}\frac{e^{-3s}}{s+4}$ 로 구해진다.

(3) 실미분 정리

$$\mathcal{L}[\frac{d}{dt}f(t)] = \int_0^\infty \frac{d}{dt}f(t)e^{-st}dt \qquad (13-4)$$

$u = e^{-st}$ 로 놓고 $dv = df(t)$로 놓으면

$du = -se^{-st}dt$ $V = f(t)$이고 $\int_a^b u\,dv = [uv]_a^b - \int_a^b v\,du$ 이므로

$$\mathcal{L}[\frac{d}{dt}f(t)] = [e^{-st}f(t)]_0^\infty + s\int_0^\infty f(t)e^{-st}dt = sF(s) - f(0^+)$$가 된다.

여기서 1's hospital의 법칙으로부터

$$\lim_{t\to\infty}f(t)e^{-st} = 0$$

도함수가 $t = \infty$ 에서 유한하고 $\sigma > 0$ 이라는 가정을 갖는다.

여기서 윗식을 이용해서 2차 도함수를 구하면

$$\frac{d^2}{dt^2} f(t) = \frac{d}{dt} f(t)$$

따라서 $\mathcal{L}\left[\frac{d^2}{dt^2} f(t)\right] = s\mathcal{L}\left[\frac{df(t)}{dt}\right] - \frac{df(0^+)}{dt}$ 를 갖는다.

따라서 $\mathcal{L}\left[\frac{d^2}{dt^2} f(t)\right] = s\left[sF(s) - f(0^+)\right] - \frac{df(0^+)}{dt}$

$$= s^2 F(s) - sF(0^+) - \frac{df(0^+)}{dt} \text{ 이다.}$$

따라서 n차 도함수의 일반식을 구하면

$\mathcal{L}\left[\frac{d^n}{dt^n} f(t)\right] = s^n F(s) - s^{n-1} f(0^+) - s^{n-2}\frac{df(0^+)}{dt} - \frac{d^{n-1}f(0^+)}{dt^{n-1}}$ 로 표시된다.

예제 13-8

$\mathcal{L}[t]$의 라플라스 변환을 구하시오.

풀이 $\mathcal{L}[t] = \int_0^\infty te^{-st}dt$

여기서 부분적분을 적용하면

$u = t, \; v' = e^{-st}, \; dv = e^{-st}dt, \; du = dt, \; v = -\frac{1}{s}e^{-st}$ 이다.

$$\int_0^\infty udv = [uv]_0^\infty - \int_0^\infty vdu = [\frac{t}{s}e^{-st}]_0^\infty + \frac{1}{s}e^{-st}dt = \frac{1}{s^2}$$

(4) 실적분 정리

적분의 라플라스변환을 구하면 $\mathcal{L}\left[\int_0^t f(t)\right] = \int_0^\infty [\int_0^t f(t)dt]e^{-st}dt$ 로 표시된다.

윗식에 대해서 부분적분을 적용하면 $u = \int_0^t f(t)dt, du = f(t)dt, \; v = -\frac{1}{s}e^{-st},$

382

$$dv = e^{-st}dt \quad \text{일때} \quad \mathcal{L}\left[\int_0^t f(t)\right] = \left[\frac{-e^{-st}}{s}\int_0^t f(t)dt\right]_0^\infty + \frac{1}{s}\int_0^\infty f(t)e^{-st}dt \text{ 이다.}$$

$t = \infty$ 에서 $e^{-st} = 0$ 이기 때문에 $\int_0^t f(t)dt \mid_{t=0} = 0$ 이고 $\int_0^\infty f(t)e^{-st}$

$dt = F(s)$이다. 따라서

$$\mathcal{L}\left[\int_0^t f(t)dt\right] = \frac{F(s)}{s} \tag{13-6}$$

이다.

(5) 시간추이정리

앞에서 Heaviside가 고안한 단위 스텝함수 $u(t)$의 라플라스 변환을 구해본바 있다. 여기서 $t \geqq 0$에서 $u(t) = 1, t < 0$에서 $u(t) = 0$ 인 함수라고 가정한다.

$\mathcal{L}[u(t)] = \dfrac{1}{s}$인데 t대신에 $(t-a)$를 대입하면 $t \geqq 0$에서 $u(t-a) = 1, t < 0$에서 $u(t-a) = 0$으로 되고 그림 13-2처럼 표시된다.

따라서 $\mathcal{L}[u(t-a)] = \displaystyle\int_0^\infty f(t)e^{-st}dt$

$$= \int_a^\infty u(t-a)e^{-st}dt \qquad \mid u(t-a) = 1, t \geqq a$$

$$= \int_a^\infty e^{-st}dt$$

$$= \left[-\frac{1}{s}e^{-st}\right]_a^\infty = +\frac{1}{s}e^{-as} \tag{13-7}$$

여기서 $\mathcal{L}[u(t)] = F(s) = \dfrac{1}{s}$이라면 $\mathcal{L}[u(t-a)] = e^{-as} \cdot F(s)$로 표시된다.

(6) 비례정리 (Scaling theorem)

비례정리는 주파수축의 변화 s와 시간축의 변화 t와의 비율을 관련지어 주는 정리이다. 축상 변화 라 함은 s 혹은 t 변수에 양의 상수를 곱하는 것을 의미한다. 시간함수 $f(t)$에 대하여 새로운 함수 $f(t)$는 시간축상의 변화를 갖는 것으로 윗식의 라플라스 변환을 시키면 $\mathcal{L}\,[f(\frac{t}{t_0})] = \int_0^\infty f(\frac{t}{t_0})e^{-st}dt$이다.

$\frac{t}{t_0} = \tau$라고 놓으면 $\mathcal{L}\,[f(\frac{t}{t_0})] = t_0\int_0^\infty f(\tau)e^{-t_0 s\tau}d\tau = t_0 f(t_0 s)$이다.

(7) 초기치 및 최종치정리

라플라스 변환함수 $F(s)$를 알고 이 함수의 시간함수 $f(t)$의 최종치와 초기치를 구하는것은 매우 용이한 일이다. $F(s)$의 초기치와 최종치 정리를 설명하면 다음과 같다. $f(t)$와 $f(t)$의 도함수가 라플라스 변환 가능하면 $f(0) = \lim_{t \to 0} f(t) = \lim_{s \to \infty} sF(s)$이고 $f(t)$의 도함수에 대한 라플라스 변환식에서 s를 무한대로 접근시키면 $\lim_{s \to \infty}\int_0^\infty [\frac{d}{dt}f(t)]e^{-st}dt = \lim_{s \to \infty}[sF(s) - f(0^-)]$로 표시된다.

s는 t의 함수가 아니기 때문에 적분하기 전에 s를 ∞로 접근시키면 적분치는 0이 된다.

따라서 $\lim_{s \to \infty}[sF(s) - f(0^-)] = 0$ 또는 $f(0^-) = \lim_{t \to 0}f(t) = \lim_{s \to \infty}sF(s)$이다.

또한 시간함수 $f(t)$와 시간함수 $f(t)$의 도함수가 라플라스 변환가능하면 $\lim_{t \to \infty}f(t) = \lim_{s \to 0}F(s)$가 된다. $s \Rightarrow 0$일 경우 s는 t의 함수가 아니므로 s를 0으로 접근시킬 수 있고 $e^{-st} = 1$이 된다.

따라서 $\int_0^\infty [\frac{d}{dt}f(t)]dt = \lim_{t \to \infty}\int_0^t [\frac{d}{dt}f(t)]dt = \lim_{t \to \infty}[f(t) - f(0)]$로 표시된다.

이 결과 극한치 $s \Rightarrow 0$을 $\lim_{s \to \infty}\int_0^\infty [\frac{d}{dt}f(t)]e^{-st}dt = \lim_{s \to \infty}[sF(s) - f(0)]$에 대입하면

$\lim_{t \to \infty}f(t) = \lim_{s \to 0}sF(s)$이다. 이때 $sF(s)$가 $Re(s) \geq 0$인 영역에서 해석적이어야 한다.

(8) 컨벌루션 적분

두개의 함수 $f_1(t)$와 $f_2(t)$가 라플라스 변환 가능하고 그 변환을 $F_1(s)$및 $F_2(s)$로 표시하면 $F_1(s)$와 $F_2(s)$의 곱은 $f_1(t)$와 $f_2(t)$를 합성한 결과식인 $f(t)$의 Laplace 변환식과 같다. 이 이론은 회로망의 임펄스 응답을 알고 이것으로부터 임의의 입력에 대한 회로망의 응답을 구하는데 사용된다.

$$f(t) = \mathcal{L}^{-1}[f_1(s) \cdot f_2(s)] = \int_0^t f_1(\tau)f_2(t-\tau)d\tau \qquad (13\text{--}8)$$

$$= \int_0^t f_2(\tau)f_1(t-\tau)d\tau \qquad (13\text{--}9)$$

여기서 τ는 t의 적분변수이다. 이 식을 컨벌루션 인테그럴이라고 부른다.

$f(t) = f_1(t)*f_2(t)$로 표시된다. 이 식을 다시 쓰면, $F(s) = \mathcal{L}[f_1(t)*f_2(t)]$ $= \mathcal{L}[f_2(t)*f_1(t)] = F_1(s) \cdot F_2(s)$로 표시할수 있다. 여기서 $f(t)$의 라플라스 변환을 구해보면

$$\mathcal{L}[f(t)] = \int_0^\infty [f_1(t-\tau)f_2(\tau)d\tau \ ]e^{-st}dt$$

$$= \int_0^\infty f_2(\tau)e^{-s\tau}[\int_0^\infty f_1(t-\tau) \cdot e^{-s(t-\tau)}dt]d\tau$$

여기서 $\int_0^\infty f_1(t-\tau) \cdot e^{-s(t-\tau)}dt = \int_{-\tau}^\infty f_1(\lambda)e^{-s\lambda}d\lambda$로 표시된다.

$t < \tau$일 때 $f_1(t-\tau)$는 0이므로 $\int_{-\tau}^\infty f_1(\lambda)e^{-s\lambda}d\lambda = F_1(s)$이다.

$\mathcal{L}[f(t)] = F_1(s) \cdot \int_0^\infty f_2(\tau)e^{-s\tau}d\tau = F_1(s) \cdot F_2(s)$로 표시된다.

따라서 $\mathcal{L}[\int_0^t f_1(t-\tau)f_2(\tau)d\tau \ ] = F_1(s) \cdot F_2(s)$

$$\mathcal{L}[\int_0^t f_1(t)f_2(t-\tau)d\tau \ ] = F_1(s) \cdot F_2(s)$$이다.

예제 13-9

$f_1(t) = u(t), f_2(t) = e^{-t}$ 이면 $F_1(s) = \dfrac{1}{s}, F_2(s) = \dfrac{1}{s+1}$ 일때 컨벌루션 인테그랄을

행하시오.

풀이 $f(t) = f_1(t)*f_2(t) = \displaystyle\int_0^t f_1(t-\tau)f_2(\tau)d\tau$

$$= \int_0^t u(t-\tau)e^{-\tau}d\tau = [\int_0^t e^{-\tau}]_0^t = 1 - e^{-t}$$

따라서 $\mathcal{L}[f(t)] = \displaystyle\int_0^\infty [(1-e^{-t}) \cdot e^{-st}]dt$

$$= \int_0^\infty e^{-st}dt - \int_0^\infty e^{-t} \cdot e^{-st}dt$$

$$= (\frac{1}{s} - \frac{1}{s+a}) = \frac{1}{s(s+a)}$$

따라서 $f_1(s) = \dfrac{1}{s}$, $f_2(s) = \dfrac{1}{s+1}$ 일 때 $F_1(s) \cdot F_2(s) = \dfrac{1}{s(s+1)} = \mathcal{L}[f(t)]$ 이다.

13-3 역라플라스 변환

시간의 함수 $f(t)$의 라플라스 변환이 $F(s)$일 때 역으로 $F(s)$에서 시간의 함수 $f(t)$를 구할 수 있는데 이것을 역라플라스 변환이라 하고 Heaviside의 전개정리가 이용된다. $F(s)$가 s의 분수다항식으로 표시되면 식(13-10)을 구할수 있다.

$$F(s) = \frac{P(s)}{Q(s)} = \frac{a_m s^m + a_{m-1}s^{m-1} + ... + a_1 s + a_0}{b_n s^n + b_{n-1}s^{n-1} + ... + b_1 s + b_0} \tag{13-10}$$

여기서 $n > m$이다. 만일 분모항 $Q(s)$의 차수가 분자항 $P(s)$의 차수보다 작으면 분자를 분모로 나누어서 식(13-11)을 구하고

$$F(s) = \frac{P(s)}{Q(s)} = B_0 + B_1 s + B_2 s^2 + \ldots\ldots + B_{m-n} s^{m-1} + \frac{P_1(s)}{Q(s)} \qquad (13\text{--}11)$$

새로운 함수 $\dfrac{P_1(s)}{Q(s)}$ 에 대해서 전개를 해야 한다.

여기서 분모다항식 $Q(s)$를 인수분해하면

$$Q(s) = a_0 s^n + a_1 s^{n-1} + \ldots\ldots + a_n$$

$$= a_0(s - s_1) + \ldots\ldots + (s - s_n)$$

으로 되고, 간단히 쓰면 식(13–12) 처럼 표시할수 있다.

$$Q(s) = a_0 \pi_{j=1}^{n} (s - sj) \qquad (13\text{--}12)$$

여기서 π는 항들의 곱을 표시하며 $s_1, s_2, \ldots\ldots s_n$은 $Q(s) = 0$인 방정식의 n개근을 의미한다. 이때 근의 형태는 ① 실근이면서 단순근인 경우, ② 중근인 경우, ③ 공액 복소수근인 경우가 있다. 첫째로 $Q(s) = 0$의 근이 모두 단순근이라면 식(13–13) 처럼 표시된다.

$$F(s) = \frac{P(s)}{Q(s)} = \frac{P(s)}{(s - s_1)(s - s_2)\ldots\ldots(s - s_n)}$$

$$= \frac{k_1}{s - s_1} + \frac{k_2}{s - s_2} + \ldots\ldots + \frac{k_n}{s - s_b} \qquad (13\text{--}13)$$

여기서 k는 실수이며 유리수이다.

이때 역 라플라스 변환하면 $f(t) = \displaystyle\sum_{i=1}^{n} k_i e^{sit}$ 이다.

둘째로 만약 $Q(s) = 0$의 근이 r차 중근일 경우는 식(13–14) 처럼 구해진다.

$$F(s) = \frac{P(s)}{Q(s)} = \frac{P_1(s)}{(s - s_1)^r}$$

$$\frac{k_{11}}{(s-s_1)} + \frac{k_{12}}{(s-s_1)^2} + \cdots\cdots + \frac{k_{1r}}{(s-s_1)^r} \qquad (13\text{-}14)$$

이 때 역 라플라스 변환하면 $f(t) = \sum_{i=1}^{r} \frac{k_{1i}}{(i-1)!} t^{t-1} e^{st}$ 로 표시된다.

셋째, 공액복소수인 경우는 식(13-15) 처럼 표시된다.

$$F(s) = \frac{P_1(s)}{Q_1(s)} = \frac{P_1(s)}{(s+\alpha+jw)(s+\alpha-jw)}$$

$$= \frac{k_1}{(s+\alpha+jw)} + \frac{k_1{}^*}{(s+\alpha-jw)} + \cdots\cdots \qquad (13\text{-}15)$$

여기서 k_1과 $k_1{}^*$는 공액 복소수이다.

$$\therefore f_1(t) = R_e^{j\theta} e^{(-a+jw)t} + R_e^{-j\theta} e^{(-a-jw)t}$$

$$= 2R_e^{-\alpha t} \big[\frac{(e^{j(-wt+\theta)} + e^{-j(wt+\theta)})}{2} \big]$$

$$= 2R_e^{-\alpha t} \cos(wt+\theta)$$

R과 θ는 k_1의 진폭과 위상을 표시한다.

예제 13-10

$F(s) = \dfrac{2s+3}{s^2+3s+2}$ 일 때 $f(t)$를 구하시오.

풀이 $F(s) = \dfrac{2s+3}{(s+1)(s+2)} = \dfrac{k_1}{s+1} + \dfrac{k_2}{s+2}$ 이다.

이 때는 s_1, s_2가 실근이면서 단순근이므로 계수 k_1과 k_2를 구하기 위해서 준식에 각각 $(s+1)$과 $(s+2)$를 곱한다. $s=-1$과 $s=-2$를 대입하면 k_1과 k_2를 구할 수 있다. 이것을 적용시키면, 우선 준식에 $(s+1)$을 곱하면, $\dfrac{(2s+3)(s+1)}{(s+1)(s+2)} = \dfrac{k_1(s+1)}{(s+1)} + \dfrac{k_2(s+1)}{(s+2)}$ 로 표시된다.

$$\therefore \frac{2s+3}{s+2} = k_1 + \frac{k_2(s+1)}{(s+2)} \quad |s=-1을 \ 대입$$

$$\frac{-2+3}{-1+2} = k_1 + 0$$

$$\therefore k_2 = 1$$

이와 같은 방식으로 $(s+2)$를 곱하면

$$\frac{(2s+3)(s+2)}{(s+1)(s+2)} = \frac{k_1(s+2)}{(s+1)} + k_2 \mid s=-2를 \ 대입하면 \quad \frac{-4+3}{-2+1} = k_2 \quad \therefore k_2 = 1$$

따라서 $F(s) = \dfrac{1}{s+1} + \dfrac{1}{s+2}$ 이 된다.

$$f(t) = e^{-t} + e^{-2t}$$

예제 13-11

$f(s) = \dfrac{s+2}{(s+1)^2}$ 일 때 $f(t)$를 구하시오.

풀이 $f(s) = \dfrac{s+2}{(s+1)^2} = \dfrac{k_{11}}{s+1} + \dfrac{k_{12}}{(s+1)^2}$

우선 양변에 최고차수의 분모항을 곱하면 최고차항의 계수 k_{1r}을 구할 수 있고 이 식을 계속 미분하면 k_{11}을 구할 수 있다. 식을 적용하면 다음과 같다.

$$\frac{(s+2)(s+1)^2}{(s+1)^2} = \frac{k_{11}(s+1)^2}{(s+1)} + \frac{k_{12}(s+1)^2}{(s+1)}$$

$s+2 = k_{11}(s+1) + k_{12} |s=-1을 \ 대입하면$

$-1+2 = 0 + k_{12}$

$\therefore k_{12=1}$

윗 식을 미분하면 $1+0 = k_{11} + 0$

$\therefore k_{11} = 1$

따라서

$$F(s) = \frac{(s+2)}{(s+1)^2} = \frac{1}{s+1} + \frac{1}{(s+1)^2}$$

$$f(t) = e^{-t} + te^{-t}$$

13-4 전기회로에서의 라플라스 변환 응용

회로해석에서 라플라스 변환을 어떻게 이용하는지에 대해서 알아보도록 하자.

전기 회로에 라플라스 변환을 적용하는 단계는 3단계로 구분할 수 있다. 첫 번째는 회로를 시간 영역에서 주파수 영역으로 변환하는 것이고, 두 번째는 절점 해석, 망 방정식, 전원 변환, 중첩의 원리등과 같은 각종 회로이론에 의해서 회로를 해석하면 된다. 세 번째는 주파수 영역에서 구한 해를 다시 역 변환하고 시간영역의 해를 구하면 된다.

저항의 경우는 시간 영역에서 전압 전류의 관계식이

$$v(t) = Ri(t)$$

로 표시되고 라플라스 변환을 하면 식(13-16)처럼 표시된다.

$$V(s) = RI(s) \tag{13-16}$$

인덕터의 경우에는 시간 영역에서 전압 전류의 관계식이

$$v(t) = L\frac{di(t)}{dt}$$

로 표시되고 라플라스 변환을 구하면 식 (13-17)과 (13-18)처럼 표시할 수 있다.

$$V(s) = L[sI(s) - i(0^-)] = sLi(s) - Li(0^-) \tag{13-17}$$

$$I(s) = \frac{1}{sL}V(s) + \frac{i(0^-)}{s} \tag{13-18}$$

그림 13-3에는 초기조건이 전류원과 전압으로 표시되는 인덕터의 시간 영역과 주파수 영역에 대한 등가회로가 표시되어 있다.

라플라스 변환

Chapter 13

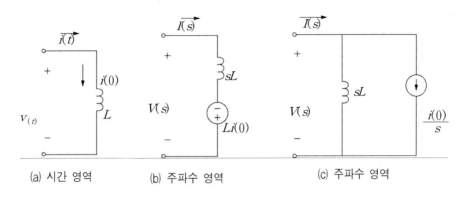

(a) 시간 영역   (b) 주파수 영역   (c) 주파수 영역

[그림 13-3] 인덕터의 표현

콘덴서의 경우에는 시간 영역에서 전압 전류의 관계식이

$$i(t) = C\frac{dv(t)}{dt}$$

로 표시되고 라플라스 변환을 구하면 식 (13-19) 와 (13-20)처럼 표시할 수 있다.

$$I(s) = C[s\,V(s) - v(0^-)] = s\,CV(s) - Cv(0^-) \tag{13-19}$$

$$V(s) = \frac{1}{s\,C}I(s) + \frac{v(0^-)}{s} \tag{13-20}$$

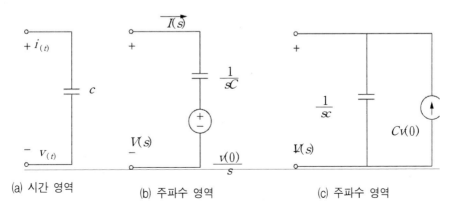

(a) 시간 영역   (b) 주파수 영역   (c) 주파수 영역

[그림 13-4] 콘덴서의 표현

391

그림 13-4에는 초기조건이 전류원과 전압으로 표시되는 콘덴서의 시간 영역과 주파수 영역에 대한 등가회로가 표시되어 있다.

이런 회로들의 이점은 완전 응답을 구할 수 있다는 점이다. 만약 인덕터와 콘덴서의 초기조건이 0이라면 저항, 인덕터, 콘덴서의 라플라스 변환식은 식(13-21)에 표시된 것처럼 간략화 되고 등가 회로는 그림 13-5처럼 표시된다.

저 항 : $V(s) = RI(s)$

인덕터 : $V(s) = sLI(s)$

콘덴서 : $V(s) = \dfrac{1}{sC}I(s)$ (13-21)

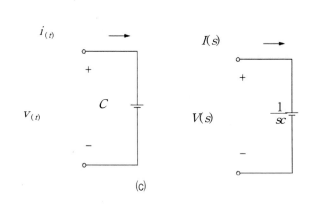

[그림 13-5] 초기조건이 0일 때 수동 소자의 시간영역과 주파수 영역의 등가회로

주파수 영역에서의 임피던스는 식(13-22)에 표시된 것처럼 초기조건이 0일때의 전압과 전류의 비로 정의 할 수 있다.

$$Z(s) = \frac{V(s)}{I(s)} \tag{13-22}$$

따라서 저항, 인덕터, 콘덴서의 임피던스는 식(13-23)처럼 표시할 수 있다.

저 항 : $Z(s) = R$

인덕터 : $Z(s) = sL$

콘덴서 : $Z(s) = \dfrac{1}{sC}$ (13-23)

어드미턴스는 임피던스의 역수이기 때문에 식(13-24)처럼 정의된다.

$$Y(s) = \frac{1}{Z(s)} = \frac{I(s)}{V(s)} \tag{13-24}$$

예제 13-12

그림 13-6(a)에 표시된 회로의 초기조건이 0이라고 가정하고 $v_0(t)$를 구하시오.

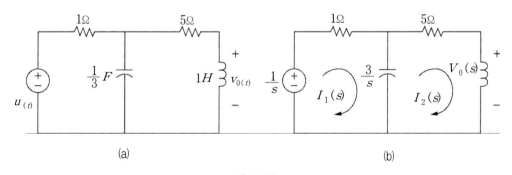

[그림 13-6]

풀이 시간 영역에서 주파수 영역으로 회로를 변환하면

$$u(t) \Rightarrow \frac{1}{s}, \ 1H \Rightarrow sL = s, \ \frac{1}{3}F \Rightarrow \frac{1}{sC} = \frac{3}{s}$$

이므로 그림 13-6(b)와 같은 등가회로를 구할 수 있다.

망 방정식을 적용하면, 첫 번째 망에서 ①식을 구할 수 있다.

$$\frac{1}{s} = (1 + \frac{3}{s})I_1 - \frac{3}{s}I_2 \text{------①}$$

두 번째 망에서 ②식을 구할 수 있다.

$$0 = -\frac{3}{s}I_1 + (s + 5 + \frac{3}{s})I_2$$

혹은 $I_1 = \frac{1}{3}(s^2 + 5s + 3)I_2$--------②

②식을 ①식에 대입하면 ③식이 구해진다.

$$\frac{1}{s} = (1 + \frac{3}{s})\frac{1}{3}(s^2 + 5s + 3)I_2 - \frac{3}{s}I_2$$---③

양변에 3s를 곱하면 ④식이 구해진다.

$$3 = (s^3 + 8s^2 + 18s)I_2$$

$$I_2 = \frac{3}{s^3 + 8s^2 + 18s}$$--------④

$$V_0(s) = sI_2 = \frac{3}{s^2 + 8s + 18} = \frac{3}{\sqrt{2}}\frac{\sqrt{2}}{(s+4)^2 + (\sqrt{2})^2}$$--------⑤

역 라플라스 변환하면 ⑥식이 구해진다.

$$v_0(t) = \frac{3}{\sqrt{2}}e^{-4t}\sin\sqrt{2}t \quad V, \ t \geq 0$$--------⑥

예제 13-13

$v_0(0) = 5\,V$라고 가정하고 $v_0(t)$를 구하시오.

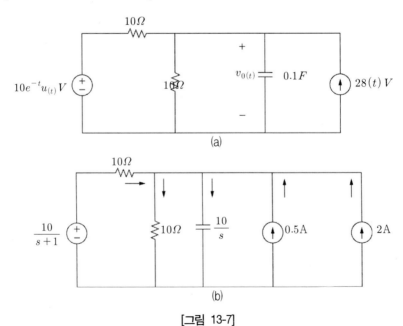

[그림 13-7]

풀이 그림 13-7(a)에 표시된 회로의 주파수 영역의 등가회로는 그림 13-7(b)처럼 구해진다. 초기
조건 때문에 회로에 0.5A의 전류원이 포함되어진다.

($Cv_0(0) = 0.1 \times 5 = 0.5A$: 그림 13- 4 참조)

절점 해석법을 회로에 적용하자.

위쪽 절점에서 ①식이나 ②식을 구할 수 있다.

$$\frac{10/(s+1) - V_0}{10} + 2 + 0.5 = \frac{V_0}{10} + \frac{V_0}{10/s} \text{------ ①}$$

혹은 $\dfrac{1}{s+1} + 2.5 = \dfrac{2V_0}{10} + \dfrac{sV_0}{10} = \dfrac{1}{10}V_0(s+2)$ -----②

②식의 양변에 10을 곱하면 ③식이 구해진다.

$$\frac{10}{s+1} + 25 = V_0(s+2) \text{--------- ③}$$

③식을 정리하면 ④식을 구할 수 있다.

$$V_0 = \frac{25s+35}{(s+1)(s+2)} = \frac{A}{s+1} + \frac{B}{s+2} \text{-----④}$$

여기서 식을 풀면 $A = 10$, $B = 15$가 구해진다.

$$A = (s+1)V_O(s) \mid_{s=-1} = \frac{25s+35}{s+2} \mid_{s=-1} = 10$$

$$B = (s+2)V_O(s) \mid_{s=-2} = \frac{25s+35}{s+1} \mid_{s=-2} = 15$$

따라서 ④식은 ⑤식처럼 변환된다.

$$V_0 = \frac{25s+35}{(s+1)(s+2)} = \frac{10}{s+1} + \frac{15}{s+2} \text{------ ⑤}$$

역 라플라스변환을 구하면 ⑥식이 구해진다.

$$v_0(t) = (10e^{-t} + 15e^{-2t})u(t) \text{-------⑥}$$

예제 13-14

$x(t) = e^{-t}u(t)$의 입력을 갖는 선형 시스템의 출력이 $y(t) = 10e^{-4t}\cos4tu(t)$라고 가
정하고 자신의 임펄스 응답과 시스템의 전달 함수 $H(s) = \dfrac{Y(s)}{X(s)}$를 구하시오.

풀이 $x(t) = e^{-t}u(t)$, $y(t) = 10e^{-4t}\cos4tu(t)$이므로

$$X(s) = \frac{1}{s+1}, \quad Y(s) = \frac{10(s+1)}{(s+1)^2 + 4^2} \text{ 이 구해진다.}$$

전달함수는 $H(s) = \dfrac{Y(s)}{X(s)} = \dfrac{10}{(s+1)^2 + 16} = \dfrac{10}{s^2 + 2s + 17}$로 표시된다.

$h(t)$를 구하기 위해서 $H(s)$를 조작하면

$H(s) = \dfrac{10}{4}\dfrac{4}{(s+1)^2 + 4^2}$ 으로 변환이 가능하다.

따라서 $h(t) = 2.5e^{-t}\sin 4t$가 구해진다.

예제 13-15

그림 13-8에 표시된 회로에서 전달함수 $H(s) = \dfrac{V_0(s)}{I_O(s)}$를 구하시오.

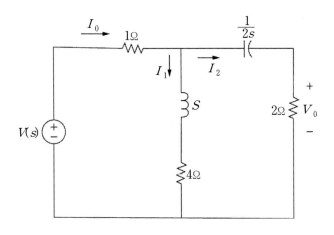

[그림 13-8]

풀이 전류 분배기 법칙을 이용하면 ①식이 구해진다.

$I_2 = \dfrac{(s + 4)I_O}{s + 4 + 2 + 1/2s}$ -----①

출력은 ②식처럼 구할 수 있다.

$V_O = 2I_2 = \dfrac{2(s + 4)I_O}{s + 6 + 1/2s}$ -------②

따라서 전달함수는 ③식처럼 구해진다.

$H(s) = \dfrac{V_0(s)}{I_O(s)} = \dfrac{4s(s + 4)}{2s^2 + 12s + 1}$ -------③

연습문제

1 라플라스 변환은 어떻게 정의되는가?

    ㉮ $F(s) = \displaystyle\int_{-\infty}^{\infty} f(t)e^{-t}dt$ ㉯ $F(s) = \displaystyle\int_{0}^{\infty} f(t)e^{-\frac{t}{s}}dt$

    ㉰ $F(s) = \displaystyle\int_{0}^{\infty} f(t)e^{-st}dt$ ㉱ $F(s) = \displaystyle\int_{-\infty}^{\infty} f(t)e^{-st}dt$

2 다음 식 중 옳지 않은 것은 어느 것인가?

    ㉮ $\mathcal{L}[f_1(t) \pm f_2(t)] = F_1(s) \pm F_2(s)$ ㉯ $\displaystyle\lim_{t\to\infty} f(t) = \lim_{s\to\infty} sF(s)$

    ㉰ $\mathcal{L}[\dfrac{d}{dt}f(t)] = sF(s) - f(0)$ ㉱ $\displaystyle\int_{0}^{\infty} f(t)e^{-st}dt = F(s)$

3 $\mathcal{L}[f(t)] = F(s)$일 때에 $\mathcal{L}[f(\dfrac{t}{a})]$는 어느 것인가 ?

    ㉮ $aF(s)$ ㉯ $aF(as)$

    ㉰ $\dfrac{1}{a}F(as)$ ㉱ $\dfrac{1}{a}F(\dfrac{s}{a})$

4 $\mathcal{L}[f(t)] = F(s)$일 때에 $\displaystyle\lim_{t\to\infty} f(t)$는 어떻게 구해지는가?

    ㉮ $\displaystyle\lim_{s\to 0} F(s)$ ㉯ $\displaystyle\lim_{s\to 0} sF(s)$

    ㉰ $\displaystyle\lim_{s\to\infty} F(s)$ ㉱ $\displaystyle\lim_{s\to\infty} sF(s)$

⑤ 다음과 같은 램프(ramp) 함수의 라플라스 변환을 구하시오.

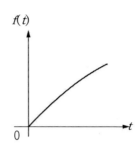

㉮ $\dfrac{1}{s}$

㉯ $\dfrac{k}{s}$

㉰ $\dfrac{e^t}{s}$

㉱ $\dfrac{1}{s^2}$

⑥ $\cos wt$의 라플라스 변환은 어느 것인가?

㉮ $\dfrac{s}{s^2 - w^2}$

㉯ $\dfrac{s}{s^2 + w^2}$

㉰ $\dfrac{w}{s^2 - w^2}$

㉱ $\dfrac{w}{s^2 + w^2}$

⑦ $f(t) = At^2$의 라플라스 변환으로 옳은 것은 어느 것인가?.

㉮ $\dfrac{A}{s^2}$

㉯ $\dfrac{2A}{s^2}$

㉰ $\dfrac{A}{s^3}$

㉱ $\dfrac{2A}{s^3}$

⑧ 감쇠지수함수 $Ae^{-dt}\sin wt$의 라플라스 변환을 구하시오.

㉮ $\dfrac{Aw}{(s-a)^2 + w^2}$

㉯ $\dfrac{Aw}{(s+a)^2 + w^2}$

㉰ $\dfrac{Aw}{S^2 + w^2}$

㉱ $\dfrac{As}{(s+a)^2 + w^2}$

⑨ $f(t) = \sin(wt + \theta)$의 라플라스 변환을 구하시오.

㉮ $\dfrac{w \sin\theta}{s^2 + w^2}$　　　　　　㉯ $w\dfrac{\cos\theta}{s^2 + w^2}$

㉰ $\dfrac{\cos\theta + \sin\theta}{s^2 + w^2}$　　　　㉱ $\dfrac{w\cos\theta + s\sin\theta}{s^2 + w^2}$

⑩ $f(t) = \cos^2 t$인 함수의 라플라스 변환을 구하시오.

㉮ $\dfrac{s}{2(s^2 + 4)} - \dfrac{1}{2s}$　　　　㉯ $\dfrac{1}{s^2} + \dfrac{4}{s}$

㉰ $e^{-2t}\cos t$　　　　　　　　㉱ $\dfrac{1}{2s} + \dfrac{s}{2(s^2 + 4)}$

⑪ 감쇠 여현파 함수 $e^{-at}\cos wt$의 라플라스 변환 을 구하시오.

⑫ $1 - \cos wt$를 라플라스 변환하면 어떻게 되는가?

⑬ $f(t) = te^{-at}$일 때 라플라스 변환할 때 $F(s)$의 값을 구하시오.

⑭ 함수 $f(t) = te^{at}$를 옳게 라플라스 변환시키시오.

⑮ $f(t) = t^2 e^{at}$의 라플라스 변환을 구하시오.

⑯ 다음의 관계식 중 옳지 않은 것은 어느 것인가 ?

㉮ $\mathcal{L}\,[af_1(t) + bf_2(t)] = aF_1(s) + bF_2(s)$

㉯ $\mathcal{L}\,[f(t - a)] = eF(s)$

㉰ $\mathcal{L}\,[e^{-at}f(t)] = F(s + a)$

㉱ $\mathcal{L}\,[f(\dfrac{t}{a})] = aF(as) \quad (a > 0)$

⑰ $\mathcal{L}\,[1 - \cos wt]$를 구하시오.

399

⑱ $\pounds \left[e^{-at} \cos wt \right]$는?

⑲ 단위계단함수 $u(t)$의 라플라스 변환을 구하시오.

⑳ $f(t) = \delta(t) - be^{-bt}$의 라플라스 변환을 구하시오.

㉑ 다음과 같은 구형파의 라플라스 변환을 구하시오.

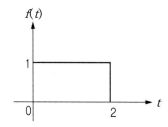

㉒ 다음과 같은 비주기파의 라플라스변환은?

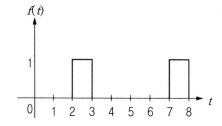

㉓ 다음 파형의 Laplace 변환은?

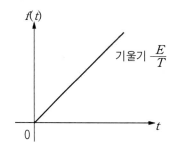

24. $\mathcal{L}\left[te^{-at}\sin wt\right]$는?

25. $t^2\sin wt$의 라플라스 변환을 구하시오.

26. $\dfrac{dX}{dt}+X=1$의 라플라스 변환 $X(s)$의 값은? 단, $X(0)=0$이다.

27. 다음 파형을 라플라스 변환시키시오.

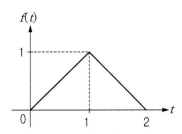

28. $F(s)=\dfrac{e^{-bs}}{s+a}$의 역 라플라스 변환을 구하시오.

29. $F(s)=\dfrac{2}{s+3}$의 역 라플라스 변환을 구하시오.

30. $\mathcal{L}^{-1}\left(\dfrac{1}{s^2+2s+5}\right)$의 값은?

31. $F(s)=\dfrac{1}{s(s-1)}$의 라플라스 역변환을 구하시오.

32. $F(s)=\dfrac{s+a}{(s+a)^2+w^2}$의 역라플라스 변환을 구하시오.

33. $\dfrac{s}{(s-1)^2-4}$의 역 라플라스 변환을 구하시오.

34. $\mathcal{L}^{-1}\left[\dfrac{s+2}{s^2}+2s+2\right]$은?

㉟ $\mathcal{L}^{-1}[\dfrac{s+3}{s^2}+2s+5]$은?

㊱ $F(s) = \dfrac{s+2}{(s+1)^2}$ 의 시간 함수를 구하시오.

㊲ $F(s) = \dfrac{s+1}{s(s^2+2s+2)}$ 의 시간 함수를 구하시오.

㊳ $Ri(t)+\dfrac{1}{C}\displaystyle\int i(t)dt = E$에서 모든 초기값을 0으로 하였을 때의 $i(t)$를 구하시오.

㊴ $\mathcal{L}[\sin(5t+30^\circ)]$를 구하시오.

㊵ $\mathcal{L}[e^{-4t}\cos(10t-30^\circ)]$를 구하시오.

㊶ 다음 과 같은 시간 함수의 Laplace 변환을 구하시오.

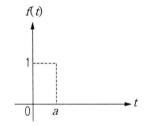

㊷ 다음과 같은 주기파형의 Laplace 변환을 구하시오.

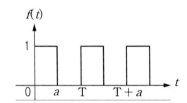

㊽ 다음 파형의 Laplace 변환을 구하시오.

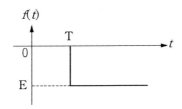

정답

1. $\mathcal{L}\left[f(t)\right] = \int_0^\infty f(t)e^{-st}dt = F(s)$

2. 최종값의 정리에서 $\lim_{t\to\infty} f(t) = \lim_{s\to\infty} sF(s)$

3. 상사의 정리에 의해서 $\mathcal{L}\left[f(at)\right] = \dfrac{1}{a}F(\dfrac{s}{a})$, $\mathcal{L}\left[f(\dfrac{t}{a})\right] = aF(as)$

4. 최종값의 정리에 의해서 $\lim_{t\to\infty} f(t) = \lim_{s\to 0} sF(s)$

5. $f(t) = t$ $\mathcal{L}\left[f(t)\right] = \mathcal{L}\left(t\right) = \int_0^\infty te^{-st}dt$

   부분 적분 $\int f'(t)g(t) = f(t)g(t) - \int f(t)g'(t)dt$에서

   $f'(t) = e^{-st}$, $g(t) = t$,$f(t) = -\dfrac{1}{s}e^{-st}, g'(t) = 1$ 을 대입하면

   $\int_0^\infty te^{-st}dt = [t\cdot\dfrac{e^{st}}{-s}]_0^\infty - \int_0^\infty \dfrac{e^{-st}}{-s}dt = \dfrac{1}{s^2}$

6. $f(t) = \cos wt$에 대한 라플라스 변환은 $\mathcal{L}\left[\cos wt\right] = \int_0^\infty \cos wt\, e^{-st}dt$이고 $\cos wt$의

   지수형을 적용하면 간단히 된다.

403

$$\cos wt = \frac{e^{jwt} + e^{-jwt}}{2} \text{ 이므로}$$

$$\mathcal{L}\left[\cos wt\right] = \int_0^\infty \cos wt e^{-st}dt = \frac{1}{2}\int_0^\infty (e^{jwt} + e^{-jwt})e^{-st}dt$$

$$= \frac{1}{2}\int_0^\infty (e^{-(s-jw)t} + e^{-(s+jw)t}dt = \frac{1}{2}\left(\frac{1}{s-jw} + \frac{1}{s+jw}\right) = \frac{s}{s^2+w^2}$$

7. $\mathcal{L}\left[At^2\right] = A\cdot\dfrac{2}{s^3} = \dfrac{2A}{s^3}$

8. $\mathcal{L}\left[Ae^{-2t}\sin wt\right] = \dfrac{Aw}{(s+a)^2+w^2}$, $\mathcal{L}\left[e^{-at}f(t)\right] = F(s+a)$

9. $f(t) = \sin(wt+\theta) = \sin wt\cos\theta + \cos wt + \sin\theta$

 $\therefore \mathcal{L}\left[\sin(wt+\theta)\right] = \cos\theta\,\mathcal{L}\left[\sin wt\right] + \sin\theta\,\mathcal{L}\left[\cos wt\right]$

$$= \cos\theta\frac{w}{s^2+w^2} + \sin\theta\frac{s}{s^2+w^2}$$

$$= \frac{w\cos\theta + s\,\sin\theta}{s^2+w^2}$$

10. $\cos^2 t = \dfrac{1+\cos 2t}{2}$ 이므로

$$\mathcal{L}\left[\cos 2t\right] = \mathcal{L}\left[\frac{1+\cos 2t}{2}\right] = \frac{1}{2}\left\{\mathcal{L}\left[1\right] + \mathcal{L}\left[\cos 2t\right]\right\}$$

$$= \frac{1}{2}\left(\frac{1}{s} + \frac{s}{s^2+4}\right)$$

11. $L\left[e^{-at}\cos wt\right] = \displaystyle\int_0^\infty e^{-at}\cos wt\cdot e^{-st}dt = \int_0^\infty \cos wt e^{-(s+a)t}dt = \dfrac{s+a}{(s+a)^2+w^2}$

 또는 $\mathcal{L}\left[\cos wt\right] = \dfrac{s}{s^2+w^2}$, $\mathcal{L}\left[e^{-at}f(t)\right] = F(s+a)$ 이므로

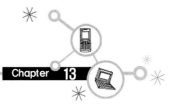

$$\therefore \mathcal{L}\left[e^{-at}\cos wt\right] = \frac{s+a}{(s+a)^2 + w^2}$$

12. $\mathcal{L}\left[1 - \cos wt\right] = \dfrac{1}{s} - \dfrac{s}{s^2 + w^2} = \dfrac{w^2}{s\left(s^2 + w^2\right)}$

13. $\mathcal{L}\left[te^{-at}\right] = \displaystyle\int_0^\infty (te^{-t})e^{st}dt = \dfrac{1}{(s+a)^2}$

14. $\mathcal{L}\left(t\right) = \dfrac{1}{s^2}, \mathcal{L}\left[e^{at}f(t)\right] = F(s-a)$이므로 $\mathcal{L}\left(te^{at}\right) = \dfrac{1}{(s-a)^2}$ 또는

$$\mathcal{L}\left(te^{at}\right) = -\frac{d}{ds}\left\{\mathcal{L}\left[e^{at}\right]\right\} = \frac{d}{ds}\left(\frac{1}{s-a}\right) = \frac{1}{(s-a)^2}$$

15. $\mathcal{L}\left(t^2\right) = \dfrac{2}{s^3},\ \ \mathcal{L}\left[e^{at}f(t)\right] = F(s-a),\ \ \mathcal{L}\left[t^2 e^{at}\right] = \dfrac{2}{(s-a)^3}$

16. 시간 추이 정리에 의해서 $\mathcal{L}\left[f(t-a)\right] = e^{-as}F(s)$

17. $\mathcal{L}\left[1 - \cos wt\right] = \mathcal{L}\left[1\right] - \mathcal{L}\left[\cos wt\right]$이므로

$$\mathcal{L}\left[1 - \cos wt\right] = \frac{q}{S} - \frac{S}{S^2 + w^2} = \frac{w^2}{S(S^2 + w^2)}$$

18. $\mathcal{L}\left[e^{-at}\cos wt\right] = \mathcal{L}\left[e^{-at}\dfrac{e^{jwt} + e^{-jwt}}{2}\right]$

$$= \frac{1}{2}\left[\int_0^\infty e^{-at}e^{jwt}e^{st}dt + \int_0^\infty e^{-at}e^{-jwt}e^{-st}dt\right]$$

$$= \frac{1}{2}\int_0^\infty e^{-(s+a-jw)}dt + \frac{1}{2}\int_0^\infty e^{-(s+a+jw)}tdt$$

$$= \frac{1}{2}\left[\frac{e^{-(s+a-jw)t}}{-(s+a-jw)}\right]_0^\infty + \frac{1}{2}\left[\frac{e^{-(s+a+jw)t}}{-(S+a+jw)}\right]_0^\infty$$

$$= \frac{1}{2}\left(\frac{1}{S+a-jw} + \frac{1}{S+a+jw}\right) = \frac{S+a}{(S+a)^2 + w^2}$$

405

19. $\mathcal{L}\left[u(t)\right] = \int_0^\infty e^{-st}dt = \dfrac{1}{s}$

20. $\mathcal{L}\left[\delta(t) - be^{-bt}\right] = \mathcal{L}\left[\delta(t)\right] - \mathcal{L}\left[be^{-bt}\right] = 1 - \dfrac{b}{s+b} = \dfrac{s}{s+b}$

21. $f(t) = u(t) - u(t-2)$

  $\therefore \mathcal{L}\left[u(t) - u(t-2)\right] = \dfrac{1}{S} - \dfrac{1}{S}e^{-2s} = \dfrac{1}{S}(1 - e^{-2s})$

22. $f(t) = u(t-1) - u(t-3) + u(t-7) - u(t-8)$

  $\therefore \mathcal{L}\left[f(t)\right] = \dfrac{1}{S}e^{-2s} - \dfrac{1}{S}e^{-3s} + \dfrac{1}{S}e^{-7s} - \dfrac{1}{S}e^{-8s}$

23. $f(t) = \dfrac{E}{T}tu(t)$

  $\therefore \mathcal{L}\left[f(t)\right] = \dfrac{E}{T}\mathcal{L}\left[tu(t)\right] = \dfrac{E}{TS^2}$

24. $\dfrac{d}{dS}\left[\dfrac{w}{(S+a)^2 + w^2}\right] = -\mathcal{L}\left[te^{-at}\sin wt\right] = \dfrac{-2(S+a)w}{[(S+a)^2 + w^2]^2}$

  $\therefore \mathcal{L}\left[te^{-at}\sin wt\right] = \dfrac{2w(S+a)}{[(S+a)^2 + w^2]^2}$

25. $\mathcal{L}\left[t^2\sin wt\right] = (-1)^2\dfrac{d^2}{ds^2}\{\mathcal{L}\left([\sin wt]\right\} = \dfrac{d^2}{ds^2}\dfrac{w}{s^2 + w^2} = \dfrac{6ws^2 - 2w^3}{(s^2 + w^2)^3}$

26. $\mathcal{L}\left[\dfrac{dx}{dt}\right] = sX(s) - X(0)$이므로 $sX(s) - X(0) + X(s) = \dfrac{1}{s}$

  $\therefore (s+1)X(s) = \dfrac{1}{s} \qquad X(s) = \dfrac{1}{s(s+1)}$

27. $0 \le t \le 1$ 에서 $f_1(t) = t$ $0 \le t \le 2$ 에서 $f_2(t) = 2 - t$

  $\therefore \mathcal{L}\left[f(t)\right] = \int_0^1 te^{-st}dt + \int_1^2 (2-t)e^{-st}dt = [t\dfrac{e^{-st}}{-s}]_0^1 + \dfrac{1}{s}\int_0^1 e^{-st}dt$

$$+\left[(2-t)\frac{e^{-st}}{-s}\right]_1^2 - \frac{1}{s}\int_1^2 e^{-st}dt$$

$$= -\frac{e^{-s}}{s} - \frac{e^{-s}}{s^2} + \frac{1}{s^2} + \frac{e^{-s}}{s} + \frac{e^{-2s}}{s^2} - \frac{e^{-s}}{s^2}$$

$$\frac{1}{s^2}(1 - 2e^{-s} + e^{-2s})$$

28. $\mathcal{L}^{-1}[e^{-bs}F(s)] = f(t-b)$

$\mathcal{L}^{-1}[\dfrac{1}{s+a}] = e^{-at}$ 이므로

$\therefore \mathcal{L}^{-1}[\dfrac{e^{-bs}}{s+a}] = e^{-a(t-b)}$

29. $2e^{-3t}$

30. $\dfrac{1}{2}e^{-t}\sin 2t$

31. $(e^t - 1)$

32. $e^{-at}\cos wt$

33. $\dfrac{e^t}{2}(\sinh 2t + 2\cosh 2t)$

34. $e^{-t}\cos t + e^{-t}\sin t$

35. $e^{-t}\cos 2t + e^{-t}\sin 2t$

36. $e^{-t} + te^{-t}$

37. $\dfrac{1}{2}(1 - e^{-t}\cos t + e^{-t}\sin t)$

38. $\dfrac{E}{R}e^{\frac{-1}{Rc}}$

39. $\dfrac{0.5S + 4.33}{s^2 + 25}$

40. $\dfrac{0.866(s+4)+5}{(s+4)^2+100}$

41. $\dfrac{1}{s+1}e^{-as}$

42. $\dfrac{1}{s}\dfrac{1-e^{-as}}{1-e^{-Ts}}$

43. $-\dfrac{E}{s}e^{-Ts}$

비정현파

이장에서는 정현파가 아닌 주기 파형을 정현파의 급수로 표시하는 법에 대해서 알아보도록 하자. 각각의 정현파 함수에 대한 회로의 응답을 구해서 전체적으로는 불규칙한 파형에 대한 응답을 구할수 있도록 중첩의 원리를 사용할 수 있다.

파형을 정현파 함수의 급수로 나타내는 것은 공학자들에 의해서 현재 유용하게 사용되고 있다. 우리는 일상생활에서 스테레오 스피커에서 나오는 음성합성이나 음악합성을 경험하는데, 이러한 것들은 적절한 정현파 신호를 발생시켜 음성과 음악을 만들기 때문에 가능한 것이다.

14-1 Fourier 급수와 신호 스펙트라

프랑스의 수학자 Fourier는 열의 흐름문제를 연구하던 중 임의의 주기함수는 고조파적으로 관련있는 주파수의 정현파및 여현파의 무한급수로 표시할수 있다는 것을 증명했다. 신호 $f(t)$는 모든 t에 대해서 $f(t) = f(t+T)$이면 주기적이라 한다. 주기파는 기본파, 제 2고조파, 제3 고조파등... 의 합으로 나타낼 수 있다.

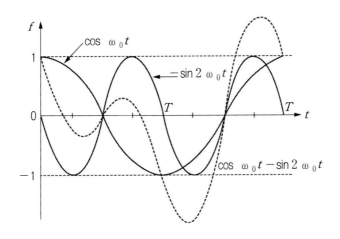

[그림 14-1] 고조파적으로 관련 있는 2개의 정현파의 결합이 점선으로 표시한 비정현 함수를 나타내는 예

푸리에 급수는 식(14-1)처럼 표시된다.

$$f(t) = a_0 + a_1\cos\omega_0 t + a_2\cos 2\omega_0 t + \cdots + a_n\cos n\omega_0 t +$$

$$\cdots + b_1\sin\omega_0 t + \cdots + b_n\sin n\omega_0 t + \cdots$$

$$= a_0 + \sum_{n=1}^{\infty} a_n\cos n\omega_0 t + \sum_{n=1}^{\infty} b_n\sin n\omega_0 t \tag{14-1}$$

여기서 푸리에급수를 동일주파수를 갖는 식으로 합성하면 식(14-2)처럼 간략화 할 수 있다.

$$f(t) = a_0 + A_1\sin(\omega t + \phi_1) + A_2\sin(2\omega t + \phi_2) + \cdots + A_n\sin(n\omega t + \phi_n)$$

$$= a_0 + \sum_{n=1}^{\infty} A_n\sin(n\omega t + \phi_n) \tag{14-2}$$

여기서 $A_n = \sqrt{a_n^2 + b_n^2}$ 이고 $\phi_n = \tan^{-1}\dfrac{a_n}{b_n}$ 의 크기를 갖는다.

계수 a_0 단순히 한 주기에 대한 $f(t)$의 평균치로 신호의 직류 성분값이라 부르고 식(14-3)처럼 구해진다.

$$a_0 = \frac{1}{T}\int_0^t f(t)dt \tag{14-3}$$

계수 a_n은 급수식에 $\cos n\omega_0 t$를 곱해서 T까지 적분하면

$$\int_0^T f(t)\cos n\omega_0 t\, dt = \frac{T}{2}a_n\text{으로 구해지기 때문에 식(14-4)로 표시할 수 있다.}$$

$$a_n = \frac{2}{T}\int_0^T f(t)\cos n\omega_0 t\, dt \tag{14-4}$$

계수 b_n은 급수식에 $\sin n\omega_0 t$를 곱해서 T까지 적분하면

$\displaystyle\int_o^T f(t)\mathrm{sin}n\omega_0tdt = \frac{T}{2}b_n$ 이 되기 때문에 식(14-5)로 표시할 수 있다.

$$b_n = \frac{2}{T}\int_0^T f(t)\mathrm{sin}n\omega_0tdt \tag{14-5}$$

예제 14-1

그림 14-2(a)에 표시된 직사각형파의 푸리에 급수를 구하시오. $n = 7$인 경우의 대략적인 파형을 그리시오.

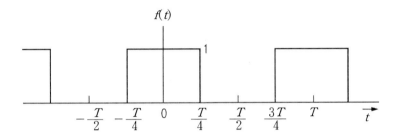

(a) 주기적인 직사각형파

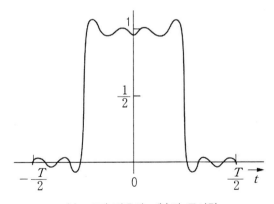

(b) n=7인 경우의 $f(t)$의 근사값

[그림 14-2]

411

[풀이] $\omega_0 = \dfrac{2\pi}{T}$ 이다. 주기 T에 대한 평균값인 a_0를 계산하면 $\dfrac{1}{2}$이 구해진다.

$$a_0 = \frac{1}{T}\int_{T/2}^{-T/2} f(t)dt = \frac{1}{T}\int_{T/4}^{-T/4} 1dt = \frac{1}{2}$$

편의 상 $-\dfrac{T}{2}$에서 $\dfrac{T}{2}$까지 적분한다. 그러나 주어진 적분 구간중 $-\dfrac{T}{4}$에서 $\dfrac{T}{4}$ 구간에서만 함수가 0이 아닌 크기를 가지게 된다. 그림 14-2에 표시된 함수 $f(t)$는 $f(t) = f(-t)$이기 때문에 우함수라고 부른다. 따라서 $-T/4 < t < T/4$에서 $f(t) = 1$일 때 식(14-5)로 표시되는 b_n은 0이 된다. 따라서 식(14-4)를 이용해서 a_n을 구하면 $a_n = \dfrac{2}{T}\int_0^T$

$$f(t)\cos n\omega_0 t dt = \left[\frac{2}{t\omega_0 n}\sin n\omega_0 t\right]_{-T/4}^{T/4} = \frac{1}{\pi n}\left[\sin\left(\frac{\pi n}{2}\right) - \sin\left(\frac{-\pi n}{2}\right)\right]$$ 으로 표시된다.

$n = 2,4,6,\dots$ 일 때 식(14-4)는 0이다. 그리고 $a_n = \dfrac{2(-1)^q}{\pi n}$ 이다. 여기서 $n = 1,3,5,\dots$ 일 때 $q = \dfrac{(n-1)}{2}$ 이다.

푸리에 급수는 $f(t) = \dfrac{1}{2} + \displaystyle\sum_{n=1,odd}^{\infty} \dfrac{2(-1)^q}{\pi n}\cos\omega_0 t$이고 $q = \dfrac{(n-1)}{2}$ 이다.

따라서 $a_1 = \dfrac{2}{\pi}$, $a_3 = -\dfrac{2}{3\pi}$, $a_5 = \dfrac{2}{5\pi}$, $a_{73} = -\dfrac{2}{7\pi}$ 이다. 이처럼 계수 a_n은 n에 반비례하고 7번째 고조파 계수는 기본 주파수의 $\dfrac{1}{7}$에 해당하는 크기를 갖는다.

$n = 7$인 경우의 $f(t)$의 근사값은 그림 14-2(b)에 표시되어 있다.

14-2 대칭성 비정현파의 푸리에 급수변환

기함수파는 그림 14-3에 표시된 것처럼 좌표상에서 원점대칭이며 $f(t) = -f(-t)$의 조건을 만족하는 주기파로 정현 대칭파 라고도 부른다.

a_0와 코사인항은 0 이고 사인항만 존재하기 때문에 $f(t) = \displaystyle\sum_{n=1}^{\infty} bn\sin nt$로 표시된다. 반주기만 적분하면 되기 때문에 $bn = \dfrac{1}{\dfrac{T}{2}}\displaystyle\int_0^{\frac{T}{2}} f(t)\sin n\omega_0 t dt$로 구해진다.

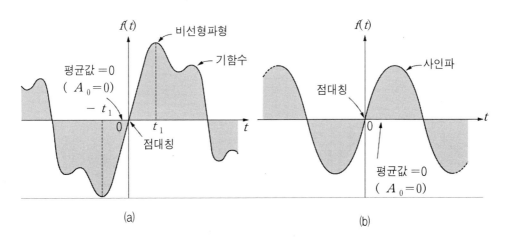

[그림 14-3] 기함수파

우함수파는 그림 14-4에 표시된 것처럼 종축에 대해서 좌우대칭이고 $f(t) = f(-t)$의 조건을 만족하는 주기파로 여현 대칭파라고도 부른다. 사인항은 0이 되고 a_0와 코사인항만 존재하기 때문에 $f(t) = a_0 + \sum_{n=1}^{\infty} a_n \cos \omega_0 t$가 되고 $a_0 = \dfrac{1}{\dfrac{T}{2}} \displaystyle\int_0^{\frac{T}{2}} f(t) dt$, $a_n = \dfrac{2}{\dfrac{T}{2}} \displaystyle\int_0^{\frac{T}{2}} f(t) \cos n \omega_0 t$로 구해진다.

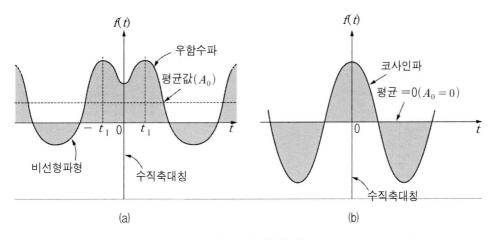

[그림 14-4] 우함수파

413

반파 대칭파는 그림 14-5 에 표시된 것처럼 $f(t) = -f(t + \dfrac{T}{2})$의 관계를 만족하

는 파형으로 a_0항이 0이 되기 때문에 $f(t) = \displaystyle\sum_{n=1}^{\infty} a_n \cos n\omega_0 t \, dt + \sum_{n=1}^{\infty} b_n \sin n\omega_0 t \, dt$ 로

표시되고 기수차의 사인항과 코사인항이 존재한다.

$$a_n = \frac{2}{\dfrac{T}{2}} \int_0^{\frac{T}{2}} f(t) \cos n\omega_0 t \, dt, \ b_n = \frac{2}{\dfrac{T}{2}} \int_0^{\frac{T}{2}} f(t) \sin n\omega_0 t \, dt$$

단, $n = 1, 3, 5, \dots$ 이다.

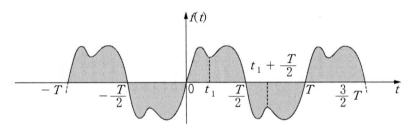

[그림 14-5] 반파 대칭파

14-3 푸리에 급수의 지수형

식(14-6)으로 표시되는 푸리에 급수는 간혹 사인-코사인형태, 또는 직각 좌표형
형태라고도 부른다.

$$f(t) = C_0 + \sum_{n=1}^{N} C_n \cos(n w_0 t + \theta_n) \tag{14-6}$$

여기서 $C_0 = a_0 = f(t)$의 평균값이고, $C_n = \sqrt{a_n^2 + b_n^2}$, $\theta_n = \tan^{-1}\dfrac{b_n}{a_n}$,

$a_n = C_n \cos\theta_n, b_n = C_n \sin\theta_n$ 이다.

오일러의 법칙을 사용하면 함수 $\cos(nw_0 t + \theta_n)$ 을 지수형으로 나타낼 수 있다. $N = \infty$ 일 때 식(14-7)로 표시할 수 있다.

$$f(t) = C_0 + \sum_{n=-\infty, n\neq 0}^{\infty} C_n e^{jn\Omega_0 t} = \sum_{n=-\infty}^{\infty} C_n e^{jnw_{0t}} \tag{14-7}$$

여기서 c_n 은 복소 페이저 계수로 식(14-8)처럼 정의 된다.

$$C_n = \frac{1}{T} \int_{t_0}^{t_0+T} f(t) e^{-jnw_{0t}} dt \tag{14-8}$$

음수 n 에 대한 계수는 양수 n 에 대한 계수의 켤레 복소수이다. $(c_n = C_{-n}^*)$

예제 14-2

그림 14-6에 표시된 파형의 푸리에 급수를 구하시오.

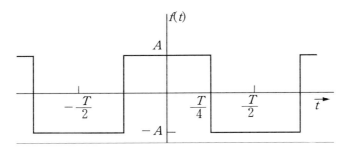

[그림 14-6]

풀이 그림14-6을 살펴 보면 함수 $f(t)$ 가 우함수임을 알수 있다. 따라서 식(14-8)을 이용하고 $t_0 = -\dfrac{T}{2}$, $jnw_0 = m$ 이라고 놓으면

$$C_n = \frac{1}{T} \int_{-T/2}^{T/2} f(t) e^{-jnw_0 t} dt$$

$$= \frac{1}{T} \int_{-T/2}^{-T/4} -Ae^{-mt} dt + \frac{1}{T} \int_{-T/4}^{T/4} -Ae^{-mt} dt + \frac{1}{T} \int_{T/4}^{T/2} -Ae^{-mt} dt$$

$$= \frac{A}{mT}(\ [e^{-mt}]_{-T/2}^{-T/4} - [e^{mt}]_{-T/4}^{T/4} + [e^{mt}]_{T/4}^{T/2})$$

$$= \frac{A}{jn\omega_0 T}(2e^{jnpi/2} - 2e^{-jnpi/2} + e^{-jnpi} - e^{jnpi})$$

$$= \frac{A}{2\pi n}(4\sin\frac{n\pi}{2} - 2\sin(n\pi))$$

$$= \ 0, \ n=짝수. \ \frac{2A}{n\pi}sinn\frac{\pi}{2}, \ n=홀수$$

$$= A\frac{\sin x}{x}$$

여기서 $x = n\pi/2$이다.

함수 $f(t)$가 우함수이기 때문에 모든 C_n이 실수이다. 짝수 n에 대하여 $C_n = 0$이다.

$n = 1$일 때 $C_n = A\frac{\sin\pi/2}{\pi/2} = \frac{2A}{\pi} = C_{-1}$

$n = 2$일 때 $C_2 = C_{-2} = A\frac{\sin\pi}{\pi} = 0$

$n = 3$일 때 $C_3 = A\frac{\sin(3\pi/2)}{3\pi/2} = \frac{-2A}{3\pi} = C_{-3}$

복소 푸리에 급수는

$$f(t) = \ldots\frac{-2A}{3\pi}e^{-j3\omega_0 t} + \frac{2A}{\pi}e^{-j\omega_0 t} + \frac{2A}{\pi}e^{j\omega_0 t} + \frac{-2A}{3\pi}e^{j3\omega_0 t} + \ldots$$

$$= \frac{2A}{\pi}(e^{j\omega_o t} + e^{-j\omega_o t}) + \frac{-2A}{3\pi}(e^{j3\omega_0 t} + e^{-j3\omega_0 t}) + \ldots$$

$$= \frac{4A}{\pi}cos\omega_0 t - \frac{4A}{3\pi}cos3\omega_0 t + \ldots$$

$$= \frac{4A}{\pi}\sum_{n=1, n=odd}^{\infty}\frac{(-1)^q}{n}cosn\omega_0 t \qquad q = \frac{n-1}{2}$$

지수형 급수가 $n = -\infty$부터 $n = +\infty$까지 전개됨을 주목하라. 그러나 실수 함수 $f(t)$에 대하여 다음이 성립한다.

$$C_n = C_{-n}$$

만약 함수 $f(t)$가 실수라는 것을 안다면 스펙트럼의 양의 주파수대역만 보이면 된다. 함수 $f(t)$가 실수이면서 기함수일 때에는 계수 c_n이 모두 순허수이다.

예제 14-3

그림 14-7에 표시된 직사각형파의 복소 푸리에 계수를 구하시오.

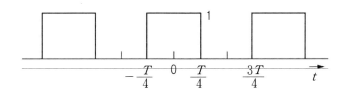

[그림 14-7]

풀이 함수가 우함수이기 때문에 계수가 모두 실수임을 알 수 있다. 식(14-8)을 이용하고 $m = jn\omega_0$라 정의하면,

$$C_n = \frac{1}{T}\int_{-T/4}^{T/4} e^{-mt}dt = \left[\frac{1}{-mT}e^{-mt}\right]_{-T/4}^{T/4} = \frac{1}{-mT}(e^{mT/4} - e^{+mT/4})$$

$$= \frac{1}{-jn2\pi}(e^{-jnpi2} - e^{jnpi/2})$$

$$= 0 \quad \text{n=짝수}$$

$$= (-1)^{(n-1)/2}\frac{1}{n\pi} \quad \text{n=홀수}$$

다음과 같이 평균값을 구해서 C_0의 값을 구한다.

$$C_0 = \frac{1}{T}\int_0^T f(t)dt = \frac{1}{T}\int_{-T/4}^{T/4} 1 dt = \frac{1}{2}$$

대칭의 조건을 살펴보면 어떤 함수가 반파 대칭성을 갖는다면 모든 짝수 n에 대하여 $C_n = 0$이고 홀수항만 남는다는 것을 알 수 있다.

예제 14-4

그림 14-8에 표시된 전압 파형에서 삼각함수 푸리에 계수를 구하시오.

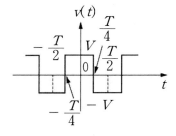

[그림 14-8]

[풀이] 파형은 기함수 대칭이므로 모든 n에서 $a_0 = 0$, $b_n = 0$이다.

$$a_n = \frac{4}{T} \int_0^{\frac{t}{2}} f(t) \cos \neq_0 t dt, \ n \neq 0$$

$$= \frac{4}{T} \left[\int_0^{T/4} V \cos n w_0 t dt - \int_{T/4}^{T/2} V \cos n w_0 t dt \right]$$

$$= \frac{4V}{n w_0} T \left[\sin n w_0 t \Big|_0^{T/4} - \sin n w_0 t \Big|_{T/2}^{T/4} \right]$$

$$= \frac{4V}{n w_0} T \left(\sin \frac{nw}{2} - \sin n\pi + \sin \frac{n}{2} \right)$$

$$= \frac{4V}{n\pi} \sin \frac{nw}{2}$$

단, n은 기수

예제 15-5

그림 14-9에 표시된 파형의 삼각함수 푸리에 급수를 구하시오.

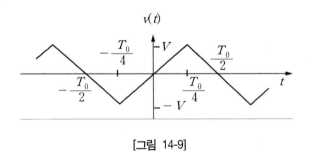

[그림 14-9]

[풀이] 파형은 기함수 대칭인 동시에 반파 대칭이다. 따라서 n이 기수일 때 b_n의 계수만 결정하면 된다. 파형의 식은

$$v(t) = \frac{4Vt}{T_0}, \ 0 \leq t \leq T_0/4, \ v(t) = 2V - \frac{4Vt}{T_0}, \ t_0/4 \leq t \leq T_0/2 \ \text{이므로}$$

$$b_n = \frac{4}{T_0} \int_0^{\frac{T_0}{4}} \frac{4Vt}{T_0} \sin n w_0 t dt + \frac{4}{T_0} \int_{\frac{T_0}{4}}^{\frac{T_0}{4}} \left[2V - \frac{4Vt}{T_0} \right] \sin n w_0 t dt,$$

$$= \frac{8V}{n^2 \pi^2} \sin \frac{n\pi}{2}$$

단 n은 기수

따라서 $f(t)$의 푸리에 급수는 $v(t) = \sum_{n=1}^{\infty} \frac{8V}{n^2\pi^2} sin\frac{n\pi}{2}$

단, n은 기수이다.

몇 가지 주기파의 푸리어 급수는 표 14-1에 표시되어 있다.

표 14-1 특수한 형태의 푸리어 급수

그래프	푸리어 급수
	$f(t) = \sum_{n=1}^{\infty} (-1)^{n+1} \frac{2A}{n\pi} sinnw_0t$
	$f(t) = \sum_{n=1}^{\infty} \frac{8A}{n^2\pi^2} sin\frac{n\pi}{2} sinw_0t$ 단 n은 기수
	$f(t) = \sum_{n=-\infty}^{\infty} \frac{A}{n\pi} sin\frac{n\pi\delta}{T_0} e^{jnw_0[t-(\delta/2)]}$
	$f(t) = \sum_{n=1}^{\infty} \frac{4A}{n\pi} sinnw_0t$ 단 n은 기수
	$f(t) = \frac{2A}{\pi} + \sum_{n=1}^{\infty} \frac{4A}{\pi(1-4n^2)} cosnw_0t$
	$f(t) = \frac{A}{\pi} + \frac{A}{2} sinw_0t$ $+ \sum_{n=2}^{\infty} \frac{2A}{\pi(1-n^2)} cosnw_0t$ 단 n은 기수

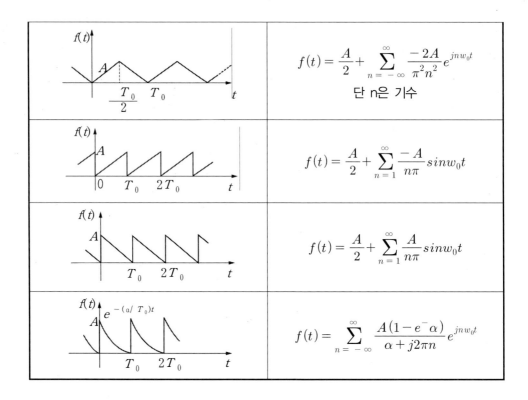

14-4 비정현파의 실효값과 왜율

일반적인 비정현 주기파의 실효값은 직류성분과 기본파, 그리고 각 고조파 실효값의 제곱합에 대한 평방근으로 구해진다.

$$I_s = \sqrt{I_0^2 + \sum I_n^2} = \sqrt{I_0^2 + I_1^2 + I_2^2 + ...} \tag{14-9}$$

$$V_s = V_s = \sqrt{V_0^2 + V_1^2 + V_2^2 + ...} \tag{14-10}$$

왜율은 식(14-11)에 표시된 것처럼 기본파에 대한 고조파 성분의 비로 표시된다.

$$왜율 = \frac{전\ 고조파의\ 실효값}{기본파의\ 실효값} = \frac{\sqrt{I_2^2 + I_3^2 + ...}}{I_1} \tag{14-11}$$

표 14-2 여러 가지 파형의 왜율

파형의 형태	정현파	삼각파	전파 정류파	반파 정류파	직사각형파
왜율	0	0.1904	0.2273	0.4352	0.4834

예제 14-6

그림 14-10에 표시된 파형의 실효값을 구하시오.

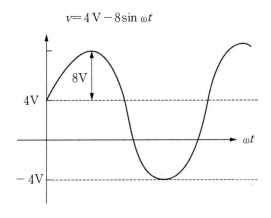

$$v = 4\,V - 8\sin \omega t$$

[그림 14-10]

풀이 실효값 공식(14-10)을 사용하면 6.93V가 구해진다.

$$V_{실효값} = \sqrt{V_0^2 + V_{1실효값}^2 + \cdots + V_{1실효값}'^2 + \cdots + V_{n실효값}'^2}$$

$$= \sqrt{V_0^2 + \frac{V_m^2}{2}} = \sqrt{(4\,V)^2 + (8\,V)^2 \frac{1}{2}} = 4\sqrt{3}\,V = 6.93\,V$$

예제 14-7

그림 14-11에 표시괸 구형파의 실효값을 푸리에 급수를 4번째 까지만 확장해서 사용하고 실제적인 실효값 20V와 비교하시오.(단, $V_m = 20\,V$라고 가정하시오.)

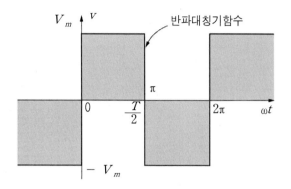

[그림 14-11]

풀이 $v = \dfrac{4}{\pi}(20\,V)\sin wt + \dfrac{4}{\pi}\left(\dfrac{1}{3}\right)(20\,V)\sin 3wt + \dfrac{4}{\pi}\left(\dfrac{1}{5}\right)(20\,V)\sin 5wt + \dfrac{4}{\pi}\left(\dfrac{1}{7}\right)(20\,V)\sin 7wt$

$v = 25.465\sin wt + 8.448\sin 3wt + 5.093\sin 5wt + 3.638\sin 7wt$

$V_{실효값} = \sqrt{V_0^2 + \dfrac{4_{m1}^2 + \,\cdots\, + V_{mn}^2 + V_{m1}'^2 + \,\cdots\, + V_{mn}'^2}{2}}$

$V_{실효값} = \sqrt{(0\,V)^2 + \dfrac{(25.465\,V)^2 + (8.488\,V)^2 + (5.093\,V)^2 + (3.638\,V)^2}{2}} = 19.49\,V$

약 0.5 V의 차이가 발생되지만 무한대로 급수를 확장하면 거의 20 V에 가까운 값을 구할
수 있다.

비정현파의 유효전력, 무효전력 피상전력, 역률은 식(14-12), (14-13), (14-14), (14-15)로 표
시된다.

$$P = V_0 I_0 + \sum_{n=1}^{\infty} V_n I_n \cos\phi_n \,[w] \tag{14-12}$$

$$P_r = \sum_{n=1}^{\infty} V_n I_n \sin\phi_n \,[VAR] \tag{14-13}$$

$$P_a = V_0 I_0 + V_1 I_1 + V_2 I_2 \tag{14-14}$$

$$Pf = \frac{P}{Pa} = \frac{P}{VI} = \frac{V_0 I_0 + V_1 I_1 \cos\phi_1 + V_2 I_2 \cos\phi_2 + \ldots}{\sqrt{V_0^2 + V_1^2 + V_2^2 + \ldots} \times \sqrt{I_0^2 + I_1^2 + I_2^2 + \ldots}} \tag{14-15}$$

연습문제

① 반파 대칭의 왜형파의 푸리에 급수에서 옳게 표현된 것은 어느 것인가?

단, $f(t) = \sum_{n=1}^{\infty} a_n \sin nwt + a_0 + \sum_{n=1}^{\infty} b_n \cos nat$ 라 한다.

ⓐ $a_0 = 0$, $b_n = 0$ 이고 기수항의 a_n 만이 남는다.

ⓑ $a_n = 0$ 이고, b_n 및 기수항의 b_n 만이 남는다.

ⓒ $a_0 = 0$ 이고, 기수항의 a_n, b_n 만이 남는다.

ⓓ $a_0 = 0$ 이고, 모든 고조파분의 a_n, b_n 만이 남는다.

② 반파 대칭의 왜형파에서 성립되는 식은 어느 것인가?

ⓐ $y(x) = y(\pi - x)$ ⓑ $y(x) = y(\pi + x)$

ⓒ $y(x) = -y(\pi + x)$ ⓓ $y(x) = -y(2\pi - x)$

③ 비정현파에 있어서 정현 대칭의 조건은 다음중 어느것인가?

ⓐ $f(t) = f(-t)$ ⓑ $f(t) = -f(-t)$

ⓒ $f(t) = -f(t)$ ⓓ $f(t) = -f(t + \dfrac{T}{2})$

④ 그림 14-12와 같이 표시되는 삼각파의 푸리에 급수를 전개하면 어떻게 표시할 수 있는가?

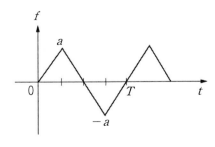

[그림 14-12]

⑤ 함수 $f(t)$가 $f(t) = f(-t)$의 조건을 만족할 때 $f(t)$는 무슨 함수인가?

⑥ $f(t) = -f(-t)$의 조건을 만족하는 함수는?

⑦ 다음 푸리에 급수에서 우함수(even function)는?

$$f(t) = a_0 + \sum_{n=1}^{\infty} a_n \cos nwt + \sum_{n=1}^{\infty} b_n \sin nwt$$

ⓐ a_0 　　　　　　　　　　　 ⓑ $a_0 + \sum_{n=1}^{\infty} a_n \cos nwt$

ⓒ $\sum_{n=1}^{\infty} a_n \cos nwt$ 　　　　　 ⓓ $\sum_{n=1}^{\infty} b_n \sin nwt$

⑧ 그림 14-13에 표시된 톱니파에 대한 서술 중 잘못된 것은 어느 것인가?

ⓐ 홀수파이다.

ⓑ $f(x) = -f(-x)$를 만족하는 함수이다.

ⓒ $f(t) = f(2\pi - x)$를 만족하는 함수이다.

ⓓ 푸리에 급수로 전개하면

$$y(x) = \frac{2A}{\pi} (\sin x - \frac{1}{2} \sin 2x + \frac{1}{3} \sin 3x - \frac{1}{4} \sin 4x + \cdots\cdots)$$

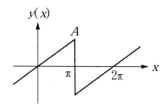

[그림 14-13]

⑨ 정현대칭에서는 어떤 함수식이 성립하는가?

ⓐ $f(t) = f(t)$ 　　　　　　　　 ⓑ $f(t) = -f(t)$

ⓒ $f(t) = f(-t)$ 　　　　　　　　 ⓓ $f(t) = -f(-t)$

⑩ $C[F]$인 용량을 $v = V_1 \sin(wt + \theta_1) + V_3 \sin(3wt + \theta_3)$인 전압으로 충전할 때 몇 $[A]$의 전류(실효치)가 필요한가?

    ⓐ $\dfrac{1}{\sqrt{2}}\sqrt{V_1^2 + 9V_3^2}$ ⓑ $\dfrac{1}{\sqrt{2}}\sqrt{V_1^2 + V_3^2}$

    ⓒ $\dfrac{wC}{\sqrt{2}}\sqrt{V_1^2 + 9V_3^2}$ ⓓ $\dfrac{wC}{\sqrt{2}}\sqrt{V_1^2 + V_3^2}$

⑪ 왜형파를 푸리에 급수로 나타내면 $y = b_0 + \sum\limits_{n=1}^{\infty} b_n \cos nx + \sum\limits_{n=1}^{\infty} a_n \sin nx$라 할때 반파

및 여현 대칭일 때의 식은 어느 것인가?

    ⓐ $y = \sum\limits_{n=1}^{\infty} a_n \sin nx \,(n = 짝수)$ ⓑ $y = \sum\limits_{n=1}^{\infty} b_n \cos nx \,(n = 짝수)$

    ⓒ $y = \sum\limits_{n=1}^{\infty} a_n \sin nx \,(n = 홀수)$ ⓓ $y = \sum\limits_{n=1}^{\infty} b_n \cos nx \,(n = 홀수)$

⑫ $e = 100\sqrt{2}\sin wt + 75\sqrt{2}\sin 3wt + 20\sqrt{2}\sin 5wt\,[v]$인 전압을 R–L 직렬 회로에 가할때에 제3고조파 전류의 실효치는 얼마인가?
(단, $R = 4[\Omega],\ wL = 1[\Omega]$이다.)

⑬ R–L 직렬회로에 $e = 40 + 100\sqrt{2}\sin 2wt + 20\sqrt{2}\sin 3wt\,[V]$인 전압을 가할 때 제2고조파의 임피던스는 얼마인가?(단, $R = 4[\Omega], \dfrac{1}{wC} = 6[\Omega]$이다.)

⑭ 정현파의 파고율은 얼마인가?

⑮ 그림 14-14과 같은 구형파를 푸리에 급수로 전개하고자 한다. 이때

$$f(t) = a_0 + \sum_{n=1}^{\infty} (a^n \cos nw_0 t + b_n \sin nw_0 t)$$ 에서 b_n 은?

단, $f(t) = \begin{cases} A, & 0 < t \leq \dfrac{T}{2} \\ 0, & \dfrac{T}{2} < t \leq T \end{cases}$

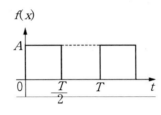

[그림 14-14]

⑯ 비정현파를 여러개의 정현파의 합으로 표시하는 법은 어느것인가?

ⓐ Fourier 분석   ⓑ Taylor의 분석
ⓒ Kirchhoff의 법칙   ⓓ Norton의 정리

⑰ 비정현 주기파를 고조파의 감소율이 가장 적은것은 어느것인가?
(단, 정류파는 정현파의 정류파를 뜻한다.)

ⓐ 구형파   ⓑ 삼각파
ⓒ 반파정류파   ⓓ 전파정류파

⑱ 비정현파의 전압이 $v = \sqrt{2} \cdot 100 \sin wt + \sqrt{2} \cdot 50 \sin 2wt + \sqrt{2} \cdot 30 \sin 3wt [v]$ 일 때 실효값 $[v]$ 은?

⑲ $v = V_{m1} \sin wt wt + V_{m2} \sin 2wt [v]$ 로 표시되는 기전력의 실효값 $[V]$ 은?

정답

1. 반파 대칭파는 $f(t) = -f(t + \frac{T}{2})$의 관계를 갖으며 기수의 a_n과 b_n 항만 존재한다.

2. 반파 대칭의 왜형파에 있어서는 $y(x) = -y(\pi + x),\ y(x) = y(2\pi + x)$이다.

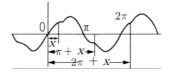

3. 정현 대칭조건은 $f(t) = -f(-t),\ f(t) = f(T+t)$

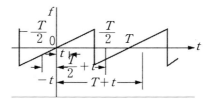

4. 반파정현 대칭파이므로 $f(t) = \sum_{n=1}^{\infty} \sin nwt\ [n = 1,3,5,...]$ 반파정현 대칭으로 기수파만

포함한다.

5. $t^2,\ \cos wt$ 등이 우함수에 속한다.

6. $t, \sin wt$ 등은 기함수 이다.

7. $\sum bn \sin nwt$는 기함수 이다.

8. 톱니파는 정현대칭이 되므로 $f(x) = -f(-x) = -f(2\pi - x)$

9. 정현 대칭에서는 $f(t) = -f(-t),\ f(t) = -f(T-t)$로 된다.

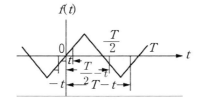

10. 용량성 저항은

$\dfrac{1}{wC}$ 이므로 $i = wCV_1\sin(wt+\theta_1+90°) + 3wCV_3\sin(3wt+\theta_3+270°)$ 이다.

$$I = \sqrt{\dfrac{(wC_1V)^2 + (3wCV_3)^2}{2}} = \dfrac{wC}{\sqrt{2}}\sqrt{V_1^2 + 9V_3^2}$$

11. 반파일때는 n가 홀수이고 cos항과 sin항이 존재하고 여현대칭일때는 cos항만 존재하므로

12. $15A$

13. $Z_{2=}\sqrt{R^{2+}\left(\dfrac{1}{2wC}\right)} = 5 \ [\Omega]$

14. 파고율 $= \dfrac{최대값}{실효값} = \sqrt{2}$

15. 일반적인 왜형파이므로 각 계수가 모두 존재한다고 본다.

이중 b_n은

$$b_n = \dfrac{2}{T}\int_0^T f(t)\sin nw_{0t} dt = \dfrac{2}{T}\left[\int_0^{\frac{T}{2}} A \cdot \sin nw_0 t dt + \int_{\frac{T}{2}}^T 0 \times \sin nw_0 dt\right]$$

$$= \dfrac{2}{T}\int_0^{\frac{T}{2}} A \cdot \sin nw_0 t dt = \dfrac{2A}{T}\left[-\dfrac{\cos nw_{0t}}{nw_0}\right]_0^{\frac{T}{2}}$$

$$= \dfrac{2A}{T} \cdot \dfrac{1}{nw_0}\left[-\cos n \times \dfrac{2\pi}{T}\dfrac{\times T}{2+}\overset{\circ}{cos}0\right] = \dfrac{A}{\pi n}[-\cos n\pi + 1]$$

윗 식의 [ ] 속은 n=기수일 때 [2], n=우수일 때 [0]이므로 $= \dfrac{2A}{\pi n}$,

$n = 1, 3, 5, 7$

$\dfrac{2A}{n\pi}$

16. 비정현파를 여러개의 정현파의 합으로 표시하는 분석 방법은 Fourier 분석인데 보통

$$f(t) = a_0 + \sum_{n=1}^{\infty} (a_n \sin nwt + b_n \cos nwt) \text{로 표시된다.}$$

17. 고조파의 감소율은 파가 급격히 변화할수록 작고 완만하게 변화할수록 크다.

18. 실효치 V는 $V = \sqrt{V_1^2 + V_2^2 + V_3^2}$ 식에서

$$V = \sqrt{V_1^2 + V_2^2 + V_3^2} = \sqrt{\left(\frac{\sqrt{2} \cdot 100}{\sqrt{2}}\right)^2 + \left(\frac{\sqrt{2} \cdot 50}{\sqrt{2}}\right)^2 + \left(\frac{\sqrt{2} \cdot 30}{\sqrt{2}}\right)^2}$$

$$= \sqrt{100^2 + 50^2 + 30^2} = 115.8[V]$$

19. 왜형파의 실효값은 각 고조파 실효값 제곱의 합의 제곱근이다.

$$V = \sqrt{\left(\frac{V_{m1}}{\sqrt{2}}\right)^2 = \left(\frac{V_{m2}}{\sqrt{2}}\right)^2} = \frac{1}{\sqrt{2}}\sqrt{V_{m1}^2 + V_{m2}^2}$$

새로운 회로해석법

15-1 Millman과 이창식의 정리

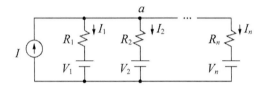

전류원과 n개의 전압원이 연결된 회로에서 절점 a로 들어오는 전류와 a로부터 나가는 전류는 Kirchhoff의 전류법칙(KCL)에서 늘 같아서

$$I = I_1 + I_2 + \cdots + I_n \tag{15-1}$$

$$I_1 = \frac{V_a - V_1}{R_1}$$

$$I_2 = \frac{V_a - V_2}{R_2}$$

$$\vdots$$

$$I_n = \frac{V_a - V_n}{R_n}$$

을 위 식에 대입하면

$$I = \frac{V_a - V_1}{R_1} + \frac{V_a - V_2}{R_2} + \cdots + \frac{V_a - V_n}{R_n}$$

절점 a의 전압 V_a에 대하여 정리하면

$$\frac{V_a}{R_1} + \frac{V_a}{R_2} + \cdots + \frac{V_a}{R_n} = I + \frac{V_1}{R_1} + \frac{V_2}{R_2} + \cdots + \frac{V_n}{R_n}$$

$$= \left(\frac{1}{R_1} + \frac{1}{R_2} + \cdots + \frac{1}{R_n} \right) V_a$$

$$V_a = \frac{I + \left(\dfrac{V_1}{R_1} + \dfrac{V_2}{R_2} + \cdots + \dfrac{V_n}{R_n} \right)}{\dfrac{1}{R_1} + \dfrac{1}{R_2} + \cdots + \dfrac{1}{R_n}} \tag{15-2}$$

(15-2)식을 Millman의 정리라고 부르는데 이 식을 계속 계산하면

$$= \frac{\dfrac{R_1 R_2 \cdots R_n I + R_2 R_3 \cdots R_n V_1 + R_1 R_3 \cdots R_n V_2 + \cdots + R_1 R_2 \cdots R_{n-1} V_n}{R_1 R_2 \cdots R_n}}{\dfrac{R_2 R_3 \cdots R_n + R_1 R_3 \cdots R_n + \cdots + R_1 R_2 \cdots R_{n-1}}{R_1 R_2 \cdots R_n}}$$

$$= \frac{R_1 R_2 \cdots R_n I + R_2 R_3 \cdots R_n V_1 + R_1 R_3 \cdots R_n V_2 + \cdots + R_1 R_2 \cdots R_{n-1} V_n}{R_2 R_3 \cdots R_n + R_1 R_3 \cdots R_n + \cdots + R_1 R_2 \cdots R_{n-1}}$$

$$= \frac{R_1 R_2 \cdots R_n I + \sum\limits_{i=1}^{n} R_1 R_2 \cdots \widehat{R_i} \cdots R_n V_i}{\sum\limits_{i=1}^{n} R_1 R_2 \cdots \widehat{R_i} \cdots R_n} \tag{15-3}$$

여기서 ^기호는 carret 혹은 hat라고 읽고 carret는 탈자기호로 원고를 교정할 때 빠진 글자를 채워 넣으라는 의미이고, hat는 머리에 쓰는 모자를 뜻한다. 그래서 처음에는 R_1을 빼고서 R_2부터 R_n까지 곱하고 다음은 R_2을 빼고 R_1부터 R_n까지 곱하여 차례로 R_1부터 R_n까지를 더한다.

또 각지로의 전류는

$$I_1 = \frac{V_a - V_1}{R_1}$$

$$I_2 = \frac{V_a - V_2}{R_2}$$

$$\vdots$$

$$I_n = \frac{V_a - V_n}{R_n} \ 이고$$

V_a의 값으로 (15-3)식을 대입하면

$$I_1 = \frac{R_2 R_3 \cdots R_n I + R_3 R_4 \cdots R_n (V_2 - V_1) + \cdots + R_2 R_3 \cdots R_{n-1}(V_n - V_1)}{R_2 R_3 \cdots R_n + R_1 R_3 \cdots R_n + \cdots + R_1 R_2 \cdots R_{n-1}}$$

$$= \frac{R_2 R_3 \cdots R_n I + R_3 R_4 \cdots R_n (V_2 - V_1) + \cdots + R_2 R_3 \cdots R_{n-1}(V_n - V_1)}{\Delta}$$

전압전류를 계산할 때 분모는 같은 값이 계속 반복되어서 편의상 Δ로 표기한다.

$$I_2 = \frac{R_1 R_3 \cdots R_n I + R_3 R_4 \cdots R_n (V_1 - V_2) + \cdots + R_1 R_3 \cdots R_{n-1}(V_n - V_2)}{\Delta}$$

$$\vdots$$

$$I_n = \frac{R_1 R_2 \cdots R_{n-1} I + R_2 R_3 \cdots R_{n-1}(V_1 - V_n) + \cdots + R_1 R_2 \cdots R_{n-2}(V_{n-1} - V_n)}{\Delta}$$

임의의 j번째 지로전류 I_j는

$$I_j = \frac{R_1 R_2 \cdots \widehat{R_j} \cdots R_n I + \sum_{i=1}^{n} R_1 R_2 \cdots \widehat{R_i} \cdots \widehat{R_j} \cdots R_n (V_i - V_j)}{\Delta} \tag{15-4}$$

주어진 회로에서 전압과 전류를 계산할 때 (15-3)식과 (15-4)식은 다소 복잡하게 보이나 이 방법에 익숙해진 후에는 어느 해석법보다 더 간편하고 편리하다는 것을 여러 가지 예를 들어 확인시켜 드리겠습니다.

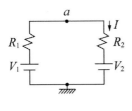

$$V_a = \frac{R_2 V_1 + R_1 V_2}{R_2 + R_1}$$

$$I = \frac{(V_1 - V_2)}{R_2 + R_1}$$

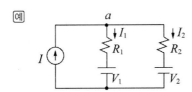

$$V_a = \frac{R_2 R_3 V_1 + R_1 R_3 V_2 + R_1 R_2 V_3}{R_2 R_3 + R_1 R_3 + R_1 R_2}$$

$$I_1 = \frac{R_3 (V_2 - V_1) + R_2 (V_3 - V_1)}{\Delta}$$

$$I_2 = \frac{R_3 (V_1 - V_2) + R_1 (V_3 - V_2)}{\Delta}$$

예

433

$$V_a = \frac{R_1 R_2 I + R_2 V_1 + R_1 V_2}{R_2 + R_1}$$

$$I_1 = \frac{R_2 I + (V_2 - V_1)}{R_2 + R_1}$$

$$I_2 = \frac{R_1 I + (V_1 - V_2)}{R_2 + R_1}$$

예

$$V_a = \frac{R_1 R_2 R_3 I + R_2 R_3 V_1 + R_1 R_3 V_2 + R_1 R_2 V_3}{R_2 R_3 + R_1 R_3 + R_1 R_2}$$

$$I_1 = \frac{R_2 R_3 I + R_3 (V_2 - V_1) + R_2 (V_3 - V_1)}{\Delta}$$

$$I_2 = \frac{R_1 R_3 I + R_3 (V_1 - V_2) + R_1 (V_3 - V_2)}{\Delta}$$

$$I_3 = \frac{R_1 R_2 I + R_2 (V_1 - V_3) + R_1 (V_2 - V_3)}{\Delta}$$

예제 15-1

I를 구하시오.

풀이 $I = \dfrac{2(16-0) + 4(5-0)}{3 \times 2 + 4 \times 2 + 4 \times 3}$

$\qquad = \dfrac{32 + 20}{6 + 8 + 12}$

434

$$= \frac{52}{26}$$

$$= 2[\text{mA}]$$

예제 15-2

I를 구하시오.

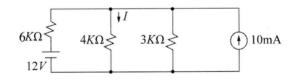

풀이 $I = \dfrac{12 \times 6 \times 3}{6 \times 3 + 2 \times 3 + 2 \times 6}$

$\qquad = \dfrac{216}{18 + 6 + 12}$

$\qquad = \dfrac{216}{36}$

$\qquad = 6[\text{mA}]$

예제 15-3

I를 구하시오.

풀이 $I = \dfrac{3(12-0) + 10 \times 6 \times 3}{4 \times 3 + 6 \times 3 + 6 \times 4}$

$\qquad = \dfrac{36 + 180}{12 + 18 + 24}$

$\qquad = \dfrac{216}{54}$

$\qquad = 4[\text{mA}]$

435

예제 15-4

V_a와 I를 구하시오.

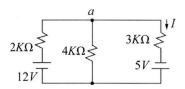

풀이 $V_a = \dfrac{12 \times 4 \times 3 - 5 \times 2 \times 4}{4 \times 3 + 2 \times 3 + 2 \times 4}$

$\qquad = \dfrac{144 - 40}{12 + 6 + 8}$

$\qquad = \dfrac{104}{26}$

$\qquad = 4[\text{Volt}]$

$\quad I = \dfrac{V_a - (-5)}{3} = \dfrac{4 + 5}{3}$

$\qquad = \dfrac{9}{3} = 3[\text{mA}]$

혹은 $I = \dfrac{4(12 + 5) + 2(0 + 5)}{\Delta} = \dfrac{68 + 10}{26}$

$\qquad = \dfrac{78}{26} = 3[\text{mA}]$

15-2 "ㄱ" 자형 회로의 전압계산

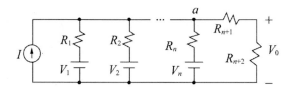

절점 a의 전압은 이창식의 정리로 구하고 V_0는 V_a로부터

$$V_0 = V_a \times \frac{R_{n+2}}{R_{n+1} + R_{n+2}}$$

예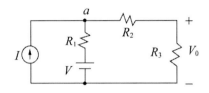

$$V_a = \frac{R_1(R_2 + R_3)I + (R_2 + R_3)V}{R_1 + (R_2 + R_3)} \tag{15-5}$$

$$V_0 = V_a \times \frac{R_3}{R_2 + R_3}$$

$$= \frac{R_1 R_3 I + R_3 V}{R_1 + (R_2 + R_3)} \tag{15-6}$$

숙달된 후에는 (15-5)식은 생략하고 회로에서 바로 (15-6)식을 적용할 수 있다.

예제 15-5

V_0를 구하시오.

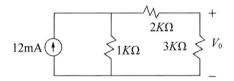

풀이 $V_0 = \dfrac{12 \times 1 \times 3}{1 + (2 + 3)}$

$\qquad = \dfrac{12 \times 3}{6}$

$\qquad = 6[\text{Volt}]$

혹은 전류원을 전압원으로 고쳐서

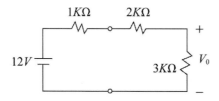

$$V_0 = 12 \times \frac{3}{1+2+3} = 12 \times \frac{3}{6}$$

$$= 6[\text{Volt}]$$

예제 15-6

V_0를 구하시오.

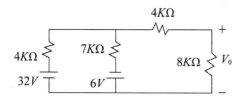

풀이 $V_0 = \dfrac{32 \times 7 \times 8 - 6 \times 4 \times 8}{7(4+8)+4(4+8)+(4)(7)}$

$$= \frac{1792-192}{84+48+28}$$

$$= \frac{1600}{160}$$

$$= 10[\text{Volt}]$$

※ 만약 $R_1 = R_2 = \cdots = R_n$인 경우

V_0는

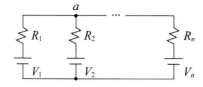

$$V_a = \frac{R_2 R_3 \cdots R_n V_1 + R_1 R_3 \cdots R_n V_2 + \cdots + R_1 R_2 \cdots R_{n-1} V_n}{R_2 R_3 \cdots R_n + R_1 R_3 \cdots R_n + \cdots + R_1 R_2 \cdots R_{n-1}}$$

$R_1 = R_2 = \cdots = R_n = R$이라면

$$V_a = \frac{R^{n-1}(V_1 + V_2 + \cdots + V_n)}{nR^{n-1}}$$

$$= \frac{V_1 + V_2 + \cdots + V_n}{n}$$

[예]

$$V_a = \frac{V_1 R + V_2 R}{R + R}$$

$$= \frac{(V_1 + V_2)R}{2R}$$

$$= \frac{V_1 + V_2}{2}$$

$$V_a = \frac{V_1 + V_2 + V_3}{3}$$

예제 15-7

V_a를 구하시오.

439

풀이 3개의 저항값이 모두 같아서

$$V_a = \frac{8 + 10 + (-3)}{3}$$

$$= \frac{15}{3}$$

$$= 5[\text{Volt}]$$

예제 15-8

V_a를 구하시오.

풀이 $V_a = \dfrac{5 \times 3 + 4 \times 2}{3 + 2}$

$$= \frac{15 + 8}{5}$$

$$= \frac{23}{5}$$

$$= 4.6[\text{Volt}]$$

예제 15-9

V_a를 구하시오.

풀이 $V_a = \dfrac{7 \times 3 \times 4 + 6 \times 2 \times 4 + 5 \times 2 \times 3}{3 \times 4 + 2 \times 4 + 2 \times 3}$

$$= \frac{84 + 48 + 30}{12 + 8 + 6}$$

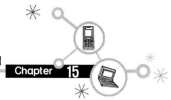

$$= \frac{162}{26}$$

$$= 6.23[\text{Volt}]$$

※ V_a의 범위는 $5V < V_a < 7V$여야 한다.

예제 15-10

I를 구하시오.

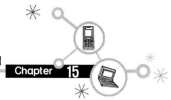

풀이 (1) 이창식의 정리에 의하여

$$I = \frac{7 \times 2 \times 3 + 3(6-0) + 2(-5-0)}{3 \times 4 + 2 \times 4 + 2 \times 3}$$

$$= \frac{42 + 18 - 10}{12 + 8 + 6}$$

$$= \frac{50}{26}$$

$$= 1.92[\text{mA}]$$

(2) 절점 a의 전압을 이용하면

$$V_a = \frac{7 \times 2 \times 3 \times 4 + 6 \times 3 \times 4 + (-5) \times 2 \times 4}{\Delta}$$

$$= \frac{168 + 72 - 40}{26}$$

$$= \frac{200}{26}$$

$$= 7.69[\text{Volt}]$$

$$I = \frac{V_a}{4}$$

$$= \frac{7.69}{4}$$

$$= 1.92[\text{mA}]$$

예제 15-11

I_1, I_2, I_3를 구하시오.

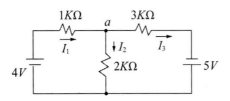

풀이 $I_1 = \dfrac{3(4-0)+2(4+5)}{2\times3+1\times3+1\times2}$

$= \dfrac{12+18}{6+3+2}$

$= \dfrac{30}{11} = \dfrac{30}{\Delta}$

$= 2.73[\text{mA}]$

$I_2 = \dfrac{3(4-0)+1(-5-0)}{\Delta}$

$= \dfrac{12-5}{11}$

$= \dfrac{7}{11}$

$= 0.64[\text{mA}]$

$I_3 = \dfrac{2(4+5)+1(0+5)}{\Delta}$

$= \dfrac{18+5}{11}$

$= \dfrac{23}{11}$

$= 2.09[\text{mA}]$

〈검산〉

(1) $I_2 + I_3 = 0.64 + 2.09$

$= 2.73$

$= I_1$

442

(2) $\quad V_a = \dfrac{4 \times 2 \times 3 - 5 \times 1 \times 2}{\Delta}$

$\quad\quad = \dfrac{24 - 10}{11}$

$\quad\quad = \dfrac{14}{11}$

$\quad\quad = 1.27[\text{Volt}]$

$\quad I_1 = \dfrac{4 - V_a}{1} = 4 - 1.27$

$\quad\quad = 2.73[\text{mA}]$

$\quad I_2 = \dfrac{V_a}{2} = \dfrac{1.27}{2} = 0.64[\text{mA}]$

$\quad I_3 = \dfrac{V_a - (-5)}{3} = \dfrac{1.27 + 5}{3} = \dfrac{6.27}{3}$

$\quad\quad = 2.09[\text{mA}]$

예제 15-12

V_a, I_1, I_2, I_3을 구하시오.

6mA ↑ 3KΩ ↓I_1 4KΩ ↓I_2 5KΩ ↓I_3 *a*   7V   2V

풀이 $V_a = \dfrac{6 \times 3 \times 4 \times 5 + 7 \times 4 \times 5 - 2 \times 3 \times 5}{4 \times 5 + 3 \times 5 + 3 \times 4}$

$\quad\quad = \dfrac{360 + 140 - 30}{20 + 15 + 12}$

$\quad\quad = \dfrac{470}{47}$

$\quad\quad = 10[\text{Volt}]$

$\quad I_1 = \dfrac{V_a - 7}{3} = \dfrac{10 - 7}{3} = \dfrac{3}{3} = 1[\text{mA}]$

$$I_2 = \frac{V_a - (-2)}{4} = \frac{10+2}{4} = \frac{12}{4} = 3[\mathrm{mA}]$$

$$I_3 = \frac{V_a}{5} = \frac{10}{5} = 2[\mathrm{mA}]$$

예제 15-13

I를 구하시오.

[풀이] $I = \dfrac{5 \times 2 \times 4 + 4(6-0) + 2(-19-0)}{3 \times 4 + 2 \times 4 + 2 \times 3}$

$\qquad = \dfrac{40 + 24 - 38}{12 + 8 + 6}$

$\qquad = \dfrac{26}{26}$

$\qquad = 1[\mathrm{mA}]$

예제 15-14

V_a, I_1, I_2, I_3를 구하시오.

[풀이] $V_a = \dfrac{9 \times 3 \times 4 - 5 \times 2 \times 3}{3 \times 4 + 2 \times 4 + 2 \times 3}$

$\qquad = \dfrac{108 - 30}{12 + 8 + 6}$

$\qquad = \dfrac{78}{26}$

$\qquad = 3[\mathrm{Volt}]$

444

$$I_1 = \frac{9 - V_a}{2} = \frac{9 - 3}{2} = \frac{6}{2} = 3[\text{mA}]$$

$$I_2 = \frac{V_a}{3} = \frac{3}{3} = 1[\text{mA}]$$

$$I_3 = \frac{V_a - (-5)}{4} = \frac{3 + 5}{4} = \frac{8}{4} = 2[\text{mA}]$$

예제 15-15

전류 I와 V_0를 구하시오.

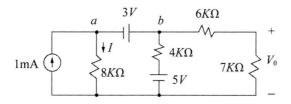

풀이 (1) 전류 I는 3Volt 전압원을 분리하면

$$I = \frac{1 \times 4 \times 13 + 13(2 - 0) + 4(-3 - 0)}{4 \times 13 + 8 \times 13 + 8 \times 4}$$

$$= \frac{52 + 26 - 12}{52 + 104 + 32}$$

$$= \frac{66}{188}$$

$$= \frac{66}{\Delta}$$

$$= 0.35[\text{mA}]$$

(2) V_0는 3Volt 전압원을 좌측으로 밀면

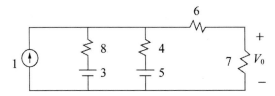

$$V_0 = \frac{1 \times 8 \times 4 \times 7 + 3 \times 4 \times 7 + 5 \times 8 \times 7}{\Delta}$$

$$= \frac{22.4 + 84 + 280}{188}$$

$$= \frac{588}{188}$$

$$= 3.13[\mathrm{Volt}]$$

혹은 $V_a = 8I$

$$= 8 \times 0.35$$

$$= 2.8[\mathrm{Volt}]$$

$$V_b = V_a + 3$$

$$= 2.8 + 3$$

$$= 5.8[\mathrm{Volt}]$$

$$V_0 = V_b \times \frac{7}{6+7}$$

$$= \frac{5.8 \times 7}{13}$$

$$= 3.12[\mathrm{Volt}]$$

15-3 병렬합성 저항

■ 병렬합성저항 계산방법]

1.

$$\frac{1}{R_t} = \frac{1}{R_1} + \frac{1}{R_2} + \cdots + \frac{1}{R_n}$$

2.

$$R_t = \frac{R_1 R_2 \cdots R_n}{\displaystyle\sum_{i=1}^{n} R_1 R_2 \cdots \widehat{R_i} \cdots R_n}$$

여기서 ^(hat)는 그항을 제거한다는 의미이다.

예

$$R_t = \frac{R_1 R_2}{R_2 + R_1}$$

예

$3K\Omega$ $4K\Omega$ $5K\Omega$ $=$ R_t

$$R_t = \frac{3 \times 4 \times 5}{4 \times 5 + 3 \times 5 + 3 \times 4}$$

$$= \frac{60}{20 + 15 + 12}$$

447

$$= \frac{60}{47}$$

$$= 1.28\text{k}\Omega$$

3. 같은 저항이 n개 일 때

$$R_t = \frac{R}{n}$$

예

$n = 2$이라서　　　$R_t = \dfrac{R}{2}$

예

같은 저항 $12\text{k}\Omega$가 3개라서　　　$R_t = \dfrac{12}{3} = 4\text{k}\Omega$

4. 구구단을 이용

$2 \times 3 = 6$　　　　　　$6//3 = 2$

$3 \times 4 = 12$　　　　　　$12//4 = 3$

$4 \times 5 = 20$　　　　　　$20//5 = 4$

$5 \times 6 = 30$　　　　　　$30//6 = 5$

　　　　$\vdots$　　　　　　　　　$\vdots$

예

$2 \times 3 = 6$　　　　$R_t = 6//3 = 2\text{k}\Omega$

448

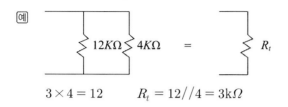

$$3 \times 4 = 12 \qquad R_t = 12 // 4 = 3\text{k}\Omega$$

※ 이런 계산이 가능한 이유는

$R_1 = n(n+1) \quad R_2 = (n+1)$일 때

$$R_t = \frac{R_1 R_2}{R_2 + R_1}$$

$$= \frac{\{n(n+1)\}(n+1)}{(n+1) + n(n+1)}$$

$$= \frac{n(n+1)^2}{(n+1)(1+n)}$$

$$= n$$

15-4 중첩의 원리

예제 15-16

중첩의 원리를 이용하여 절점 a의 전압 V_a를 구하시오.

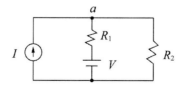

풀이 (1) 전류원을 두고 전압원을 제거하면

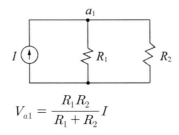

$$V_{a1} = \frac{R_1 R_2}{R_1 + R_2} I$$

(2) 전압원을 두고 전류원을 제거하면

$$V_{a2} = \frac{R_2}{R_1 + R_2} V$$

(3) 절점 a의 전압 V_a는

$$V_a = V_{a1} + V_{a2}$$

$$= \frac{R_1 R_2}{R_1 + R_2} I + \frac{R_2}{R_1 + R_2} V$$

$$= \frac{R_1 R_2 I + R_2 V}{R_1 + R_2}$$

15-5 Thevenin의 정리

■ Thevenin의 등가회로 예

Thevenin의 등가회로를 구할 때 먼저 이창식의 정리에 대하여 익힌 후 R_o나 V_o를 계산한다면 보다 쉽게 그 값을 구할 수 있다.

1.

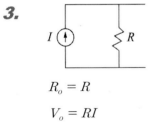

$$R_o = R_1 // R_2 = \frac{R_1 R_2}{R_2 + R_1}$$

$$V_o = \frac{R_2}{R_1 + R_2} V$$

2.

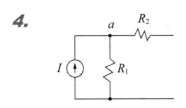

$$R_o = R_3 + \frac{R_1 R_2}{R_2 + R_1}$$

$$V_o = V_a$$

$$= \frac{R_2}{R_1 + R_2} V$$

3.

$$R_o = R$$

$$V_o = RI$$

4.

$$R_o = R_1 + R_2$$

$$V_o = V_a$$

$$= R_1 I$$

5.

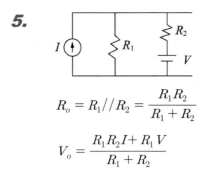

$$R_o = R_1 // R_2 = \frac{R_1 R_2}{R_1 + R_2}$$

$$V_o = \frac{R_1 R_2 I + R_1 V}{R_1 + R_2}$$

전원이 2개 이상일 때 V_o는 중첩의 정리를 이용한다.

6.

$$R_o = R$$

$$V_o = V + RI$$

7.

$$R_o = R_1 // R_2 = \frac{R_1 R_2}{R_1 + R_2}$$

$$V_o = \frac{R_1 R_2 I + R_2 V_1 + R_1 V_2}{R_2 + R_1}$$

8.

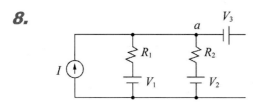

$$R_o = R_1 /\!/ R_2$$

$$= \frac{R_1 R_2}{R_1 + R_2}$$

$$V_o = V_a + V_3$$

$$= \frac{R_1 R_2 I + R_2 V_1 + R_1 V_2}{R_1 + R_2} + V_3$$

혹은 V_3를 전압원 분리하여

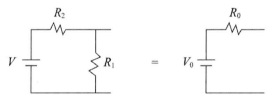

$$V_o = \frac{R_1 R_2 I + R_2 (V_1 + V_3) + R_1 (V_2 + V_3)}{R_1 + R_2}$$

■ Thevenin의 정리와 구구단

두 회로가 등가가 되기 위하여

(1) $R_2 = n(n+1)$

$R_1 = n+1$일 때 R_o는

$$R_o = R_1 /\!/ R_2$$

$$= \frac{R_1 R_2}{R_1 + R_2}$$

$$= \frac{(n+1)\{n(n+1)\}}{(n+1) + n(n+1)}$$

$$= \frac{n(n+1)^2}{(n+1)(1+n)}$$

$$= n$$

단, n은 1보다 큰 자연수

(2) $V_o = \dfrac{R_1}{R_1 + R_2} V$

$$= \frac{n+1}{(n+1)+n(n+1)} V$$

$$= \frac{n+1}{(n+1)(1+n)} V$$

$$= \frac{V}{n+1}$$

$$= \frac{V}{R_1}$$

예 $2 \times 3 = 6$

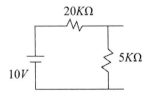

$R_o = 6//3 = 2\text{k}\Omega$

$V_o = \dfrac{12}{3} = 4\text{Volt}$

예 $4 \times 5 = 20$

$R_o = 20//5 = 4\text{k}\Omega$

$V_o = \dfrac{10}{5} = 2\text{Volt}$

예 $5 \times 6 = 30$

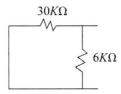

$R_o = 30//6 = 5\text{k}\Omega$

전압원 $V = 0$인 경우

V_o도 0이다.

이 경우 병렬저항 계산과도 같다.

예제 15-17

V_a와 I를 구하시오.

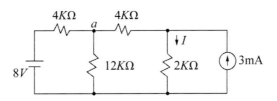

풀이 (1) V_a는 Thevenin의 정리를 이용하여

$$V_a = \frac{8 \times 12 \times 6 + 6 \times 4 \times 12}{12 \times 6 + 6 \times 4 + 4 \times 12}$$

$$= \frac{864}{144}$$

$$= 6[\text{Volt}]$$

(2) 전류 I는 치환정리를 이용하여 $V_a = 6\text{Volt}$로 하면

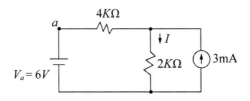

$$I = \frac{6 + 3 \times 4}{4 + 2}$$

$$= \frac{18}{6}$$

$$= 3\,[\mathrm{mA}]$$

15-6 ▽와 △(delta와 세모)

▽(delta)는 전기자기학에서 직각좌표계의 미분연산자로

$$\nabla \equiv \frac{\partial}{\partial x}\mathrm{i}1 + \frac{\partial}{\partial j}\mathrm{j}1 = \frac{\partial}{\partial z}\mathrm{1k}$$ 로 정의하고

그 사용예로는

$$\mathrm{E} = -\nabla V$$

$$\nabla \cdot \mathrm{D} = \rho$$

$$\nabla \times \mathrm{H} = \mathrm{J}1$$

등으로 기울기와 발산 회전에서 전위와 전계, 전하밀도와 전속밀도 전류밀도와 자계의 관계를 표현하고 있고

반면 △(세모)는 전기회로에서 병렬로 n개의 저항이 연결되어 있을 때

$$\triangle \equiv \sum_{i=1}^{n} R_1 R_2 \cdots \widehat{R_i} \cdots R_n$$

으로 정의하고 여기서 ^(hat, carret)는 그 항을 제거한다는 의미이다. 또 △는 한번 계산된 값이 반복될 때는 차용하여 계산의 중복을 피했다.

예 $n = 2$

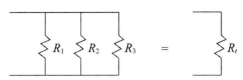

$$\frac{1}{R_t} = \frac{1}{R_1} + \frac{1}{R_2} = \frac{R_2 + R_1}{R_1 R_2}$$

합성저항 $R_t = \dfrac{R_1 R_2}{R_2 + R_1} = \dfrac{R_1 R_2}{\triangle}$

$$V_a = \frac{R_2 V_1 + R_1 V_2}{R_2 + R_1}$$

$$= \frac{R_2 V_1 + R_1 V_2}{\triangle}$$

$$I = \frac{V_1 - V_2}{\triangle}$$

$$= \frac{V_1 - V_2}{R_2 + R_1}$$

$n = 3$인 경우

$$\frac{1}{R_t} = \frac{1}{R_1} + \frac{1}{R_2} + \frac{1}{R_3}$$

$$= \frac{R_2 R_3 + R_1 R_3 + R_1 R_2}{R_1 R_2 R_3}$$

457

$$R_t = \frac{R_1 R_2 R_3}{\triangle}$$

$$= \frac{R_1 R_2 R_3}{R_2 R_3 + R_1 R_3 + R_1 R_2}$$

$$V_a = \frac{R_2 R_3 V_1 + R_1 R_3 V_2 + R_1 R_2 V_3}{\triangle}$$

$$= \frac{R_2 R_3 V_1 + R_1 R_3 V_2 + R_1 R_2 V_3}{R_2 R_3 + R_1 R_3 + R_1 R_2}$$

$$I = \frac{R_2 (V_1 - V_3) + R_1 (V_2 - V_3)}{\triangle}$$

$$= \frac{R_2 (V_1 - V_3) + R_1 (V_2 - V_3)}{R_2 R_3 + R_1 R_3 + R_1 R_2}$$

예

$$V_a = \frac{4 \times 2 \times 3 - 5 \times 1 \times 3 + 6 \times 1 \times 2 \times 3}{2 \times 3 + 1 \times 3 + 1 \times 2}$$

$$= \frac{24 - 15 + 36}{6 + 3 + 2}$$

$$= \frac{45}{11} = \frac{45}{\triangle}$$

$$= 4.1 [\text{Volt}]$$

$$I = \frac{Va - (-5)}{2}$$

458

$$= \frac{4.1+5}{2}$$

$$= \frac{9.1}{2}$$

$$= 4.55[\text{mA}]$$

혹은 $I = \dfrac{3(4+5)+1(0+5)+6\times1\times3}{\triangle}$

$$= \frac{27+5+18}{11}$$

$$= \frac{50}{11}$$

$$= 4.55[\text{mA}]$$

15-7 전원분리

예제 15-18

V_a와 I_a를 구하시오.

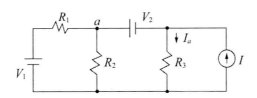

풀이 (1) 전압원을 분리하면

$$V_a = \frac{R_2R_3V_1 + R_1R_2V_2 + R_1R_2R_3I}{R_2R_3 + R_1R_3 + R_1R_2}$$

(2)

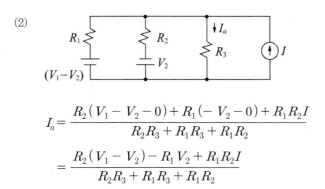

$$I_a = \frac{R_2(V_1 - V_2 - 0) + R_1(-V_2 - 0) + R_1 R_2 I}{R_2 R_3 + R_1 R_3 + R_1 R_2}$$

$$= \frac{R_2(V_1 - V_2) - R_1 V_2 + R_1 R_2 I}{R_2 R_3 + R_1 R_3 + R_1 R_2}$$

예제 15-19

V_a을 구하시오.

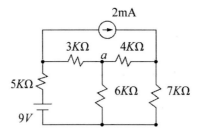

풀이 전류원을 분리하면

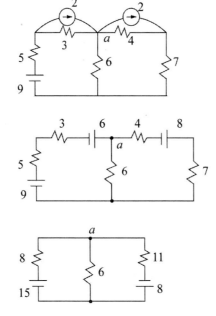

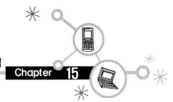

$$V_a = \frac{15 \times 6 \times 11 - 8 \times 8 \times 6}{6 \times 11 + 8 \times 11 + 8 \times 6}$$

$$= \frac{990 - 384}{66 + 88 + 48}$$

$$= \frac{606}{202}$$

$$= 3[\text{Volt}]$$

예제 15-20

I를 구하시오.

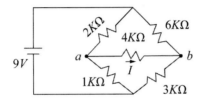

풀이 (1) 마주보는 저항끼리 곱하면

$2 \times 3 = 6$

$6 \times 1 = 6$으로 같은 값이라서

$V_a = V_b$이고 $I = 0[\text{mA}]$이다.

(2) 전압원을 분리하면

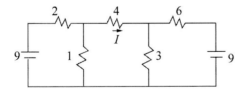

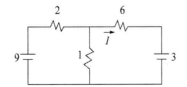

$$I = \frac{1(9-3) + 2(0-3)}{1 \times 6 + 2 \times 6 + 2 \times 1}$$

$$= \frac{6-6}{6+12+2}$$

$$= 0[\text{mA}]$$

예제 15-21

V_a, V_b를 구하시오.

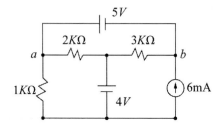

풀이 전압원을 분리하면

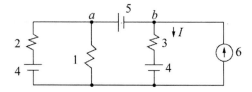

V_a는 5Volt를 전압분리하면

$$Va = \frac{4 \times 1 \times 3 + 9 \times 2 \times 1 + 6 \times 2 \times 1 \times 3}{1 \times 3 + 2 \times 3 + 2 \times 1}$$

$$= \frac{12 + 18 + 36}{3 + 6 + 2}$$

$$= \frac{66}{11}$$

$$= 6[\text{Volt}]$$

$$V_b = V_a - 5$$
$$= 6 - 5$$
$$= 1[\mathrm{Volt}]$$

예제 15-22

V_a와 I를 구하시오.

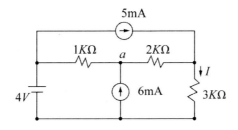

풀이 (1) 전압원 분리와 무관계회로에서

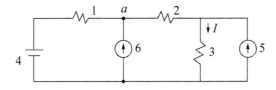

$$R_0 = 2 + 3 = 5\mathrm{k}\Omega$$

$$V_0 = 3 \times 5 = 15\mathrm{Volt}$$

$$V_a = \frac{4 \times 5 + 6 \times 1 \times 5 + 15 \times 1}{1 + 5}$$

$$= \frac{20 + 30 + 15}{6}$$

$$= \frac{65}{6}$$

$$= 10.83[\mathrm{Volt}]$$

(2) I는 V_a를 이용하여

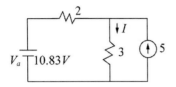

$$I = \frac{10.83 + 5 \times 2}{2 + 3}$$

$$= \frac{10.83 + 10}{5}$$

$$= \frac{20.83}{5}$$

$$= 4.17[\text{mA}]$$

예제 15-23

V_a와 I를 구하시오.

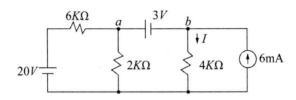

풀이 전압원을 분리하면

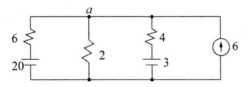

$$V_a = \frac{20 \times 2 \times 4 + 3 \times 6 \times 2 + 6 \times 6 \times 2 \times 4}{2 \times 4 + 6 \times 4 + 6 \times 2}$$

$$= \frac{160 + 36 + 288}{8 + 24 + 12}$$

$$= \frac{484}{44}$$

$$= 11[\text{Vole}]$$

$$V_b = V_a - 3$$
$$= 11 - 3$$
$$= 8[\text{Volt}]$$

$$I = \frac{V_b}{4}$$
$$= \frac{8}{4}$$
$$= 2[\text{mA}]$$

15-8 Y–△형 변환

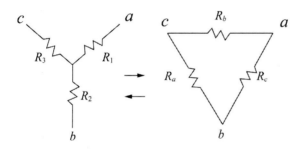

$$R_a = \frac{R_1 R_2 + R_2 R_3 + R_3 R_1}{R_1} \qquad R_1 = \frac{R_b R_c}{R_a + R_b + R_c}$$

$$= \frac{\triangle}{R_1} \qquad\qquad\qquad\qquad R_2 = \frac{R_a R_c}{R_a + R_b + R_c}$$

$$R_c = \frac{\triangle}{R_3} \qquad\qquad\qquad\quad R_3 = \frac{R_a R_b}{R_a + R_b + R_c}$$

$$R_b = \frac{\triangle}{R_2}$$

Y형			△형		
R_1	R_2	R_3	R_a	R_b	R_c
2	3	6	18	12	6
2	5	10	40	16	8
3	6	18	60	30	10
4	6	12	36	24	12
6	9	18	54	36	18
6	10	15	50	30	20
6	12	18	66	33	22
10	10	10	30	30	30

예제 15-24

Y형 회로를 △형으로 바꿀 때 등가가 되기 위한 R_a, R_b, R_c의 값을 구하시오.

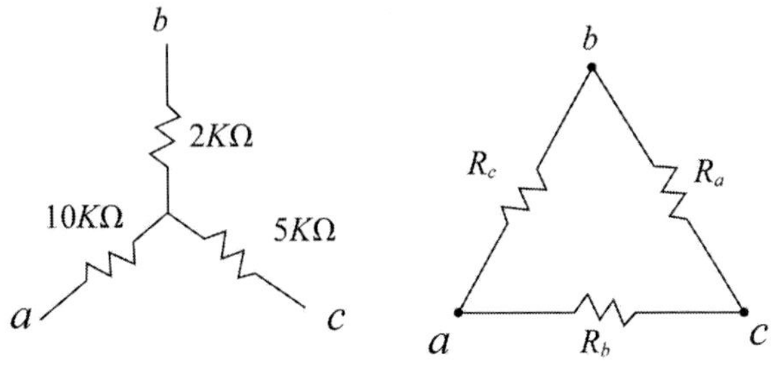

풀이 $R_a = \dfrac{2\times5 + 5\times10 + 10\times2}{10}$

$= \dfrac{10+50+20}{10}$

$= \dfrac{80}{10}$

$= \dfrac{\triangle}{10}$

$= 8[\text{k}\Omega]$

466

$$R_b = \frac{\triangle}{2}$$

$$= \frac{80}{2}$$

$$= 40[\text{k}\Omega]$$

$$R_c = \frac{\triangle}{5}$$

$$= \frac{80}{5}$$

$$= 16[\text{k}\Omega]$$

예제 15-25

Y형 회로를 △형 회로로 고칠 때 등가가 되기 위한 R_a, R_b, R_c의 값을 구하시오.

(a) Y형 회로   (b) △형 회로

풀이 $R_a = \dfrac{6 \times 12 + 12 \times 18 + 18 \times 6}{18}$

$$= \frac{72 + 216 + 108}{18}$$

$$= \frac{396}{18}$$

$$= \frac{\triangle}{18}$$

$$= 22[\text{k}\Omega]$$

$$R_b = \frac{\triangle}{6} = \frac{396}{6} = 66[\text{k}\Omega]$$

$$R_c = \frac{\triangle}{12} = \frac{396}{12} = 33[\text{k}\Omega]$$

예제 15-26

△형 회로를 Y형 회로로 바꿀 때 두 회로가 등가가 되기 위한 R_a, R_b, R_c의 값을 구하시오.

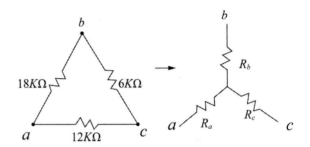

풀이 $R_a = \dfrac{18 \times 12}{6 + 12 + 18}$

$\quad\quad = \dfrac{18 \times 12}{36}$

$\quad\quad = \dfrac{18 \times 12}{\triangle}$

$\quad\quad = 6[\mathrm{k}\Omega]$

$\quad R_b = \dfrac{18 \times 6}{\triangle}$

$\quad\quad = \dfrac{18 \times 6}{36}$

$\quad\quad = 3[\mathrm{k}\Omega]$

$\quad R_c = \dfrac{12 \times 6}{\triangle}$

$\quad\quad = \dfrac{12 \times 6}{36}$

$\quad\quad = 2[\mathrm{k}\Omega]$

468

15-9 무관계회로

회로를 해석하다보면 그 회로에 어떤 회로소자가 연결되어 있기는 해도 회로해석에 전혀 영향을 미치지 않는 경우가 있는데 그 대표적인 예로 전류원에 직렬 연결된 소자와 전압원에 병렬 연결된 소자다.

1. 전류원에 직렬 연결된 회로

여기서 ZA는 임의의 회로이고 다만 ZA는 전류원이나 개방(open)되어서는 안된다.

예

2. 전압원에 병렬연결된 회로

여기서 ZA는 임의의 회로이고 다만 ZA는 전압원이나 단락(short)되어서는 안된다.

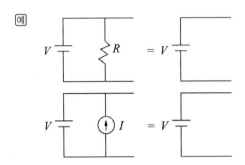

예 예

예제 15-27

I를 구하시오.

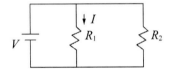

풀이 R_2는 무관계회로가 되어서 $I = \dfrac{V}{R_1}$이다.

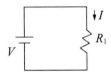

그런데 R_2를 가변하더라도 I의 값은 변하지 않는다. 그러나 R_2의 값이 short에 가까워지면 I는 그 크기가 갑자기 작아지고 그때는 전압이 V로도 되지 못하는 경우도 있으니 주의를 요한다.

예제 15-28

V_a를 구하시오.

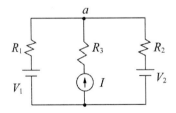

풀이 전류원에 직렬연결된 R_3는 V_a와 무관하여서 이것을 short하면

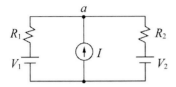

$$V_a = \frac{R_2 V_1 + R_1 V_2 + R_1 R_2 I}{R_1 + R_2}$$

예제 15-29

I_1, I_2, I_3를 구하시오.

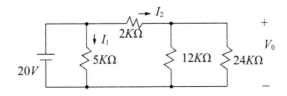

풀이 $I_1 = \dfrac{V_1}{R_1}$

$I_2 = \dfrac{V_1 - V_2}{R_2}$

$I_3 = \dfrac{V_1 - (-V_3)}{R_3} = \dfrac{V_1 + V_3}{R_3}$

예제 15-30

I_1, I_2 그리고 V_0을 구하시오.

[풀이] (1) I_1은 무관계회로에서

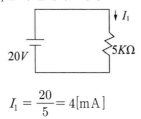

$$I_1 = \frac{20}{5} = 4[\mathrm{mA}]$$

(2) I_2와 V_0을 구할 때 5kΩ의 저항은 무관계 회로로서 이를 제거하면

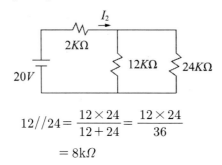

$$12//24 = \frac{12 \times 24}{12 + 24} = \frac{12 \times 24}{36}$$
$$= 8\mathrm{k}\Omega$$

$$I_2 = \frac{20}{2+8} = \frac{20}{10} = 2[\mathrm{mA}]$$
$$V_0 = 20 \times \frac{8}{2+8}$$
$$= 16[\mathrm{Volt}]$$

예제 15-31

V_a, V_b를 구하시오.

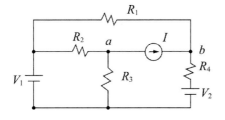

풀이 무관계회로를 버리면

(1) V_a는

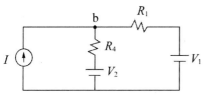

$$V_a = \frac{R_3 V_1 - R_2 R_3 I}{R_2 + R_3}$$

(2) V_b는

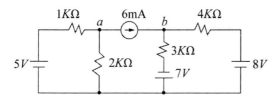

$$V_b = \frac{R_1 V_2 + R_4 V_1 + R_1 R_4 I}{R_1 + R_4}$$

예제 15-32

V_a, V_b를 구하시오.

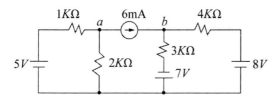

[풀이] (1) V_a는 전류원 우측의 회로가 제거되어서

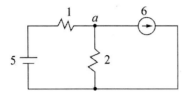

$$V_a = \frac{5 \times 2 - 6 \times 1 \times 2}{1 + 2}$$

$$= \frac{10 - 12}{3}$$

$$= -\frac{2}{3}$$

$$= -0.67[\text{Volt}]$$

(2) V_b를 구할 때는 전류원 좌측의 회로가 무관계하여

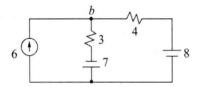

$$V_b = \frac{6 \times 3 \times 4 - 7 \times 4 + 8 \times 3}{3 + 4}$$

$$= \frac{72 - 28 + 24}{7}$$

$$= \frac{68}{7}$$

$$= 9.7[\text{Volt}]$$

[예제 15-33]

V_a, V_b를 구하시오.

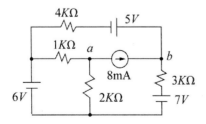

풀이 6Volt 전압원 분리와 8mA 전류원 너머의 소자는 무관계 회로가 되어서

(1) V_a는

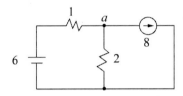

$$V_a = \frac{6 \times 2 - 8 \times 1 \times 2}{1 + 2} = \frac{12 - 16}{3}$$

$$= -\frac{4}{3} = -1.33[\text{Volt}]$$

(2) V_b는

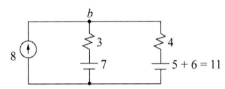

$$V_b = \frac{8 \times 3 \times 4 + 7 \times 4 + 11 \times 3}{3 + 4}$$

$$= \frac{96 + 28 + 33}{7}$$

$$= \frac{157}{7}$$

$$= 22.4[\text{Volt}]$$

예제 15-34

V_a, V_b, V_c를 구하시오.

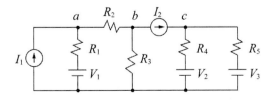

풀이 (1) V_a, V_b를 구할 때 전류원 I_2 우측의 모든 회로는 무관계 회로가 되어서 short하면

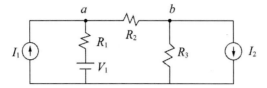

V_a를 계산할 때 절점 a 우측회로를 Thevenin의 등가회로를 고쳐서

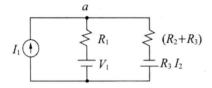

$$V_a = \frac{R_1(R_2+R_3)I_1 + (R_2+R_3)V_1 - R_1(R_3I_2)}{R_1 + (R_2+R_3)}$$

또 V_b는 절점 b 좌측을 Thevenin의 등가회로를 고쳐서

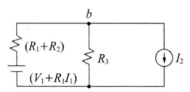

$$V_b = \frac{R_3(V_1+R_1I_1) - (R_1+R_2)R_3I_2}{(R_1+R_2)+R_3}$$

(2) V_c는 전류원 I_2 좌측의 회로가 short되어서

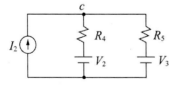

$$V_c = \frac{R_4R_5I_2 + R_5V_2 + R_4V_3}{R_4+R_5}$$

476

15-10 등가회로

회로를 해석하다보면 직렬 혹은 병렬 회로를 합하여 하나의 소자로 대치되거나 한 가지의 회로를 취급하기 쉽게 다른 모양으로 변환함으로 회로해석이 보다 간편해지는 경우가 있다. 그 예로

1.

$$R_t = R_1 + R_2$$

2.

$$V_t = V_1 + V_2$$

3.

$$R_t = R_1 /\!/ R_2$$
$$= \frac{R_1 R_2}{R_2 + R_1}$$

4.

$$R_t = R_1 /\!/ R_2 /\!/ R_3$$

$$= \frac{R_1 R_2 R_3}{R_2 R_3 + R_1 R_3 + R_1 R_2}$$

5.

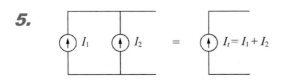

6.

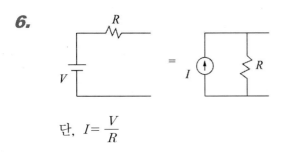

단, $I = \dfrac{V}{R}$

7.

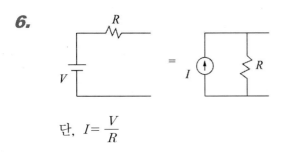

$$R_1 = \frac{R_a R_b + R_b R_c + R_c R_a}{R_a} \qquad R_a = \frac{R_2 R_3}{R_1 + R_2 + R_3}$$

그 외에도

(1) 치환정리

(2) 중첩의 정리

(3) Thevenin, Norton의 정리

(4) 전원분리

(5) 무관계회로 등도 등가회로 중 하나로 볼 수 있어서 필요로 하면 언제라도 쉽게 회로를 변환할 수 있다.

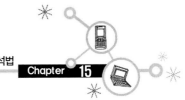
15-11 여러 가지 회로

회로를 해석할 때 어느 한 가지 정리나 회로해석법으로 그 답을 구하기 보다는 여러 가지 정리를 복합적으로 이용하여 최종답을 얻는다면 보다 쉽게 해결될 때가 많다.

예를 들면 폐로해석법 만으로 전압이나 전류를 구하기보다는 중첩의 정리, Thevenin의 정리, 전원분리, 치환정리, 이창식의 정리를 교대로 사용한다면 보다 쉽게 답이 구해진다.

이는 마치 400m 경기를 한 선수가 달리기보다는 4명의 주자가 서로 번갈아가면서 달리면 더 빨리 결승점에 도달하게 되는 것과도 같다.

예제 15-35

$$20K\Omega \quad 5K\Omega \quad = \quad R_t$$

풀이 $R_t = \dfrac{20 \times 5}{20 + 5} = \dfrac{20 \times 5}{25} = 4\mathrm{k}\Omega$

$4 \times 5 = 20$

예제 15-36

$$20K\Omega \quad 5K\Omega \quad 4K\Omega \quad = \quad R_t$$

풀이 (1) $20 // 5 = 4$

$R_t = 4 // 4 = \dfrac{4}{2} = 2[\mathrm{k}\Omega]$

(2) $R_t = \dfrac{20 \times 5 \times 4}{5 \times 4 + 20 \times 4 + 20 \times 5}$

$= \dfrac{400}{20 + 80 + 100}$

$= \dfrac{400}{200}$

$= 2[\mathrm{k}\Omega]$

예제 15-37

I를 구하시오.

풀이 $I = \dfrac{18 \times 2 \times 3}{3 \times 6 + 2 \times 6 + 2 \times 3}$

$= \dfrac{18 \times 6}{18 + 12 + 6}$

$= \dfrac{18 \times 6}{36}$

$= 3[\mathrm{mA}]$

예제 15-38

I를 구하시오.

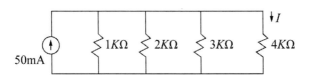

풀이 $I = \dfrac{50 \times 1 \times 2 \times 3}{2 \times 3 \times 4 + 1 \times 3 \times 4 + 1 \times 2 \times 4 + 1 \times 2 \times 3}$

$= \dfrac{50 \times 6}{24 + 12 + 8 + 6}$

$$= \frac{50 \times 6}{50}$$

$$= 6[\mathrm{mA}]$$

예제 15-39

I를 구하시오.

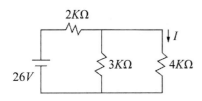

풀이 $I = \dfrac{3(26-0)}{3 \times 4 + 2 \times 4 + 2 \times 3}$

$$= \frac{3 \times 26}{12 + 8 + 6}$$

$$= \frac{3 \times 26}{26}$$

$$= 3[\mathrm{mA}]$$

예제 15-40

V_a를 구하시오.

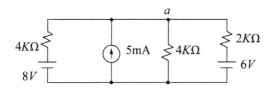

풀이

$R_0 = 4 // 4 = \dfrac{4}{2} = 2\mathrm{k}\Omega$

481

$$V_0 = \frac{8 \times 4 + 5 \times 4 \times 4}{4 + 4} = \frac{32 + 80}{8} = 14 \text{Volt}$$

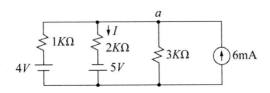

$$V_a = \frac{14 + 6}{2}$$

$$= \frac{20}{2}$$

$$= 10[\text{Volt}]$$

예제 15-41

I와 V_a를 구하시오.

풀이 $I = \dfrac{3\{4 - (-5)\} + 1\{0 - (-5)\} + 6 \times 1 \times 3}{2 \times 3 + 1 \times 3 + 1 \times 2}$

$$= \frac{27 + 5 + 18}{6 + 3 + 2}$$

$$= \frac{50}{11}$$

$$= 4.55[\text{mA}]$$

$$V_a = -5 + 2I$$

$$= -5 + 2(4.55)$$

$$= 4.1[\text{Volt}]$$

예제 15-42

V_a와 I를 구하시오.

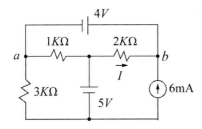

풀이 (1) 전압원을 분리하면

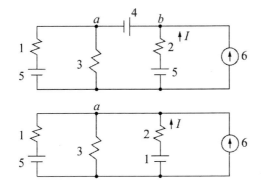

$$V_a = \frac{5 \times 3 \times 2 + 1 \times 1 \times 3 + 6 \times 1 \times 3 \times 2}{3 \times 2 + 1 \times 2 + 1 \times 3}$$

$$= \frac{30 + 3 + 36}{6 + 2 + 3}$$

$$= \frac{69}{11}$$

$$= 6.27 [\mathrm{Volt}]$$

(2) $I = \dfrac{5 - (V_a + 4)}{2}$

$$= \frac{5 - (6.27 + 4)}{2}$$

$$= -\frac{5.27}{2}$$

$$= -2.64 [\mathrm{mA}]$$

483

예제 15-43

V_a와 I를 구하시오.

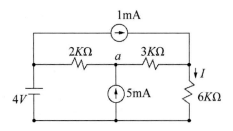

풀이 (1) V_a는 전압원 분리, 무관계회로에 의하여

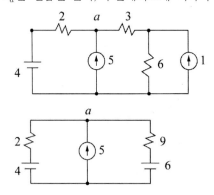

$$V_a = \frac{4 \times 9 + 5 \times 2 \times 9 + 6 \times 2}{2 + 9}$$

$$= \frac{36 + 90 + 12}{11}$$

$$= \frac{138}{11}$$

$$= 12.55[\text{Volt}]$$

(2) I는 치환정리에 의하여

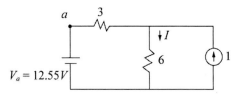

$$I = \frac{12.55 + 1 \times 3}{3 + 6}$$

$$= \frac{15.55}{9}$$

$$= 1.73[\text{mA}]$$

혹은 전류원을 분리하면

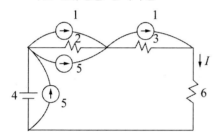

$$I = \frac{4 + 12 + 3}{2 + 3 + 6}$$

$$= \frac{19}{11}$$

$$= 1.73[\text{mA}]$$

예제 15-44

V_0를 구하시오.

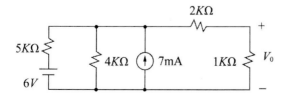

$\boxed{\text{풀이}}$ $V_0 = \dfrac{6 \times 4 \times 1 + 7 \times 5 \times 4 \times 1}{4(2+1) + 5(2+1) + 5 \times 4}$

$\qquad = \dfrac{24 + 140}{12 + 15 + 20}$

$\qquad = \dfrac{164}{47}$

$\qquad = 3.49[\text{V olt}]$

$\boxed{\text{예제 15-45}}$

1kΩ에 흐르는 전류 I를 구하시오.

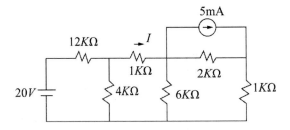

$\boxed{\text{풀이}}$ (1) Thenvenin의 등가회로를 고치면

$R_0 = 1 + 12//4$

$\qquad = 1 + \dfrac{4 \times 12}{4 + 12}$

$\qquad = 1 + 3$

$\qquad = 4\text{k}\Omega$

$V_0 = 20 \times \dfrac{4}{12 + 4} = 5\text{V olt}$

(2)

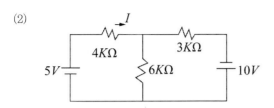

$$I = \frac{3(5-0)+6(5+10)}{3\times 6 + 4\times 3 + 4\times 6}$$

$$= \frac{15+90}{18+12+24}$$

$$= \frac{105}{54}$$

$$= 1.94[\mathrm{mA}]$$

예제 15-46

Transistor 소신호 증폭기에서 $\dfrac{V_0}{V_s}$ 를 구하시오.

풀이 $I_b = \dfrac{400(V_s - 0)}{400\times 2 + 1\times 2 + 1\times 400}$

$$= \frac{400 V_s}{800 + 2 + 400}$$

$$= \frac{400 V_s}{1202} \quad \cdots\cdots\cdots\cdots\cdots\cdots\cdots\cdots\cdots ①$$

$$V_0 = \frac{3\times 2(-100 I_b)}{2+3}$$

$$= -\frac{600}{5} I_b$$

$$= -120 I_b \quad \cdots\cdots\cdots\cdots\cdots\cdots\cdots\cdots\cdots ②$$

487

① ②식에서

$$V_0 = -120 \frac{400}{1202} V_s$$

$$= -39.9 V_s$$

$$\frac{V_0}{V_s} = -39.9$$

$$\simeq -40$$

예제 15-47

V_a와 I를 구하시오.

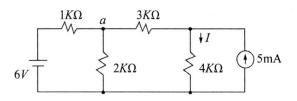

풀이 (1) 회로의 우측부분을 Thevenin의 등가회로를 고치면

$$V_a = \frac{6 \times 2 \times 7 + 20 \times 1 \times 2}{2 \times 7 + 1 \times 7 + 1 \times 2}$$

$$= \frac{84 + 40}{14 + 7 + 2}$$

$$= \frac{124}{23}$$

$$= 5.39[\text{Volt}]$$

488

(2) 치환정리에 의하여 V_a를 5.39 Volt의 전압원을 대치하면

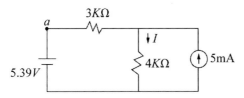

$$I = \frac{5.39 + 5 \times 3}{3 + 4}$$

$$= \frac{5.39 + 15}{7}$$

$$= \frac{20.39}{7}$$

$$= 2.91 [\text{mA}]$$

15-12 시정수 τ

RC회로의 시정수 τ는 RC이나 RL회로의 시정수는 RL이 아니고 $\tau = \dfrac{L}{R}$인 이유는 저항에서 IV관계는

$$R = \frac{V}{I} \tag{15-7}$$

인덕터에서는 $v = \dfrac{d\phi}{dt} = \dfrac{d}{dt}(Li) = L\dfrac{di}{dt}$

$$L = \frac{V}{I}t \tag{15-8}$$

콘덴서에서는 $i = \dfrac{dq}{dt} = \dfrac{d}{dt}(cv) = C\dfrac{dv}{dt}$

489

$$C = \frac{I}{V}t \tag{15-9}$$

(15-7)(15-9)식에서

$$RC = \left(\frac{V}{I}\right)\left(\frac{I}{V}t\right)$$

$$= t[\sec] \tag{15-10}$$

즉 RC는 시간의 차원을 갖는다. 그리고 $RL = \left(\frac{V}{I}\right)\left(\frac{V}{I}t\right)$은 시간차원이 되지 못하

고 $\frac{L}{R}$은 (1)(2)식에서

$$\left(\frac{V}{I}t\right)\left(\frac{I}{V}\right) = t[\sec] \tag{15-11}$$

로 되어 RL회로의 시정수 $\tau = \frac{L}{R}$ 또 RC회로의 시정수 $\tau = RC$이다.

예제 15-48

$t = 0$일 때 switch가 닫힌다면 시정수 τ, $i(t)$, $V_R(t)$, $V_c(t)$를 구하시오.

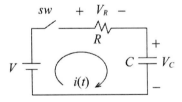

풀이 (1) 시정수 $\tau = RC$

(2) $t = 0^+$일 때 Condencer는 short되어서

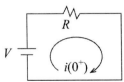

$$i(0^+) = \frac{V}{R} \quad \cdots\cdots\cdots\cdots\cdots\cdots\cdots\cdots\cdots\cdots ①$$

시간이 지나면서 이 값은 지수 함수적으로 감소하기 때문에

$$i(t) = \frac{V}{R} e^{-\frac{t}{\tau}}$$

$$= \frac{V}{R} e^{-\frac{t}{RC}} \quad \cdots\cdots\cdots\cdots\cdots\cdots\cdots\cdots ②$$

(3) 저항 양단의 전압 $V_R(t)$는

$$V_R(t) = Ri(t)$$

$$= R\frac{V}{R} e^{-\frac{t}{RC}}$$

$$= V e^{-\frac{t}{RC}}$$

(4) kirchhoff의 전압법칙에서

$$V = V_R(t) + V_C(t) 라서$$

$$V_C(t) = V - V_R(t)$$

$$= V - V e^{-\frac{t}{RC}}$$

$$= V(1 - e^{-\frac{t}{RC}})$$

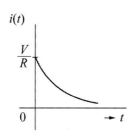

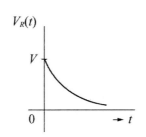

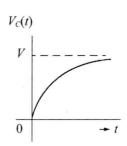

예제 15-49

$t = 0$일 때 switch가 닫힐 때 시정수 τ, $V_L(t)$, $V_R(t)$, $i(t)$를 구하시오.

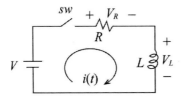

풀이 (1) RL회로의 시정수 $\tau = \dfrac{L}{R}$

(2) switch가 닫힌 직후 inductor의 impedance $Z_L = j\omega L = \infty$ 이고

$$V_L(0^+) = V \times \frac{j\omega L}{R + j\omega L} = V \quad \cdots\cdots\cdots\cdots \textcircled{1}$$

이 값은 시간과 함께 지수함수적으로 감소하므로

$$V_L(t) = V e^{-\frac{t}{\tau}}$$

$$= V e^{-\frac{R}{L}t} \quad \cdots\cdots\cdots\cdots\cdots\cdots \textcircled{2}$$

(3) kirchhoff의 전압법칙에서

$V = V_R(t) + V_L(t)$라서

$V_R(t) = V - V_L(t)$

$$= V - V e^{-\frac{R}{L}t}$$

$$= V(1 - e^{-\frac{R}{L}t})$$

(4) 전류 $i(t)$는

$$i(t) = \frac{V_R(t)}{R}$$

$$= \frac{V}{R}(1 - e^{-\frac{R}{L}t})$$

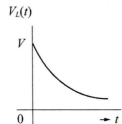
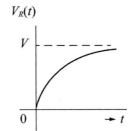
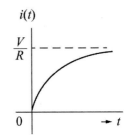

행렬식

A-1 벡터, 행렬, 첨자변수

자료들은 간혹 배열로 표시되어진다. 다시 말하자면 집합의 원소들은 1개 또는 2개 이상의 첨자로 색인화 할 수 있다.

일반적으로 1차원 배열은 벡터(vector)라 부르고 2차원 배열은 행렬(matrix)이라고 부른다.(차원은 첨자의 수를 나타낸다.)

또한 벡터는 행렬의 특수한 형태로 볼 수 있다.

벡터 u는 식(A-1)에 표시된 것처럼 n 쌍의 수를 나타내고 각각의 u_i는 u의 성분이라 한다.

$$u = (u_1, u_2, \cdots, u_n) \tag{A-1}$$

만약 $u_i = 0$이면 u 는 영 벡터(zero vector)라고 부르고 두 벡터 u, v가 같은 수의 성분을 갖고 대응되는 각 성분이 같으면 두 벡터는 같다고 하며 $u = v$로 표시한다.

예제 A-1

다음에 표시된 벡터를 해석하시오.

 (a) (2, -3), (4, 5), (0, 0, 0), (1, 2, 3)
 (b) (2, 3, 4), (3, 4, 2)

풀이 (a) (2, -3) (4, 5) (0,0,0) (1, 2, 3)은 벡터이다.

앞쪽의 두 벡터는 두개의 성분을 가지며 뒤쪽의 두 벡터는 세 개의 성분으로 구성되는데 세 번째 벡터는 세 성분으로 구성된 zero벡터이다.

 (b) 비록 벡터 (2, 3, 4)와 (3, 4, 2)는 같은 숫자로 구성되어 있다고 하더라도 해당되는 성분이 서로 같지 않기 때문에 서로 같지 않다.

만약 두 벡터 행렬의 합과 스칼라곱u와 행렬의 합과 스칼라곱v가 성분의 동일한 숫자를 갖는다면 두 벡터의 합은 $u+v$로 쓰며 u와 v의 각 성분을 더해서 구한다.

$$u+v=(u_1, u_2, \cdots, u_n)+(v_1, v_2, \cdots, v_n)$$
$$=(u_1+v_1, u_2+v_2, \cdots, u_n+v_n)$$

스칼라 k와 벡터 u의 곱은 $k \cdot u$ 또는 간단히 ku로 쓰고 u의 각 성분에 k를 곱해서 구한다.

$$k \cdot u = k(u_1, u_2, \cdots, u_n)=(ku_1, ku_2, \cdots, ku_n) \tag{A-2}$$

또한 $-u=-1 \cdot u$이고 $u-v=u+(-v)$로 정의하며, 0은 영 벡터를 나타낸다.

예제 A-2

$u=(5, 3, -4)$이고 $v=(2, -5, 8)$이라고 가정하고 $u+v$, $5u$, $-v$, $2u-3v$, $u \cdot v$, $\|u\|$를 구하시오.

풀이 $u+v=(5+2, 3-5, -4+8)=(7, -2, 4)$

$5u=(5 \cdot 5, 5 \cdot 3, 5 \cdot (-4))=(25, 15, -20)$

$-v=-1 \cdot (2, -5, 8)=(-2, 5, -8)$

$2u-3v=(10, 6, -8)+(-6, 15, -24)=(4, 21, -32)$

$u \cdot v = 5 \cdot 5 + 3 \cdot (-5) + (-4) \cdot 8 = 10 - 15 - 32 = -37$

$\|u\| = \sqrt{5^2+3^2+(-4)^2} = \sqrt{25+9+16} = 5\sqrt{2}$

벡터의 연산(합과 스칼라곱)에 관해서 벡터는 여러 가지의 성질을 갖는다. 예를 들면 식(A-3)에서 k는 스칼라이고 v는 벡터이다.

$$k(u+v)=ku+kv \tag{A-3}$$

벡터는 행렬의 특수한 형태로 볼 수 있기 때문에 정리(A-1)과 같은 여러 가지 특성을 갖는다.

정리 A-1 : A, B, C 는 같은 크기의 행렬이고 k와 k'는 스칼라라고 가정하면 다음과 같은 성질을 갖는다.

(ⅰ) $(A+B)+C = A+(B+C)$ (A-4)

(ⅱ) $A+B = B+A$ (A-5)

(ⅲ) $A+0 = 0+A = A$ (A-6)

(ⅳ) $A+(-A) = (-A)+A = 0$ (A-7)

(ⅴ) $k(A+B) = kA+kB$ (A-8)

(ⅵ) $(k+k')A = kA+k'A$ (A-9)

(ⅶ) $(kk')A = k(k'A)$ (A-10)

(ⅷ) $1A = A$ (A-11)

n차의 벡터는 $1 \times n$ 행렬 또는 $n \times 1$행렬이므로 정리 A-1은 벡터의 합과 스칼라 곱에 관해서도 성립한다.

A-2 행렬

행렬 A는 수들을 식(A-12)에 표시된 것처럼 사각형의 배열로 표시한 것이다.

$$A = \begin{pmatrix} a_{11} & a_{12} & \cdots & a_{1n} \\ a_{21} & a_{22} & \cdots & a_{2n} \\ \cdots & \cdots & \cdots & \cdots \\ a_{m1} & a_{m2} & \cdots & a_{mn} \end{pmatrix} \tag{A-12}$$

식(A-13)에 표시된 것과 같은 각각 n쌍으로 된 m개의 수평 성분을 A의 행(row) 이라고 부르고

$$(a_{11,} a_{12}, \cdots, a_{1n}), (a_{21}, a_{22}, \cdots, a_{2n}), \cdots, (a_{m1}, a_{m2}, \cdots, a_{mn}) \tag{A-13}$$

각각 m쌍으로 된 n개의 수직 성분을 A의 열(column)이라고 부른다.

$$\begin{pmatrix} a_{11} \\ a_{21} \\ \cdots \\ a_{m1} \end{pmatrix}, \begin{pmatrix} a_{12} \\ a_{22} \\ \cdots \\ a_{m2} \end{pmatrix}, \cdots, \begin{pmatrix} a_{1n} \\ a_{2n} \\ \cdots \\ a_{mn} \end{pmatrix} \qquad\qquad \text{(A–14)}$$

원소 a_{ij}는 ij−성분이라 하고 i번째 행에 있어서는 j번째 열에 있는 원소를 나타낸다. 그리고 행렬 A를 $A = (a_{ij})$로도 표시한다.

m행과 n열을 가진 행렬은 $m \times n$행렬이라 하고 m과 n의 쌍을 행렬의 크기라고 한다. 두 행렬 A와 B가 같은 크기이고 대응되는 원소가 같으면 행렬은 같다고 하며 식(A–15)처럼 표시된다.

$$A = B \qquad\qquad \text{(A–15)}$$

오직 1행으로 된 행렬은 행 벡터(row vector)라 하고 1열로만 된 행렬은 열벡터(column vector)라고 하며, 행렬의 각 성분이 0이면 영 행렬(zero matrix)이라 하고 0 으로 표시한다.

예제 A-3

다음에 표시된 행렬식을 해석하시오.

(a) $\begin{pmatrix} 2 & -3 & 4 \\ 1 & 5 & -2 \end{pmatrix}$ (b) $\begin{pmatrix} 0 & 0 & 0 & 0 & 0 \\ 0 & 0 & 0 & 0 & 0 \end{pmatrix}$ (c) $\begin{pmatrix} x+y & 2z+w \\ x-y & z-w \end{pmatrix} = \begin{pmatrix} 3 & 5 \\ 1 & 4 \end{pmatrix}$

풀이 (a) 행열 $\begin{pmatrix} 2 & -3 & 4 \\ 1 & 5 & -2 \end{pmatrix}$는 2×3행렬이고, 이 행렬의 행은 $(2, -3, 4)$와 $(1, 5, -2)$이며, 열은 $\begin{pmatrix} 2 \\ 1 \end{pmatrix}$,

$\begin{pmatrix} -3 \\ 5 \end{pmatrix}$, $\begin{pmatrix} 4 \\ -2 \end{pmatrix}$이다.

(b) $\begin{pmatrix} 0 & 0 & 0 & 0 & 0 \\ 0 & 0 & 0 & 0 & 0 \end{pmatrix}$는 크기가 2×5인 영벡터 이다.

(c) 행렬식 $\begin{pmatrix} x+y & 2z+w \\ x-y & z-w \end{pmatrix} = \begin{pmatrix} 5 & 3 \\ 4 & 1 \end{pmatrix}$와 연립 방정식 $\begin{cases} x + y = 5 \\ x - y = 4 \\ 2z + w = 3 \\ z - w = 1 \end{cases}$는 같고 연립 방정식의 해는

$x = \dfrac{9}{2}$, $y = \dfrac{1}{2}$, $z = \dfrac{4}{3}$, $w = \dfrac{1}{3}$이다.

A-3 행렬의 합과 스칼라곱

A와 B는 같은 크기, 즉 같은 수의 행과 열을 갖는다고 가정하자. A와 B의 합은 $A+B$로 쓰고 A와 B에서 대응되는 성분끼리 더해서 구한다.

$$\begin{pmatrix} a_{11} & a_{12} & \cdots & a_{1n} \\ a_{21} & a_{22} & \cdots & a_{2n} \\ \cdots & \cdots & \cdots & \cdots \\ a_{m1} & a_{m2} & \cdots & a_{mn} \end{pmatrix} + \begin{pmatrix} b_{11} & b_{12} & \cdots & b_{1n} \\ b_{21} & b_{22} & \cdots & b_{2n} \\ \cdots & \cdots & \cdots & \cdots \\ b_{m1} & b_{m2} & \cdots & b_{mn} \end{pmatrix}$$

$$= \begin{pmatrix} a_{11}+b_{11} & a_{12}+b_{12} & \cdots & a_{1n}+b_{1n} \\ a_{21}+b_{21} & a_{22}+b_{22} & \cdots & a_{2n}+b_{2n} \\ \cdots & \cdots & \cdots & \cdots \\ a_{m1}+b_{m2} & a_{m2}+b_{m2} & \cdots & a_{mn}+b_{mn} \end{pmatrix} \tag{A-16}$$

$A+B$ 와 A, B는 같은 크기이고 다른 크기의 두 행렬의 합은 정의하지 않는다. 스칼라 k와 행렬 A의 곱은 kA 또는 Ak로 쓰고 A의 각 원소에 k를 곱해서 구한다.

$$k\begin{pmatrix} a_{11} & a_{12} & \cdots & a_{1n} \\ a_{21} & a_{22} & \cdots & a_{2n} \\ \cdots & \cdots & \cdots & \cdots \\ a_{m1} & a_{m2} & \cdots & a_{mn} \end{pmatrix} = \begin{pmatrix} ka_{11} & ka_{12} & \cdots & ka_{1n} \\ ka_{21} & ka_{22} & \cdots & ka_{2n} \\ \cdots & \cdots & \cdots & \cdots \\ ka_{m1} & ka_{m2} & \cdots & ka_{mn} \end{pmatrix} \tag{A-17}$$

여기서 A와 kA는 같은 크기이다. 또한 $-A = (-1)A$와 $A-B = A+(-B)$로 정의하고, $-A$는 행렬 A의 음의 행렬(negative)이라고 정의한다.

예제 A-4

다음에 표시된 행렬식의 해를 구하시오.

(a) $\begin{pmatrix} 1 & -2 & 3 \\ 2 & 4 & 5 \end{pmatrix} + \begin{pmatrix} 3 & 1 & -6 \\ 2 & -3 & 1 \end{pmatrix}$　　　(b) $3\begin{pmatrix} 1 & -2 & 6 \\ 4 & 3 & -5 \end{pmatrix}$

(c) $2\begin{pmatrix} 3 & -1 \\ 4 & 6 \end{pmatrix} - 5\begin{pmatrix} 0 & 3 \\ 1 & -3 \end{pmatrix}$

풀이 (a) $\begin{pmatrix} 1 & -2 & 3 \\ 2 & 4 & 5 \end{pmatrix} + \begin{pmatrix} 3 & 1 & -6 \\ 2 & -3 & 1 \end{pmatrix} = \begin{pmatrix} 1+3 & -2+1 & 3+(-6) \\ 2+2 & 4+(-3) & 5+1 \end{pmatrix} = \begin{pmatrix} 4 & -1 & -3 \\ 4 & 1 & 6 \end{pmatrix}$

(b) $3\begin{pmatrix} 1 & -2 & 6 \\ 4 & 3 & -5 \end{pmatrix} = \begin{pmatrix} 3\cdot1 & 3\cdot(-2) & 3\cdot6 \\ 3\cdot4 & 3\cdot3 & 3\cdot(-5) \end{pmatrix} = \begin{pmatrix} 3 & -6 & 18 \\ 12 & 9 & -15 \end{pmatrix}$

(c) $2\begin{pmatrix} 3 & -1 \\ 4 & 6 \end{pmatrix} - 5\begin{pmatrix} 0 & 3 \\ 1 & -3 \end{pmatrix} = \begin{pmatrix} 6 & -2 \\ 8 & 12 \end{pmatrix} + \begin{pmatrix} 0 & -15 \\ -5 & 15 \end{pmatrix} = \begin{pmatrix} 6 & -17 \\ 3 & 27 \end{pmatrix}$

A-4 $\sum$ 기호

행렬의 곱을 정의하기 전에 우선 기호 $\sum$(그리스 문자 sigma)를 소개하는 것이 편리할 것이다.

$f(k)$를 변수 k에 관한 대수식 이라고 가정하면 때 식(A-18)은

$$\sum_{k=1}^{n} f(k) \text{ 또는 } \sum_{k=1} f(k) \tag{A-18}$$

다음과 같은 의미를 갖는다.

우선 $f(k)$에 $k=1$을 대입하면 $f(1)$이 되고, $f(k)$에 $k=2$를 대입하면 $f(2)$가 되며 이것은 $f(1)$에 $f(2)$를 더한 것으로 $f(1)+f(2)$가 된다.

$f(k)$에 $k=3$를 대입하면 앞의 식에 $f(3)$을 더한 것으로

$$f(1)+f(2)+f(3)$$

이 된다.

이와 같은 방법을 식(A-19)가 구해질 때까지 계속한다.

$$f(1)+f(2)+f(3)+\cdots+f(n-1)+f(n) \tag{A-19}$$

이것은 각각의 단계마다 k가 n이 될 때까지 k에 1을 더한 것이며 k대신에 다른 변수를 사용할 수 있다.

또한 $n_1 \le n_2$인 정수 n_1에서 정수 n_2까지의 범위에서 합이 성립되도록 위의 정의

를 일반화할 수 있다.

$$\sum_{k=n_1}^{n_2} f(k) = f(n_1) + f(n_1+1) + f(n_1+2) \cdots + f(n_2) \tag{A-20}$$

예를 들면 다음과 같다.

$$\sum_{k=1}^{6} x_i = x_1 + x_2 + x_3 + x_4 + x_5 + x_6$$

$$\sum_{i=1}^{n} a_i b_i = a_1 b_1 + a_2 b_2 + \cdots + a_n b_n$$

$$\sum_{j=1}^{5} j^2 = 1^2 + 2^2 + 3^2 + 4^2 + 5^2 = 1 + 4 + 9 + 16 + 25 = 55$$

$$\sum_{k=1}^{p} a_{ik} b_{kj} = a_{i1} b_{1j} + a_{i2} b_{2j} + a_{i3} b_{3j} + \cdots + a_{ip} b_{pj}$$

$$\sum_{i=0}^{n} a_i x^i = a_0 + a_1 x + a_2 x^2 + \cdots + a_n x^n$$

A-5 행렬의 곱

A는 $m \times p$행렬이고 B는 $p \times n$행렬, 즉 A의 열수와 B의 행수가 같은 행렬이라고 가정하자. 이때 A와 B의 곱은 AB로 쓰고 $m \times n$행렬이 되며 이 행렬의 $ij-$성분은 A의 i번째 행의 성분과 이에 대응되는 B의 j번째 열의 성분을 각각 곱한 후에 이들을 더해서 구해진다.

$$\begin{pmatrix} a_{11} & \cdots & a_{1p} \\ \cdot & \cdots & \cdot \\ a_{i1} & \cdots & a_{ip} \\ \cdot & \cdots & \cdot \\ a_{m1} & \cdots & a_{mp} \end{pmatrix}\begin{pmatrix} b_{11} & \cdots & b_{1j} & \cdots & b_{1n} \\ \cdot & \cdots & \cdot & \cdots & \cdot \\ \cdot & \cdots & \cdot & \cdots & \cdot \\ \cdot & \cdots & \cdot & \cdots & \cdot \\ b_{p1} & \cdots & b_{pj} & \cdots & b_{pn} \end{pmatrix}=\begin{pmatrix} c_{11} & \cdot & \cdot & \cdot & c_{1n} \\ \cdot & \cdot & \cdot & \cdot & \cdot \\ \cdot & & c_{ij} & & \cdot \\ \cdot & \cdot & \cdot & \cdot & \cdot \\ c_{m1} & \cdot & \cdot & \cdot & c_{mn} \end{pmatrix}$$

(A-21)

여기서 c_{ij}ss 식(A-22)처럼 표시된다.

$$c_{ij} = ai1b_{1j} + a_{i2}b_{2j} + \cdots + a_{ip}b_{pj} = \sum_{k=1}^{p} a_{ik}b_{kj}$$

(A-22)

만약 A의 열수와 B의 행수가 같지 않으면, 즉 $p \neq q$일 때 A는 $m \times p$행렬이고 B는 $q \times n$행렬이면 이때 곱 AB는 정의되지 않는다.

예제 A-5

$A = \begin{pmatrix} 1 & 3 \\ 2 & -1 \end{pmatrix}$, $B = \begin{pmatrix} 2 & 0 & -4 \\ 3 & -2 & 6 \end{pmatrix}$일 때 AB 를 구하시오.

풀이 A는 2×2행렬이고 B는 2×3행렬이기 때문에 AB는 정의될 수 있고, 그 크기는 2×3행렬이다. AB의 제1행을 구하기 위해서 A의 제1행 $(1,\ 3)$과 B의 열 $\begin{pmatrix} 2 \\ 3 \end{pmatrix}$, $\begin{pmatrix} 0 \\ -2 \end{pmatrix}$, $\begin{pmatrix} -4 \\ 6 \end{pmatrix}$ 을 각각 곱한다.

$$\begin{pmatrix} 1 & 3 \\ 2 & -1 \end{pmatrix}\begin{pmatrix} 2 & 0 & -4 \\ 3 & -2 & 6 \end{pmatrix} = (1 \cdot 2 + 3 \cdot 3 \quad 1 \cdot 0 + 3 \cdot (-2) \quad 1 \cdot (-4) + 3 \cdot 6) = (11 \ -6 \ 14)$$

AB의 제2행을 구하기 위해서 A의 2행 $(2,\ -1)$ 과 B의 열 $\begin{pmatrix} 2 \\ 3 \end{pmatrix}$, $\begin{pmatrix} 0 \\ -2 \end{pmatrix}$, $\begin{pmatrix} -4 \\ 6 \end{pmatrix}$을 각각 곱한다.

$$\begin{pmatrix} 1 & 3 \\ 2 & -1 \end{pmatrix}\begin{pmatrix} 2 & 0 & -4 \\ 3 & -2 & 6 \end{pmatrix} = \begin{pmatrix} 11 & -6 & 14 \\ 2 \cdot 2 + (-1) \cdot 3 & 2 \cdot 0 + (-1) \cdot (-2) & 2 \cdot (-4) + (-1) \cdot 6 \end{pmatrix}$$

$$= \begin{pmatrix} 11 & -6 & 14 \\ 1 & 2 & -14 \end{pmatrix} = AB$$

예제A-5의 행렬의 곱에 관한 연산에서 행렬은 교환 법칙을 만족하지 않는다. 즉, 행렬의 곱 AB와 BA는 언제나 같지는 않다. 그러나 행렬의 곱은 다음과 같은 성질을 만족한다.

정리 A-2 : (i) $(AB)C = A(BC)$

(A-23)

$$(\text{ii}) \quad A(B+C) = AB + AC \tag{A-24}$$

$$(\text{iii})(B+C)A = BA + CA \tag{A-25}$$

$$(\text{iv}) \quad k(AB) = (kA)B = A(kB), k \text{는 스칼라} \tag{A-26}$$

위의 정리에서 합과 곱이 정의된다고 가정한다.

주의 : 선형 방정식의 시스템은 행렬식과 밀접한 관계를 갖는다. 식(A-27)과 같은 1차 연립
방정식은

$$\begin{cases} x + 2y - 3z = 5 \\ 5x - 6y + 8z = 10 \end{cases} \tag{A-27}$$

식(A-28)에 표시된 행렬과 같다.

$$\begin{pmatrix} 1 & 2 & -3 \\ 5 & -6 & 8 \end{pmatrix} \begin{pmatrix} x \\ y \\ z \end{pmatrix} = \begin{pmatrix} 5 \\ 10 \end{pmatrix} \tag{A-28}$$

다시 말하자면 연립 방정식의 해는 행렬식의 해와 같고 역으로 행렬식의 해는 연립 방정식의 해와 같다.

A-6 정방 행렬과 단위행렬

행수와 열 수가 같은 행렬을 정방 행렬(square matrix)이라 하고, n개의 행과 n개의 열로 된 정방 행렬의 차수는 n차라 하며 이 행렬을 n차의 행렬이라고 한다. 또한 정방 행렬 $A = (a_{ij})$의 대각선 원소는 $a_{11}, a_{22}, \cdots, a_{nn}$이다.

예제 A-6

다음에 표시된 행렬은 몇 차 행렬인지 해석하고 대각선 원소를 구하시오.

$$\begin{pmatrix} 2 & -2 & 0 \\ 0 & -4 & -1 \\ 5 & 3 & 1 \end{pmatrix}$$

[풀이] 행렬 $\begin{pmatrix} 2 & -2 & 0 \\ 0 & -4 & -1 \\ 5 & 3 & 1 \end{pmatrix}$ 는 3차의 정방 행렬이고, 대각선 원소는 2, -4, 1이다.

식(A-29)에 표시된 것처럼 대각선 원소가 1이고 나머지는 모두 0인 n차의 행렬식을 단위 행렬(unit matrix)이라 하고 I로 표시한다.

$$\begin{pmatrix} 1 & 0 & 0 & 0 \\ 0 & 1 & 0 & 0 \\ 0 & 0 & 1 & 0 \\ 0 & 0 & 0 & 1 \end{pmatrix} \tag{A-29}$$

특히 정방 행렬 A에 대해서는 식(A-30)처럼 표시된다.

$$AI = IA = A \tag{A-30}$$

이제 $A^2 = AA$, $A^3 = A^2A$, $\cdots$, $A^0 = I$로 정의함으로써 정방 행렬 A의 멱승을 만들 수 있고, A에 관한 다항식도 만들 수 있다.

식(A-31)에 표시된 어떤 다항식에 대해서

$$f(x) = a_0 + a_1x + a_2x^2 + \cdots + a_nx^n \tag{A-31}$$

식(A-32)에 표시된 행렬 $f(A)$를 정의한다.

$$f(A) = a_0I + a_1A + a_2A^2 + \cdots + a_nA^n \tag{A-32}$$

이때 $f(A)$가 영 행렬이면 행렬 A를 다항식 $f(x)$의 zero 또는 다항식 $f(x) = 0$의 근이라고 부른다.

예제 A-7

$A = \begin{pmatrix} 1 & 2 \\ 3 & -4 \end{pmatrix}$ 라 하면 $A^2 = \begin{pmatrix} 7 & -6 \\ -9 & 22 \end{pmatrix}$ 가 되고, $f(x) = 2x^2 - 3x + 6$ 이면

$$f(A) = 2 \cdot \begin{pmatrix} 7 & -6 \\ -9 & 22 \end{pmatrix} - 3 \cdot \begin{pmatrix} 1 & 2 \\ 3 & -4 \end{pmatrix} + 6 \cdot \begin{pmatrix} 1 & 0 \\ 0 & 1 \end{pmatrix} = \begin{pmatrix} 17 & -18 \\ -27 & 62 \end{pmatrix}$$

이다.

한편 $g(x) = x^2 + 3x - 10$이면

$$g(A) = \begin{pmatrix} 7 & -6 \\ -9 & 22 \end{pmatrix} + 3 \cdot \begin{pmatrix} 1 & 2 \\ 3 & -4 \end{pmatrix} - 10 \cdot \begin{pmatrix} 1 & 0 \\ 0 & 1 \end{pmatrix} = \begin{pmatrix} 0 & 0 \\ 0 & 0 \end{pmatrix}$$

그러므로 A는 다항식 $g(x) = x^2 + 3x - 10I$의 근이다.

A-7 가역 행렬

전치 행렬 A에 대해서 식(A–33)을 만족하는 행렬 B가 존재하면 A는 가역 (invertible)이라고 한다.

$$AB = BA = \text{항등 행렬} \tag{A-33}$$

이런 B가 유일하게 존재하면 B는 A의 역행렬(inverse)이라 하고 A^{-1}로 표시한다.

이때 $B = A^{-1}$가 되는 것은 $A = B^{-1}$와 동치이다.

예를 들어서 $A = \begin{pmatrix} 2 & 5 \\ 1 & 3 \end{pmatrix}$, $B = \begin{pmatrix} 3 & -5 \\ -1 & 2 \end{pmatrix}$라고 가정하면 AB는 식(A–34)처럼 표시되고 BA는 식(A–35)처럼 표시된다.

$$AB = \begin{pmatrix} 6-5 & -10+10 \\ 3-3 & -5+6 \end{pmatrix} = \begin{pmatrix} 1 & 0 \\ 0 & 1 \end{pmatrix} \tag{A-34}$$

$$BA = \begin{pmatrix} 6-5 & 15-15 \\ -2+2 & -5+6 \end{pmatrix} = \begin{pmatrix} 1 & 0 \\ 0 & 1 \end{pmatrix} \tag{A-35}$$

따라서 A와 B는 서로 역 행렬이다.

이는 $AB = I$가 되는 것은 $BA = I$와 동치이다. 따라서 다음 예제와 같이 주어진 두 행렬이 역 행렬이 되는가는 어느 한쪽의 곱만을 조사해보면 알 수 있다.

예제 A-8

다음의 행렬식에서 A와 B는 서로 역 행렬인지 설명하시오.

$$\begin{pmatrix} 1 & 0 & 2 \\ 2 & -1 & 3 \\ 4 & 1 & 8 \end{pmatrix} \begin{pmatrix} -11 & 2 & 2 \\ -4 & 0 & 1 \\ 6 & -1 & -1 \end{pmatrix}$$

풀이
$$\begin{pmatrix} 1 & 0 & 2 \\ 2 & -1 & 3 \\ 4 & 1 & 8 \end{pmatrix} \begin{pmatrix} -11 & 2 & 2 \\ -4 & 0 & 1 \\ 6 & -1 & -1 \end{pmatrix} = \begin{pmatrix} -11+0+12 & 2+0-2 & 2+0-2 \\ -22+4+18 & 4+0-3 & 4-1-3 \\ -44-4+48 & 8+0-8 & 8+1-8 \end{pmatrix} = \begin{pmatrix} 1 & 0 & 0 \\ 0 & 1 & 0 \\ 0 & 0 & 1 \end{pmatrix}$$

따라서 두 행렬은 가역이고 서로 역 행렬이다.

A-8 A행렬식

n차의 정방 행렬 $A = (a_{ij})$ 에 대해서 (A), $|A|$ 를 A의 행렬식이라고 한다.

$$\begin{vmatrix} a_{11} & a_{12} & \cdots & a_{1n} \\ a_{21} & a_{22} & \cdots & a_{2n} \\ \cdots & \cdots & \cdots & \cdots \\ a_{m1} & a_{m2} & \cdots & a_{nn} \end{vmatrix} \tag{A-36}$$

또한 A의 차수가 n이면 n차의 행렬식이라 하고, 이것은 행렬이 아니라 A에 대해 주어진 특정한 값이다.

1차, 2차, 3차의 행렬식은 다음과 같이 정의한다.

$$|a_{11}| = a_{11} \tag{A-37}$$

$$\begin{vmatrix} a_{11} & a_{12} \\ a_{21} & a_{22} \end{vmatrix} = a_{11}a_{22} - a_{12}a_{21} \tag{A-38}$$

$$\begin{vmatrix} a_{11} & a_{12} & a_{13} \\ a_{21} & a_{22} & a_{23} \\ a_{31} & a_{32} & a_{33} \end{vmatrix} = a_{11}a_{22}a_{33} + a_{12}a_{23}a_{31} + a_{13}a_{21}a_{32} - a_{13}a_{22}a_{31} - a_{12}a_{21}a_{33}$$

$$- a_{11}a_{23}a_{32} \tag{A-39}$$

2차의 행렬식을 계산하는 방법은 그림 A-1과 같다.

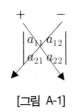

[그림 A-1]

이것은 +방향에 있는 원소를 곱한 것과 −방향에 있는 원소를 곱해서 뺀 차와 같다. 또한 3차의 행렬식 계산도 이와 유사하다. 편의상 +방향의 계산과 −방향의 계산을 각각 따로 그리면 다음과 같다.

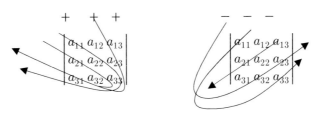

[그림 A-2]

특히 높은 차의 행렬식을 계산할 때는 위와 같은 도표를 이용하지 않는다.

예제 A-9

다음에 표시된 행렬식의 해를 구하시오.

(a) $\begin{vmatrix} 6 & 4 \\ 2 & 3 \end{vmatrix}$ (b) $\begin{vmatrix} 2 & 3 \\ -4 & 6 \end{vmatrix}$ (c) $\begin{vmatrix} 2 & 1 & 3 \\ 4 & 6 & -1 \\ 5 & 1 & 0 \end{vmatrix}$

풀이 (a) $\begin{vmatrix} 6 & 4 \\ 2 & 3 \end{vmatrix} = 6 \cdot 3 - 4 \cdot 2 = 18 - 8 = 10$

(b) $\begin{vmatrix} 2 & 3 \\ -4 & 6 \end{vmatrix} = 2 \cdot 6 - 3 \cdot (-4) = 12 + 12 = 24$

(c) $\begin{vmatrix} 2 & 4 & 3 \\ 4 & 6 & -1 \\ 5 & 1 & 0 \end{vmatrix} = 2 \cdot 6 \cdot 0 + 4 \cdot (-1) \cdot 5 + 3 \cdot 4 \cdot 1 - 3 \cdot 6 \cdot 5 - 1 \cdot 4 \cdot 0 - 2 \cdot (-1) \cdot 1$

$$= 0 - 20 + 12 - 90 - 0 + 2 = -96$$

일반적으로 n차의 행렬식에 대한 정의는 다음과 같다.

$$\det(A) = \sum \text{sgn}(\sigma) a_{1j1} a_{2j2} \cdots a_{njn} \tag{A-40}$$

여기서 합은 $\{1, 2, \cdots, n\}$에 대해 가능한 모든 순열 $\sigma = j_1, j_2, \cdots j_n$ 이고, $\text{sgn}(\sigma)$는 σ내에 있는 수가 일정한 순서가 되도록 하기 위해 치환한 수가 짝수 번 또는 홀수 번인가에 따라서 + 또는 −가 된다.

이와 같은 내용은 완벽하게 행렬식 함수의 일반적인 정의를 한 것이다. 그리고 3차보다 큰 행렬식을 계산하기 위한 방법은 행렬 이론과 선형 대수학에 관한 책을 참고로 하기 바란다. 행렬식 함수의 중요한 성질 중의 하나는 행렬식이 승법적 이라는 것이다.

정리 A-3 : n차의 행렬 A, B 에 대해서

$$\det(AB) = \det(A) \cdot \det(B) \tag{A-41}$$

이다.

A-9 가역 행렬과 행렬식

정리 A-4 : 정방행렬은 0이 아닌 행렬식을 갖기만 하면 가역적으로 된다.

일반적인 2×2행렬 $A = \begin{pmatrix} a & b \\ c & d \end{pmatrix}$ 의 역행렬을 구하는 문제를 생각하여 보자.

우선 식(A-42)를 을 만족하는 스칼라 x, y, z, w 를 구해야 한다.

$$\begin{pmatrix} a & b \\ c & d \end{pmatrix}\begin{pmatrix} x & y \\ z & w \end{pmatrix} = \begin{pmatrix} 1 & 0 \\ 0 & 1 \end{pmatrix} \text{또는} \begin{pmatrix} ax+bz & ay+bw \\ cx+dz & cy+dw \end{pmatrix} = \begin{pmatrix} 1 & 0 \\ 0 & 1 \end{pmatrix} \tag{A-42}$$

이때 식(A-42)는 식(A-43)과 같은 2원 1차 연립 방정식과 같다.

$$\begin{cases} ax + bz = 1 \\ cx + dz = 0 \end{cases} \begin{cases} ay + bw = 0 \\ cy + dw + 1 \end{cases} \tag{A-43}$$

만약 $|A| = ad - bc$ 가 0이 아니면 미지수 x, y, z, w 에 대한 오직 한 근을 아래와 같이 구할 수 있다.

$$x = \frac{d}{ad - bc} = \frac{d}{|A|} \tag{A-44}$$

$$y = \frac{-b}{ad - bc} = \frac{-b}{|A|} \tag{A-45}$$

$$z = \frac{-c}{ad - bc} = \frac{-c}{|A|} \tag{A-46}$$

$$w = \frac{a}{ad - bc} = \frac{a}{|A|} \tag{A-47}$$

따라서 식(A-48)을 구할 수 있다.

$$A^{-1} = \begin{pmatrix} a\,b \\ c\,d \end{pmatrix} = \begin{pmatrix} d/|A| & -b/|A| \\ -c/|A| & a/|A| \end{pmatrix} = \frac{1}{|A|} \begin{pmatrix} d & -b \\ -c & a \end{pmatrix} \tag{A-48}$$

다시 말해서 행렬식이 0이 아닌 2×2행렬의 역 행렬은 첫째, 주 대각선상에 있는 원소를 서로 교환하고 둘째, 다른 원소들은 음의 수를 취하며 셋째, 주어진 행렬의 행렬식을 각 원소에 나누어줌으로서 계산할 수 있다.

예를 들면 $A = \begin{pmatrix} 2\,3 \\ 4\,5 \end{pmatrix}$ 이면 $|A| = -2$ 이고

따라서 $A^{-1} = \frac{1}{-2} \begin{pmatrix} 5 & -3 \\ -4 & 2 \end{pmatrix} = \begin{pmatrix} -\frac{5}{2} & \frac{3}{2} \\ 2 & -1 \end{pmatrix}$ 로 구해진다.

한편 $|A|$ 가 0이면 x, y, z, w를 구할 수 없고 A^{-1}는 존재하지 않는다. 비록 높은 차의 행렬에 관한 간단한 공식이 없다 하더라도 이 결과는 일반적으로 만족한다.

회로이론

2015년 3월 05일 인쇄
2015년 3월 12일 발행

저 자 강신출 · 박종관 · 박인우 · 이창식
발행인 노소영
발행처 도서출판 월송
주 소 경기도 양주시 장흥면 울대리 415
전 화 031-855-7995
팩 스 031-855-7995
등 록 제25100-2010-000012호

ISBN 978-89-97265-53-4   93560
정가 20,000원